高等职业教育系列教材

理论通俗易懂 | 案例丰富、可操作性强 | 融入新技术

西门子S7-300 PLC编程及应用教程 第2版

主编 | 侍寿永

参编 | 王 玲 夏玉红 侍泽逸

主审 | 史宜巧

机械工业出版社
CHINA MACHINE PRESS

本书主要介绍了西门子 S7-300 PLC 的基础知识及其编程与应用，通过多个案例详尽地介绍了 S7-300 PLC 中的位逻辑指令、定时器及计数器指令、数据处理指令、运算和程序控制指令、函数及组织块、模拟量和脉冲量、通信指令及顺序控制系统的编程及应用，通俗易懂的指令介绍及操作性强的案例实施有助于读者对知识点的理解和掌握。

　　本书中的案例均由自动化设备控制系统中的子项目经分解和提炼而成，并配有详细的 I/O 端口连接图、硬件和网络组态、控制程序及调试步骤。本书内容的编排遵守"三易"原则，即易理解、易操作、易实现，旨在让读者通过对本书的学习，能尽快掌握自动化设备的控制方法和原理，并具备 PLC 的编程、变频器的参数设置及触摸屏的画面组态及相关工程应用能力。

　　本书既可作为职业院校、职业本科院校或应用型本科院校自动化类相关专业的教材，也可作为从事自动化类工作岗位的工程技术人员自学和参考用书。

　　本书配套电子资源包括二维码形式的微课视频、电子课件、习题解答、源程序和参考资料等，需要的教师可登录 www.cmpedu.com 免费注册、审核通过后下载，或联系编辑索取（微信：13261377872，电话：010-88379739）。

图书在版编目（CIP）数据

西门子 S7-300 PLC 编程及应用教程／侍寿永主编．
2 版．--北京：机械工业出版社，2024.12．--（高等职业教育系列教材）．--ISBN 978-7-111-77372-6

Ⅰ．TM571.61

中国国家版本馆 CIP 数据核字第 20252D1G11 号

机械工业出版社（北京市百万庄大街 22 号　邮政编码 100037）
策划编辑：李文轶　　　　　　责任编辑：李文轶　赵小花
责任校对：张爱妮　张　征　　责任印制：刘　媛
北京富资园科技发展有限公司印刷
2025 年 6 月第 2 版第 1 次印刷
184mm×260mm · 17.75 印张 · 462 千字
标准书号：ISBN 978-7-111-77372-6
定价：68.00 元

电话服务　　　　　　　　　　网络服务
客服电话：010-88361066　　　机 工 官 网：www.cmpbook.com
　　　　　010-88379833　　　机 工 官 博：weibo.com/cmp1952
　　　　　010-68326294　　　金 书 网：www.golden-book.com
封底无防伪标均为盗版　　　机工教育服务网：www.cmpedu.com

本书根据高等职业教育人才培养目标，结合学生学情和课程改革，按照"教、学、做"一体化的模式和易于学习及应用的原则编写而成。

PLC 早已成为自动化控制领域不可或缺的设备之一，西门子 S7 系列 PLC 已经广泛应用于我国工业生产中。S7-300 PLC 是西门子公司推出的中型控制器，在国内应用范围较广、具有较高的市场占有率。它采用模块化设计，并集成了多种通信接口，具有很强的工艺集成性，适用于多种应用现场，可满足不同的自动化需求，特别是与变频器和触摸屏共同搭建的自动化控制系统，已成为诸多企业设备或生产线的标准配置。为此，编者结合多年的工程经验及自动化方面的教学经验，并在企业技术人员大力支持下编写了本书，旨在使学生或具有一定电气控制基础知识的工程技术人员能较快地熟悉并掌握 S7-300 PLC 的编程和应用技能。

本书分为 8 章，较为全面地介绍了 S7-300 PLC 的博途软件的使用、硬件及网络的组态、常用指令和块的编程及应用、与 G120 变频器和 KTP 精简系列面板的连接与应用、企业典型应用案例的编程及调试等。

第 1 章介绍了 PLC 的基础知识、博途编程软件的安装与使用、创建工程项目、位逻辑指令、定时器与计数器指令的使用及程序调试的方法等。

第 2 章介绍了 S7-300 PLC 中的数据类型及功能指令，包括数据处理、运算、程序控制等指令的编程及应用。

第 3 章介绍了用户程序结构，包括函数、函数块、组织块等的创建、编程及应用。

第 4 章介绍了模拟量模块及高速脉冲指令的编程及应用。

第 5 章介绍了 S7-300 PLC 之间的 MPI 通信、PROFIBUS-DP 通信和 PROFINET 通信的网络组态、编程与应用。

第 6 章介绍了顺序控制系统中起保停程序设计法、置位/复位指令程序设计法和使用 S7-GRAPH 语言对顺控系统的编程。

第 7 章介绍了 G120 变频器的面板操作和 Startdrive 调试软件、数字量与模拟量及 PROFINET 网络通信应用接口参数的设置、组态和编程。

第 8 章介绍了 KTP 精简系列面板中项目的创建，元件的组态（包括按钮、开关、指示灯、动画、I/O 域、滚动条、棒图及量表等），S7-300 PLC 与 G120 变频器的综合应用。

为了便于教学和自学，并能激发读者的学习热情，书中列举的实例和案例均较为简单，且易于操作和实现。为了巩固所学知识，各章均配有相关的习题及训练。

本书按照先易后难、由浅入深的教学思路进行内容编排，具备一定实验条件的院校可以按照编排的顺序进行教学。为方便学习及提高学习效果，本书配有多种资源，包括知识点的微课视频、案例的源程序、电子课件和习题答案等，可在机械工业出版社教育服务网

（www.cmpedu.com）注册后下载。

本书是机械工业出版社组织出版的"高等职业教育系列教材"之一，由侍寿永担任主编，王玲、夏玉红、侍泽逸参编，史宜巧担任主审。侍寿永编写第3、4、5、6章，王玲编写第7、8章，夏玉红和侍泽逸共同编写第1、2章，王玲、夏玉红和侍泽逸共同制作了本书的数字化资源，且验证和调试了实例及案例程序。

由于编者水平有限，书中难免存在疏漏和不妥之处，恳请广大读者批评指正。

编　者

目 录 Contents

前言

第 6 章　S7-300 PLC 顺序控制系统的编程及应用 ········· 170

第 7 章　S7-300 PLC 与 G120 变频器的连接与应用 ··· 198

第8章　S7-300 PLC 与触摸屏的连接与应用 ······· 238

参考文献 ······· 276

第1章　S7-300 PLC 基本指令的编程及应用

PLC 中位逻辑指令、定时器指令和计数器指令是使用频率最高的指令，也是工程应用中必不可少的指令。本章重点介绍 S7-300 PLC 的一些基础知识、TIA Portal V16 软件的使用、位逻辑指令、定时器和与计数器指令、程序仿真与调试的方法等，通过本章学习可掌握 S7-300 PLC 基本指令及程序编辑与调试的方法。

1.1　PLC 简介

1.1.1　PLC 的定义及特点

PLC 是可编程序逻辑控制器（Programmable Logic Controller）的英文缩写，随着科技的不断发展，PLC 现已远远超出逻辑控制的范畴，应称之为可编程序控制器 PC（Programmable Controller），但为了与个人计算机（Personal Computer）相区别，仍将可编程序控制器简称为 PLC。几款常见的 PLC 外形如图 1-1 所示。

图 1-1　几款常见的 PLC 外形

1. PLC 的定义

由于传统的继电器−接触器组成的控制系统存在设备体积大、调试维护工作量大、通用性及灵活性差、可靠性低，且不具备数据通信功能等诸多缺点，已不能满足工业发展的要求。1968 年，美国通用汽车制造公司（GM）提出把计算机的功能完备、灵活及通用等优点和继电器控制系统的简单易懂、操作方便、价格便宜等优点结合起来，制成一种适合工业环境的通用控制装置的设想。1969 年，美国数字设备公司（DEC）根据 GM 的要求研制成功第一台可编程序控制器，并在 GM 的自动装置线上试用成功，从而开创了工业控制新局面。

1987 年，国际电工委员会对 PLC 作了如下定义：可编程序控制器是一种数字运算操作的电子系统，专为工业环境下的应用而设计。它作为可编程序的存储器，用来在其内部存储执行逻辑运算、顺序控制、定时、计数和算术运算等操作的指令，并通过数字量、模拟量的输入和输出，控制各种类型的机械或生产过程。可编程序控制器及其有关设备，都应按易于使工业控制系统形成一个整体、易于扩充其功能的原则设计。

2. PLC 的特点

（1）编程简单，容易掌握

梯形图是使用最多的 PLC 编程语言，其电路符号和表达式与继电器电路原理图相似，梯形图语言形象直观，易学易懂，熟悉继电器电路图的电气技术人员很快就能学会使用梯形图语言，并用来编制用户程序。

（2）功能强，性价比高

PLC 内有成百上千个可供用户使用的编程元件，可以实现非常复杂的控制功能。与相同功能的继电器控制系统相比，具有很高的性价比。

（3）硬件配套齐全，用户使用方便，适应性强

PLC 产品已经标准化、系列化和模块化，配备有品种齐全的硬件装置供用户选用，用户能灵活方便地进行系统配置，组成不同功能、不同规模的系统。硬件配置确定后，可以通过修改用户程序，方便快速地适应工艺条件的变化。

（4）可靠性高，抗干扰能力强

传统的继电器-接触器控制系统使用了大量的中间继电器、时间继电器，由于触点接触不良，容易出现故障。PLC 用软件代替大量的中间继电器和时间继电器，PLC 外部仅剩下与输入和输出有关的少量硬件元件，因触点接触不良造成的故障大为减少。

（5）系统的设计、安装、调试及维护工作量少

由于 PLC 采用软件取代继电器控制系统中大量的中间继电器、时间继电器等器件，因此控制柜的设计、安装和接线工作量大为减少。同时，PLC 的用户程序可以先通过模拟调试后再到生产现场进行联机调试，这样可减少现场的调试工作量，缩短设计、调试周期。

（6）体积小、重量轻、功耗低

复杂的控制系统使用 PLC 后，可以减少大量的中间继电器和时间继电器。PLC 的体积较小，且结构紧凑、坚固、重量轻、功耗低。并且由于 PLC 的抗干扰能力强，易于装入设备内部，是实现机电一体化的理想控制设备。

1.1.2　PLC 的分类及应用

1. PLC 的分类

PLC 发展很快，类型很多，可以从不同的角度进行分类。

1）按控制规模分：微型、小型、中型和大型。

微型 PLC 的 I/O 点数一般在 64 点以下，其特点是体积小、结构紧凑、重量轻和以开关量控制为主，有些产品具有少量模拟量信号处理能力。

小型 PLC 的 I/O 点数一般在 256 点以下，除开关量 I/O 外，一般都有模拟量控制功能和高速控制功能。有的产品还有多种特殊功能模板或智能模块，有较强的通信能力。

中型 PLC 的 I/O 点数一般在 1024 点以下，指令系统更丰富，内存容量更大，一般都有可供选择的系列化特殊功能模板，有较强的通信能力。

大型 PLC 的 I/O 点数一般在 1024 点以上，软、硬件功能极强，运算和控制功能丰富。具有多种自诊断功能，一般都有多种网络功能，有的还可以采用多 CPU 结构，具有冗余能力等。

2）按结构特点分：整体式、模块式。

整体式 PLC 多为微型、小型，特点是将电源、CPU、存储器及 I/O 接口等部件都集中装在一个机箱内，结构紧凑、体积小、价格低和安装简单，I/O 点数通常为 10~60 点。

模块式 PLC 是将 CPU、I/O 单元、电源单元以及各种功能单元集成为一体。各模块结构上相互独立，构成系统时，则根据要求搭配组合，灵活性强。

3）按控制性能分：低档机、中档机和高档机。

低档 PLC 具有基本的控制功能和一般运算能力，工作速度比较慢，能带的输入和输出模块数量比较少，输入和输出模块的种类也比较少。

中档 PLC 具有较强的控制功能和较强的运算能力，它不仅能完成一般的逻辑运算，也能完成比较复杂的数据运算，工作速度比较快。

高档 PLC 具有强大的控制功能和较强的数据运算能力，能带的输入和输出模块很多，输入和输出模块的种类也很全面。这类 PLC 不仅能完成中等规模的控制工程，也可以完成规模很大的控制任务。在联网中一般作为主站使用。

2. PLC 的应用

（1）数字量控制

PLC 用"与""或""非"等逻辑控制指令来实现触点和电路的串、并联，代替继电器进行组合逻辑控制、定时控制与顺序逻辑控制。

（2）运动量控制

PLC 使用专用的运动控制模块，对直线或圆周运动的位置、速度和加速度进行控制，可以实现单轴、双轴、三轴和多轴位置控制。

（3）闭环过程控制

过程控制是指对温度、压力和流量等连续变化的模拟量的闭环控制。PLC 通过模拟量 I/O 模块，实现模拟量和数字量之间的相互转换，并对模拟量实行闭环的 PID（ProportTonal-Integral-Derivative）控制。

（4）数据处理

现代的 PLC 具有数学运算、数据传送、转换、排序、查表和位操作等功能，可以完成数据的采集、分析与处理。

（5）通信联网

PLC 可以实现 PLC 与外部设备、PLC 与 PLC、PLC 与其他工业控制设备、PLC 与上位机、PLC 与工业网络设备等之间的通信，实现远程的 I/O 控制。

1.1.3　PLC 的结构与工作过程

1. PLC 的组成

PLC 一般由 CPU（中央处理器）模块、输入/输出接口、通信接口、扩展接口、电源模块等部分组成，PLC 的基本结构如图 1-2 所示。

（1）CPU 模块

CPU 模块主要由微处理器（CPU 芯片）和存储器组成。在 PLC 中 CPU 模块主要负责不断地采集输入信号，执行用户程序，刷新系统的输出。存储器用来存储操作系统、用户程序和数据。

（2）输入/输出接口

PLC 的输入/输出接口是 PLC 与工业现场设备相连接的端口。PLC 的输入和输出信号可以是开关量或模拟量，其接口是 PLC 内部弱电信号和工业现场强电信号联系的桥梁。接口主要起到隔离保护作用（隔离电路使工业现场和 PLC 内部进行隔离）和信号调整作用（把不同的

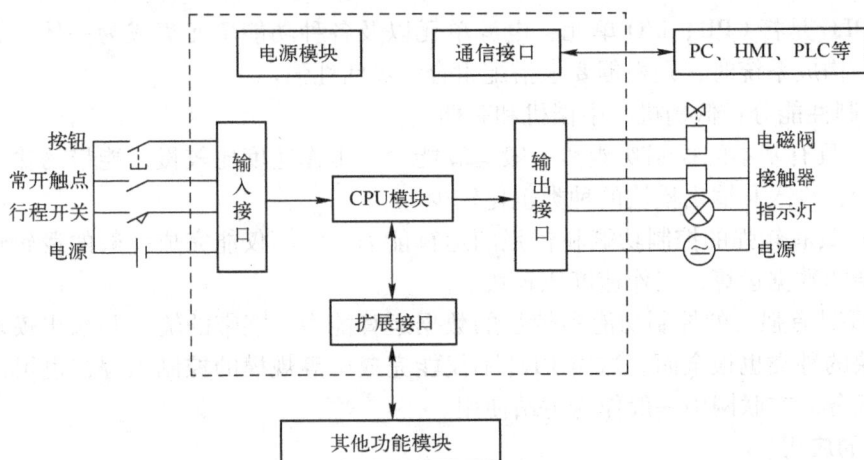

图 1-2　PLC 的基本结构

信号调整成 CPU 可以处理的信号）。

输入接口可连接外部向 CPU 发出指令的元件，如按钮、开关、传感器、继电器（此类元件的触点）等；输出接口可通过电源驱动外部的接触器、电磁阀、指示灯等元件。

（3）通信接口

通信接口用于连接与 PLC 通信的外部设备或其他通信模块，如编程器、计算机、打印机、扫描仪、触摸屏或 PLC 等设备。

（4）扩展接口

扩展接口用于连接与 PLC 控制器相关的其他模块，如数字量扩展模块、模拟量扩展模块和其他功能模块等。

（5）电源模块

电源模块是将输入的交流电或直流电转换为 CPU、存储器和 I/O 模块等需要的 DC 5 V 工作电源，是整个 PLC 的能源供给中心，直接影响到 PLC 的功能和可靠性。电源模块还可向外部提供 DC 24 V 稳压电源，向传感器和其他模块供电。

2. PLC 的工作过程

PLC 上电或从 STOP 状态切换到 RUN 状态后，在系统程序的监控下，周而复始地按一定的顺序对系统内部的各种任务进行查询、判断和执行，这个过程就是按顺序循环扫描的过程。

PLC 采用循环扫描的工作方式，其工作过程主要有 3 个阶段：输入采样阶段、程序执行阶段和输出刷新阶段。PLC 的工作过程如图 1-3 所示。

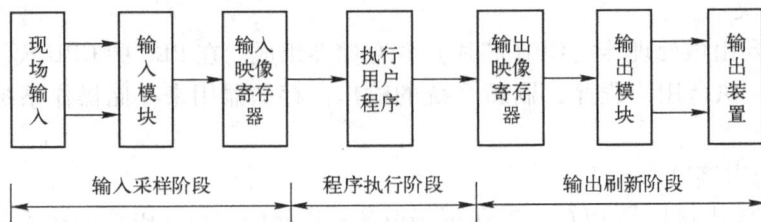

图 1-3　PLC 的工作过程

（1）输入采样阶段

PLC 在开始执行程序之前，首先按顺序将所有输入端子信号读入到寄存输入状态的输入映像区中存储，这一过程称为采样。PLC 在运行程序时，所需要的输入信号不是取当时输入端子上的信息，而是取输入映像寄存器中的信息。在本工作周期内这个采样结果的内容不会改变，只有到下一个输入采样阶段才会被刷新。

（2）程序执行阶段

PLC 按顺序进行扫描，即从上到下、从左到右地扫描每条指令，并分别从输入映像寄存器、输出映像寄存器以及辅助继电器中获得所需的数据进行运算和处理。再将程序执行的结果写入到输出映像寄存器中保存。但这个结果在全部程序未被执行完毕之前不会被送到输出端子上。

（3）输出刷新阶段

在执行完用户的所有程序后，PLC 将输出映像区中的内容送到寄存输出状态的输出锁存器中进行输出，并驱动用户设备。

PLC 重复执行上述 3 个阶段，每重复一次的时间称为一个扫描周期。PLC 在一个工作周期中，输入采样阶段和输出刷新阶段的时间一般为毫秒级，而程序执行时间因用户程序的长度而不同，一般容量为 1 KB 的程序扫描时间为 10 ms 左右。

PLC 上电或从 STOP 状态切换到 RUN 状态后，首先进行初始化（包括清除内部存储区、复位定时器和计数器等），然后进入循环扫描阶段。循环扫描过程包括 CPU 自诊断（包括对电源、PLC 内部电路、用户程序的语法进行检查、定期复位监控定时器等）、通信信息处理（PLC 与 PLC 之间、PLC 与计算机或其他设备之间的信息交换）、输入采样、程序执行和输出刷新。

1.1.4　PLC 的编程语言

PLC 有 5 种编程语言：梯形图（Ladder Diagram，LAD）、语句表（Statement List，STL）、功能块图（Function Black Diagram，FBD）、顺序功能图（Sequential Function Chart，SFC）以及结构文本（Structured Text，ST）。最常用的是梯形图和语句表。

1. 梯形图

梯形图是使用最多的 PLC 图形编程语言。梯形图与继电器控制系统的电路图相似，具有直观易懂的优点，很容易被工程技术人员熟悉和掌握。梯形图程序设计语言具有以下特点：

1）梯形图由触点、线圈和用方框表示的功能块组成。

2）梯形图中触点只有常开和常闭的状态，触点可以是 PLC 输入点所连接的开关，也可以是 PLC 内部继电器的触点或内部寄存器、计数器等的状态。

3）梯形图中的触点可以任意串、并联，但线圈只能并联不能串联。

4）内部继电器、寄存器等均不能直接控制外部负载，只能当中间结果使用。

5）PLC 是按循环扫描事件，沿梯形图先后顺序执行，在同一扫描周期中的结果留在输出状态寄存器中，所以输出点的值在用户程序中可以当作条件使用。

2. 语句表

语句表是使用助记符来书写程序的，又称为指令表，类似于汇编语言，但比汇编语言通俗易懂，属于 PLC 的基本编程语言。它具有以下特点：

1）利用助记符号表示操作功能，容易记忆，便于掌握。

2）在编程设备的键盘上就可以进行编程设计，便于操作。

3）一般 PLC 程序的梯形图和语句表可以互相转换。

4）部分梯形图及另外几种编程语言无法表达的 PLC 程序，必须使用语句表才能编程。

3. 功能块图

功能块图采用类似于数字电路逻辑门的图形符号，逻辑直观、使用方便。该编程语言中的方框左侧为逻辑运算的输入变量，右侧为输出变量，输入、输出端的小圆圈表示"非"运算，方框被"导线"连接在一起，信号从左向右流动，图 1-4 的控制逻辑与图 1-5 相同。图 1-4a、b 所示分别为梯形图与语句表，图 1-5 所示为功能块图。

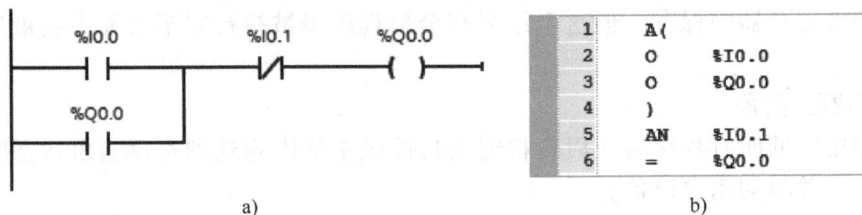

1	A(	
2	O	%I0.0
3	O	%Q0.0
4	)	
5	AN	%I0.1
6	=	%Q0.0

图 1-4 梯形图与语句表

a）梯形图 b）语句表

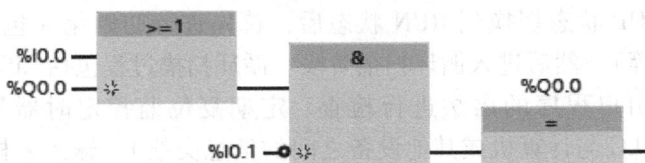

图 1-5 功能块图

功能块图程序设计语言有如下特点：

1）以功能模块为单位，从控制功能入手，使控制方案的分析和理解变得容易。

2）功能模块用图形化的方法描述功能，它的直观性极大方便了设计人员的编程和组态，有较好的易操作性。

3）对控制规模较大、控制关系较复杂的系统，由于控制功能的关系可以较清楚地表达出来，因此，编程和组态时间可以缩短，调试时间也能减少。

4. 顺序功能图

顺序功能图也称为流程图或状态转移图，是一种图形化的功能性说明语言，专用于描述工业顺序控制程序，使用它可以对具有并行、选择等复杂结构的系统进行编程。顺序功能图程序设计语言有如下特点：

1）以功能为主线，条理清楚，便于对程序操作的理解和沟通。

2）对大型的程序，可分工设计，采用较为灵活的程序结构，可节省程序设计时间和调试时间。

3）常用于系统规模较大、程序关系较复杂的场合。

4）整个程序的扫描时间较其他程序设计语言编制的程序扫描时间要大幅缩短。

该编程语言在西门子 STEP 7 中对应的是 S7 Graph（在 S7-300 PLC 新添加的块中才能使用该语言），如图 1-6 所示。

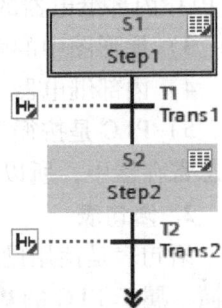

图 1-6 S7 Graph 程序

5. 结构文本

结构文本是一种高级的文本语言，可以用来描述功能、功能块和程序的行为，还可以在顺序功能流程图中描述步、动作和转换的行为。结构文本程序设计语言有如下特点：

1）采用高级语言进行编程，可以完成较复杂的控制运算。

2）需要掌握计算机高级程序设计语言的知识和编程技巧，对编程人员要求较高。

3）直观性和易操作性较差。

4）常被用于采用功能模块等其他语言较难实现的一些控制功能的实施。

该编程语言在西门子 STEP 7 中对应的是 S7 结构化控制语言（Structured Control Language，SCL），编程结构和 C 语言、Pascal 语言相似，特别适合习惯使用高级语言编程的人使用（在 S7-300 PLC 新添加的块中才能使用该语言），如图 1-7 所示。

```
1 IF "Start" = 1 AND "Stop" = 0 THEN
2     "Motor" := 1;
3 END_IF;
4 IF "Start" = 0 AND "Stop" = 1 THEN
5     "Motor" := 0;
6 END_IF;
```

图 1-7　S7 SCL 程序

1.1.5　S7-300 PLC 的硬件模块

本书以西门子公司 S7-300 PLC 为讲授对象。S7-300 PLC 采用背板总线结构，直接将总线集成在每个模块上，所有安装在机架（DIN 导轨）上的模块均通过总线连接器进行级联扩展。S7-300 PLC 模块安装示意图如图 1-8 所示。S7-300 PLC 由多种模块部件组成，包括导轨（RACK）、电源模块（PS）、CPU、接口模块（IM）、信号模块（SM）、功能模块（FM）及通信模块（CP）等。各种模块能以不同方式进行组合，以实现不同的控制要求。

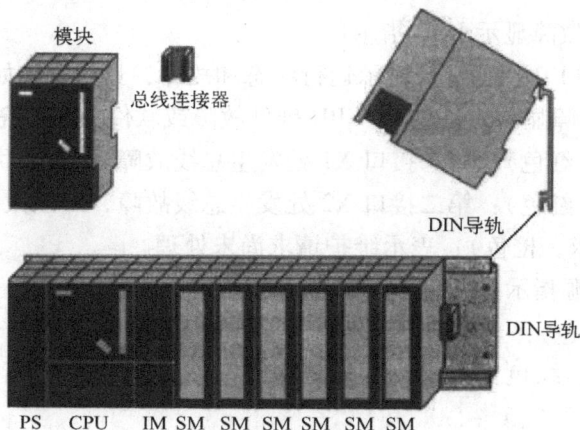

图 1-8　S7-300 PLC 模块安装示意图

1. 导轨

导轨是安装 S7-300 PLC 各类模块的机架，它是特制的异形板，其标准长度有 160 mm、482 mm、530 mm、830 mm 和 2000 mm，可以根据实际情况选用。

2. 电源模块

电源模块用于向 CPU 及其扩展模块提供 24 V 直流电源，也可以向需要 24 V 直流电源的传感器/执行器供电，如 PS 305、PS 307。PS 305 电源模块是直流供电，PS 307 电源模块是交流供电。应根据工业现场负载要求，选择不同输出电流能力的电源模块。

3. CPU 模块

S7-300 PLC 的 CPU 模块主要有 CPU 312、CPU 313、CPU 314、CPU 315、CPU 316、CPU 317、CPU 318 及 CPU 319 等型号。同一子系列的 CPU 还有不同型号（如 CPU 314、CPU 314 IFM、CPU 314C-2 DP、CPU 314C-2 PN/DP 及 CPU 314C-2 PtP 等），有的型号还有不同的版本号。每种 CPU 有其不同的性能，本书以 CPU 314C-2 PN/DP 型号为讲授对象。CPU 314C-2 PN/DP 是一款紧凑型（或称为经济型）的 CPU，本机集成了 24DI/16DO 数字量模块、5AI/2AO 模拟量模块、计数模块、定位模块及通信端口等。CPU 314C-2 PN/DP 的外形如图 1-9 所示。

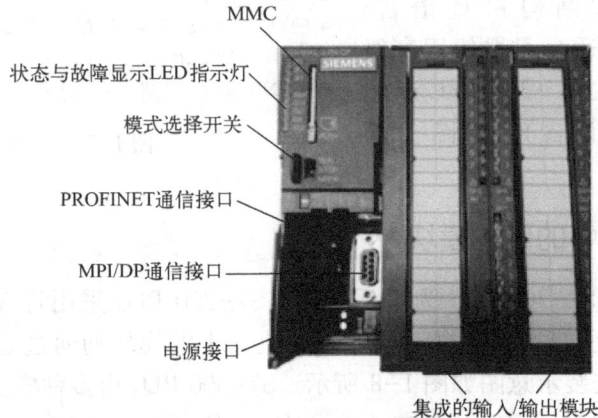

图 1-9　CPU 314C-2 PN/DP 的外形图

（1）CPU 的状态与故障显示 LED 指示灯

CPU 上安装有 8 个 LED 指示灯，显示运行状态和故障，具体含义如下。

- SF（系统出错/故障显示，红色）：CPU 硬件故障或软件错误时亮。
- BF1（总线故障，红色）：第一接口 X1 处发生总线故障，即 MPI/DP 网络错误。
- BF2（总线故障，红色）：第二接口 X2 处发生总线故障，即以太网网络错误。
- MAINT（维护请求，橙色）：表示维护请求尚未处理。
- DC 5 V（+5 V 电源指示，绿色）：5 V 电源正常时亮。
- FRCE（强制，橙色）：至少有一个 I/O 被强制时亮。
- RUN（运行方式，绿色）：CPU 处于"RUN"状态时亮；重新起动时以 2 Hz 的频率闪亮。
- STOP（停止方式，橙色）：CPU 处于"STOP""HOLD"状态或重新起动时常亮。

（2）模式选择开关

- RUN 模式：CPU 执行用户程序，刷新输入和输出，处理中断和故障信息服务等。
- STOP 模式：CPU 通电后自动进入 STOP 模式，在该模式下不执行用户程序。
- MRES 模式：CPU 存储器复位，带有用于 CPU 存储器复位功能的模式选择开关。通过模式选择开关进行 CPU 存储器复位的操作如下：通电后将模式选择开关从"STOP"位置扳到"MRES"位置，"STOP" LED 灯熄灭 1 s，亮 1 s，再熄灭 1 s 后保持常亮。放开开关，使它回到"STOP"位置，然后又扳到"MRES"位置，"STOP" LED 灯以 2 Hz

的频率至少闪动 3 s，表示正在执行复位，最后 "STOP" LED 灯一直亮时复位完成。

（3）微存储卡 MMC

Flash EPROM 微存储卡用于在断电时保存用户程序和某些数据，MMC 外形如图 1-10 所示。它可以扩展 CPU 的存储容量，也可以将有些 CPU 的操作系统存储在 MMC 中，这对系统升级比较方便。MMC 用作装载存储器或便携式存储媒体，它的读、写直接在 CPU 内进行，不需要专用的编程器。由于 CPU31× C 没有安装集成的装载存储器，在使用 CPU 时必须插入 MMC。

如果在写访问过程中拆下 MMC，卡中数据会被破坏。在这种情况下，必须将 MMC 插入 CPU 中并删除它，或在 CPU 中格式化存储卡。只有在断电状态或 CPU 处于 "STOP" 状态时才能取下 MMC。

图 1-10 MMC 外形

4. 接口模块

接口模块用于多机架配置时连接主机架（CR）和扩展机架（ER）。使用 IM360/361 接口模块可以扩展 3 个机架，主机架使用 IM360，扩展机架使用 IM361，各相邻机架之间的电缆最长为 10 m。每个 IM361 需要一部 DC 24 V 电源向扩展机架上的所有模块供电，可以通过电源连接器连接电源模块的负载电源。每个机架上安装的信号模块、功能模块和通信处理器，除了不能超过 8 块外，还受到背板总线 DC 5 V 供电电流的限制。

5. 信号模块

信号模块也称为输入/输出模块，是 CPU 模块与现场输入/输出元件和设备连接的桥梁，它是数字量 I/O 模块和模拟量 I/O 模块的总称。

（1）数字量模块

S7-300 PLC 有多种型号的数字量 I/O 模块供用户选择，主要有 SM321（数字量输入）、SM322（数字量输出）、SM323（数字量输入/输出）等。

数字量输入模块是将现场送来的数字信号电平转换成 S7-300 PLC 内部信号电平。数字量输入模块有直流输入和交流输入两种。

数字量输出模块是将 S7-300 PLC 内部信号电平转换成过程所要求的外部信号电平，可直接用于驱动接触器、继电器、电磁阀和灯等，有直流电源驱动晶体管输出型、交流电源驱动的晶闸管输出型、交/直流电源驱动的继电器输出型之分。

（2）模拟量模块

S7-300 PLC 的模拟量模块有 SM331（模拟量输入模块 AI）、SM332（模拟量输出模块 AO）和 SM334（模拟量输入/输出模块 AI/AO）等。

模拟量输入模块是将工业现场各种模拟量测量传感器输出的直流电压或电流信号转换成 PLC 内部处理用的数字量信号，输入一般采用屏蔽电缆，最长为 100 m 或 200 m。

模拟量输出模块是将 S7-300 PLC 的数字量信号转换成系统所需的模拟量信号，控制模拟量调节器或执行机构。

以上信号模块的接线按模块盖板背面的接线示例进行连接。

6. 功能模块

功能模块主要用于对实时性和存储量要求高的控制任务，如计数模块 FM350、定位模块 FM353 等。

7. 通信模块

通信模块用于 PLC 之间、PLC 与计算机和其他智能设备之间的通信，可以将 PLC 接入工业以太网、PROFIBUS 和 AS-i 网络，或用于串行通信。它可以减轻 CPU 处理通信的负担，并减少用户对通信功能的编程工作。

1.1.6 用户存储区及寻址方式

1. 用户存储区

S7-300 PLC 的用户存储区集成在 CPU 中，不能被扩展，主要包括输入映像寄存器、输出映像寄存器、位、外设输入/输出、定时器、计数器、数据块和局部数据等。

（1）输入映像寄存器

输入映像寄存器存储区又称为输入继电器（I），在扫描循环开始，操作系统从现场读取控制按钮、行程开关和传感器等送来的输入信号，并存入输入映像存储区。其每一位对应数字量输入模块的一个输入端子，按位寻址范围为 I0.0~65535.7，按字节寻址范围为 IB0~65535，按字寻址范围为 IW0~65534，按双字寻址范围为 ID0~65532。

（2）输出映像寄存器

输出映像寄存器存储区又称为输出继电器（Q），在扫描循环期间，逻辑运算的结果存入输出映像存储区。在循环扫描结束前，操作系统从输出映像存储区读出最终结果，并将其送到数字量输出模块，控制 PLC 外部的指示灯、接触器等控制对象。其每一位对应数字量输出模块的一个输出端子，按位寻址范围为 Q0.0~65535.7。

（3）位

位存储区又称为辅助继电器或中间继电器（M），位存储区与 PLC 外部对象没有任何关系，其功能类似于继电器控制系统中的中间继电器，主要用来存储程序运算过程的临时结果，可为编程提供无数量限制的触点，可以被驱动但不能直接驱动任何负载，按位寻址范围至少为 M0.0~255.7，每种 CPU 模块的位寻址空间不全相同。

（4）外设输入/输出

外设输入/输出（PI/PQ）存储区是用来直接访问本地 PIB 或 PQB0~65535 和分布式的输入/输出模块，如可直接访问模拟量输入/输出模块，按字节寻址范围为 PIB0~65535。

（5）定时器

定时器（T）为定时器指令提供相应的存储单元，访问该存储区可以获得定时器的剩余时间，每个定时器存储单元由 16 位组成，寻址范围为 T0~2047。

（6）计数器

计数器（C）为计数指令提供相应的存储单元，可实现加减计数功能，访问该存储区可以获得计数器的当前值。每个计数器单元由 16 位组成，寻址范围为 C0~2047。

（7）数据块

数据块存储区用于存储所有数据块的数据，此区数据是由用户根据需要自己创建并定义的内部参数，用 OPEN 指令最多可以同时打开一个共享数据块 DB 和一个背景数据块 DI。按位寻址范围为 DBX0.0~65535.7。

（8）局部数据

局部数据（L）又称为本地数据，这一区域用来存储逻辑块（OB、FB 或 FC）中所用的临时数据，一般用作中间暂存器。因为这些数据实际存放在本地数据堆栈（又称为 L 堆栈）中，所以当逻辑块执行结束时，数据自然丢失。按位寻址范围为 L0.0~65535.7。

2. 寻址方式

寻址方式就是指令执行时获取操作数的方式，可以用直接或间接方式给出操作数。S7-300 PLC 支持 4 种寻址方式：立即寻址、存储器直接寻址、存储器间接寻址和寄存器间接寻址。在此，只介绍存储器直接寻址方式。

存储器直接寻址简称为直接寻址，该寻址方式是在指令中直接给出操作数的存储单元地址。存储单元地址可用符号地址（如起动按钮 SB1、接触器 KM 等）或绝对地址（如 I0.0、Q0.5、M3.6 等）。

S7 系列 CPU 中可以按位、字节和双字对存储单元进行直接寻址。

二进制数的一位（bit）只有 0 和 1 两种不同的取值，可用来表示数字量的两种不同的状态，如触点的断开和接通、线圈的断电和通电等。8 位二进制数组成一个字节（Byte），其中第 0 位为最低位、第 7 位为最高位。两个字节组成一个字（Word），其中第 0 位为最低位，第 15 位为最高位。两个字组成一个双字（Double Word），其中第 0 位为最低位，第 31 位为最高位。

S7 系列 CPU 不同的存储单元都是以字节为单位。

对位数据的寻址由字节地址和位地址组成，如 I1.2，其中区域标识"I"表示寻址输入（Input）映像区，字节地址为 1，位地址为 2，"."为字节地址与位地址之间的分隔符，这种存取方式为"字节.位"寻址方式，如图 1-11 所示。

对字节、字和双字数据寻址时需指明区域标识符、数据类型和存储区域内的首字节地址。例如字节 MB10 表示由 M10.7~M10.0 这 8 位（高位地址在前，低位地址在后）组成的 1 个字节，M 为位存储区域标识符，B 表示字节（B 是 Byte 的缩写），10 为首字节地址。相邻的两个字节组成一个字，MW10 表示由 MB10 和 MB11 组成的 1 个字，M 为位存储区域标识符，W 表示字（W 是 Word 的缩写），10 为首字节的地址。MD10 表示由 MB10~MB13 组成的双字，M 为位存储区域标识符，D 表示双字（D 是 Double Word 的缩写），10 为起始字节的地址。位、字节、字和双字的构成示意图如图 1-12 所示。

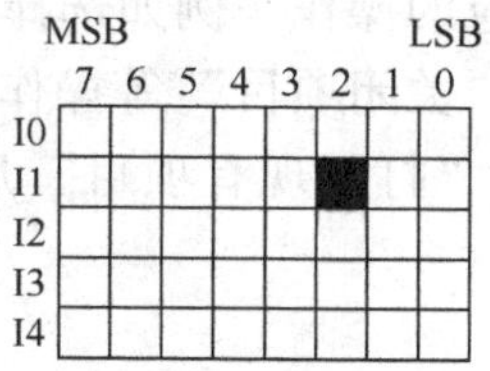

图 1-11　字节.位寻址示例 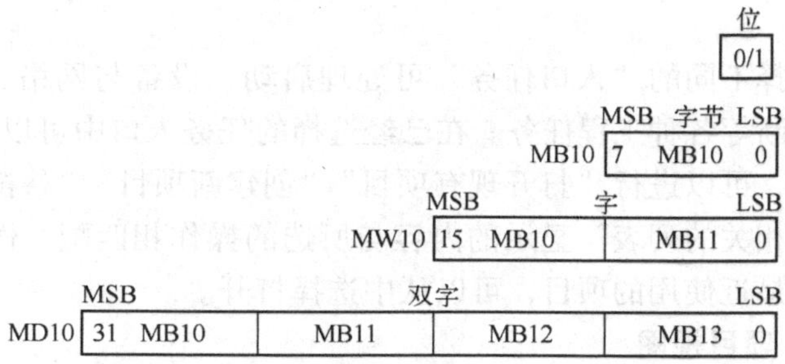　　　图 1-12　位、字节、字和双字的构成示意图

1.1.7　TIA Portal 编程软件

对于 S7-300 PLC 可使用两种软件进行编程及仿真，分别为：SIMATIC STEP 7 Professional V5.x（该软件使用不多）和 TIA Portal。TIA Portal 基本版只适用于 S7-1200 PLC，TIA Portal 专业版可用于 S7-300、S7-400、S7-1200、S7-1500 等系列 PLC 和 WinAC。

TIA（Totally Integrated Automation，全集成自动化）Portal（博途）是西门子最新的全集成自动化软件平台，它将 PLC 编程软件、运动控制软件、可视化的组态软件集成在一起，形成功能强大的自动化软件。本书使用 TIA Portal V16 对 S7–300 PLC 进行组态、编程及仿真。

　　TIA Portal 为用户提供两种视图：Portal 视图和项目视图。用户可以在两种不同的视图中选择一种最适合的视图，两种视图可以相互切换。

1. Portal 视图

　　Portal 视图如图 1–13 所示，在 Portal 门户视图中，可以概览自动化项目的所有任务。初学者可以借助面向任务的用户指南（类似于操作向导，可以一步一步进行相应的选择），以及最适合自动化任务的编辑器来进行工程组态。

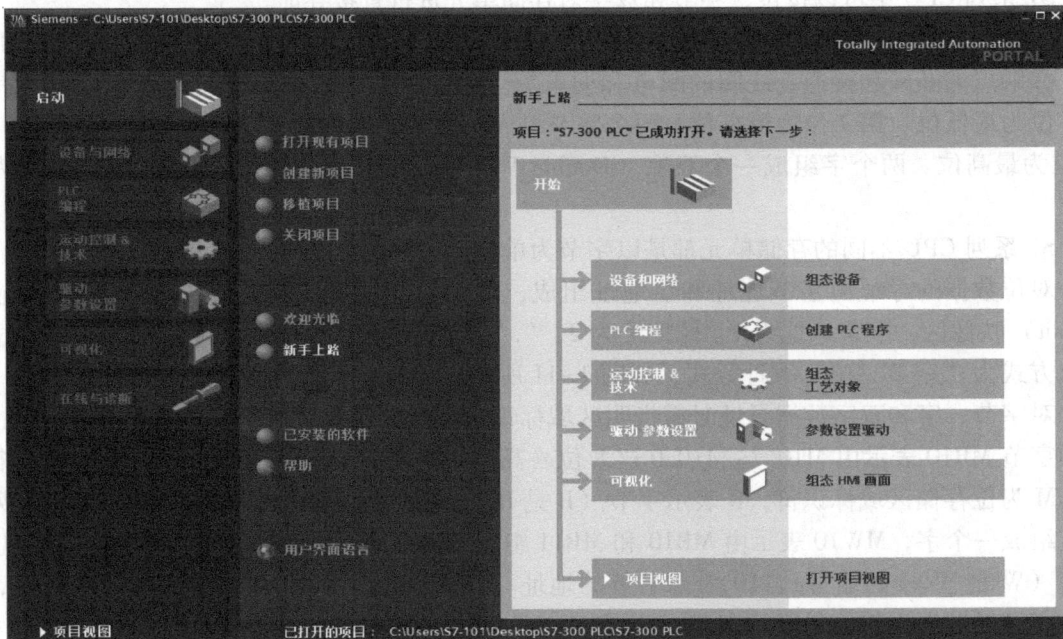

图 1–13　Portal 视图

　　选择不同的"入口任务"可处理启动、设备与网络、PLC 编程、运动控制、可视化、在线和诊断等各种工程任务。在已经选择的任务入口中可以找到相应的操作，例如选择"启动"任务后，可以进行"打开现有项目""创建新项目""移植项目""关闭项目"等操作。"与已选操作相关的列表"显示的内容与所选的操作相匹配，例如选择"打开现有项目"后，列表将显示最近使用的项目，可以从中选择打开。

2. 项目视图

　　项目视图如图 1–14 所示，在项目视图中整个项目按多层结构显示在项目树中，可以直接在项目视图中访问所有的编辑器、参数和数据，并进行高效的工程组态和编程，本书主要使用项目视图。

　　项目视图类似于 Windows 界面，上面有标题栏、工具栏、编辑区和状态栏等。

　　（1）项目树

　　项目视图的左侧为项目树（或项目浏览器），即标有①的区域，可以用项目树访问所有设备和项目数据、添加新的设备、编辑已有的设备、打开处理项目数据的编辑器。

　　单击项目树右上角的按钮◀，项目树和下面标有②的详细视图消失，同时在最左边的垂直条的上端出现按钮▶，单击它将打开项目树和详细视图。可以用类似的方法隐藏和显示右边标有⑥的任务卡。

将鼠标的光标放到两个显示窗口的交界处，出现带双向箭头的光标时，按住鼠标的左键移动鼠标，可以移动分界线，以调节分界线两边的窗口大小。

（2）详细视图

项目树窗口下面标有②的区域是详细视图，详细视图显示项目树被选中对象的下一级内容。图 1-14 中详细视图显示的是项目树"PLC 变量"文件夹中的内容。详细视图中若为已打开项目中的变量，可以将此变量直接拖放到梯形中。

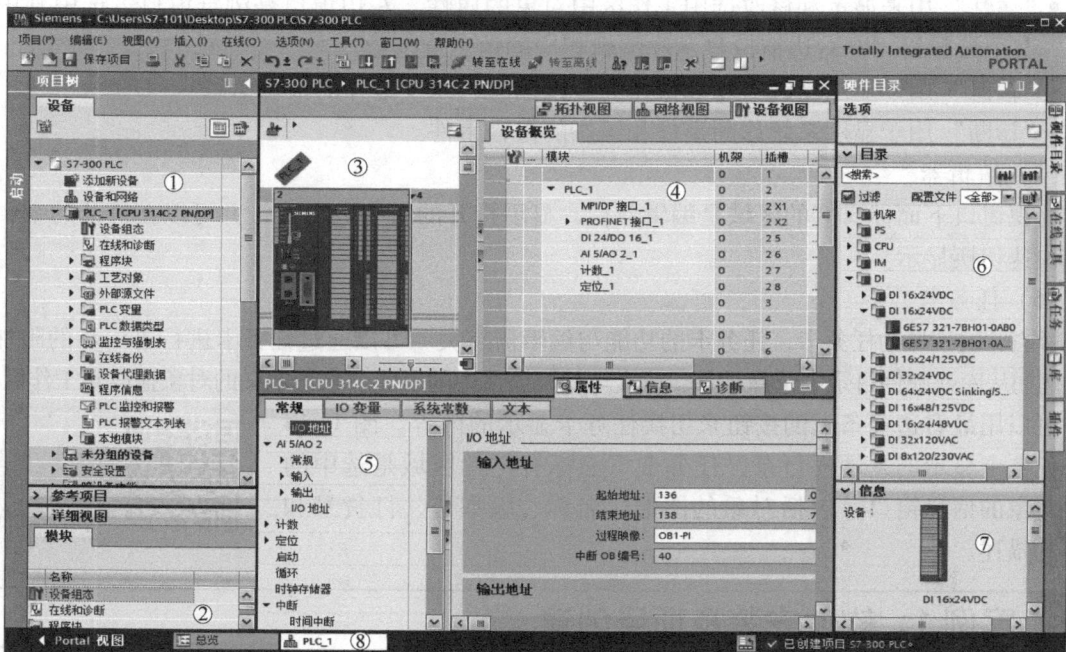

图 1-14　项目视图

单击详细视图左上角的按钮∨，详细视图关闭，只剩下紧靠"Portal 视图"的详细视图的标题，标题左边的按钮变为▶，单击该按钮，将重新显示详细视图。可以用类似的方法显示和隐藏标有⑤的巡视窗口和标有⑦的信息窗口。

（3）工作区

标有③的区域为工作区，可以同时打开几个编辑器，但是一般工作区只能显示一个当前打开的编辑器。打开的编辑器在最下面标有⑧的编辑器栏中显示。没有打开编辑器时，工作区是空的。

单击工具栏上的按钮━▯▯，可以垂直或水平拆分工作区，同时显示两个编辑器。

在工作区同时打开程序编辑器和设备视图，将设备视图中的 CPU 放大到 200%以上，可以将 CPU 上的 I/O 点拖放到程序编辑器中指令的地址域，这样不仅能快速设置指令的地址，还能在 PLC 变量表中创建相应的条目。也可以用上述方法将 CPU 上的 I/O 点拖放到 PLC 变量中。

单击工作区右上角上的按钮▢，将工作区最大化，将会关闭其他所有的窗口。最大化工作区后，单击工作区右上角的按钮⊟，工作区将恢复原状。

图 1-14 所示的工作区显示的是硬件与网络编辑器的"设备视图"选项卡，可以组态硬件。选中"网络视图"选项卡，将打开网络视图。

可以将硬件列表中需要的设备或模块拖放到工作区的硬件视图和网络视图中。

显示设备视图或网络视图时，标有④的区域为设备概览区或网络概览区。

（4）巡视窗口

标有⑤的区域为巡视窗口，用来显示选中工作区中对象的附加信息，还可以用来设置对象的属性。巡视窗口有 3 个选项卡：

- "属性"用来显示和修改选中工作区中对象的属性。左边窗口是浏览窗口，选中其中的某个参数组，在右边窗口显示和编辑相应的信息或参数。
- "信息"用于显示已选对象和操作的详细信息，以及编译的报警信息。
- "诊断"用于显示系统诊断事件和组态的报警事件。

（5）编辑器栏

巡视窗口下面标有⑧的区域是编辑器栏，显示打开的所有编辑器，并可以在打开的编辑器之间快速切换显示。

（6）任务卡

标有⑥的区域为任务卡，任务卡的功能与编辑器有关。可以通过任务卡进行进一步的附加操作，例如从库或硬件目录中选择对象、搜索与替换项目中的对象、将预定义的对象拖放到工作区。

可以用最右边竖条上的按钮来切换任务卡显示的内容。图 1-14 中的任务卡显示的是硬件目录，任务卡下面标有⑦的区域是选中的硬件对象的信息窗口，包括对象的图形、名称、版本号、订货号和简要的描述。

码 1-1　博途软件的视窗介绍

1.2　案例 1：软件安装及项目创建

1.2.1　目的

1）了解 TIA Portal 编程软件的安装环境。

2）掌握 TIA Portal 编程软件的安装步骤及方法。

3）掌握 S7-300 PLC 项目的创建步骤和方法。

1.2.2　任务

安装 TIA Portal 编程软件并创建新项目。

1.2.3　步骤

1. 安装 TIA Portal 编程软件

（1）TIA Portal V16 的安装环境

安装 TIA Portal V16 对计算机软硬件的最低要求如下：

- 处理器：CoreTM i5-3320M 3.3 GHz 或者水平相当的配置标准。
- 内存：至少 8 GB。

- 硬盘：300 GB SSD（固态硬盘）。
- 图像分辨率：最小为 1920×1080 像素。
- 显示器：15.6 in 宽屏显示（1920×1080 像素）。
- 网络：10 Mbit/s 或 100 Mbit/s 以太网卡。
- 安装 TIA Portal V16 需要管理员权限。
- 操作系统为 Windows 10（64 位）。

在安装过程中自动安装自动化许可证。卸载 TIA Portal 时，自动化许可证也被自动卸载。

（2）安装 TIA Portal V16 编程软件

安装时应关闭所有打开的软件。打开安装软件文件夹 STEP7_PRO_Safety_WinCC_Pro，双击文件夹中的"TIA_Portal_STEP7_Prof_Safety_WINCC_Prof_V16"应用程序，开始安装软件。

> **注意**：如果开始提示重新启动，选择"否"。然后在开始框中输入 regedit，按〈Enter〉键后进入注册表编辑器 \ HKEY_LOCAL_MACHINE \ SYSTEM \ ControlSet001 \ Control \ Session Manager，选中 Pending File Rename Operations，然后删除便可。

最初出现的视窗是欢迎使用对话框，单击"下一步"按钮，弹出"安装语言"选择对话框，在此选择"简体中文"，单击"下一步"按钮，弹出"软件包解压缩"对话框，用户可选择"将软件包解压缩到相应文件夹"，单击"下一步"按钮，弹出"正在解压缩软件包"对话框，然后弹出系统初始化窗口，初始化可能需要几分钟。

初始化完成后，在"安装语言"对话框中，选择"安装语言：中文"，单击"下一步"按钮。在弹出的"产品语言"对话框，选择"简体中文"，单击"下一步"按钮，弹出"安装产品配置"对话框，选择配置"典型"，勾选"创建桌面快捷方式"选项（默认设置），再选择软件安装路径，单击"浏览"按钮，可以设置编程软件安装的目标文件夹（可使用系统默认安装路径），选择安装路径如图 1-15 所示。

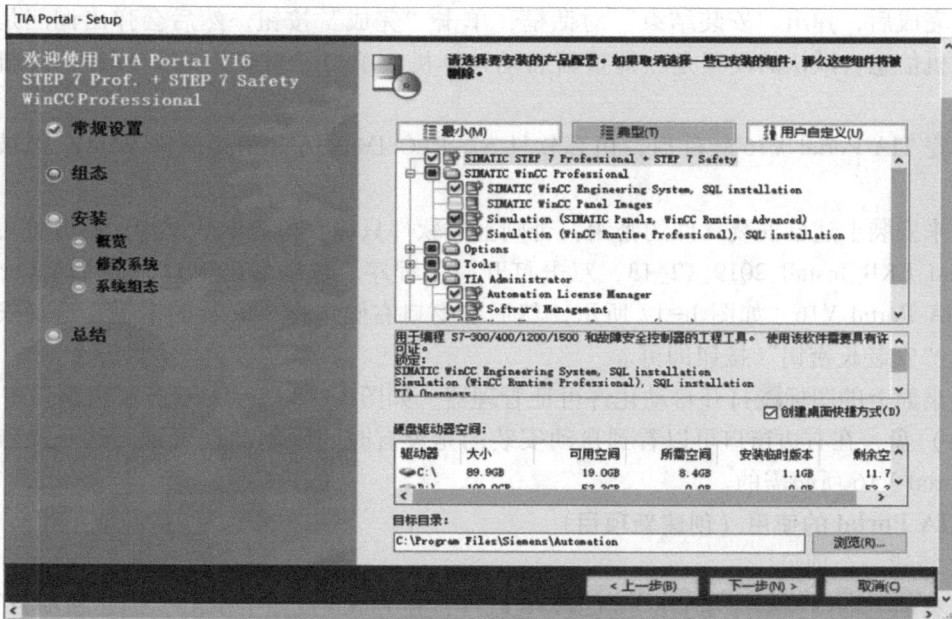

图 1-15　选择安装路径

在"您必须接受所有许可证条款"对话框中，勾选"本人接受所列出的许可协议中所有条款"和"本人特此确认，已阅读并理解了有关产品安全操作的安全信息"选项，然后单击"下一步"按钮。

在"安全控制"对话框，勾选"我接受此计算机上的安全和权限设置"选项，然后单击"下一步"按钮。

在"概览"对话框中给出了前面设置的产品配置、产品语言和安装路径，然后单击"安装"按钮开始安装，安装过程对话框如图 1-16 所示。

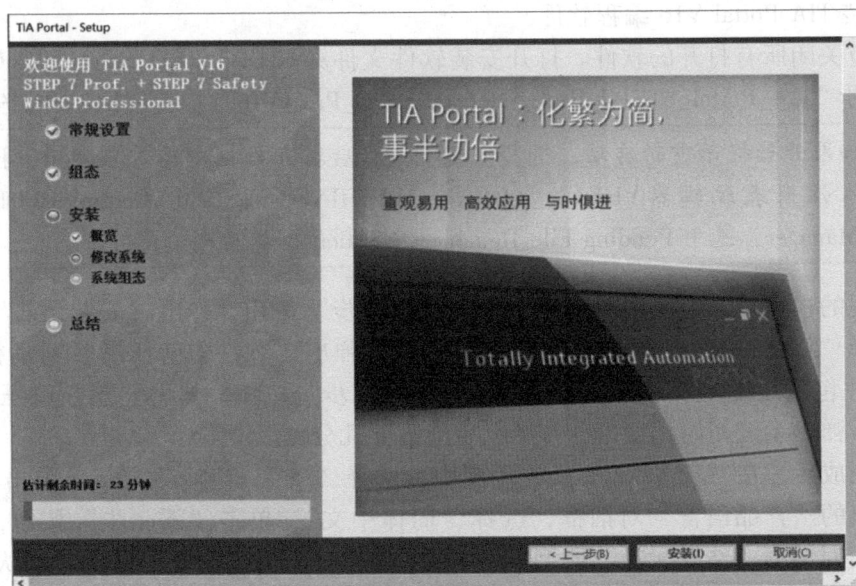

图 1-16 安装过程对话框

安装完成后，弹出"安装结束"对话框，单击"完成"按钮，然后会弹出询问是否重新启动计算机信息，默认的设置是立即重新启动计算机，单击"重新启动"按钮，重新启动计算机。

安装完 TIA Portal V16 软件后，仿真软件 S7-PLCSIM V16 和组态软件 WinCC 已被自动安装上。

接下来安装上述已安装软件的密钥，否则上述软件只能获得短期的试用。打开许可证密钥文件夹 Sim_EKB_Install_2019_12_13，双击打开应用程序。选中弹出窗口左侧 TIA Portal 文件夹下的 TIA Portal V16，如图 1-17 所示，然后在窗口右侧选择要安装的密钥，选择安装路径后，单击"安装长密钥"按钮即可。

双击桌面上的图标██打开自动化许可证管理器，如图 1-18 所示，双击左边窗口中的 Windows（C：）盘，在右边窗口可以看到自动安装的是没有时间限制的许可证。这一操作不是使用 TIA Portal V16 所必需的。

2. TIA Portal 的使用（创建新项目）

（1）新建一个项目

双击桌面上的图标██打开 TIA Portal V16 软件，在 Portal 视图中单击"创建新项目"，然后在其对话框右侧的"创建新项目"区域的"项目名称"栏输入"300_First"（见图 1-19），可

图 1-17　安装密钥窗口

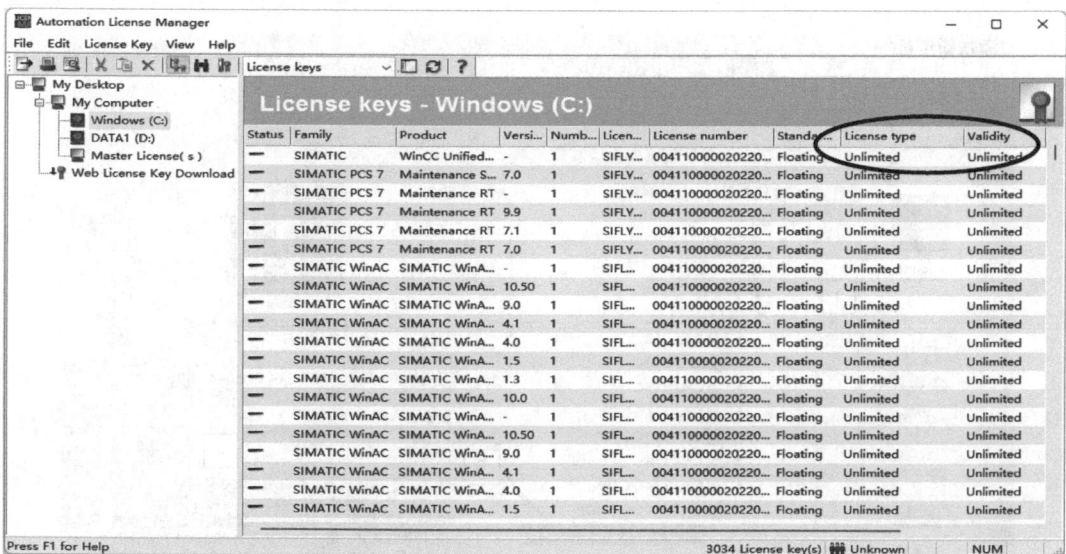

图 1-18　自动化许可证管理器

更改项目保存路径，单击"创建"按钮后自动进入图 1-13 所示的"Portal 视图"界面。若打开 TIA Portal 软件后，切换到"项目视图"，可执行菜单命令"项目"→"新建"，在出现的"创建新项目"对话框中，可以修改项目的名称，或者使用系统指定的名称，也可以更改项目保存的路径或使用系统指定路径（与图 1-19 类似），单击"创建"按钮便可生成项目。

（2）添加新设备

在 Portal 视图中，单击右侧窗口的"组态设备"或左侧窗口的"设备与网络"选项，在弹出窗口的项目树中单击"添加新设备"，将会出现图 1-20 所示的对话框。单击"控制器"图标，在"设备名称"栏输入要添加设备的用户定义名称，也可使用系统指定名称"PLC_

1"，在项目树中间通过单击各项前的图标或双击项目名打开 SIMATIC S7-300→CPU→CPU 314C-2 PN/DP，选择与硬件相对应订货号的 CPU，在此选择订货号为 6ES7 314-6EH04-0AB0 的 CPU（若此 CPU 有多个版本号，也要选择与实际 CPU 一样的版本号），在项目树的右侧将显示选中设备的产品介绍及性能。单击窗口右下角的"添加"按钮或双击已选择 CPU 的订货号，均可以添加一个 S7-300 设备。设备添加后，可以在项目树、设备视图和网络视图中看到已添加的设备。

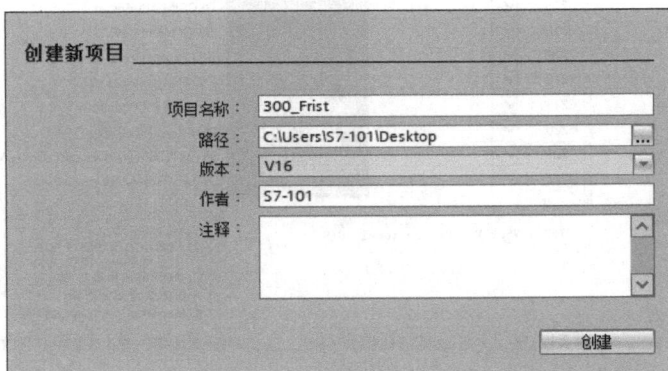

图 1-19 "创建新项目"对话框

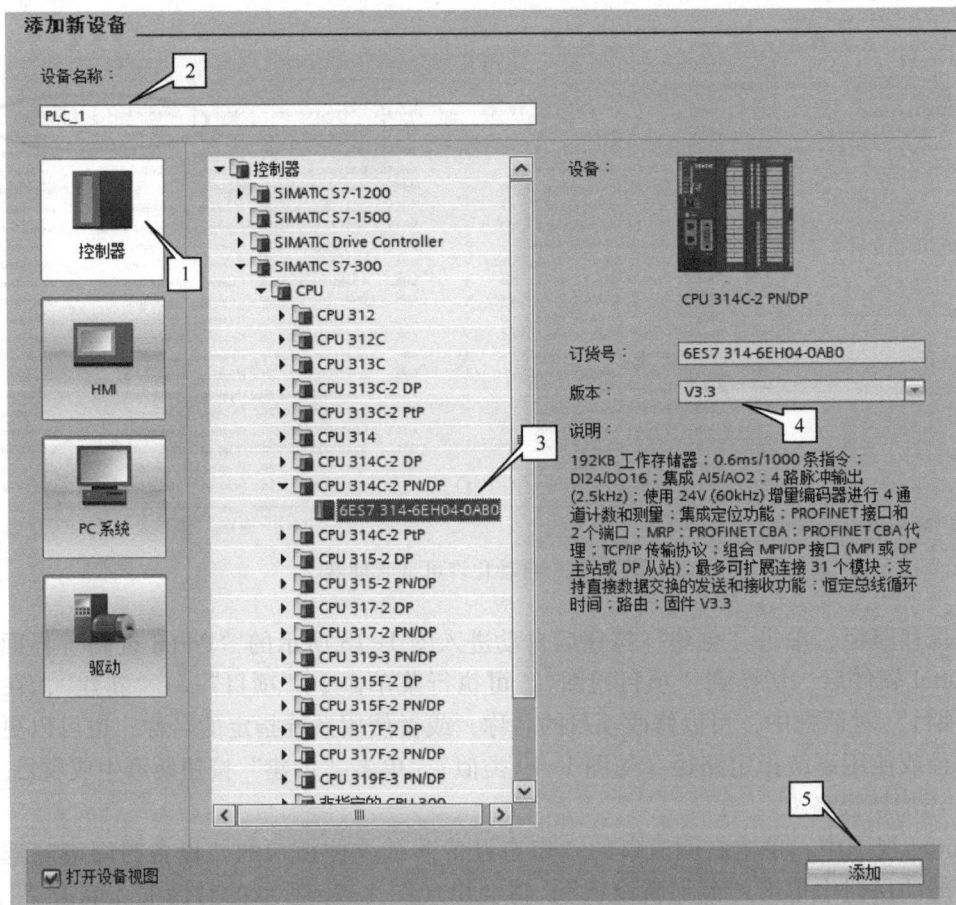

图 1-20 "添加新设备"对话框

（3）硬件组态

1）设备组态。

设备组态（Configuring，配置/设置，在西门子自动化设备中被译为"组态"）就是在设备和网络编辑器中生成一个与实际硬件系统对应的虚拟系统，模块的安装位置和设备之间的通信连接都应与实际的硬件系统完全相同。在自动化系统起动时，CPU 将比对两系统，如果两系统不一致，CPU 上 SF 指示灯会被点亮。

此外还应设置模块的参数，即给参数赋值，或称为参数化。

2）在设备视图中添加模块。

打开项目树中的"PLC_1"文件夹，双击其中的"设备组态"，打开设备视图，可以看到1 号槽中的 CPU 模块。

在硬件组态时，需要将 I/O 模块或通信模块放置在工作区的机架插槽内。有两种放置硬件对象（模块）的方法。

① 用"拖放"的方法放置硬件对象。

单击图 1-14 中最右边竖条上的"硬件目录"，打开硬件目录窗口。选中文件夹"\DI\DI 16×24VDC"中订货号为 6SE7 321-1BH50-0AA0 的 16 点 DI 模块，其背景变为深色，如图 1-21 所示。

此时所有可以插入该模块的插槽四周出现深蓝色的方框，表示只能将该模块插入这些插槽。用鼠标左键按住该模块不放，移动鼠标，将选中的模块"拖"到机架中 CPU 右边的 4 号槽，该模块浅色的图标和订货号随着光标一起移动。没有移动到允许放置该模块的工作区时，光标的形状为 ⊘（禁止放置）。反之光标的形状变为 🖱（允许放置）。将模块拖拽到相应插槽中时松开鼠标左键，被拖动的模块则被放置到该插槽上。

② 用双击的方法放置硬件对象。

放置模块还有一个简便的方法：首先用鼠标左键单击（简称为单击）机架中需要放置模块的插槽，使它的四周出现深蓝色的边框；再用鼠标左键双击（简称为双击）目录中要放置的模块，该模块便出现在选中的插槽上。

放置其他模块的方法与放置信号模块的方法相同，电源模块安装在 CPU 左侧的 1 号槽，IM360 接口模块放置在CPU 右侧的 3 号槽，其他模块安装在 CPU 右侧的 4~11 号槽。

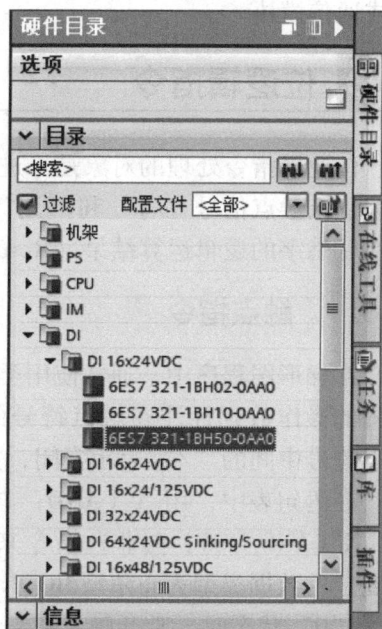

图 1-21　"硬件目录"窗口

可以将信号模块插入已经组态的两个模块中间（只能用拖放的方法放置）。插入点右边的模块将向右移动一个插槽的位置，新的模块被插入到空出来的插槽上。

3）删除硬件组件。

可以删除设备视图或网络视图中的硬件组件，被删除组件的地址可供其他组件使用。若删除 CPU，则在项目树中整个 PLC 站都被删除。

删除硬件组件后，可能在项目中产生矛盾，即违反插槽规则。选中指令树中的"PLC_1"，单击工具栏上的按钮 🔳 时硬件组态进行编译。编译时进行一致性检查，如果有错误将会显示错误信息，应改正错误后重新进行编译。

4）更改设备型号。

用鼠标右键单击设备视图中要更改型号的 CPU，执行出现的快捷菜单中的"更改设备类型"命令，选中出现的对话框"新设备"列表中用来替换设备的订货号，单击"确定"按钮，设备型号被更改。

5）打开已有项目。

用鼠标双击桌面图标█，在 Portal 视图的右侧窗口中选择"最近使用的"列表中的项目，或单击"浏览"按钮，在打开的对话框中找到某个项目的文件夹，双击其中标有█的文件，打开该项目。或打开软件后，在项目视图中，单击工具栏上的图标或执行█"项目"→"打开"命令，打开的对话框中列出了最近打开的某个项目，双击该项目即可打开。或单击"浏览"按钮，在打开的对话框中找到某个项目的文件夹并打开。

码 1-2　项目的创建与硬件组态

1.2.4　训练

用户可按上述介绍的方法安装所需要的软件，并创建一个项目，添加 CPU 模块和信号模块或通信模块。

1.3　位逻辑指令

位逻辑指令处理的对象是二进制位信号。二进制位信号只有"1"和"0"两种取值，可代表输入触点信号"有"和"无"，或输出线圈的"得电"和"失电"。位逻辑运算的结果保存在状态字的逻辑运算结果（Result of Logic Operation，RLO）位。

1.3.1　触点指令

在梯形图程序中，通常使用类似继电器控制电路中的触点符号来表示 PLC 的位元件，被扫描的操作数则标注在触点符号的上方，触点有常开和常闭之分，触点符号中间的"/"表示常闭，如图 1-22 所示。

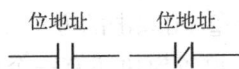

位地址　　　　位地址

—┤├—　—┤/├—

图 1-22　常开和常闭触点

在语句表中，用 A（AND，与）指令来表示串联的常开触点，用 AN（AND NOT，与非）指令来表示串联的常闭触点。触点指令中变量的数据类型为布尔型 BOOL，变量为"1"状态时，常开触点闭合，常闭触点断开；变量为"0"状态时，常开触点断开，常闭触点闭合。

在语句表中，用 O（OR，或）指令来表示并联的常开触点，用 ON（OR NOT，或非）指令来表示并联的常闭触点。

注意：在程序中，同一地址的常开或常闭触点可无限次使用。

【例 1-1】将图 1-23a 和图 1-24a 中部分梯形图转换成语句表，其相应语句表如图 1-23b 和图 1-24b 所示。

注意：在使用绝对寻址方式时，绝对地址前面的"%"符号是编程软件自动添加的，无需用户输入。

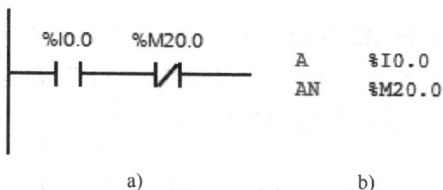

图 1-23　触点指令串联的应用示例
a）梯形图　b）语句表

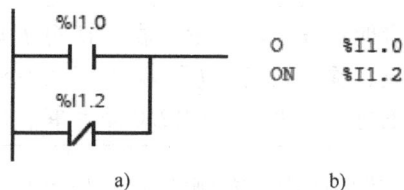

图 1-24　触点指令并联的应用示例
a）梯形图　b）语句表

1.3.2　赋值指令

赋值指令又称线圈指令，或输出指令，是将线圈的状态写入到指定地址。驱动线圈的触点电路接通时，线圈流过"能流"指定位对应的映像寄存器为 1，反之则为 0。如果是 Q 区地址，CPU 将输出的值传送给对应的过程映像输出，PLC 在 RUN（运行）模式时，接通或断开连接到相应输出点的负载。输出线圈指令可以放在梯形图的任意位置，变量类型为 BOOL 型。输出线圈指令既可以多个串联使用（见图 1-25 的程序段 2），也可以多个并联使用（见图 1-25 的程序段 1）。

建议初学时将输出线圈单独或并联使用（很多编程软件不支持线圈串联使用），并且放在每个电路的最后，即梯形图的最右侧，如图 1-25 中的线圈 M2.0、M2.2 和 Q0.0。线圈对应的触点在程序中可以无限次使用。

注意：使用博途编程软件编写 S7-300 PLC 的控制程序时，只允许在一个程序段内输入单个独立电路，如图 1-25 所示。

【例 1-2】将图 1-25 梯形图转换成语句表，其相应语句表如图 1-26 所示。赋值指令在语句表中为"="。

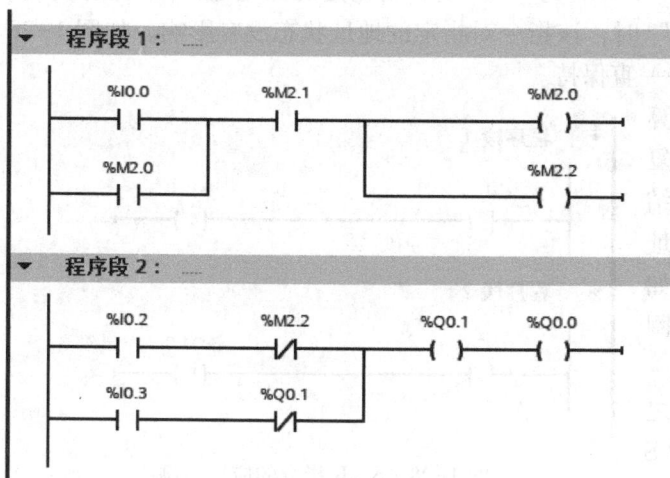

图 1-25　赋值指令的应用示例——梯形图

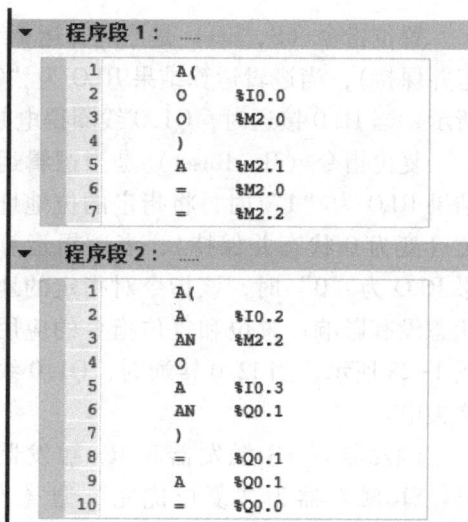

图 1-26　赋值指令的应用示例——语句表

💡 **说明：** 程序段 1 中，在写语句表时，首先将 I0.0 和 M2.0 看作一个整体（即一个电路块，需要使用"（"和"）"指令，因要与后面的指令串联，所以使用"A（"指令）。电路块中 I0.0 和 M2.0 是并联，即需使用 O 指令，然后再与 M2.1 串联（A）。

程序段 2 中，左侧的 I0.2 与 M2.2 串联（作为一个电路块），I0.3 与 Q0.1 串联（作为一个电路块），然后将这两个电路块并联作为一个新的电路块与后面指令串联。

从图 1-26 中可以看出，相对梯形图来说，语句表编程控制流程既没有梯形图直观，又容易出错。如果需要将梯形图转换成语句表，可右击项目树中的主程序"Main［OB1］"，执行"切换编程语言"选项，然后选择"STL"选项即可。在此，可以看到 S7-300 PLC 的主程序中只能使用梯形图、语句表和功能块图三种编程语言。本书重点介绍梯形图指令。

1.3.3　取反指令

取反指令是将取反指令前的逻辑串运算结果 RLO 进行取反，并将取反后的值保存在逻辑位 RLO，能流取反触点中间标有"NOT"。取反指令的应用如图 1-27 所示，当 I1.0 和 I1.1 组成的电路串逻辑运算结果为"1"时，Q1.3 的线圈不得电，反之，当它们逻辑运算结果为"0"时，Q1.3 的线圈得电。

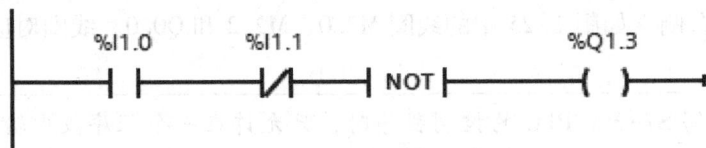

码 1-3　触点与赋值指令

图 1-27　取反指令的应用示例

1.3.4　置位/复位和触发器指令

置位指令（S，Set）是当逻辑运算结果 RLO 为"1"时，将指定的位地址置位（置为 1 状态并保持），当逻辑运算结果 RLO 为"0"时，该指令对指定的地址状态没有影响。如图 1-28 所示，当 I1.0 接通时，Q1.0 线圈得电并一直保持。

复位指令（R，Reset）是当逻辑运算结果 RLO 为"1"时，将指定的位地址复位（变为 0 状态并保持），当逻辑运算结果 RLO 为"0"时，该指令对指定的地址状态没有影响。置位和复位指令的应用如图 1-28 所示，当 I2.0 接通时，Q1.0 线圈将失电。

触发器有 SR 触发器和 RS 触发器之分。SR 触发器为"复位优先"型（当 S 和 R 驱动信号同为"1"时，触发器最终

图 1-28　S、R 指令的应用示例

为复位状态）；RS 触发器为"置位优先"型（当 S 和 R 驱动信号同为"1"时，触发器最终为置位状态）。如果 S 和 R 信号不同时驱动，则触发器响应当前驱动信号。触发器指令的应用如图 1-29 所示。

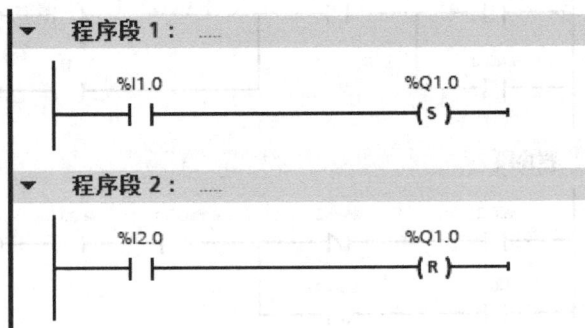

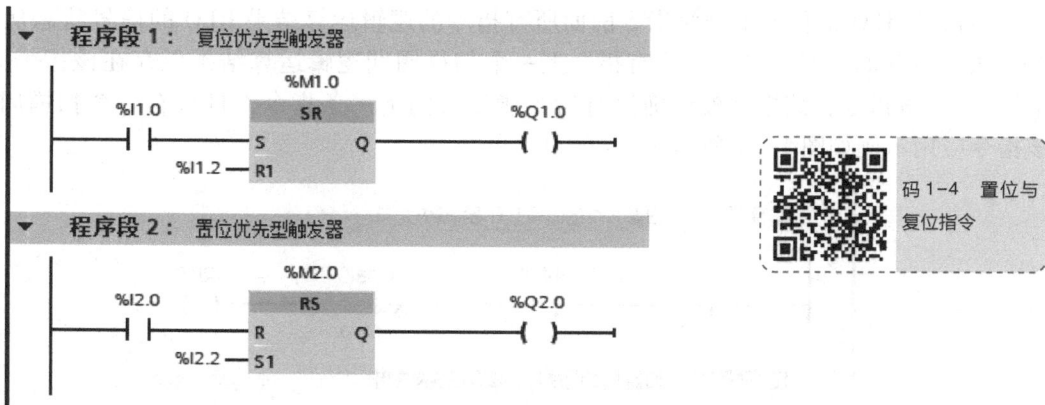

图 1-29　SR、RS 触发器指令的应用示例

1.3.5　检测指令

检测指令有对扫描操作数的信号边沿检测指令（FP、FN）和对扫描 RLO 的信号边沿检测指令（P_TRIG、N_TRIG）之分。

扫描操作数的信号边沿检测指令又分为扫描操作数的信号上升沿指令（FP）和扫描操作数的信号下降沿指令（FN）。

当扫描操作数的信号上升沿指令上方的操作数出现从"0"到"1"发生变化时（操作数的上一个扫描周期状态保存在该指令下方的存储位中），执行该指令，该指令被正确执行后，能流流向下一条指令，且只有一个扫描周期时间。该指令应用示例如图 1-30 所示。

图 1-30 中，当输入信号 I0.0 出现上升沿时，线圈 Q0.0 得电一个扫描周期，而线圈 Q0.1 因使用置位指令 S 而一直保持得电。

当扫描操作数的信号下降沿指令上方的操作数出现从"1"到"0"发生变

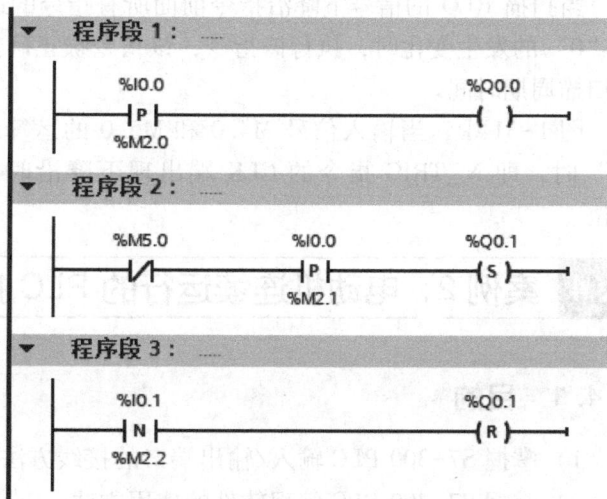

图 1-30　FP 和 FN 指令的应用示例

化时（操作数的上一个扫描周期状态保存在该指令下方的存储位中），执行该指令，该指令被正确执行后，能流流向下一条指令，且只有一个扫描周期时间。

图 1-30 中，当输入信号 I0.1 出现下降沿时，线圈 Q0.1 复位而失电。

注意： 程序中若同一个扫描操作数的信号上升沿或下降沿指令使用多次时，其操作数 2 应使用不同的存储位，否则将会出错。

扫描 RLO 的信号边沿检测指令又分为扫描 RLO 的信号上升沿指令（P_TRIG）和扫描 RLO 的信号下降沿指令（N_TRIG）。注意：在语句表中扫描 RLO 的信号边沿检测指令的助记符也是 FP 和 FN。

当扫描 RLO 的信号上升沿指令前面所有指令的逻辑运算结果 RLO 的信号状态从 "0" 到 "1" 发生变化时（该指令前面所有指令上一个扫描周期逻辑运算结果保存在该指令的存储位中），执行该指令，该指令被正确执行后，能流流向下一条指令，且只有一个扫描周期时间。该指令应用示例如图 1-31 所示。

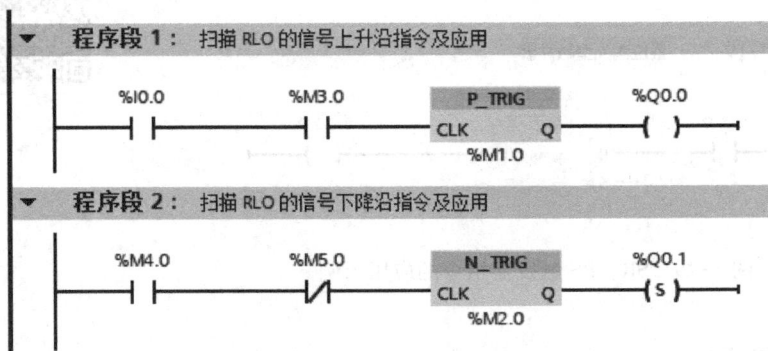

图 1-31　P_TRIG 和 N_TRIG 指令的应用示例

图 1-31 中，当 I0.0 和 M3.0 串联的运算结果从 "0" 到 "1" 时，即 P_TRIG 指令的 CLK 端出现上升沿时，线圈 Q0.0 得电一个扫描周期。

当扫描 RLO 的信号下降沿指令前面所有指令的逻辑运算结果（RLO）的信号状态从 "1" 到 "0" 的发生变化时，执行该指令，该指令被正确执行后，能流流向下一条指令，且只有一个扫描周期时间。

图 1-31 中，当输入信号 M4.0 和 M5.0 的运算结果从 "1" 到 "0" 时，即 N_TRIG 指令的 CLK 端出现下降沿时，线圈 Q0.1 被置位。

码 1-5　扫描操作数的信号边沿检测指令

1.4　案例 2：电动机连续运行的 PLC 控制

1.4.1　目的

1）掌握 S7-300 PLC 输入/输出端口的接线方法。
2）掌握 S7-300 PLC 编程软件的使用方法。
3）掌握触点和赋值指令的使用。

1.4.2　任务

使用 S7-300 PLC 实现一台电动机的连续运行控制。控制要求如下：按下起动按钮 SB1，电动机起动并连续运行；按下停止按钮 SB2，电动机立即停止运行；控制系统还要有必要的保护措施。

1.4.3　步骤

1. 主电路的设计

案例分析可知：只要三相异步电动机接通三相电源即可起动并运行，熔断器和热继电器作为主电路的保护器件，其原理图如图 1-32 所示。

2. I/O 端口的连接

PLC 控制系统中主电路应和继电器控制系统中一样，而控制电路则使用 PLC 来控制。PLC 的控制系统首先要解决的问题是输入和输出元器件的确定，其次是输入/输出端口的线路连接，最后是编写控制程序，将输入和输出关联到一起。

输入元器件是给 PLC 发出指令的元器件，如按钮、开关、传感器、继电器类元件的触点等，通俗地讲所有具有开关触点的元器件都可以作为 PLC 的输入元器件。本案例中起动按钮（建议使用绿色按钮）、停止按钮（建议使用红色按钮）、热继电器等作为 PLC 的输入元器件。

输出元器件是 PLC 经过程序运算后通过输出端口所驱动的元器件，还可再通过这些元器件的动作驱动其他元器件或设备。PLC 的输出元器件可为指示灯、接触器、电磁阀等，通俗地讲所有需要得电的元器件都可以作为 PLC 的输出元器件。本案例中只有接触器作为 PLC 的输出元器件。

一般在设计 PLC 控制系统时，会将 PLC 的输入/输出元器件及它们所对应接入到 PLC 的输入/输出端口地址按表格形式加以分配，本案例的 I/O 地址分配如表 1-1 所示。

表 1-1　电动机连续运行的 PLC 控制 I/O 地址分配

输　　入		输　　出	
输入继电器	元器件	输出继电器	元器件
I0.0	起动按钮 SB1	Q0.0	接触器 KM
I0.1	停止按钮 SB2		
I0.2	热继电器 FR		

PLC 的 I/O 端口元器件线路的接线方式或所使用的触点类型，对于程序的编写有着直接的影响。一般情况下，若 PLC 的输入端口数量充足，建议每一个元件都占用一个输入端口，对于常用的输入元器件线路连接时不分顺序（在没有固定输入地址分配表的情况下，且特殊信号除外），而且每个元器件常开或常闭触点的某一端都是与 PLC 的某一输入端口相连接，另一端都与 PLC 输入信号供电电源某一极性端相连接（即输入信号电源不区分极性），电源的另一极性端与输入信号的公共端相连接（所有元器件与电源有点像并联的形状），如图 1-33 所示。

PLC 的输出元器件若连接在同一个输出信号模块上时，每个元器件的某一端（一般使用进线端）都与 PLC 的某一输出端口相连接，另一端（一般是出线端）与驱动负载的电源某一端相连接（如直流输出型模块，必须是直流电源的负极性端；如交流输出型模块，建议使用交流电源的零线端），电源的另一端经熔断器后与输出模块的输出信号公共端相连接。所有负载与 PLC 输出端的连接不分顺序（在没有固定输出地址分配表的情况下，且特殊元器件除外）。所有负载的连接也都与负载驱动电源并联（对于 S7-300 PLC 的输出信号模块来说，每一个模块的所有输出端口其电源类型相同）类似。本案例 I/O 端口的连接如图 1-33 所示。

注意： 从图 1-33 可知，本案例使用的交流接触器线圈额定电压为直流 24 V（CPU 模块集成的输出接口类型为直流型），若用户身边只有额定电压为交流 220 V 的接触器，可将图 1-33 中的交流接触器更换为直流 24 V 的中间继电器，然后通过中间继电器的常开触点去驱动 220 V 的交流接触器线圈（转换电路请用户自行设计）。

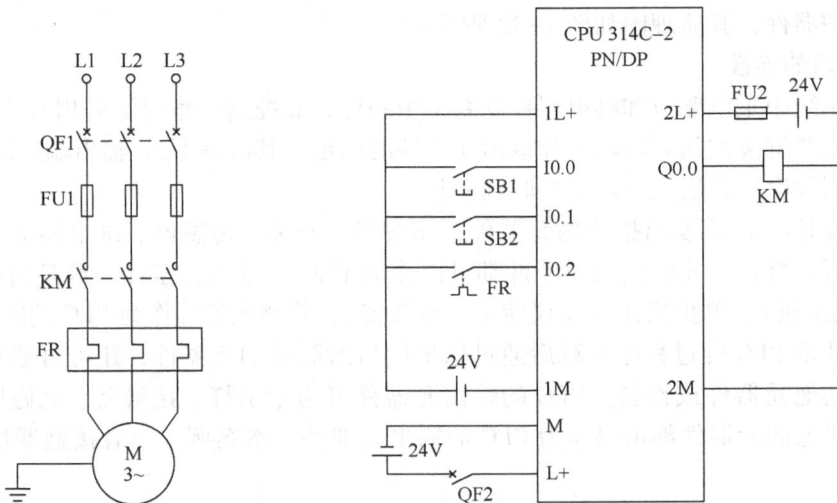

图 1-32　电动机连续运行控制的主电路　图 1-33　电动机连续运行 PLC 控制的 I/O 接线图

3. 创建项目与硬件组态

创建一个名称为"M_lianxu"的项目，并按 1.2.3 节介绍的步骤添加一个 CPU 模块（在此选 CPU 314C-2 PN/DP，未特殊说明，本书均选择此型号 CPU）。该型号 CPU 集成有 24 个输入端口，16 个输出端口，5 路模拟量输入通道，2 路模拟量输出通道，可满足正常学习和使用需求。

如果 CPU 使用的电源是西门子公司 S7-300 PLC 的配套电源，用户可在项目的"设备视图"窗口中，在 CPU 的左侧 1 槽位添加相应的电源模块 PS；也可以使用普通的 24 V 直流稳压电源给 CPU 供电。

> **注意**：用户选择的 CPU 订货号及版号必须与实物一致。若 PLC 控制系统中（或实验实训操作台上）除 CPU 模块外，还有其他模块，但是用户所做项目无需后续模块，在硬件组态时可不添加那些模块。

在项目的"设备视图"窗口中，双击 CPU 模块，打开其巡视窗口（或右击 CPU 后选择"属性"选项），如图 1-34 所示。单击"常规"属性中"DI 24/DO 16"选项下的"I/O 地址"，在其右侧窗口中显示 I/O 地址的详细情况。从图 1-34 中可以看到 CPU 模块的默认输入地址为 IB136、IB137 和 IB138，输出地址为 QB136 和 QB137，而用户都习惯从 I0.0 和 Q0.0 开始使用。

在图 1-34 中的"起始地址"栏输入 0（可更改值范围为 0~2045），按〈Enter〉键后，下方的"结束地址"自动变为 2，即对应各输入点的位地址为：I0.0~I0.7、I1.0~I1.7、I2.0~I2.7；用同样方法，将模块的输出地址改为从 0（可更改值范围为 0~2046）开始，即对应各输出点的位地址为：Q0.0~Q0.7、Q1.0~Q1.7。

> **注意**：1. 硬件组态完成后，必须对其进行编译并保存，否则所做的组态不被系统认可。
> 2. 某些早期的 CPU 不支持信号模块的地址修改功能。

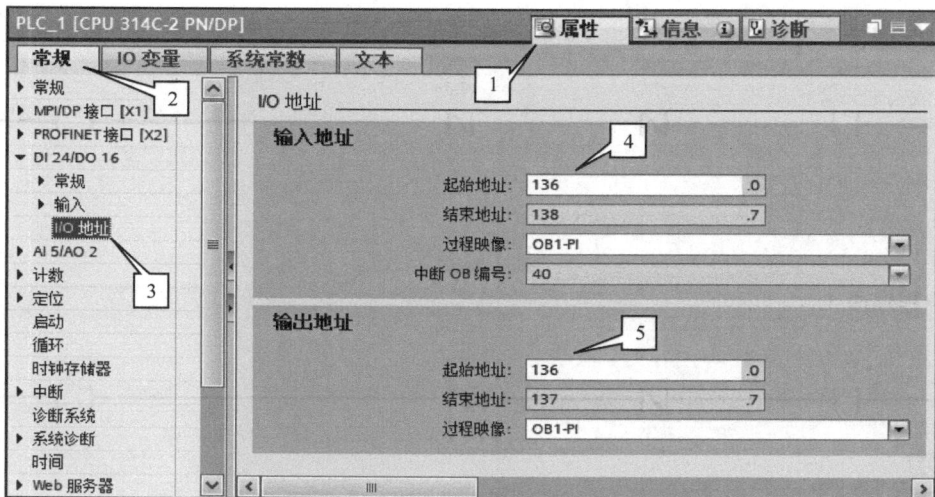

图 1-34　CPU 模块的"I/O 地址"的"属性"对话框

4. 编写程序

　　用鼠标双击项目树中"程序块"下的"Main[OB1]",打开程序编辑窗口,如图 1-35 所示。单击程序段 1 中的程序行,然后选择窗口右侧"指令"→"基本指令"→"位逻辑运算"→"常开触点"选项,此时常开触点被放在程序段 1 的最左侧,或按住常开触点拖拽到程序行上,或双击程序编辑窗口中"块标题"栏上方"收藏夹"中的常开触点,如图 1-36a 所示。

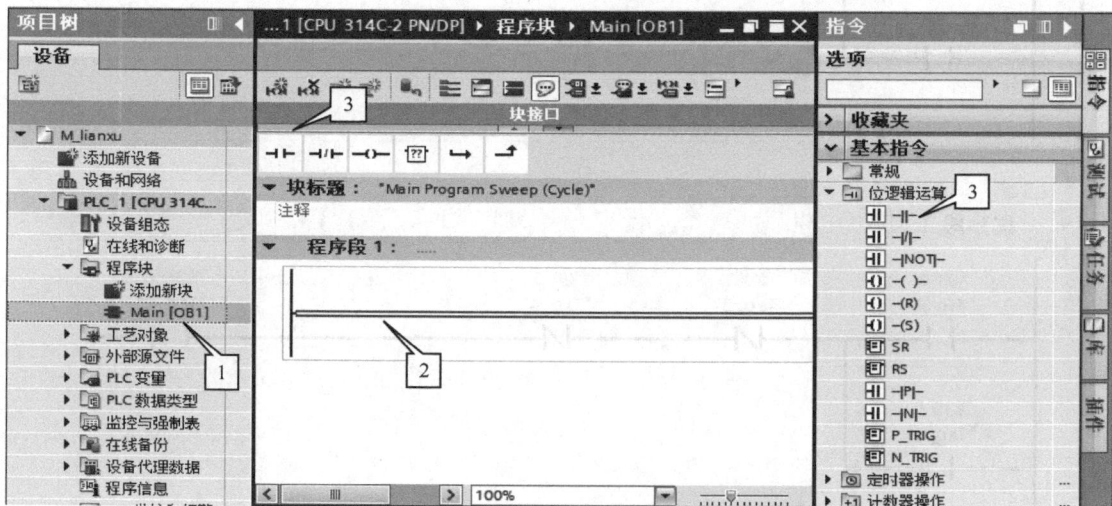

图 1-35　程序编辑窗口

　　按上述方法,再生成两个常闭触点和一个线圈(赋值),如图 1-36a 所示。

　　下面再生成并联触点:单击第一个常开触点左侧的程序行,此时出现细短的矩形蓝色框,单击收藏夹中的"打开分支"按钮→,如图 1-36b 中向右的双箭头,然后再生成一个常开触点,再单击收藏夹中的"嵌套闭合"按钮→,此时触点已并联,如图 1-36c 所示,或按住触点右侧向右的双箭头将其拖向该程序段的其他程序行上,此时在可以合并的触点右侧都会出现小正方形,等到待合并处的小正方形变为绿色时可以释放鼠标,此时触点便可合并。

　　在同一程序段的下一行生成第一个触点时,也可以采用以下方法:单击程序行最左侧的竖

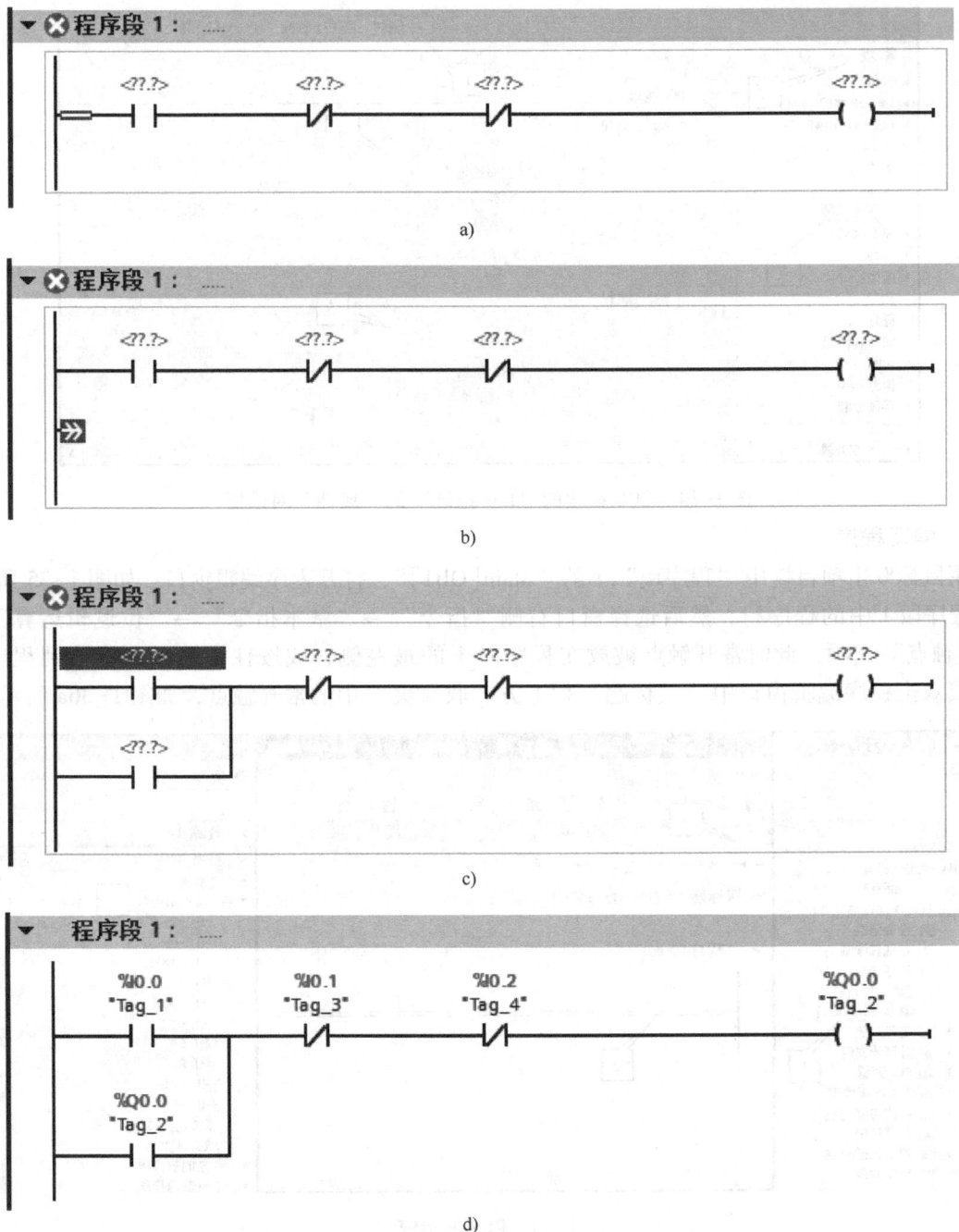

图 1-36　电动机连续运行的 PLC 控制程序

线（也称左母线），此时左母线变为带有蓝色边框的竖线，再在该竖线右侧单击鼠标，此时左母线四周的蓝色边框消失变为带左边框的粗实线，此时便可在此处添加一个触点。

单击程序段 1 中最左侧常开触点上方的<??.?>（该地址输入处显示有蓝色背景的矩形，如图 1-36c 所示），在此处输入"I0.0"后按下〈Enter〉键，光标自动移到下一触点上方的<??.?>处，然后依次将其他触点和线圈相应的地址添加上，如图 1-36d 所示。

注意：1）在程序段中程序没有编辑完成，或出现语法错误时，在文字"程序段"的左侧会出现符号❌，若编辑完成且没有语法错误时，该符号消失。

　　　2）在输入地址时，不区分大小写，而且地址前的"%"也由系统自动添加，表示绝对地址，同时，在地址下方出现的"Tag_n（标签）"是该地址的"符号地址"，也称符号名，用户可以对这些符号名进行更改，做到"望文知义"，如"起动按钮""电动机"等。

5. 软件仿真

（1）打开仿真软件

在没有将硬件组态和程序下载到实物 PLC 之前，可以通过仿真软件对所编写的程序进行仿真。用鼠标单击项目窗口工具栏上的"启动仿真"按钮，弹出"启动仿真将禁用所有其他的在线接口"提示框，如图 1-37 所示。可勾选"不要再显示此消息"复选框，否则每次启动仿真都会弹出此对话框，单击"确定"按钮，便启用仿真软件 S7-PLCSIM，如图 1-38 所示。

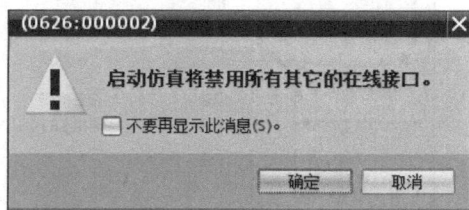

图 1-37　启用仿真软件提示框

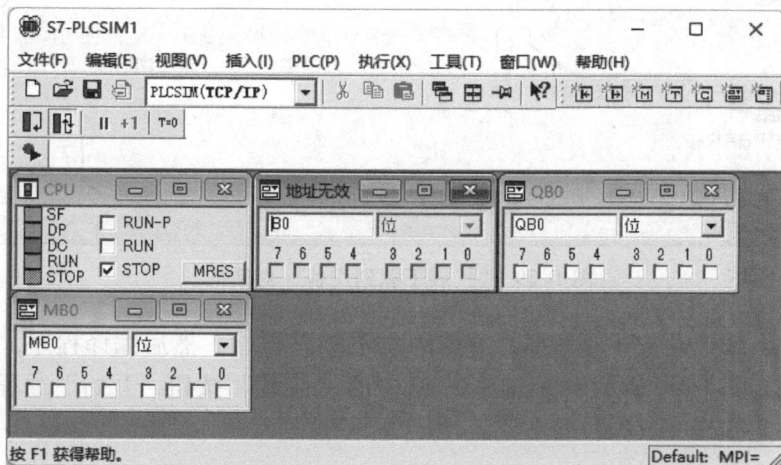

图 1-38　S7-PLCSIM 窗口

刚打开 S7-PLCSIM 时，只显示图 1-38 最左边被称为 CPU 视图对象的小方框。用鼠标单击它上面的"STOP、RUN 或 RUN-P"小方框，可以令仿真 PLC 处于相应的运行模式。用鼠标单击"MRES"按钮，可以清除仿真 PLC 中已下载的程序。可以用鼠标调节 S7-PLCSIM 窗口的位置和大小。用户还可以执行菜单命令"视图"→"状态栏"，关闭或打开下方的状态条。

（2）下载项目

在打开仿真软件时，会弹出"扩展下载到设备"对话框，如图 1-39 所示。在"PG/PC 接口的类型"栏选择"PN/IE"，然后在"PG/PC"栏自动显示"PLCSIM"，即为仿真器接口。单击该对话框中"开始搜索"按钮 开始搜索(S)，然后在"在线状态信息"中显示搜索信息，若搜索到 CPU，该 CPU 的信息将会加以显示，如设备类型、接口类型、IP 地址等，同时，左侧的 CPU 所在方框的背景色变为实心的橙色（此过程与将项目加载到实物 CPU 中相同），PC 与 CPU 之间的连接线也变为绿色，表示 PC 与 CPU 已建立连接（见图 1-39）。

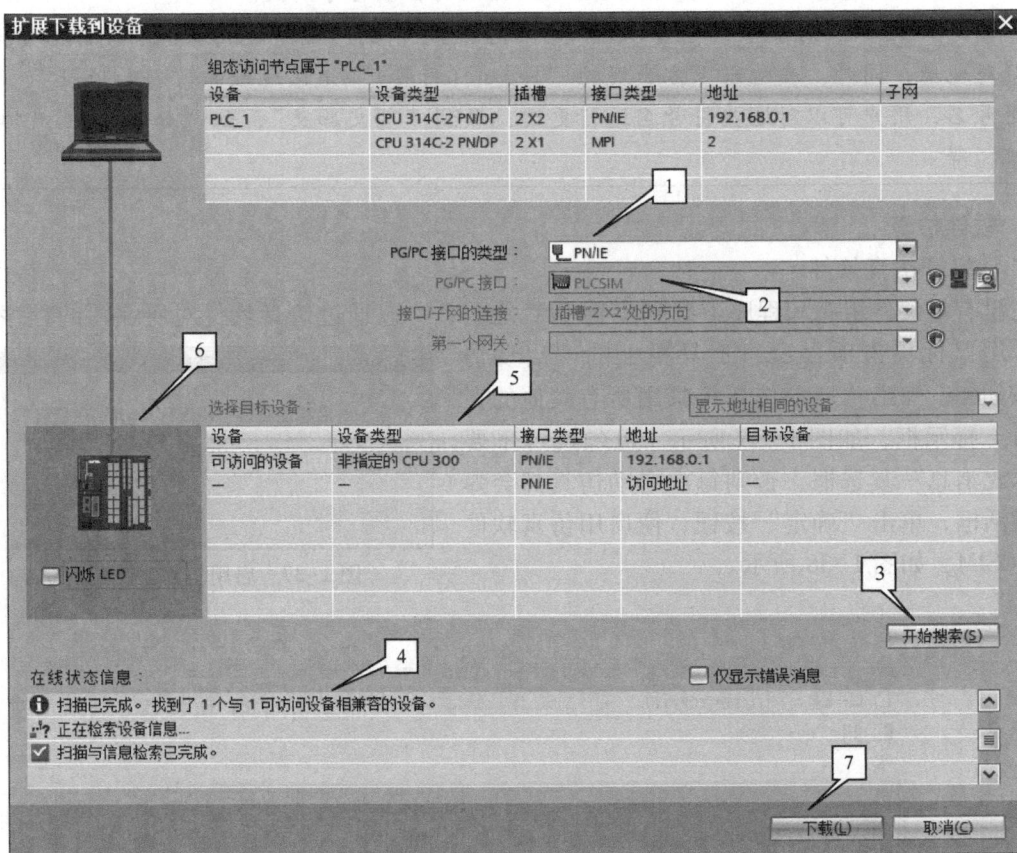

图 1-39　"扩展下载到设备"对话框

单击"扩展下载到设备"对话框右下角的"下载"按钮，然后编译程序，并弹出"下载预览"对话框，如图 1-40 所示。单击图 1-40 中的"装载"按钮，开始下载程序，下载完成后，单击"完成"按钮完成项目的下载。

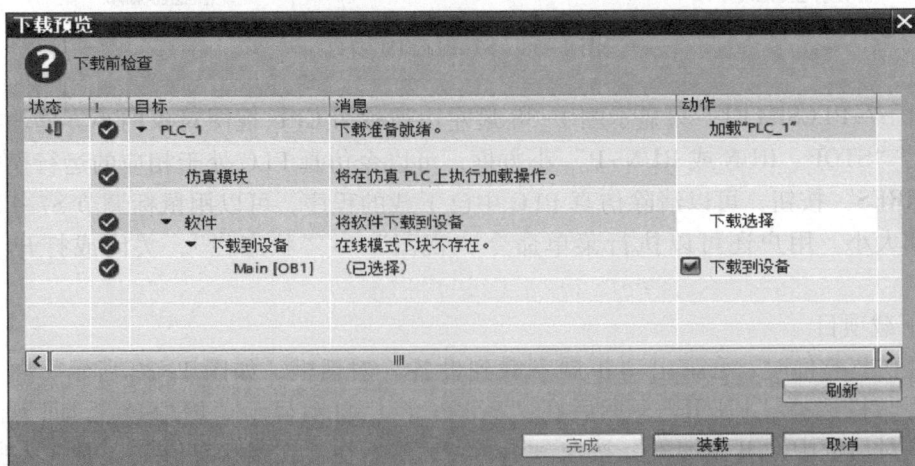

图 1-40　"下载预览"对话框

注意：不能在"RUN"模式时下载，可以在"RUN-P"模式和"STOP"模式下载。

（3）生成输入/输出地址

用鼠标单击 S7-PLCSIM 工具栏上的 和 按钮，生成 IB0 和 QB0 视图对象（字节地址根据需要可更改）。

（4）选择执行模式

用鼠标单击 CPU 视图对象中的小方框，将 CPU 切换到"RUN"或"RUN-P"模式。这两种模式都可以执行用户程序，但是在"RUN-P"模式下可以下载修改后的程序和其他系统数据。

（5）程序调试

单击项目窗口工具栏上的"启动 CPU"按钮 ，CPU 开始执行程序，此时仿真器 CPU 中的"RUN"指示灯变为绿色，如图 1-41 所示。

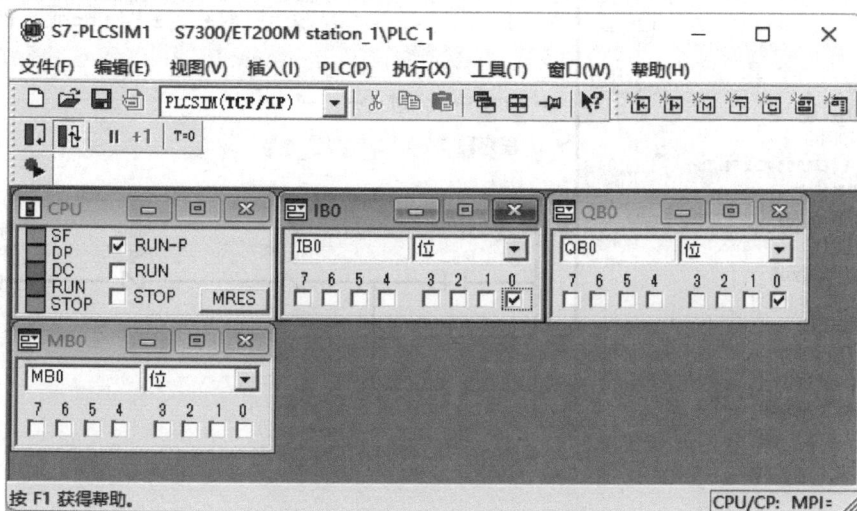

图 1-41　运行中的仿真器窗口

用鼠标单击视图对象 IB0 最右边 I0.0 对应的小方框，方框中出现"√"，I0.0 变为"1"状态，模拟按下起动按钮 SB1。梯形图中的 I0.0 常开触点闭合（常闭触点会断开）。由于 OB1 中程序的作用，Q0.0 变为"1"状态，梯形图中其线圈通电，视图对象 QB0 最右边 Q0.0 对应的小方框中出现"√"，如图 1-41 所示。用鼠标再次单击 I0.0 对应的小方框，方框中的"√"消失，I0.0 变为"0"状态，模拟释放起动按钮 SB1。梯形图中 I0.0 的常开触点断开（常闭触点会闭合）。将按钮对应的位（如 I0.0）设置为"1"之后，注意一定要立即将它设置为"0"，否则后续的操作可能会受其影响。

用鼠标单击两次 I0.1 对应的小方框，方框中出现"√"后又消失，模拟按下和释放停止按钮 SB2 的操作。由于用户程序的作用，Q0.0 变为"0"状态，电动机停止运行。同样，也可以模拟热继电器触点的接通与断开。

（6）程序监控

仿真器在"RUN"或"RUN-P"模式时，打开 OB1，单击项目窗口工具栏上的"启用/禁用监视"按钮 ，使程序处在监视状态。

如果程序编辑窗口中程序与仿真器 CPU 不一致时（如下载后程序有所改动，但又没有下载到仿真器中），若启用监视功能，则在线状态显示如图 1-42 所示。在项目树中，出现圆形感叹号符号 ![] 和在 Main[OB1] 处显示"在线与离线不同"符号 ![]，这时可单击项目窗口工具栏上的"转至离线"按钮，程序处在离线状态下时便可再次更改程序。程序更改后，最好先单击或多次单击项目窗口工具栏上的"编译"按钮 ![] 对所更改的程序进行编译，然后再单击项目窗口工具栏上的"下载到设备"按钮 ![]（如果单击启用仿真按钮，则会再打开一个仿真器），将更改后的程序下载到仿真器中。当程序编辑器中程序与仿真器中程序一致后，"启用/禁用监视"按钮变为亮色，即可启用程序监控功能。

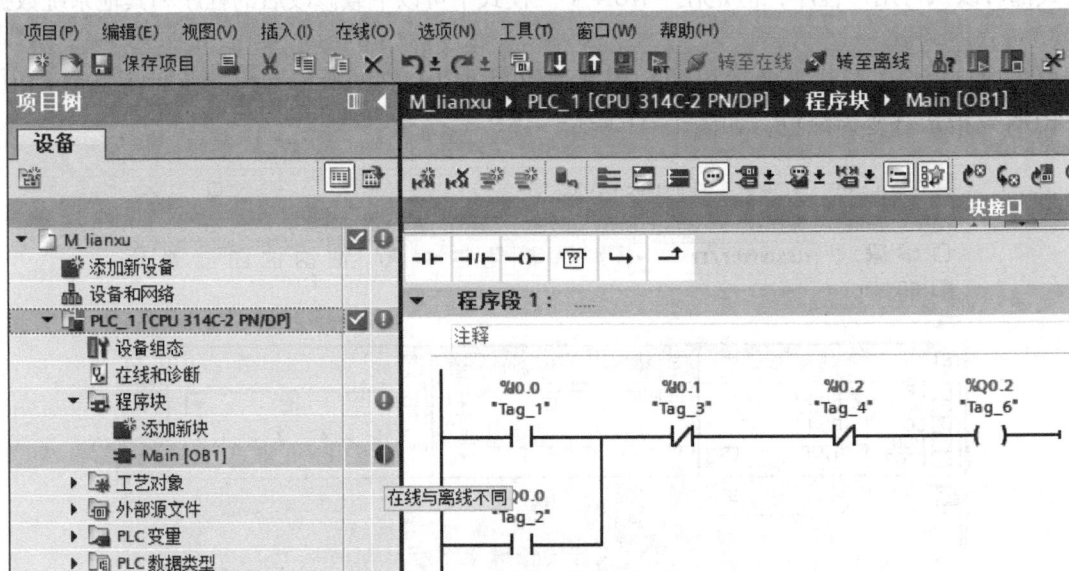

图 1-42　程序不一致时的监视状态

启用程序监视功能后，监视窗口如图 1-43 所示（I0.0 已从按下到释放状态）。从梯形图左侧垂直的"电源"线开始的水平线均为绿色，表示有能流从"电源"线流出。有能流流过的方框指令、线圈、"导线"和处于闭合状态的触点均用绿色表示。用蓝色虚线表示没有能流流过和触点、线圈断开。

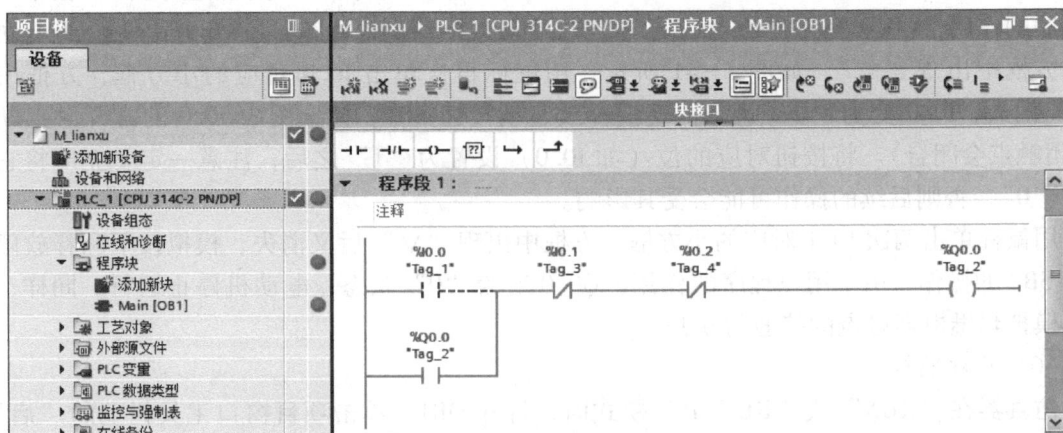

图 1-43　程序状态监视窗口

6. 硬件连接

（1）主电路

三相电源经断路器 QF1、熔断器 FU1、交流接触器 KM 的主触点、热继电器 FR 的热元件后接至三相异步电动机的三相绕组输入端 U、V、W，请参照图 1-32 进行主电路的连接（电动机的定子绕组连接方式按铭牌数据上规定连接）。

（2）PLC 电源

将直流 24 V 经断路器 QF2 接至 CPU 的 L+和 M 端，注意极性不要接错。

（3）输入元件

PLC 的输入元件一端接至 CPU 输入端口上，另一端接至直流 24 V 电源的正极性端，24 V 的负极性端接至输入信号的公共端 "1M" 上，同时，将直流 24 V 电源的正极性端与输入模块的 1L+端相连接。

（4）负载

负载的一端接至 CPU 输出端口上，另一端接直流 24 V 电源的负极性端，直流 24 V 电源的正极性端经熔断器 FU2 后接至输出信号的公共端 2L+，同时，将直流 24 V 电源的负极性端与输出信号的公共端 2M 相连接。

请用户参照图 1-32 和图 1-33 进行主电路及 PLC 的 I/O 线路的连接。为了让用户易于理解程序，本案例停止按钮和热继电器均采用常开触点作为输入信号，但在企业应用现场，从安全角度出发，所有保护性元件，包括停止按钮均采用常闭触点作为输入信号。

> 注意：PLC 上的电气连接请用户严格按照相应模块盖板背面的示意图进行连接。

7. 项目下载

使用以太网将 CPU 上的 PROFINET 接口与计算机上的以太网接口相连接，计算机直接连接单台 CPU 时，可以使用标准的以太网电缆，也可以使用交叉以太网电缆。一对一的通信不需要交换机，两台以上的设备通信则需要交换机。

通过以太网端口下载 PLC 的项目时，需要设置计算机网卡的 IP 地址与 CPU 的 IP 地址在同一网段中，而且地址不重叠，这样才能保证项目成功下载。TIA Portal V16 软件若用户没有设置 PG/PC 接口，在首次下载项目时会自动生成一个 IP 地址为 192.168.0.241 的虚拟地址，建议用户设置计算机网卡的 IP 地址。

（1）计算机网卡的 IP 设置

用以太网电缆连接计算机和 CPU，并接通 PLC 电源。打开 "控制面板"，单击 "查看网络状态和任务"（或用鼠标右键单击桌面上的 "网络" 图标，选择 "属性"），再单击 "连接" 中的 "以太网"，打开 "以太网状态" 对话框，单击 "属性" 按钮，在 "以太网 属性" 对话框中（见图 1-44 的左图），选中 "此连接使用下列项目（O）:" 列表框中的 "Internet 协议版本 4（TCP/IPv4）"，单击 "属性" 按钮，打开 "Internet 协议版本 4（TCP/IPv4）属性" 对话框，如图 1-44 所示的右图。

用单选框选中图 1-44 中的 "使用下面的 IP 地址（S）:"，输入与 PLC 以太网端口默认的子网地址 192.168.0.X，IP 地址的第 4 个字节是子网内设备的地址，可以取 0~255 的某个值，如 10，但是不能与网络中其他设备的 IP 地址重叠。单击 "子网掩码" 输入框，自动出现默认的子网掩码 255.255.255.0。一般不用设置网关的 IP 地址。设置结束后，单击各级对话框中的

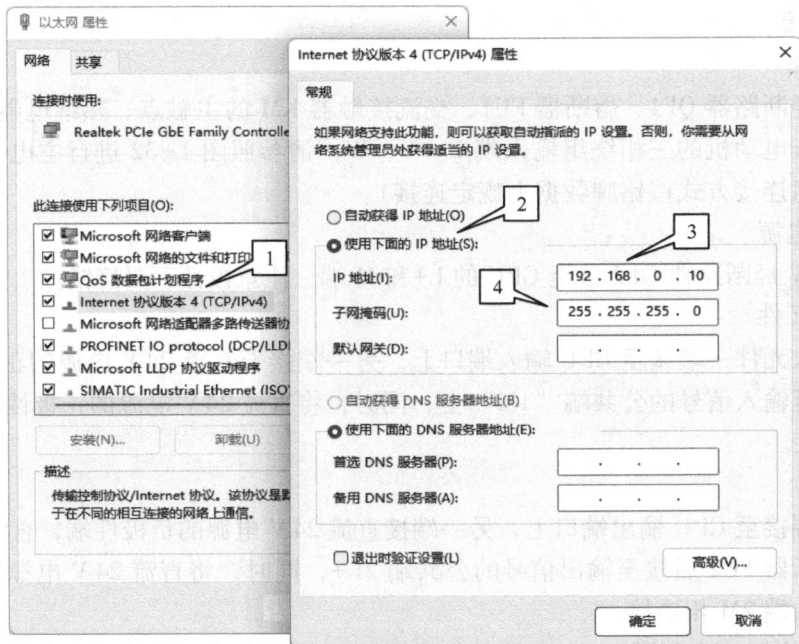

图 1-44　设置计算机网卡的 IP 地址

"确定"按钮,最后关闭"以太网状态"对话框。

(2) CPU 的 IP 设置

双击项目树中 PLC 文件夹内的"设备组态",或单击巡视窗口中设备名称(添加新设备时,设备名称默认为 PLC_1),打开该 PLC 的设备视图。选中 CPU 后再单击巡视窗口的"属性"选项,在"常规"选项卡中选中"PROFINET 接口"下的"以太网地址",可以采用图 1-45 中默认的 IP 地址和子网掩码,设置的地址在下载后才起作用。

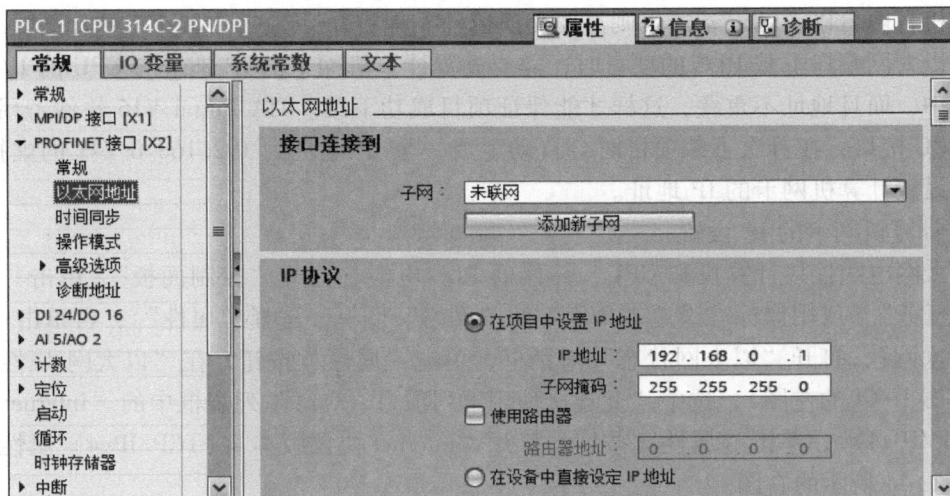

图 1-45　设置 CPU 集成的以太网接口的 IP 地址和子网掩码

子网掩码的值通常为 255.255.255.0,CPU 与编程设备的 IP 地址中的子网掩码应完全相同。同一个子网中各设备的 IP 地址不能重叠。如果在同一个网络中有多个 CPU,除了一台

CPU 可以保留出厂时默认的 IP 地址，必须将其他 CPU 默认的 IP 地址更改为网络中唯一的 IP 地址，避免与其他网络用户冲突。

（3）项目下载

做好上述准备后，选中项目树中的设备名称"PLC_1"，单击工具栏上的"下载"按钮 ，（或执行菜单命令"在线"→"下载到设备"命令）打开"扩展下载到设备"对话框，如图 1-46 所示。将"PG/PC 接口的类型"选择为"PN/IE"，如果计算机上有不止一块以太网卡（如笔记本式计算机一般有一块有线网卡和一块无线网卡），则"PG/PC 接口"选择为实际使用的网卡。

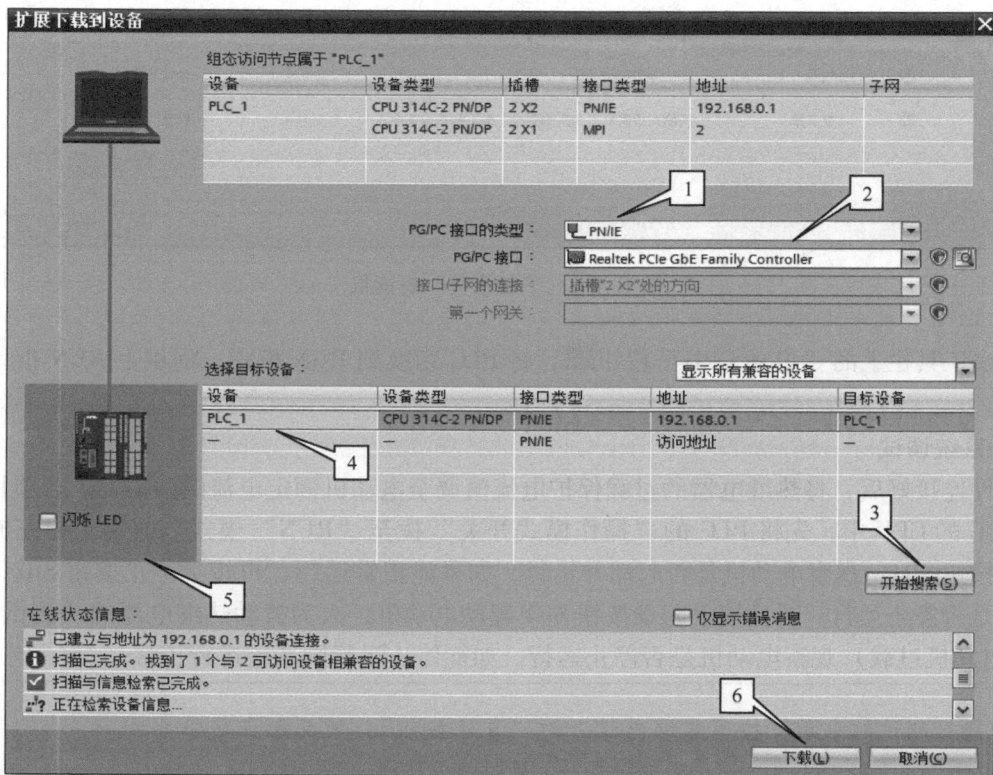

图 1-46　"扩展下载到设备"对话框

选择"显示所有兼容的设备"选项，单击"开始搜索"按钮，经过一段时间后，在下面的"选择目标设备"列表中，出现网络上的 S7-300 CPU 和它的以太网地址，计算机与 PLC 之间的连线由断开变为接通。CPU 所在方框的背景色变为实心的橙色，表示 CPU 进入在线状态，此时"下载"按钮变为亮色，即有效状态。

如果同一个网络上有多个 CPU，为了确认设备列表中的 CPU 与硬件设备中哪个 CPU 相对应，可选中列表中的某个 CPU，勾选左边 CPU 图标下面的"闪烁 LED"复选框（标注为第 5 处），对应硬件设备 CPU 上的运行状态指示灯闪烁，取消勾选"闪烁 LED"复选框，3 个运行状态指示灯停止闪烁。

选中列表中的 S7-300，单击右下角"下载"按钮，编程软件首先对项目进行编译，并进行装载前检查，如图 1-47 所示。如果检查有问题，此时单击"无动作"后的倒三角按钮，选择"全部停止"，此时"装载"按钮会变为亮色，单击"装载"按钮，开始装载组态，完成装载后，单击"下载预览"对话框中的"完成"按钮，即下载完成。

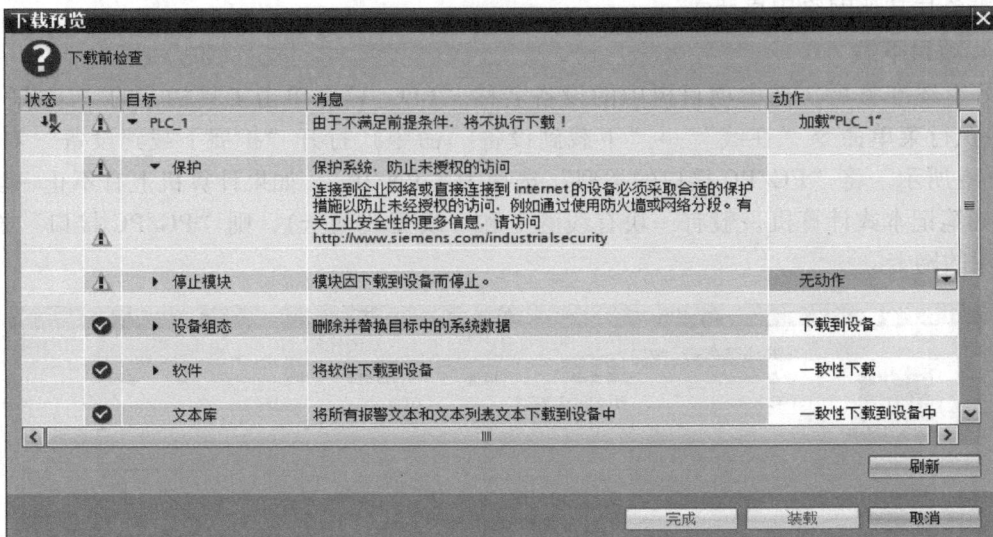

图 1-47　"下载预览"对话框

单击工具栏上的"启动 CPU"按钮，将 PLC 切换到 RUN 模式，面板上 RUN 指示灯变为绿色。

8. 系统调试

硬件连接好后，将热继电器的过载保护电流值调至电动机额定电流的两倍处。若项目已下载到 PLC 的 CPU 中，先将 PLC 的"操作模式开关"拨至"RUN"模式。前期工作完成后按下起动按钮 SB1，观察电动机是否起动并运行。如果能正常运行，再按下停止按钮 SB2，观察电动机是否停止运行。再次按下起动按钮 SB1 起动电动机，人为拨动热继电器的"测试开关"（模拟电动机过载）观察电动机是否停止运行。如能停止运行则系统运行正常。

注意：测试结束后，按下热继电器上的"复位按钮"，使其触点复位。

1.4.4　训练

1）训练 1：将停止按钮和热继电器的常闭触点作为 PLC 的输入信号，编程实现案例 2 的任务要求。

2）训练 2：用两个起动按钮和两个停止实现案例 2 中一台电动机的异地起停控制。

3）训练 3：两台电动机的起停控制，要求第二台电动机必须在第一台起动后才能通过其起动按钮进行起动控制，两台电动机的停止分别受各自停止按钮的控制。

1.5　定时器及计数器指令

1.5.1　定时器指令

定时器相当于继电器控制电路中的时间继电器，但种类和功能比时间继电器强大得多。打开基本指令中定时器操作文件夹，可看到 S7-300 PLC 有两类定时器，一类是 IEC 定时器，另一类是 SIMATIC 定时器（最下方的 5 个是相应定时器的线圈指令），如图 1-48 所示。

为了读者以后能快速学会 S7-1200 和 S7-1500 PLC，本书主要介绍 IEC 定时器。

S7-300 PLC 中 IEC 定时器有三种，脉冲定时器（TP）、接通延时定时器（TON）和关断延时定时器（TOF）。使用 IEC 定时器时，在生成定时器指令时都需要使用一存储在数据块中的结构来保存定时器，而 SIMATIC 类定时器则不需要。在程序编辑器中放置定时器时即可分配该数据块，可以采用默认设置，也可以手动自行设置。

1. 脉冲定时器

在梯形图中生成脉冲定时器指令时，打开编程窗口右边的指令窗口，将"定时器操作"文件夹中的脉冲定时器（TP）拖放到梯形图中适当的位置。在出现的"调用选项"对话框中，如图 1-49 所示，可以修改将要生成的背景数据块的名称，或采用默认的名称（IEC_Timer_0_DB），单击"确定"按钮，自动生成数据块。

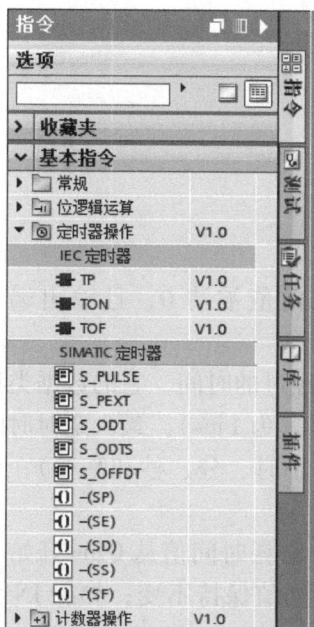

图 1-48　S7-300 PLC 中的定时器　　　　图 1-49　"调用选项"对话框

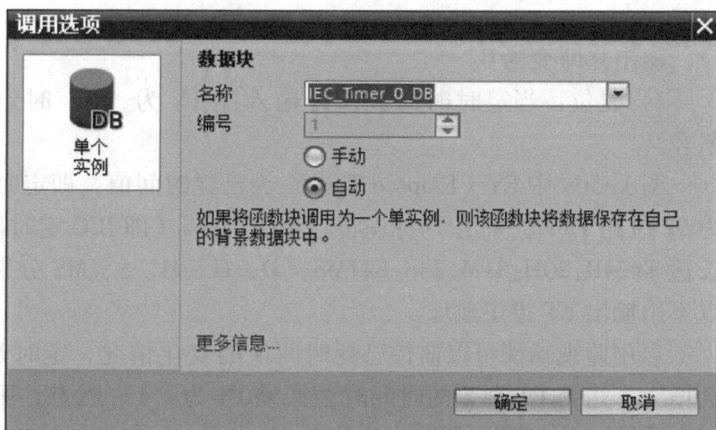

脉冲定时器 TP 类似于数字电路中上升沿触发的单稳态电路，其应用如图 1-50a 所示，图 1-50b 为其工作时序图。在图 1-50a 中，"%DB1"表示定时器的背景数据块，TP 表示脉冲定时器。在输入时间脉冲宽度设置值时，无需要输入"T#"，当输入时间后系统会自动添加上去。注意：如果只输入数字"10"而没有输入秒（s），按〈Enter〉键后，系统默认为 10 ms。

脉冲定时器的工作原理如下。

1）起动：当输入端 IN 从"0"变为"1"时，定时器起动，此时输出端 Q 也置为"1"，开始输出脉冲。到达 PT（Preset Time）预置的时间时，输出端 Q 变为"0"状态。IN 输入的脉冲宽度可以小于 Q 端输出的脉冲宽度。在脉冲输出期间，即使 IN 输入发生了变化又出现上升沿，也不影响脉冲的输出。到达预设值后，如果 IN 输入为"1"，则定时器停止定时且保持当前定时值。若 IN 输入为"0"，则定时器定时时间清零。

2）输出：在定时器定时过程中，输出端 Q 为"1"，定时器定时时间到便立即停止定时

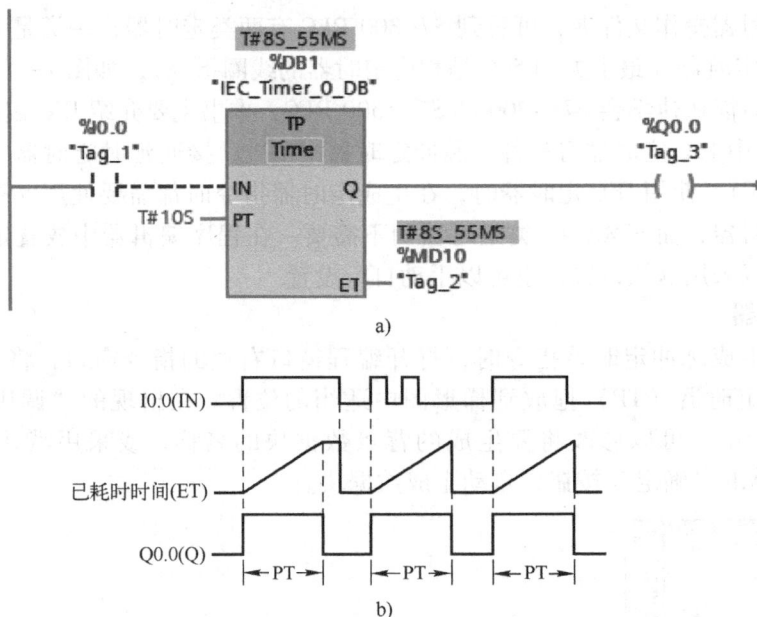

图 1-50　脉冲定时器及时序图
a）脉冲定时器指令的应用　b）时序图

时，输出立即变为 0。

3）复位：当定时时间到，且输入端 IN 为"0"时定时器当前值被清 0，且输出端 Q 断开。

图 1-50a 中 ET（Elapsed Time）为已耗时间值，即定时开始后经过的时间，它的数据类型为 32 位的 Time，采用 T# 标识符，单位为 ms（即 IEC 定时器的分辨率为 1 ms），最大定时时间长达 T#24D_20H_31M_23S_647MS（D、H、M、S、MS 分别为日、小时、分、秒和毫秒），可以不给输出 ET 指定地址。

启用监视功能可以监控已耗时间值的变化情况，定时开始后，已耗时间值从 0 ms 开始不断增大，达到 PT 预置的时间时，如果 IN 为"1"状态，则已耗时间值保持不变；如果 IN 为"0"状态，则已耗时间值变为 0 s。

定时器指令可以放在程序段的中间或结束处。IEC 定时器没有编号，在使用对定时器复位的 RT（Reset Time）指令时，可以用背景数据块的编号或符号名来指定需要复位的定时器。如果没有必要，不用对定时器使用 RT 指令。

打开定时器的背景数据块后（在项目树的"程序块"的"系统块"中双击，可打开其背景数据块），可以看到其结构含义如图 1-51 所示，后面介绍的 IEC 中的其他定时器的背景数据块也类似，不再赘述。

图 1-50a 中程序在很多地方都可得到应用，如洗手间检测到有人时可自动打开水阀数秒钟；或当擦鞋机检测到有用户将脚伸到其下方时，擦鞋机自动旋转数秒钟等。

2. 接通延时定时器

接通延时定时器（TON）指令的应用如图 1-52a 所示，图 1-52b 为其工作时序图。在图 1-52a 中，"%DB2"表示定时器的背景数据块，TON 表示接通延时定时器。接通延时定时器的工作原理如下：

图 1-51　定时器的背景数据块结构

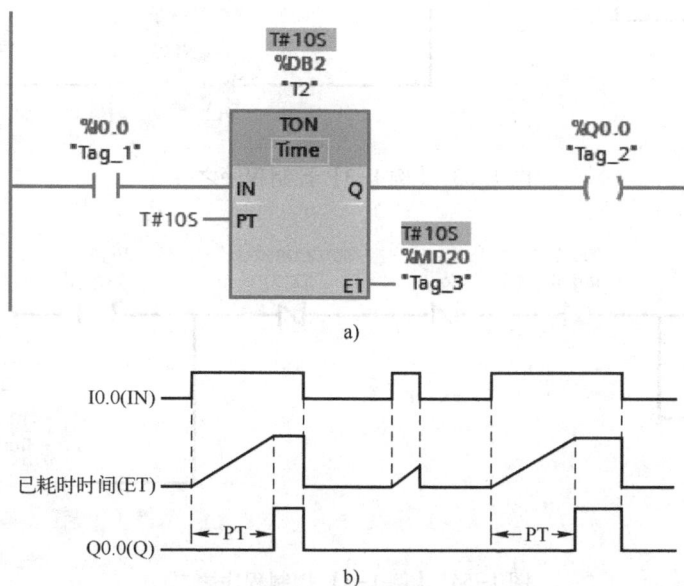

图 1-52　接通延时定时器及时序图

a）接通延时定时器指令的应用　b）时序图

1）起动：接通延时定时器的使能输入端 IN 的输入电路由"0"变为"1"时开始定时。定时时间大于等于预置时间 PT 指定的设定值时，定时器停止计时且当前值保持为预设值，即已耗时间值 ET 保持不变，只要输入端 IN 为"1"，定时器就一直输出"1"。

2）输出：当定时时间到，且输入 IN 为"1"，此时输出 Q 变为"1"状态。

3）复位：IN 输入端的电路断开时，定时器被复位，已耗时间值被清零，输出 Q 变为"0"状态。CPU 第一次扫描时，定时器输出 Q 被清零。如果 IN 输入在未达到 PT 设定的时间变为"0"，输出 Q 保持"0"状态不变。

图 1-52a 中"T2"是延时接通定时器的背景数据块名称 IEC_Timer_0_DB 的重命名。在生成多个定时器时，这些数据块的名称不易记忆，这时可对它们进行重命名，最好能"望文见

义"，如 Tx（类似于 S7-200 或 S7-200 SMART PLC 中定时器的编号）。生成定时器时在"调用选项"对话框中可进行重命名；或在项目树的系统块中程序资源里右击其背景数据块名称，执行"重命名"或"属性"，亦可重命名；或在项目树的系统块中程序资源里两次单击其背景数据块名称，待其背景数据块名称出现蓝色背景时可对其重命名。

注意： 编辑程序时，如果不使用 ET 中数据，ET 处也可以不用填写地址。

【例 1-3】按下起动按钮（接在 PLC 的 I0.0 端口），电动机（交流接触器接在 PLC 的 Q0.0 端口）立即直接起动并运行，工作 2 h 后自动停止。在运行过程中按下停止按钮 I0.1，或发生过载故障 I0.2，电动机立即停止运行。控制程序如图 1-53 或图 1-54 所示。

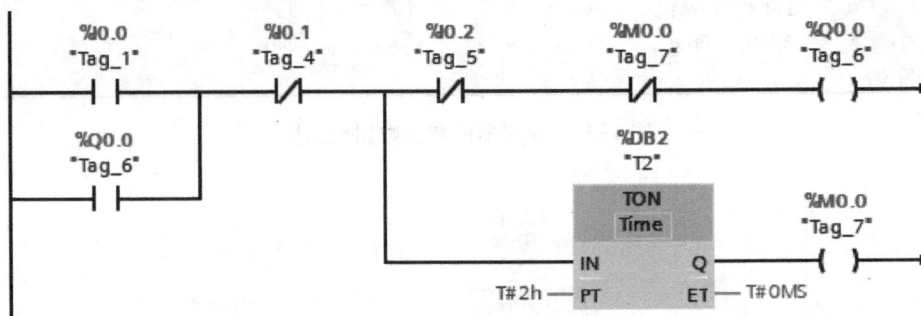

图 1-53　【例 1-3】控制程序之一

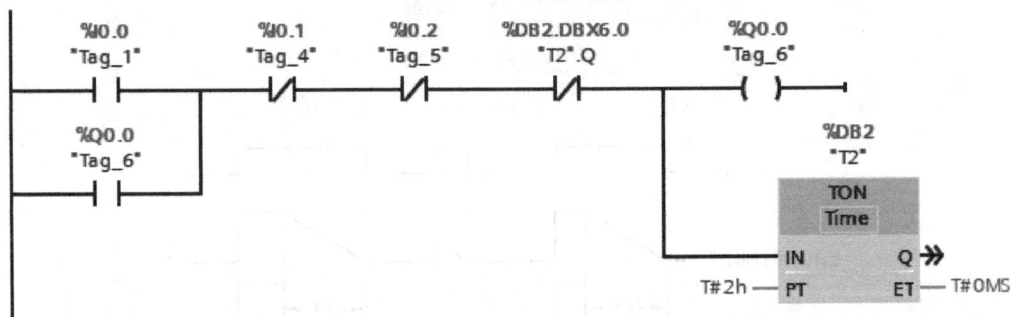

图 1-54　【例 1-3】控制程序之二

在图 1-53 中，当电动机运行 2 h 时 M0.0 线圈得电，使用 M0.0 的常闭触点使电动机停止运行，图 1-53 是比较常用的编程方法。接通延时定时器 TON 在定时过程中常用类似图 1-54 所示方法实现定时过程的"自锁"。在图 1-53 中，定时器都可以在 I0.0、I0.1、I0.2 或 M0.0 触点后进行分支（类似于图 1-54），不影响程序执行结果。

在图 1-54 中，使用定时器的输出触点"T2".Q 使电动机停止运行，其地址 DB2.DBX6.0 由系统自动分配产生的。此地址在输入时，可直接输入"T2.Q"，确定后地址自动变为"T2".Q，或单击该常闭触点上方<??.?>处，待地址输入栏右侧出现地址浏览按钮▦，单击该按钮，在弹出的对话框中单击选中""T2""，如图 1-55 所示。然后在紧接着弹出的对话框中单击选中输出"Q"即可，如图 1-56 所示。记住：DB2.DBX6.0 是绝对地址，"T2".Q 是符号地址。

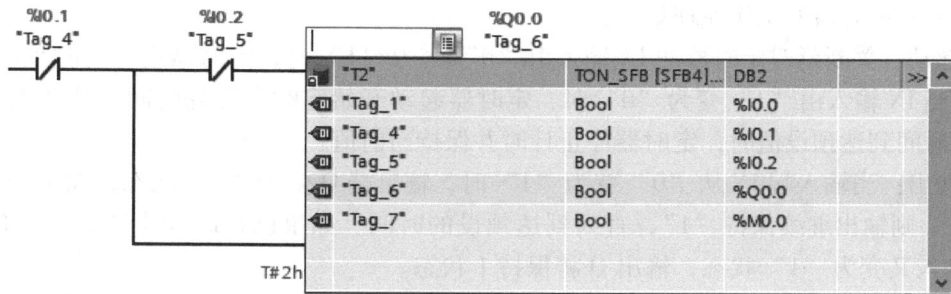

图 1-55　选择"T2"对话框

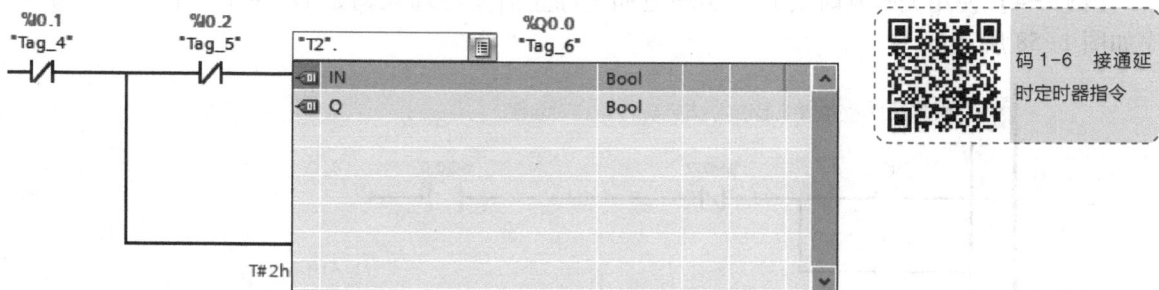

码 1-6　接通延时定时器指令

图 1-56　选择输出"Q"对话框

3. 关断延时定时器

关断延时定时器 TOF 如图 1-57a 所示，图 1-57b 为其工作时序图。在图 1-57a 中，TOF 表示关断延时定时器。

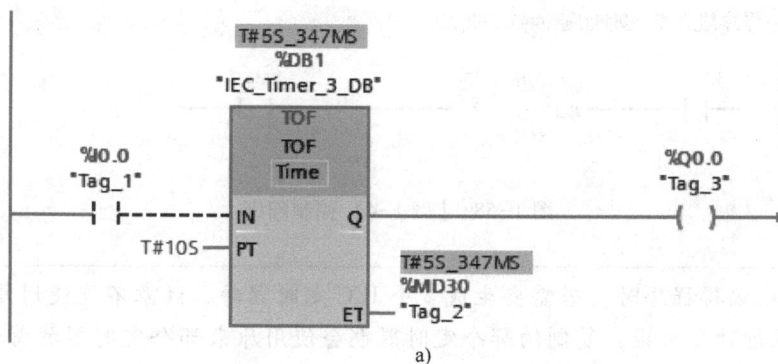

a)

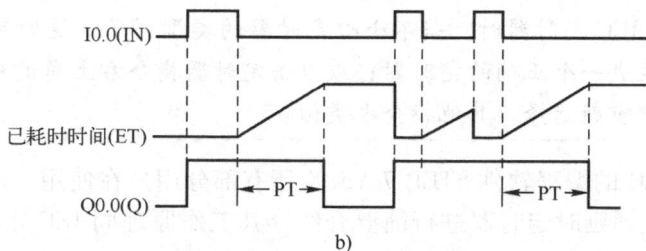

b)

图 1-57　关断延时定时器及时序图

a）关断延时定时器指令的应用　b）时序图

关断延时定时器的工作原理如下:

1) 起动:关断延时定时器的 IN 输入由"0"变为"1"时,定时器尚未定时且当前定时值清零。当 IN 输入由"1"变为"0"时,定时器起动开始定时,已耗时间值从 0 逐渐增大。当定时器时间到达预设值时,定时器停止计时并保持当前值。

2) 输出:当输入端 IN 从"0"变为"1"时,输出端 Q 变为"1"状态,如果 IN 输入又变为"0",则输出继续保持"1",直到到达预设的时间。如果已耗时间未达到 PT 设定的值时,IN 输入又变为"1"状态,输出 Q 将保持 1 状态。

3) 复位:当输入端 IN 断开且定时时间到时输出端 Q 复位,定时器的当前值当输入端 IN 再次接通时被清 0。

【例 1-4】 使用关断延时定时器实现电动机停止后其冷却风扇延时 2 min 后停止,控制程序如图 1-58 所示。

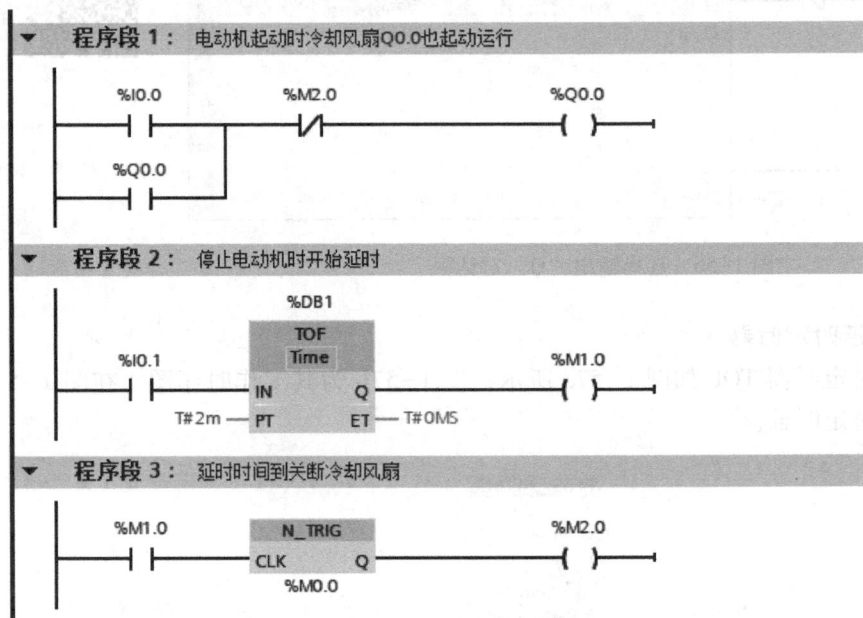

图 1-58 【例 1-4】控制程序

注意:1) 在编辑程序时,若需要生成多个 IEC 定时器时,注意不能使用复制方式生成,否则程序运行时会出错,复制的那个定时器也会使用原来那个定时器的背景数据块,即不同定时器应使用不同的背景数据块。

2) 在生成 IEC 定时器时,若不小心定时器的类型错了,这时可通过删除的方式将其删除,重新生成一个正确的定时器;或单击定时器指令右上角的橙色三角形,在出现的定时器类型中重新选择。其他指令也类似。

由于 S7-300 PLC 的编程软件 STEP 7 V5. X 还有部分用户在使用,因此,本书在此对 SIMATIC 定时器中的接通延时定时器进行简要介绍,其工作原理同 IEC 定时器中的接通延时定时器。

S7-300 PLC 中定时器个数为 128~2048 个,具体数量与 CPU 的型号有关。CPU314C-2 PN/DP 有 256 个定时器,即 T0~T255。在 S7-300 中定时器分为脉冲定时器、扩展脉冲定时器、接通延时定时器、保持型接通延时定时器和断开延时定时器。

在 S7-300 CPU 的存储器中，为定时器保留有存储区，该存储区为每个定时器保留一个 16 位定时器字。

定时时间由时基和定时值两部分组成，定时器字如图 1-59 所示。定时时间等于时基与定时值的乘积。

定时器的第 0 位到第 11 位存储二进制格式的定时值，由 3 位 BCD 码组成（时间值为 0~999），第 12、13 位存放二进制格式的时基，时基代码为 00 时，时基为 10 ms；时基代码为 01 时，时基为 100 ms；时基代码为 10 时，时基为 1 s；时基代码为 11 时，时基为 10 s，所以定时值范围为 0~9990 s（2 h 46 min 30 s），例如定时器字为 W#16#1125 时，时基为 100 ms，定时时间为 100 ms×125 = 12500 ms = 12.5 s。时基反映了定时器的分辨率，时基越小，分辨率越高，可定时的时间就越短。

图 1-59　定时器字

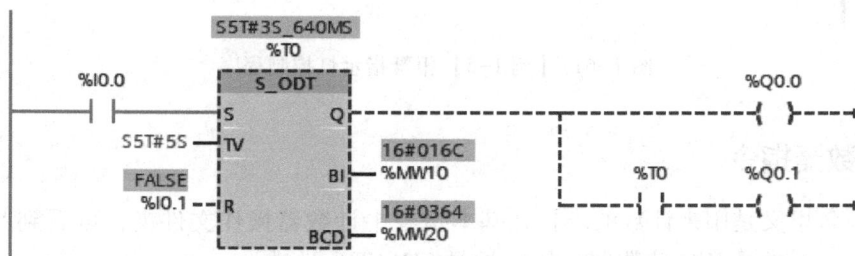

定时器预置值 TV 在梯形图中必须使用 "S5T#" 格式的时间预置值 S5T#aH_bM_cS_dMS（可以不输入下划线），其中 H 表示小时，M 表示分钟，S 表示秒，MS 表示毫秒，a、b、c、d 为用户设置的值（使用博途软件时 S5T# 可不用输入，系统自动生成），如图 1-60 所示。可以按上述格式输入时间，也可以以秒为单位输入时间，输入时间按〈Enter〉键后，显示的时间会自动变为上述格式，时基是 CPU 自动选择的，选择的原则是在满足定时范围要求的条件下选择最小的时基。

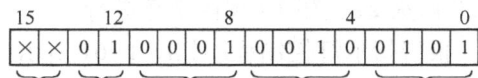

图 1-60　SIMATIC 定时器中的接通延时定时器

从图 1-60 中可以看出，该定时器的编号为 T0，程序中 Q0.1 前面的常开触点为定时器 T0 的常开触点，当定时时间到时，该常开触点闭合，同理，其常闭触点会断开。在生成 SIMATIC 定时器时，不会产生背景数据块。

注意：同一个程序中不能出现两个及以上相同编号的定时器。

图 1-60 中定时器指令的各符号含义如下：
- Tn 为定时器的编号，其范围与 CPU 的型号有关。
- S 为起动信号，当 S 端出现上升沿时，起动指定的定时器。
- R 为复位信号，当 R 端出现上升沿时，定时器复位，当前值清 "0"。
- TV 为设定时间值输入，最大设定时间为 9990 s，输入格式须按 S5 系统时间格式。
- Q 为定时器输出，定时器起动后，当延时时间到时 Q 输出为 "1"。该端可以连接位存储器，也可以悬空。
- BI 为剩余时间显示或输出（整数格式），采用十六进制形式，如 16#0012。该端口可以连接各种字存储器，如 MW10，也可以悬空。

- BCD 为剩余时间显示或输出（BCD 码格式），采用 S5 系统时间格式，如 S5T#1H2M2S。
该端口可以连接各种字存储器，如 MW20，也可以悬空。

【例 1-5】报警指示灯控制：若电动机过载，即触点 I0.0 闭合，电动机过载报警指示灯
Q0.0 以灭 2 s、亮 1 s 规律交替进行。

报警指示灯控制程序如图 1-61 所示。

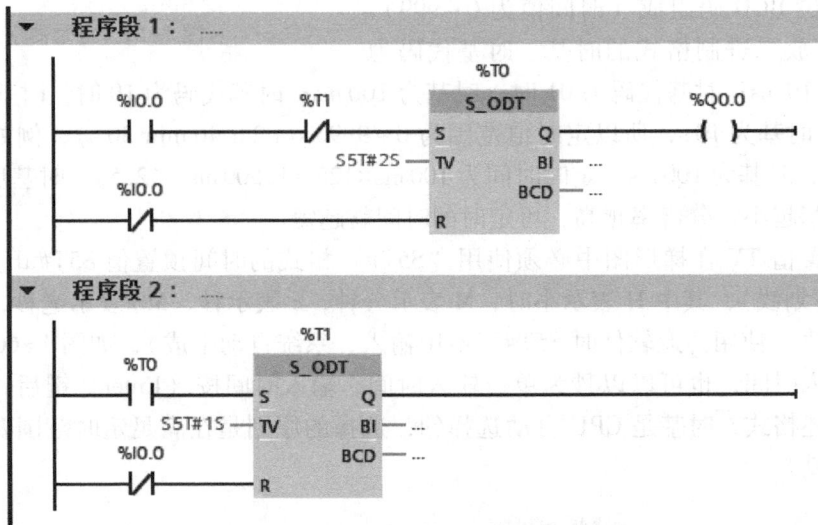

图 1-61　【例 1-5】报警指示灯控制程序

1.5.2　计数器指令

计数器顾名思义是用来计数的。打开基本指令中计数器操作文件夹，可看到 S7-300 PLC
有两类计数器，一类是 IEC 计数器，另一类是 SIMATIC 计数器（最下方的 3 个是相应计数器的线圈指令），如图 1-62 所示。

为了读者以后能快速学会 S7-1200 和 S7-1500 PLC，本书主要介绍 IEC 计数器。

S7-300 PLC 为用户提供 3 种计数器：加计数器、减计数器和加减计数器。它们属于软件计数器，其最大计数速率受到所在 OB 执行速率的限制。如果需要速度更高的计数器，可以使用内置的高速计数器。

与定时器类似，使用 S7-300 的计数器时，每个计数器需要使用一个存储在数据块中的结构来保存计数器数据。在程序编辑器中放置计数器即可分配该数据块，可以采用默认设置，也可以手动自行设置。

使用计数器需要设置计数器的计数数据类型，计数值的数据范围取决于所选的数据类型。如果计数值是无符号整型数，则可以减计数到零或加计数到范围限值。如果计数值是

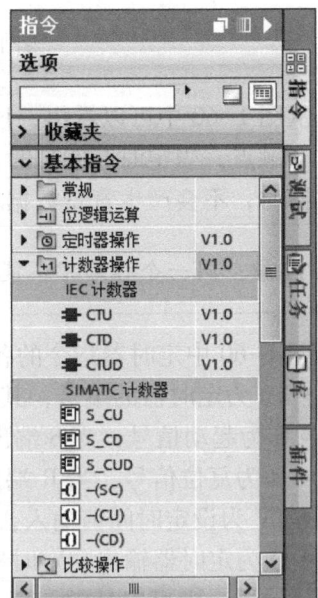

图 1-62　S7-300 PLC 中的计数器

有符号整数，则可以减计数到负整数限值或加计数到正整数限值。支持的数据类型包括短整数 SInt、整数 Int、双整数 DInt、无符号短整数 USInt、无符号整数 UInt、无符号双整数 UDInt。

1. 加计数器

加计数器指令的应用如图 1-63a 所示，图 1-63b 为其工作时序图。在图 1-63a 中，CTU 表示加计数器，计数器数据类型是整数，预设值 PV（Preset Value）为 3，其工作原理如下。

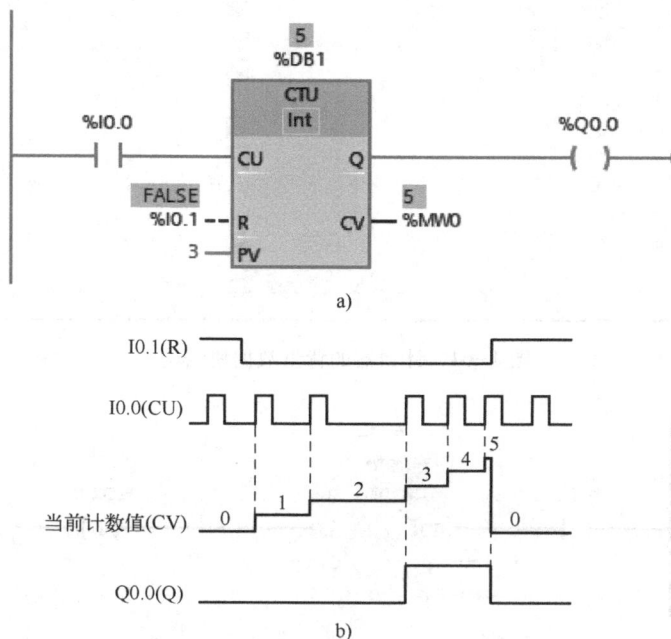

图 1-63　加计数器及其时序图

a）加计数器指令的应用　b）时序图

当接在 R 输入端的复位输入 I0.1 为"0"状态，接在 CU（Count Up）输入端 I0.0 的加计数脉冲从"0"到"1"时（即输入端出现上升沿），计数值 CV（Count Value）加 1，直到 CV 达到指定的数据类型（整数型）的上限值。此后 CU 输入的状态变化不再起作用，即 CV 的值不再增加。

当计数值 CV 大于等于预置计数值 PV 时，输出 Q 变为"1"状态，反之为"0"状态。第一次执行指令时，CV 被清零。

各类计数器的复位输入 R 为"1"状态时，计数器被复位，输出 Q 变为"0"状态，CV 被清零。

打开计数器的背景数据块，可以看到其结构如图 1-64 所示，其他计数器的背景数据块与此类似，不再赘述。

码 1-7　加计数器

2. 减计数器

减计数器指令的应用如图 1-65a 所示，图 1-65b 为其工作时序图。在图 1-65a 中，CTD 表示减计数器，计数器数据类型是整数，预设值 PV 为 3，其工作原理如下。

减计数器的装载输入 LD（LOAD）为"1"状态时，输出 Q 被复位为 0，并把预置值 PV 装入 CV。在减计数器 CD（Count Down）的上升沿，当前计数值 CV 减 1，直到 CV 达到指定的数据类型的下限值。此后 CD 输入的状态变化不再起作用，CV 的值不再减小。

图 1-64　计数器的背景数据块结构

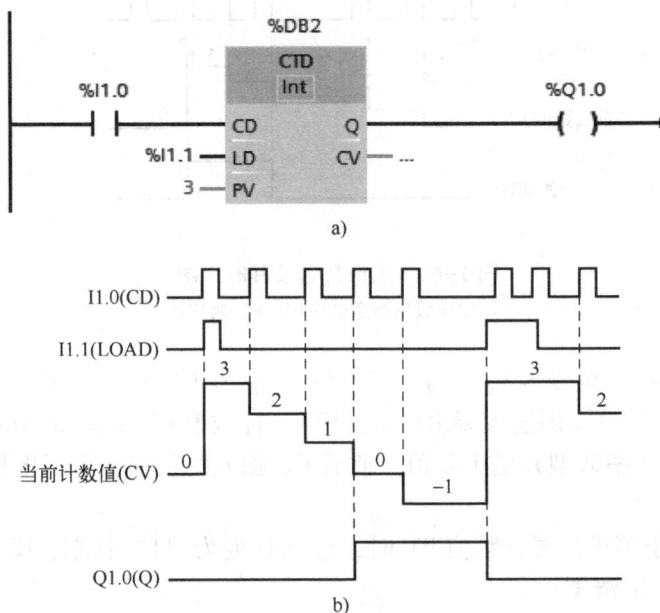

图 1-65　减计数器及其时序图

a）减计数器指令的应用　b）时序图

当前计数值 CV 小于等于 0 时，输出 Q 为 "1" 状态，反之输出 Q 为 "0" 状态。第一次执行指令时，CV 值被清零。

3. 加减计数器

加减计数器指令的应用如图 1-66a 所示，图 1-66b 为其工作时序图。在图 1-66 中，CTUD 表示加减计数器，计数器数据类型是整数，预设值 PV 为 3，其工作原理如下。

在加计数脉冲输入 CU 的上升沿，加减计数器的当前值 CV 加 1，直到 CV 达到指定的数据类型的上限值。达到上限值时，CV 不再增加。

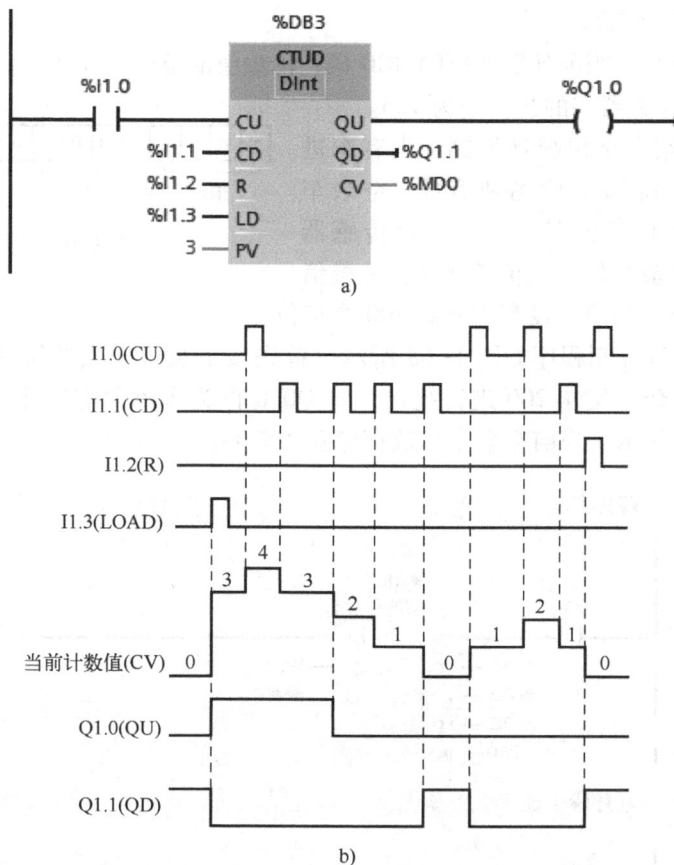

图 1-66　加减计数器及其时序图

a）加减计数器指令的应用　b）时序图

在减计数脉冲输入 CD 的上升沿，加减计数器的当前值 CV 减 1，直到 CV 达到指定的数据类型的下限值。达到下限值时，CV 不再减小。

如果同时出现计数脉冲 CU 和 CD 的上升沿，CV 保持不变。CV 大于或等于预置值 PV 时，输出 QU 为"1"状态，反之为"0"状态。CV 值小于等于 0 时，输出 QD 为"1"状态，反之为"0"状态。

装载输入 LD 为"1"状态，预置值 PV（大于 0）被装入当前计数值 CV，输出 QU 变为"1"状态，QD 被复位为"0"状态。

复位输入 R 为"1"状态时，计数器被复位，CU、CD、LD 不再起作用，同时当前计数值 CV 被清零，输出 QU 变为"0"状态，QD 被复位为"1"状态。

在此，对 SIMATIC 计数器进行简单介绍。在 S7-300 CPU 的存储器中，为计数器保留相应存储区，该存储区为每个计数器保留一个 16 位的字存储空间和一个二进制位存储空间，计数器的字用来存放它的当前值，计数器触点的状态由它的位状态来决定。用计数器地址（C 和计数器号，如 C18）来访问当前计数值和计数器位（Cn 即是计数器的编号，又是计数器的当前值，还是计数器的位地址，同 SIMATIC 类型的定时器），带位操作数的指令访问计数器位，带字操作数的指令访问计数器当前值。只要计数器的当前值不为 0，计数器的位状态就为"1"。S7-300 PLC 计数器个数为 128～2048 个，与 CPU 的型号有关。例如 CPU 314C-2 PN/DP 有

256 个计数器，即 C0~C255。

计数器字的 0~11 位是当前计数器值的 BCD 码，计数值的范围为 0~999，计数器字如图 1-67 所示，图 1-67 中的计数器字的当前值为 125。

【例 1-6】车库空余车位统计控制：当有车进入车库时，入口传感器 I0.0 检测到信号，空余车位数当前值减 1；当有车出车库时，出口传感器 I0.1 检测到信号，空余车位数当前值加 1。装载信号为 I0.2，复位信号为 I0.3。设车库共有 200 个车位。

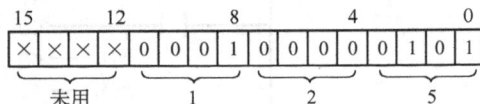

图 1-67　计数器字

车库空余车位统计控制程序如图 1-68 所示，首先按下装载输入按钮 I0.2，将预置值 200 装入计数器中，即空余车位从 200 进行统计，将 Q0.0 作为车库仍有空余车位显示，将 Q0.1 作为车库无空余车位显示。当前空余车位数存储在 MW0 中。

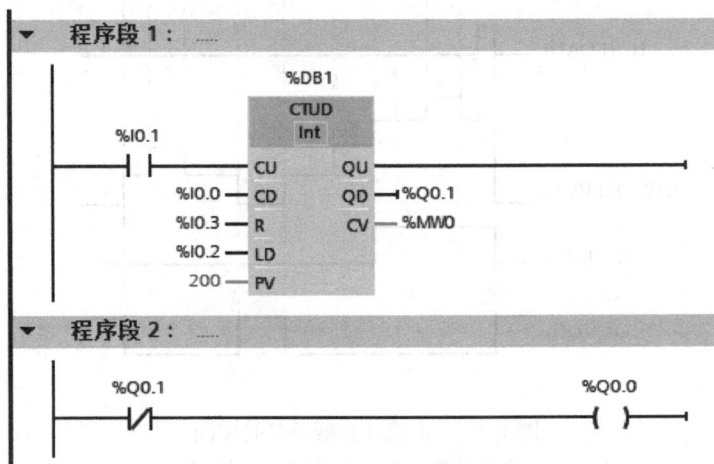

图 1-68　【例 1-6】车库空余车位统计控制程序

注意：如果将装载值设置为 200，系统上电后，如果没有按下装载按钮 I0.2 时有车辆进出，计数器则会从当前值 0 进行加减；如果按下装载按钮 I0.2 后有车辆进出时，计数器则会从当前值 200 进行加减。

1.6 案例 3：传送带的 PLC 控制

1.6.1 目的

1）掌握变量表的使用。
2）掌握 S7-300 PLC 定时器的使用。
3）掌握特殊存储位的使用。

1.6.2 任务

使用 S7-300 PLC 实现两节传送带控制。传送带由电动机驱动，控制要求如下：按下起动按钮时，第一节传送带全压起动运行，同时运行指示灯亮；5 s 后第二节传送带也全压起动运行,同时运行指示灯亮。当按下停止按钮时,第二节传送带立即停止运行,第一节传送带 10 s 后才停止运行。当任一节传送带长期过载时,两节传送带立即停止,同时发生过载的那台电动机发生报警指示,其报警灯以 1 Hz 频率不断闪烁,排除故障后,按下停止按钮将其报警指示熄灭。

1.6.3　步骤

1. 主电路的设计

案例分析:两节传送带均为直接全压起动,即两台电动机的主电路原理图同图 1-32,具体如图 1-69 所示。

2. I/O 端口的连接

本案例的输入元器件有起动按钮、停止按钮、热继电器;输出元器件有交流接触器和指示灯。本案例的 I/O 地址分配如表 1-2 所示。

表 1-2　传送带的 PLC 控制 I/O 地址分配

输　入		输　出	
输入继电器	元器件	输出继电器	元器件
I0.0	起动按钮 SB1	Q0.0	接触器 KM1
I0.1	停止按钮 SB2	Q0.1	接触器 KM2
I0.2	热继电器 FR1	Q0.2	运行指示灯 HL1
I0.3	热继电器 FR2	Q0.3	运行指示灯 HL2
		Q0.4	报警指示灯 HL3
		Q0.5	报警指示灯 HL4

根据 I/O 地址分配表,本案例的 I/O 端口的连接如图 1-70 所示(本书无特殊说明,后续案例所使用的交流接触器线圈额定电压均为直流 24 V)。

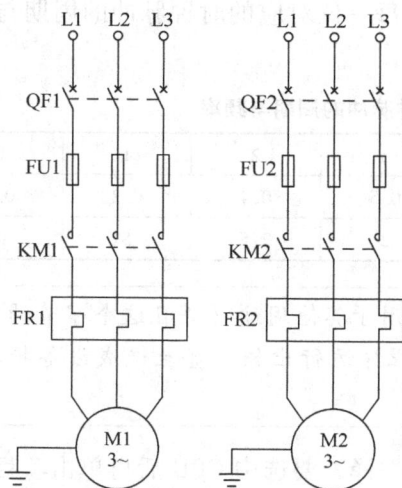

图 1-69　传送带控制主电路图　　　　图 1-70　传送带的 PLC 控制 I/O 接线图

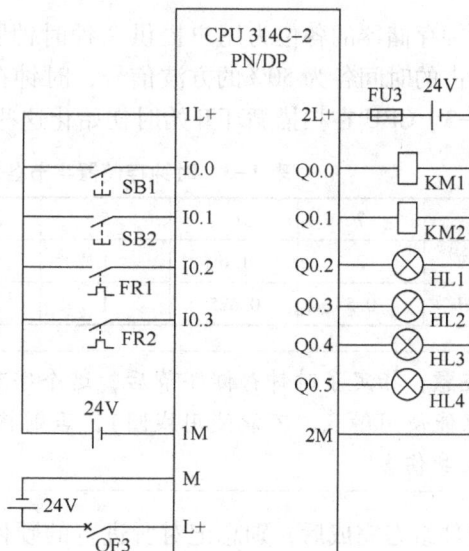

3. 创建项目与组态

创建一个名称为"M_chuansong"的项目，添加一个 CPU 314C-2 PN/DP 模块，并将 CPU 的输入输出起始地址更改为 I0.0 和 Q0.0。

本案例要求电动机长期过载时其报警指示灯以 1 Hz 频率闪烁（秒级闪烁），如果使用定时器来实现则需要两个定时器，如果采用 CPU 集成的时钟存储器来实现可方便许多。

在"设备视图"中双击 CPU 模块，打开其巡视窗口，选择"常规"属性，单击"时钟存储器"，然后在右侧窗口中勾选"时钟存储器"，然后在"储存器字节"栏中输入时钟存储器的字节地址，如 0，输入范围为 0~255，如图 1-71 所示。建议用户采用系统默认字节 MB0，这样便于以后阅读和程序维护。

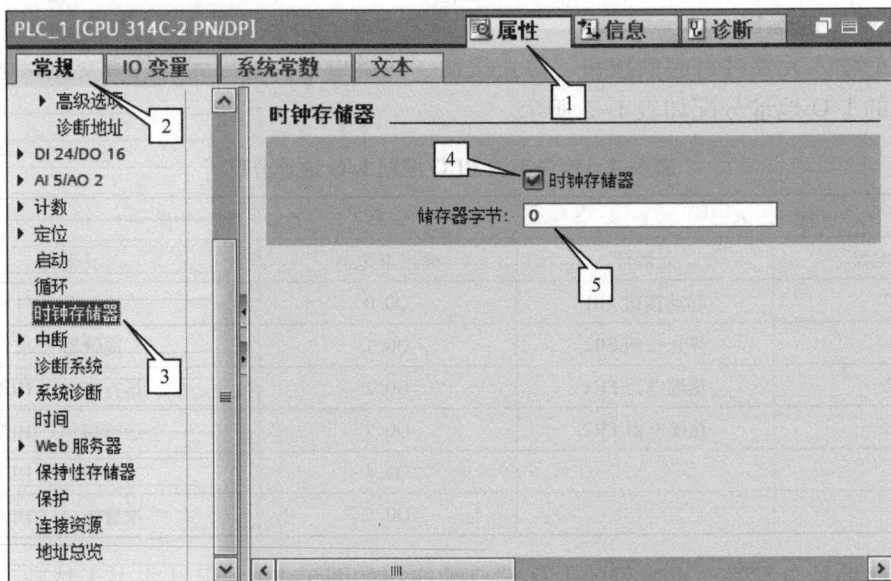

图 1-71　时钟存储器字节的设置

时钟存储器的各位为用户提供 8 种时钟脉冲，时钟脉冲是一个周期内"0"状态和"1"状态所占的时间各为 50% 的方波信号，时钟存储器字节每一位对应的时钟脉冲的周期与频率见表 1-3。CPU 在扫描循环开始时初始化这些位。

表 1-3　时钟存储器字节各位对应的时钟脉冲的周期与频率

位	7	6	5	4	3	2	1	0
周期/s	2	1.6	1	0.8	0.5	0.4	0.2	0.1
频率/Hz	0.5	0.625	1	1.25	2	2.5	5	10

注意：指定了时钟存储字节后，这个字节就不能再用于其他用途（并且这个字节的 8 位只能使用触点，不能使用线圈），否则将会使用户程序运行出错，甚至造成设备损坏或人身伤害。

硬件组态完成后，别忘记对所进行的硬件组态进行编译，要选中 CPU 后再单击项目窗口工具栏上的编译按钮，可多次单击编译，确保编译成功。

4. 编辑变量表

在软件较为复杂的控制系统中若使用的输入/输出点较多，在阅读程序时每个输入/输出点对应的元器件不易熟记，因此使用符号地址会大大提高程序的可读性和调试程序的便利性。S7-300 PLC 提供变量表功能，可以用变量表来定义变量的符号地址或常数的符号。可以为存储器类型 I、Q、M、DB 等创建变量表。

（1）生成和修改变量

打开项目树的“PLC 变量”文件夹，用鼠标双击其中的“添加新变量表”，在“PLC 变量”文件夹下生成一个新变量表，名称为“变量表_1[0]”，其中“0”表示目前变量表里没有变量。用鼠标双击打开新生成的变量表，如图 1-72 所示。在变量表的“名称”列输入变量的名称；单击“数据类型”列右侧隐藏的按钮，设置变量的数据类型（只能使用基本数据类型），在此项目中，均为“BOOL”型；在“地址”列输入变量的绝对地址，“%”是自动添加的。

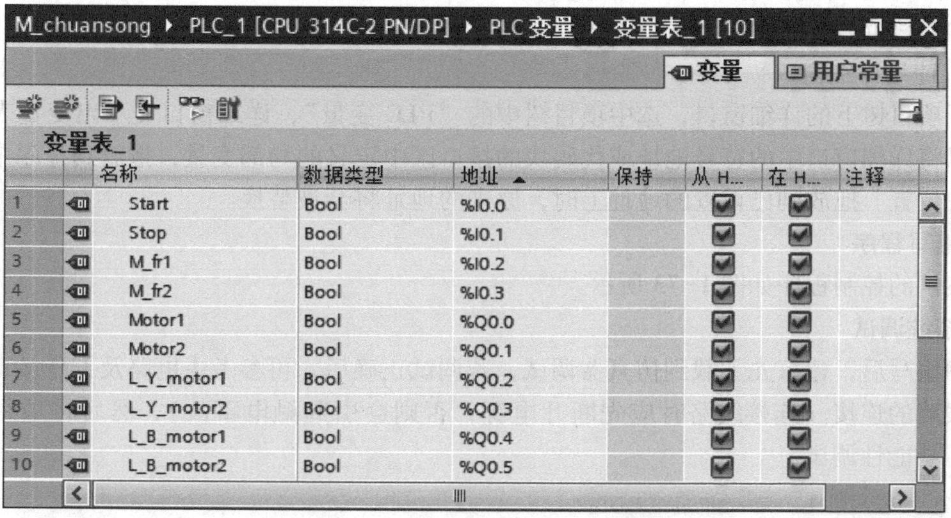

	名称	数据类型	地址	保持	从 H...	在 H...	注释
1	Start	Bool	%I0.0		☑	☑	
2	Stop	Bool	%I0.1		☑	☑	
3	M_fr1	Bool	%I0.2		☑	☑	
4	M_fr2	Bool	%I0.3		☑	☑	
5	Motor1	Bool	%Q0.0		☑	☑	
6	Motor2	Bool	%Q0.1		☑	☑	
7	L_Y_motor1	Bool	%Q0.2		☑	☑	
8	L_Y_motor2	Bool	%Q0.3		☑	☑	
9	L_B_motor1	Bool	%Q0.4		☑	☑	
10	L_B_motor2	Bool	%Q0.5		☑	☑	

图 1-72　传送带 PLC 控制的变量表

也可以双击“PLC 变量”文件夹中的“显示所有变量”，或双击“PLC 变量”文件夹中的“默认变量表 [0]”，在打开的变量表中生成项目所需要的变量。

首先用 PLC 变量表定义变量的符号地址，然后在用户程序中使用它们。也可以在变量表中修改自动生成的符号地址名称。

（2）变量表中变量的排序

单击变量表中的“地址”，其后出现向上的三角形，各变量按地址的第一个字母（I、Q 和 M 等）升序排列（从 A 到 Z）。再单击一次该单元，各变量按地址的第一个字母降序排列。可以用同样的方法，根据变量的名称和数据类型等来排列变量。

（3）快速生成变量

选中变量“Start”左边的标签，用鼠标按住左下角的蓝色小正方形不放，向下拖动鼠标，在空白行生成新的变量，它继承了上一行变量“Start”的数据类型和地址标识符，其名称为上一行名称依次增 1。或选中“名称”，然后按住右下角的蓝色小正方形不放，向下拖动鼠标，也同样生成一个或多个新的相同数据类型和地址标识符的变量。如果选中最下面一行的变量向下拖动，可以快速生成多个同类型的变量。

（4）设置程序中地址的显示方式

单击编程窗口工具栏上的"绝对/符号操作数"按钮 <img> 后面的向下箭头 <img>，可以用下拉式菜单选择只显示绝对地址、只显示符号地址，或同时显示两种地址。

多次单击编程窗口工具栏上的"绝对/符号操作数"按钮 <img>，可以在上述3种地址显示方式之间切换。

（5）全局变量与局部变量

PLC 变量表中的变量可用于整个 PLC 中所有的代码块，在所有代码块中具有相同的意义和唯一的名称，可以在变量表中为输入 I、输出 Q 和位存储器 M 的位、字节、字和双字定义全局变量。在程序中，全局变量被自动添加双引号，如"Stop"。

局部变量只能在它被定义的块中使用，而且只能通过符号寻址访问，同一个变量的名称可以在不同的块中分别使用一次。可以在块的接口区定义块的输入/输出参数（Input、Output 和Inout 参数）和临时数据（Temp），以及定义 FB 的静态变量（Static）。在程序中，局部变量被自动添加#号，如"#正向起动 SB2"。

（6）使用详细窗口

打开项目树下的详细窗口，选中项目树中的"PLC 变量"，详细窗口显示出变量表中的符号。可以将详细窗口中的符号地址或代码块的接口区中定义的局部变量，拖放到程序中需要设置地址的位置。拖放到已设置的地址上时，原来的地址将会被替换。

5. 编写程序

本案例的控制程序如图 1-73 所示。

6. 系统调试

程序编写后，建议先下载到仿真器调试，若调试正确后，再参考主电路及 I/O 端口的连接图进行线路的连接（连接线路时应先断开电源，否则会引起触电事故），然后将项目下载到PLC 进行功能性调试。

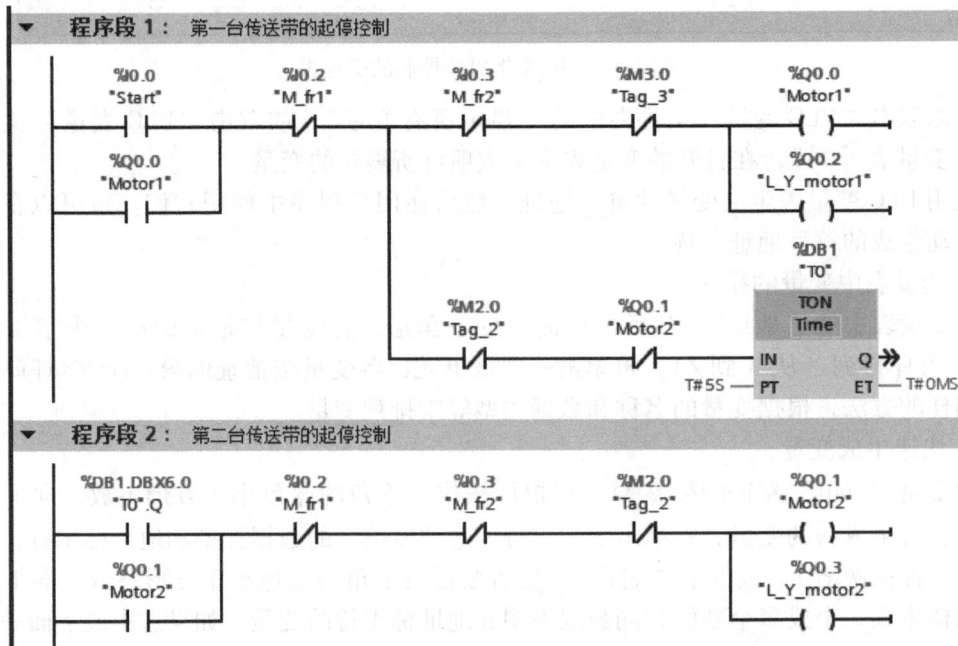

图 1-73 传送带的 PLC 控制程序

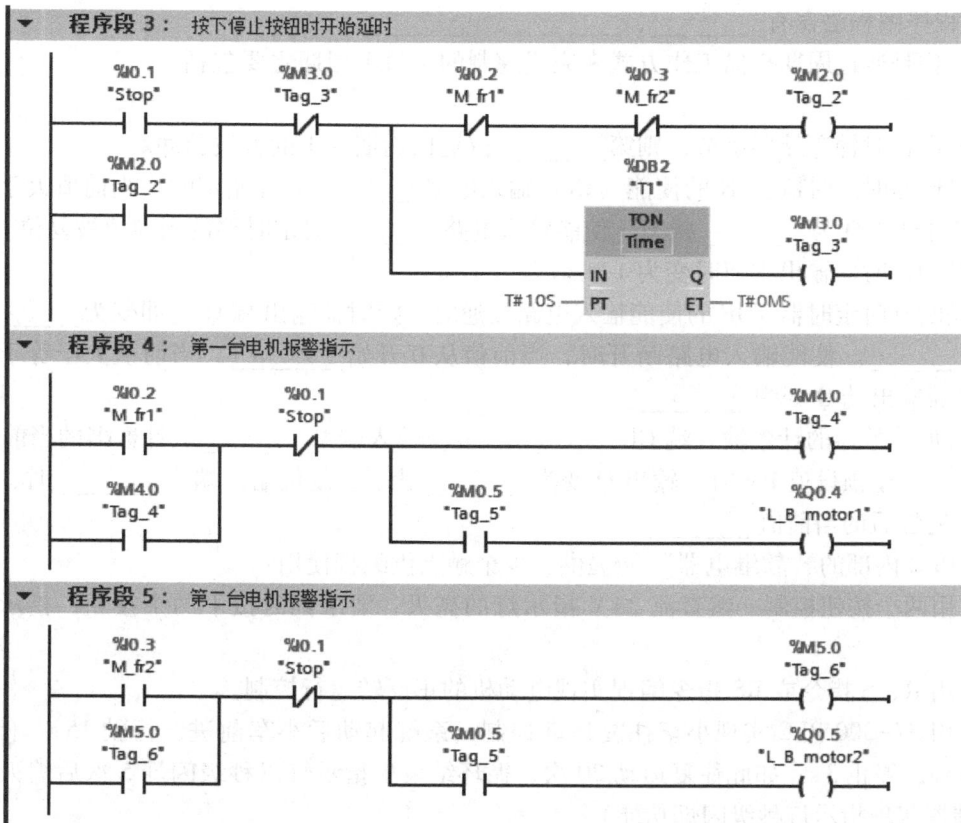

程序段 3：　按下停止按钮时开始延时

程序段 4：　第一台电机报警指示

程序段 5：　第二台电机报警指示

图 1-73　传送带的 PLC 控制程序（续）

按下起动按钮后，观察两节传送带的电动机是否按顺序按时间间隔起动，电动机的工作指示灯是否点亮。按下停止按钮后，观察两节传送带的电动机是否按逆序按时间间隔停止，电动机的工作指示灯是否熄灭。再通过接通热继电器，观察两台电动机是否立即停止，而且报警指示灯是否以 1 Hz 频率闪烁，按下停止按钮后，报警指示灯是否熄灭。若调试现象与任务要求一致，则本案例任务实现。

1.6.4　训练

1）训练 1：使用 S7-300 PLC 实现电动机的星-三角减压起动控制。

2）训练 2：使用 S7-300 PLC 实现三组抢答器控制，要求在主持人按下开始按钮后方可抢答，某组抢答成功后本台前的指示灯亮，同时其他组不能抢答。同时还要求在主持人按下开始按钮 10 s 内进行抢答，否则抢答无效。

3）训练 3：本案例还要求，在 1 h 内传送带起动次数不得超过 3 次，否则在 30 min 内不得再次起动。

1.7　习题与思考

1.　_____年世界上第一台 PLC 诞生。

2. PLC 主要由_____、_____、_____、_____等组成。

3. PLC 的常用语言有_____、_____、_____、_____、_____等，而 S7-

300 的主程序编程语言有_____、_____、_____。

4. PLC 是通过周期扫描工作方式来完成控制的，每个周期主要包括_____、_____、_____。

5. 若设置时钟存储器字节，则第_____位提供周期为 1 的方波脉冲。

6. 接通延时定时器 TON 的使能（IN）输入电路_____时开始定时，当前值大于等于预设值时其输出端 Q 为_____状态。使能输入电路_____时定时器的当前值被复位。

7. 脉冲定时器输出端何时变为 1 状态？

8. 关断延时定时器 TOF 的使能输入电路接通时，定时器输出端 Q 立即变为_____，当前值被_____。使能输入电路断开时，当前值从 0 开始_____。当前值大于等于预设值时，定时器输出端 Q 变为_____。

9. 若加计数器的计数输入端 CU_____、复位输入端 R_____，计数器的当前值加 1。当前值大于等于预设值 PV 时，输出 Q 变为_____状态。复位输入端为_____时，计数器被复位，复位后的当前值_____。

10. PLC 内部的"软继电器"能提供多少个触点供编程使用？

11. 用两个按钮控制一盏直流 24 V 指示灯的亮灭，要求同时按下两个按钮，指示灯方可点亮。

12. 用 R、S 指令或 RS 指令编程实现电动机的正反转运行控制。

13. 用 S7-300 PLC 实现小车往复运动控制，系统起动后小车前进，行驶 15 s，停止 3 s，再后退 15 s，停止 3 s，如此往复运动 20 次，循环结束后指示灯以秒级闪烁 5 次后熄灭（使用时钟存储器实现指示灯秒级闪烁功能）。

14. 用 S7-300 PLC 实现按第一次按钮，第 1 盏灯亮，按第二次按钮，第 2 盏灯亮。按第三次按钮，第 1 盏和 2 盏灯都亮，按第四次按钮，第 1 盏和 2 盏灯全部熄灭。

15. 用 S7-300 PLC 实现跑马灯控制，按下起动按钮指示灯 HL1 亮，1 s 后变为指示灯 HL2 亮，1 s 后又变为指示灯 HL3 亮，如此往下进行，当指示灯 HL8 亮 1 s 后，指示灯 HL1 又开始新一轮点亮，1 s 后变为指示灯 HL2 亮，如此循环。无论何时按下停止按钮指示灯全部熄灭。

第2章 S7-300 PLC 功能指令的编程及应用

使用功能指令可以提高 PLC 的编程效率和实现某些特定的功能。本章节重点介绍 S7-300 PLC 的数据类型、数据处理指令、运算指令和程序控制指令。通过本章学习可掌握 S7-300 PLC 中常用功能指令及其应用。

2.1 数据类型

数据类型决定数据的属性，在 STEP 7 中，数据类型分为 3 大类：基本数据类型、复杂数据类型和参数数据类型，在此，本教材仅介绍基本数据类型和复杂数据类型。

2.1.1 基本数据类型

基本数据类型数据的位数不超过 32 位，可利用 STEP 7 的基本指令处理。基本数据类型共有 12 种，如表 2-1 所示。

表 2-1 基本数据类型

数 据 类 型	位数	表 示 形 式	数据与范围
位（BOOL）	1	布尔量	True/False
字节（BYTE）	8	十六进制	B#16#0～B#16#FF
字（WORD）	16	二进制	2#0～2#1111_1111_1111_1111
		十六进制	W#16#0～W#16#FFFF
		BCD 码	C#0～C#999
		无符号十进制	B#（0，0）～B#（255，255）
双字（DWORD）	32	二进制	2#0～2#1111_1111_1111_1111_1111_1111_1111_1111
		十六进制	DW#16#0～DW#16#FFFF_FFFF
		BCD 码	C#0～C#9999999
		无符号十进制	B#（0，0，0，0）～B#（255，255，255，255）
整数（INT）	16	有符号十进制	−32 768～+32 767
双整数（DINT）	32	有符号十进制	−2 147 483 648～2 147 483 647
浮点数（REAL）	32	IEEE 浮点数	±1.1 755 494e−38～±3.402 823e+38
S5 系统时间（S5TIME）	16	S5 时间，以 10 ms 为时基	S5T#0H_0M_0S_0MS～S5T#2H_46M_30S_0MS
IEC 时间（TIME）	32	带符号 IEC 时间，分辨率 1 ms	T#−24D_20H_31M_23S_648MS～T#24D_20H_31M_23S_647MS
IEC 日期（DATE）	16	IEC 日期，分辨率为 1 天	D#1990_1_1～D#2168_12_31
实时时间（TIME_OF_DAY）	32	实时时间，分辨率为 1 ms	TOD#0:0:0.0～TOD#23:59:59.999
字符（CHAR）	8	ASCII	可打印 ASCII 字符

1. 位

位（BOOL）数据长为 1 位，数据格式为布尔（BOOL）型，只有两个取值：True/False（真/假），对应二进制数中的"1"和"0"，常用于开关量的逻辑计算，存储空间为 1 位。

在基本逻辑控制中主要使用的是位变量，位存储单元的地址是由字节地址和位地址组成，如 I3.2 中的区域标识符"I"表示输入，字节地址为 3，位地址为 2。

2. 字节

字节（BYTE）数据长度为 8 位，数据格式为 B#16#，B 表示 BYTE，表示数据长度为一个字节（8 位），#16#表示十六进制数，取值范围为 B#16#0～B#16#FF。

在 STEP 7 中，数据存储和处理经常采用字节格式，如输入字节 IB2，它由 I2.0～I2.7 这 8 个位组成。

3. 字

字（WORD）数据长度为 16 位，这种数据可采用 4 种方法进行描述。

1）二进制：二进制的格式为 2#，取值范围为 2#0～2#1111_1111_1111_1111，书写时每 4 位可用下划线隔开，也可直接表示为 2#1111111111111111。

2）十六进制：十六进制的格式为 W#16#，W 表示 WORD，表示数据长度为 16 位，#16#表示十六进制，数据取值范围为 W#16#0～W#16#FFFF。

3）BCD 码：BCD 码的格式为 C#，取值范围为 C#0～C#999。

4）无符号十进制数：无符号十进制数的格式为 B#（×，×），取值范围为 B#（0，0）～B#（255，255），无符号十进制数是用十进数的 0～255 对应二进制数中的 0000_0000～1111_1111（8 位），16 位二进制就需要两个 0～255 的数来表示。

上述 4 种数据都是描述一个长度为 16 位的二进制数，无论采用哪种表达方式都可以。如想得到二进制数 0000100110000111，可以使用 2#0000_1001_1000_0111，也可使用 W#16#987，还可使用 C#987 或者 B（9，135）。在 STEP 7 中，比较常用是十六进制，即 W#16#这种格式。

在 STEP 7 中，数据存储和处理也常采用字格式，如输入字 IW4（W 表示字），它是由相邻的两个字节 IB4 和 IB5 组成的，IB4 表示高 8 位，而 IB5 表示低 8 位。

4. 双字

双字（DOUBLE WORD）数据长度为 32 位，双字的数据格式与字的数据格式相同，也有 4 种方式，其取值范围如表 2-1 所示。

在 STEP 7 中，较大的数据存储和处理会采用双字格式，如输出字 QD0（D 表示双字），它是由相邻的两个字 QW0 和 QW2 组成的（或由 4 个字节 QB0QB1QB2QB3 组成），QW0 表示高 16 位，而 QW2 表示低 16 位。

5. 整数

整数（INT）数据类型长度为 16 位，数据格式为带符号十进制数，最高位为符号位。正整数是以原码格式进行存储的，负整数是以补码形式存储的。计算机中将负零（1000_0000_0000_0000）定义为-32 768，因此整数取值范围为-32 768～32 767。

6. 双整数

双整数（DOUBLE INT）数据类型长度为 32 位，数据格式为带符号十进制数，可用 DINT#表示双整数，也可以不用 DINT#表示，其取值范围为-2 147 483 648～2 147 483 647。

7. 浮点数

浮点数（REAL）又称为实数，数据类型长度为 32 位，是以 IEEE 浮点数格式转换为二进制数进行存储的，其取值范围为±1.1 755 494e-38~±3.402 823e+38。

8. S5 系统时间

S5TIME 时间数据类型长度为 16 位，包括时基和时间常数两部分，时间常数采用 BCD 码。

9. IEC 时间

IEC 时间（TIME）数据长度为 32 位，时基为固定值 1 ms，数据类型为双整数，所表示的时间值为整数值乘以时基。格式为 T#aaD_bbH_ccM_ddS_eeeMS，其中 aa 为天数，bb 为小时数，cc 为分钟数，dd 为秒数，eee 为毫秒数。根据双整数的最大值为 2 147 483 647，乘以时基 1 ms，可以算出，IEC 时间的最大值为 T#24D_20H_31M_23S_647MS。

10. IEC 日期

IEC 日期（DATE）数据长度为 16 位，数据类型为整数。以 1 日为单位，日期从 1990 年 1 月 1 日开始，1990 年 1 月 1 日对应的整数为 0，日期每增加一天，对应的整数值加 1，如 23，对应 1990 年 1 月 24 日。IEC 日期格式为 D#_年_月_日，取值范围为 D#1990_1_1~D#2168_12_31。

11. 实时时间

实时时间（TIME_OF_DAY）又称为日计时，表示一天中的 24 h，数据长度为 32 位，数据类型为双整数，以 1 ms 为时基，取值范围为 TOD#0:0:0.0~TOD#23:59:59.999。

码 2-1　基本数据类型

12. 字符

字符（CHAR）数据的长度为 8 位，字符采用 ASCII 码的存储方式。

2.1.2　复杂数据类型

在 STEP 7 中数据长度超过 32 位的称为复杂数据类型，复杂数据类型是由其他基本数据类型组合而成，分为如下几种。

1. 日期时间数据类型

日期时间（DTL）数据类型表示由日期和时间定义的时间点，它由 12B 组成。可以在全局数据块或块的接口区中定义 DTL 数据类型变量。每个数据需要的字节数及取值范围如表 2-2 所示。

表 2-2　DTL 数据类型

数　据	字节数	取值范围	数　据	字节数	取值范围
年	2	1970~2554	h	1	0~23
月	1	1~12	min	1	0~59
日	1	1~31	s	1	0~59
星期	1	1~7（星期日~星期六）	ms	4	0~999 999 999

2. 数组数据类型

数组（ARRAY）数据类型是由相同类型的数据组成的。数组的最大维数可以达到 6 维，数据中的元素可以是基本数据类型，也可以是复杂数据类型，但不包括数组类型本身。

3. 结构数据类型

结构（STRUCT）数据类型是由不同数据类型组合而成的复杂数据，通常用来定义一组相关的数据，如电动机的额定数据可以定义如下：

```
Motor: STRUCT
    Speed: INT
    Current: REAL
END_STRUCT
```

其中：STRUCT 为结构的关键词；Motor 为结构类型名（用户自定义）；Speed 和 Current 为结构的两个元素，INT 和 REAL 是这两个元素的类型关键词；END_STRUCT 是结构的结束关键词。

4. 字符串数据类型

字符串（STRING）数据类型最大长度为 256B，字符串类型的前两个字节用于存储字符串的长度信息，因此一个字符串类型的数据最多包含 254 个字符，它是一维数组，字符串常数表达方式是由单引号包括的字符，如 'string'。用户在定义字符串变量时也可以限定它的最大长度，如 string[15]，即该变量最多包含 15 个字符。

2.2 数据处理指令

数据处理指令主要包括移动指令、比较指令、移位与循环指令和转换指令等。

在 S7 系列 PLC 的梯形图中，用方框表示某些指令、函数（FC）和函数块（FB），输入信号均在方框的左边，输出信号均在方框的右边。梯形图中有一条提供"能流"的左侧垂直线，当其左侧逻辑运算结果 RLO 为"1"时，能流流到方框指令的左侧使能输入端 EN（Enable input），"使能"有允许的意思。使能输入端有能流时，方框指令才能执行。

如果方框指令 EN 端有能流流入，而且执行时无错误，则使能输出 ENO（Enable Output）端将能流流入下一个软元件，如图 2-1 所示。如果执行过程中有错误，能流会在出现错误的方框指令处终止。

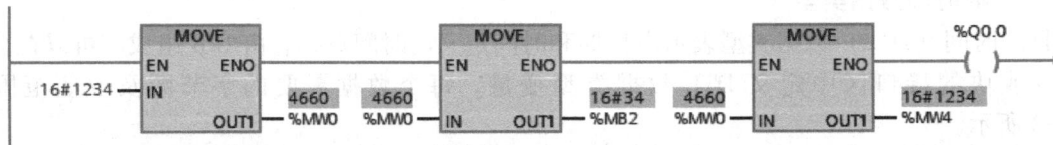

图 2-1　MOVE 指令

2.2.1 移动指令

1. MOVE 指令

MOVE（移动）指令用于将 IN 输入端的源数据传送（复制）给 OUT1 输出端的目的地址，并转换为 OUT1 指定的数据类型，且源数据保持不变，如图 2-1 所示。IN 和 OUT1 可以是 Bool 之外的所有基本数据类型和 TIME、DATE、TOD 等数据类型。IN 还可以是常数。

同一条指令的输入参数和输出参数的数据类型可以不相同，如 MB0 中的数据传送到 MW10，或将 MW20 中数据传送给 MB30。若将字节中的数据传送到字中，则不会发生数据错误；若将字中的数据传送到字节中，字中的高字节数据会发生丢失现象（如将 MW2 中超过 255 的数据传送到 MB6，则只能将 MW2 的低字节 MB3 中的数据传送到 MB6，MW2 的高字节 MB2 中的数据则会发生丢失），应避免出现这种情况。

在图 2-1 中，将 16 进制数 1234（十进制为 4660），传送给 MW0；若将超过 255 的 1 个字中的数据（MW0 中的数据 4660）传送给 1 个字节（MB2），此时只将低字节（MB1）中的数据（16＃34）传送给目标存储单元（MB2）。在图 2-1 中，若 3 条 MOVE 指令执行都无误时，能流便可流入 Q0.0。

码 2-2　移动值指令

2. BLKMOV 和 UBLKMOV 指令

块移动 BLKMOV（BlockMove）指令也称为存储区移动指令，是将一个存储区（源区域）的内容复制到另一个存储区（目标区域）。

不可中断的存储区移动 UBLKMOV（Uninterruptible BlockMove）指令功能与存储区移动 BLKMOVE 指令的功能基本相同，其区别在于前者的移动操作不会被其他操作系统的任务打断，如图 2-2 所示。

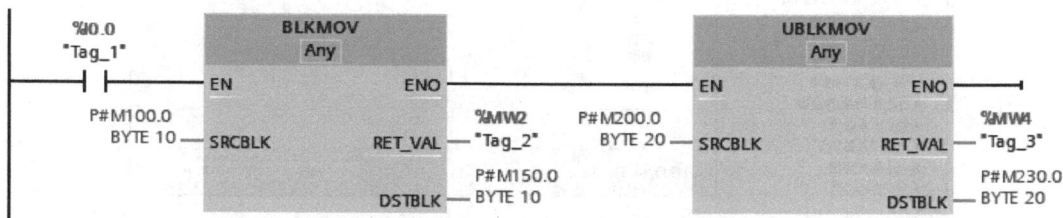

图 2-2　BLKMOV 和 UBLKMOV 指令

参数 SRCBLK 是输入参数，用于指定待移动的存储区，该存储区可为 I、Q、M、D（数据块）、L（块的局部数据），其数据类型为 ANY。

参数 DSTBLK 是输出参数，在块接口中必须声明为 InOut，是指定要将块移动到的存储区（目标区域，其存储区同 SRCBLK 参数），其数据类型为 ANY。

参数 RET_VAL 是输出参数，将执行指令后的错误信息存储在此参数中（如果在该指令执行期间出错，则在参数 RET_VAL 中输出一个错误代码），如果是 16#0000，表示没有错误。

在图 2-2 中，当 I0.0 接通时，将 M 存储区中的 MB100 ~ MB109 共 10 个字节传送到 MB150~MB159。"P#M100.0 BYTE 10" 是间接寻址格式，表示是从 MB100 开始连续的 10 个字节。

【例 2-1】将一个数据块中 10 个连续区域的数据发送到另一个数据块中。

（1）生成全局数据块和数组

单击项目树中 PLC 的"程序块"文件夹中的"添加新块"，添加一个新的块。在"添加新块"对话框中（见图 2-3），单击添加新块的类型"数据块（DB）"，生成一个数据块，可以修改其名称或采用默认的名称，类型为默认的"全局 DB"，编号方式可为手动或自动，在此选用默认的"自动"方式。图 2-3 中生成的数据块是 DB2，然后单击对话框右下角的"确定"按钮则自动生成数据块。

如果在单选框选中"手动"，可以修改块的编号（数据块的数目依赖于 CPU 的型号，数据块的最大块长度因 CPU 不同而各异，CPU 314C 数据块的编号为 DB1~DB16000）。选中下面的复选框"新增并打开"，生成新的块之后，将会自动打开它，数据块对话框如图 2-4 所示。

图 2-3 添加数据块

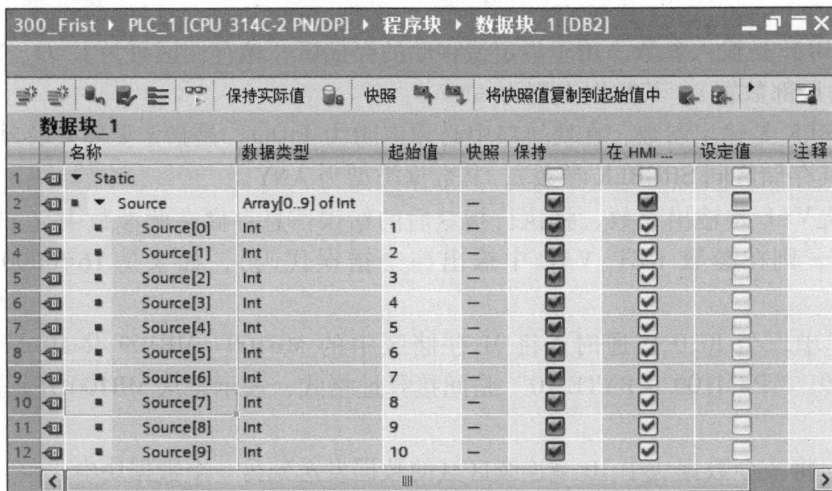

图 2-4 数据块对话框

在数据块的"名称"列输入数组（Array）的名称"Source"，单击"数据类型"列"Source"后的按钮，选中下拉式列表中的数据类型"Array [lo . . hi] of type"。其中的"lo（low）"和"hi（high）"分别是数组元素的编号（下标）的下限值和上限值，取值范围为[-32768 . . 32767]，下限值应小于等于上限值。"起始值"列为用户定义的初始值，"保持性"列如被勾选，则相应的数据具备掉电保持特性。

将"Array[lo . . hi]of type"修改为"Array[0 . . 9]of Int"，如图 2-4 所示，其元素的数据类型为 Int，元素的编号 0~9，在"起始值"列分别赋值为 1~10。可以单击工具栏中扩展模式按钮 或"名称"列"Source"名称前的三角形 按钮，可以打开新建数组中的各元素。

对新生成的数据块编辑完成后，务必要编译，否则编程时会提示新生成的数据块未编译。

用同样的方法生成数据块 DB3，在 DB3 中生成 10 个单元的数组 Distin，数据类型仍为 Int。

注意： 数组生成后，按下数据块窗口右上角的“保存窗口设备”按钮进行保存。

在用户程序中，可以用符号地址"数据块_1". Source［4］或绝对地址 DB1. DBW8 访问数组中下标为 4 的元素。至于用位、字节、字或双字访问，这依赖于定义数组的元素类型。

（2）编写程序

在 BLKMOV 指令块的 SRCBLK 参数中输入 DB2. DBW0 或通过此处地址输入栏右侧地址浏览框中选择"数据块_1". Source[0]，在 DSTBLK 参数中输入 DB3. DBW0，如图 2-5 所示。

图 2-5　【例 2-1】控制程序

如果编写的控制程序是图 2-5 左边的块移动指令，在程序执行后，只能将 DB2. DBW0 中的数据 1 传送给 DB3. DBW0 中，而后面的存储单元中数据并没有实现传送动作（可通过下面介绍的监控方法查看）。正确的程序应该是用图 2-5 右边的块移动指令，将 10 个存储区域的数据一起传送给目标。

将图 2-5 的程序及数据块 DB2 和 DB3 下载到 CPU，或选中 PLC_1 下载，用鼠标双击打开项目树中的 DB2 和 DB3，单击工具栏上的按钮，启动扩展模式，显示数组中的各数组元素。单击按钮，启动监视，“监视值”列是 CPU 中的变量值，【例 2-1】中程序执行的结果如图 2-6 所示。

	名称	数据类型	起始值	快照	监视值	保持
1	▼ Static					
2	▼ Distin	Array[0..9] of Int		—		✔
3	Distin[0]	Int	0	—	1	✔
4	Distin[1]	Int	0	—	2	✔
5	Distin[2]	Int	0	—	3	✔
6	Distin[3]	Int	0	—	4	✔
7	Distin[4]	Int	0	—	5	✔
8	Distin[5]	Int	0	—	6	✔
9	Distin[6]	Int	0	—	7	✔
10	Distin[7]	Int	0	—	8	✔
11	Distin[8]	Int	0	—	9	✔
12	Distin[9]	Int	0	—	10	✔

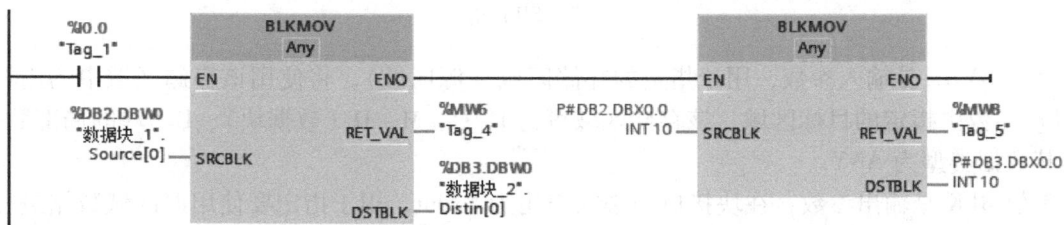

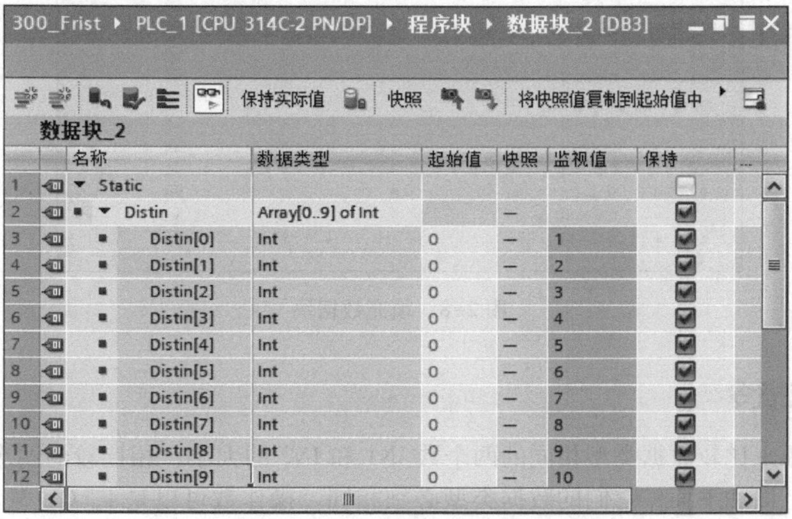

图 2-6　监控 DB3 中数据

3. FILL 指令

填充块（FILL）指令（见图 2-7）是将一个存储区（源区域）的内容填充到另一存储区（目标区域）。填充块指令将源区域的数据移动到目标区域，直到目标区域写满为止，移动操作沿地址升序方向执行。

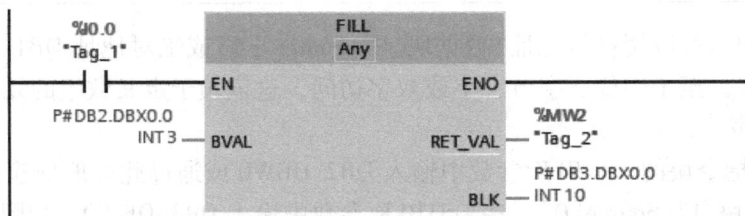

图 2-7　FILL 指令

参数 BVAL 是输入参数，用于指定的存储区域（源区域），将使用该存储区域中的内容填充 BLK 参数中指定的目标区域，该存储区域可为 I、Q、M、D（数据块）、L（块的局部数据）等，其数据类型为 ANY。

参数 BLK 是输出参数，在块接口中必须声明为 InOut，用于指定要使用源区域数据进行填充的存储区（其存储区同 BVAL），其数据类型为 ANY。

参数 RET_VAL 是输出参数，将执行指令后的错误信息存储在此参数中（如果在该指令执行期间出错，则在参数 RET_VAL 中输出一个错误代码），如果是 16#0000，表示没有错误。

在图 2-7 中，当 I0.0 接通时，用数据块 DB2 中 DB2.DBW0～DB2.DBW2 共 3 个整数去填充数据块 DB3 中从 DB3.DBW0～DB2.DBW9 的 10 个连续的区域，填充结果如图 2-8 所示。

	名称	数据类型	起始值	快照	监视值	保持	在 H...
1	▼ Static					☐	☐
2	▼ Distin	Array[0..9] of Int		—		☑	☑
3	Distin[0]	Int	0	—	1	☑	☑
4	Distin[1]	Int	0	—	2	☑	☑
5	Distin[2]	Int	0	—	3	☑	☑
6	Distin[3]	Int	0	—	1	☑	☑
7	Distin[4]	Int	0	—	2	☑	☑
8	Distin[5]	Int	0	—	3	☑	☑
9	Distin[6]	Int	0	—	1	☑	☑
10	Distin[7]	Int	0	—	2	☑	☑
11	Distin[8]	Int	0	—	3	☑	☑
12	Distin[9]	Int	0	—	1	☑	☑

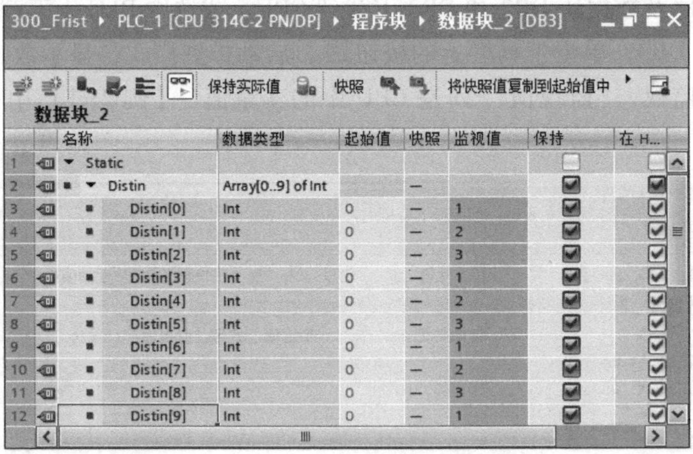

图 2-8　填充数据块

2.2.2 比较指令

比较指令用来比较数据类型相同的两个数 IN1 和 IN2 的大小，相比较的两个数 IN1 和 IN2 分别在触点的上面和下面，它们的数据类型必须相同。操作数可以是 I、Q、M、L、D 存储区中的变量或常数。

图 2-9 是比较指令的运算符号及数据类型。比较指令可视为一个等效的触点，比较符号可以是"==（等于）""<>（不等于）"">（大于）""> =（大于或等于）""<（小于）"和"< =（小于或等于）"，比较的数据类型有多种，比较指令的运算符号及数据类型在指令的下拉式列表中可见，如图 2-9 所示。当满足比较关系式给出的条件时，等效触点接通。

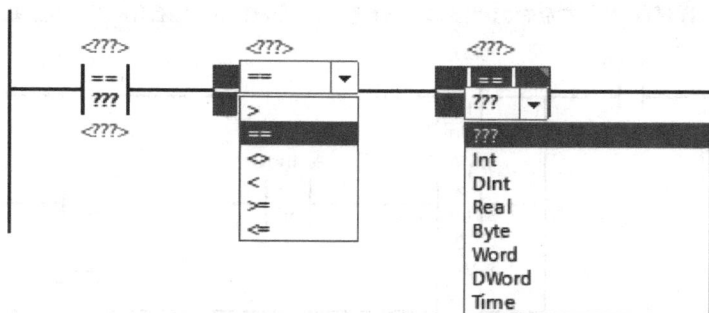

图 2-9　比较指令的运算符号及数据类型

生成比较指令后，用鼠标双击触点中间比较符号下面的问号，单击出现的按钮⊡，用下拉式列表设置要比较的数据类型。如果想修改比较指令的比较符号，只要用鼠标双击比较符号，然后单击出现的按钮⊡，就可以用下拉式列表修改比较符号。

【例 2-2】用比较指令实现一个周期振荡电路，如图 2-10 所示。

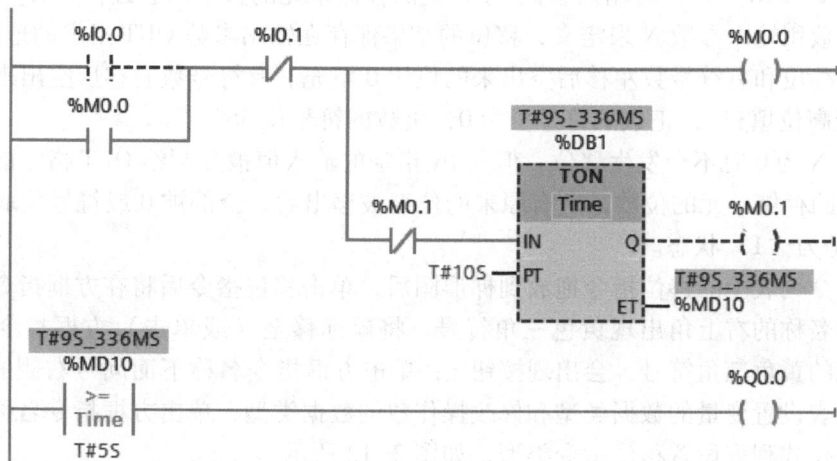

图 2-10　【例 2-2】控制程序

MD10 用于保存定时器 TON 的已耗时间值 ET，其数据类型为 Time。输入比较指令上面的操作数后，指令中的数据类型自动变为"Time"。IN2 输入 5 后，不会自动变为 5 s，而是 5 ms，因为它是以 ms 为单位的，输入时别忘了单位，否则容易出错。

【例 2-3】要求用 3 盏灯，分别为红、绿、黄灯表示地下车库车位数。系统工作时若空余车位大于 10 个绿灯亮，空余车位在 1~10 个黄灯亮，无空余车位红灯亮。空余车位显示控制程序如图 2-11 所示。

码 2-3　比较指令

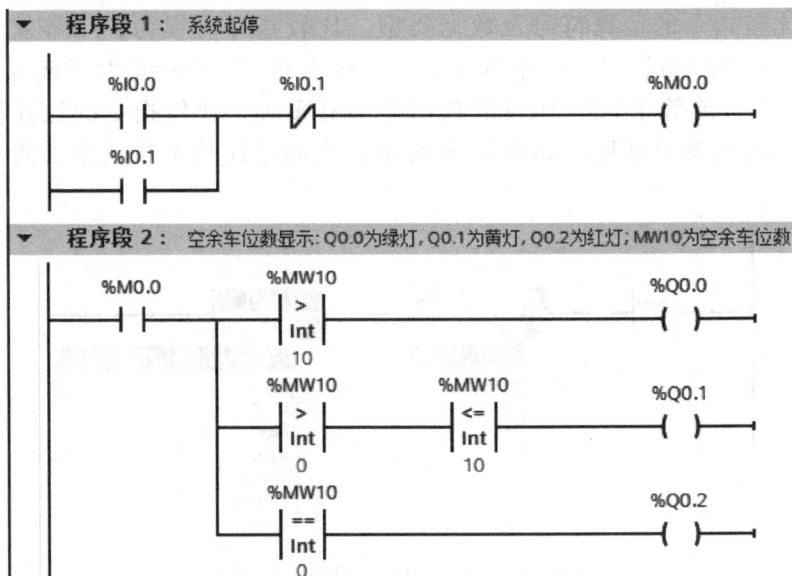

图 2-11　【例 2-3】控制程序

2.2.3　移位和循环指令

1. 移位指令

移位（SHL/SHR）指令将输入参数 IN 指定的存储单元的整个内容逐位左移（右移）若干位，移位的位数用输入参数 N 来定义，移位的结果保存在输出参数 OUT 指定的地址。

无符号数移位和有符号数左移后空出来的位用 0 填充。有符号数右移后空出来的位用符号位（原来的最高位填充），正数的符号位为 0，负数的符号位为 1。

移位位数 N 为 0 时不会发生移位，但是 IN 指定的输入值被复制给 OUT 指定的地址。如果 N 大于被移位的存储单元的位数，所有原来的位都被移出后，全部被 0 或符号位取代。移位操作的 ENO 总是为 "1" 状态。

将基本指令列表中的移位指令拖放到梯形图后，单击移位指令后将在方框指令中名称下面问号的右侧和名称的右上角出现黄色三角符号，将鼠标移至（或单击）方框指令中名称下面和右上角出现的黄色三角符号，会出现按钮▼；单击方框指令名称下面问号右侧的按钮▼，可以用下拉式列表设置变量的数据类型和修改操作数的数据类型，单击方框指令名称右上角的按钮，可以用下拉式列表设置移位指令类型，如图 2-12 所示。

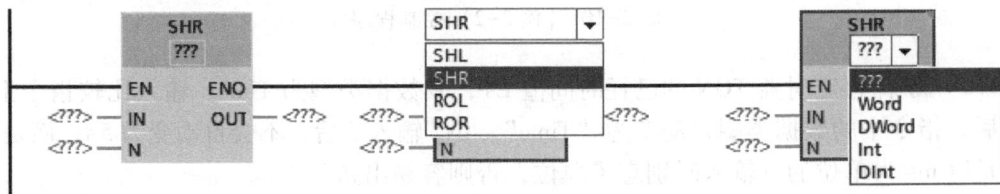

图 2-12　移位指令的设置

执行移位指令时应注意，如果将移位后的数据要送回原地址，应使用边沿检测触点（P 触点或 N 触点），否则在能流流入的每个扫描周期都要移位一次。

左移 n 位相当于乘以 2^n，右移 n 位相当于除以 2^n，当然须在数据存在的范围内，如图 2-13 所示。整数 200 左移 3 位，相当于乘以 8，等于 1600；整数-200 右移 2 位，相当于除以 4，等于-50。

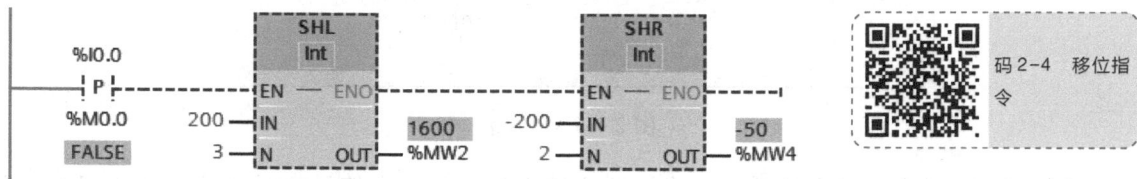

图 2-13　移位指令的应用示例

2. 循环指令

循环（ROL/ROR）指令或称循环移位指令，是将输入参数 IN 指定的存储单元的整个内容逐位循环左移/循环右移若干位后，将移出来的位又送回存储单元另一端空出来的位，原始的位不会丢失。N 为移位的位数，移位的结果保存在输出参数 OUT 指定的地址。N 为 0 时不会发生移位，但是 IN 指定的输入值复制给 OUT 指定的地址。移位位数 N 可以大于被移位的存储单元的位数，执行指令后，ENO 总是为 "1" 状态。

在图 2-14 中，I0.0 接通时首次将 125（16#0000_007D）赋给 MD10，将-125（16#FFFF_FF83 负数的表示时使用补码形式，即原码取反后加 1 且符号位不变），赋给 MD20。

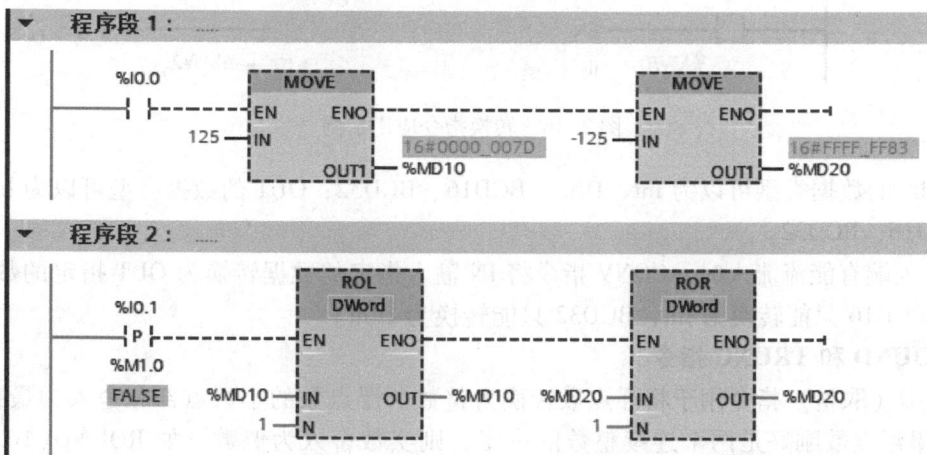

图 2-14　循环指令应用示例

在图 2-14 中，当 I0.1 出现一次上升沿时，循环左移和循环右移指令各执行一次，都循环移一位，MD10 数据 16#0000_007D（MB13 中数据 2#0111 1101）向左循环移一位后为即为 16#0000_00FA（MB13 中数据 2#1111 1010），可以通过监控表直观地看到这个存储单元中数据。

双击项目树中 "监控与强制表" 文件夹中的 "添加新监控表"，此时添加一个名称为 "监控表_1" 的监控表，并已打开，如图 2-15 所示。在 "地址" 列输入地址 MD10 和 MD20，然后单击监控表工具栏上的 "全部监视" 按钮，启用监控，这时可以观察到 MD10 和 MD20 中数据。MD20 中数据请读者自行分析。

图 2-15　监控表

循环移位时最高位移入最低位，或最低位移入最高位，有符号数时其符号位会跟着一起移，始终遵循"移出来的位又送回存储单元另一端空出来的位"的原则，可以看出，带符号的数据进行循环移位时，容易发生意想不到的结果，因此使用循环移位时，请用户谨慎。

2.2.4　转换指令

1. CONV 指令

CONV（Convert，转换）指令将数据从一种数据类型转换为另一种数据类型，如图 2-16 所示，使用时单击指令的"问号"位置，可以从下拉式列表中选择输入数据类型和输出数据类型。

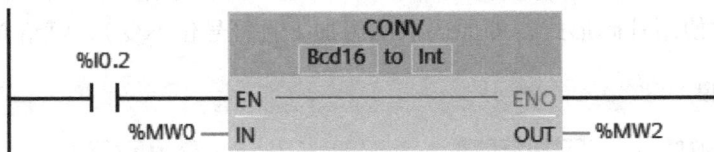

图 2-16　转换指令应用示例

参数 IN 的数据类型可以为 Int、DInt、BCD16、BCD32；OUT 的数据类型可以为 Int、DInt、Real、BCD16、BCD32。

EN 输入端有能流流入时，CONV 指令将 IN 输入指定的数据转换为 OUT 指定的数据类型。数据类型 BCD16 只能转换为 Int，BCD32 只能转换为 DInt。

2. ROUND 和 TRUNC 指令

ROUND（取整）指令用于将浮点数转换为整数。浮点数的小数点部分舍入为最接近的整数值。如果浮点数刚好是两个连续整数的一半，则实数舍入为偶数。如 ROUND(10.5)= 10，ROUND(11.5)= 12，如图 2-17 所示。

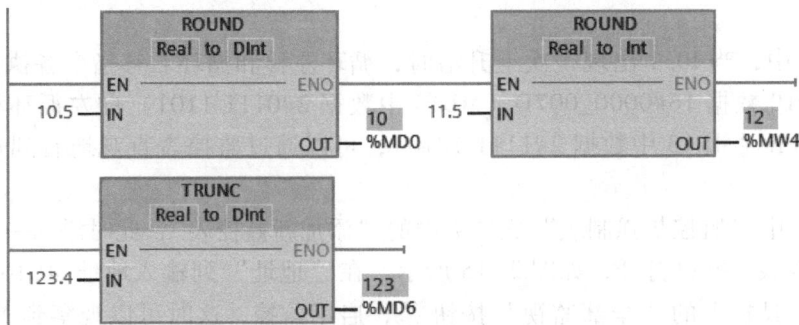

图 2-17　取整和截取指令应用示例

TRUNC（截取）指令用于将浮点数转换为双整数，浮点数的小数部分被截取成零，如图 2-17 所示。

3. CEIL 和 FLOOR 指令

CEIL（上取整）指令用于将浮点数转换为大于或等于该实数的最小整数，如图 2-18 所示。

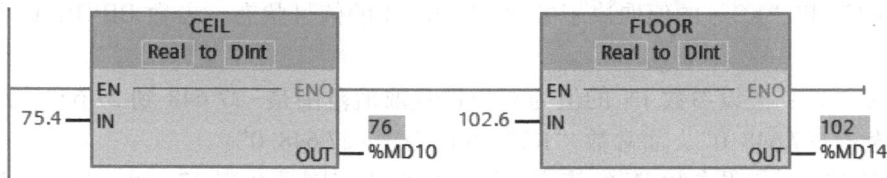

图 2-18　上取整和下取整指令应用示例

FLOOR（下取整）指令用于将浮点数转换为小于或等于该实数的最大整数，如图 2-18 所示。

4. SCALE 和 UNSCALE 指令

缩放（SCALE）指令将参数 IN 中的整数转换为浮点数，该浮点数在介于上下限之间的物理单位内进行缩放。通过参数 LO_LIM 和 HI_LIM 来指定缩放输入值取值范围的下限和上限。指令的执行结果在参数 OUT 中输出，如图 2-19 所示。

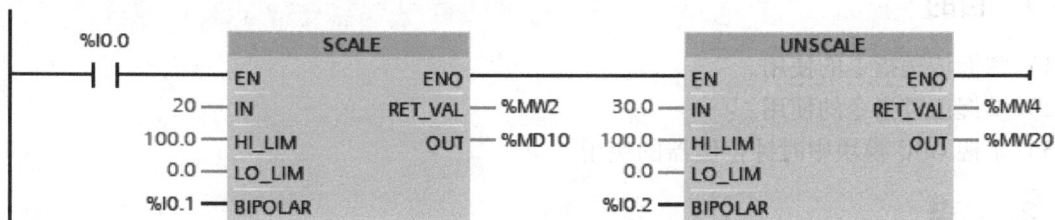

图 2-19　SCALE 和 UNSCALE 指令应用示例

缩放指令将按以下公式进行计算：

$$OUT = [(IN-K1)/(K2-K1)] \times (HI\_LIM-LO\_LIM) + LO\_LIM$$

参数 BIPOLAR 的信号状态将决定常数 "K1" 和 "K2" 的值。参数 BIPOLAR 可能有下列信号状态：

- 信号状态 "1"：此时参数 IN 的值为双极性且取值范围介于-27 648 和 27 648 之间。这种情况下，常数 "K1" 的值为 "-27 648.0"，"K2" 的值为 "+27 648.0"。
- 信号状态 "0"：此时参数 IN 的值为单极性且取值范围介于 0 和 27 648 之间。这种情况下，常数 "K1" 的值为 "0.0"，"K2" 的值为 "+27 648.0"。

如果参数 IN 的值大于常数 "K2" 的值，则将指令的结果设置为上限值（HI_LIM）并输出一个错误。

如果参数 IN 的值小于常数 "K1" 的值，则将指令的结果设置为下限值（LO_LIM）并输出一个错误。

如果指定的下限值大于上限值（LO_LIM >HI_LIM），则结果将对输入值进行反向缩放。

可以使用 "取消缩放"（Unscale）指令，取消在上限和下限之间以物理单位为增量对参数 IN 中的浮点数进行缩放，并将其转换为整数。使用参数 LO_LIM 和 HI_LIM 指定缩放输入值取值范围的下限和上限。指令的结果在参数 OUT 中输出，如图 2-19 所示。

取消缩放（UNSCALE）指令将按以下公式进行计算：

$$OUT = [(IN-LO\_LIM)/(HI\_LIM-LO\_LIM)] \times (K2-K1) + K1$$

常数"K1"和"K2"的值取决于参数 BIPOLAR 的信号状态。参数 BIPOLAR 可能有下列信号状态：

信号状态"1"：假设参数 IN 的值为双极性且取值范围是-27 648 到 27 648。此时，常数"K1"的值为"-27 648.0"，而常数"K2"的值为"+27 648.0"。

信号状态"0"：假设参数 IN 的值为单极性且取值范围是 0 到 27 648。此时，常数"K1"的值为"0.0"，而常数"K2"的值为"+27 648.0"。

当参数 IN 的值超出 HI_LIM 和 LO_LIM 定义的限值时，将输出一个错误并将结果设置为最接近的限值。

如果指定的下限值大于上限值（LO_LIM > HI_LIM），则结果将对输入值进行反向缩放。

2.3 案例4：交通灯的 PLC 控制

2.3.1 目的

1）掌握传送指令的使用。
2）掌握比较指令的使用。
3）掌握 CPU 模块中时钟存储器的使用。

2.3.2 任务

使用 S7-300 PLC 实现交通灯的控制。控制要求如下：按下起动按钮，东西方向绿灯亮 20 s，闪烁 3 s 后黄灯亮 3 s，红灯亮 26 s；同时，南北方向红灯亮 26 s，绿灯亮 20 s，闪烁 3 s 后黄灯亮 3 s，如此循环。按下停止按钮，东西南北方向所有交通信号灯全熄灭。

2.3.3 步骤

1. I/O 端口的连接

本案例的输入元器件为起动按钮和停止按钮；输出元器件为 4 个方向交通信号灯。本案例的 I/O 地址分配如表 2-3 所示。

表 2-3 交通灯的 PLC 控制 I/O 地址分配

输 入		输 出	
输入继电器	元器件	输出继电器	元器件
I0.0	起动按钮	Q0.0	东西方向绿灯 HL1
I0.1	停止按钮	Q0.1	东西方向黄灯 HL2
		Q0.2	东西方向红灯 HL3
		Q0.3	南北方向绿灯 HL4
		Q0.4	南北方向黄灯 HL5
		Q0.5	南北方向红灯 HL6

根据表 2-3 中的 I/O 地址分配，本案例 I/O 端口的连接如图 2-20 所示。注意：每个方向的每种颜色交通信号灯均为 2 个，即 2 个信号灯并联，在图 2-20 中已省略。

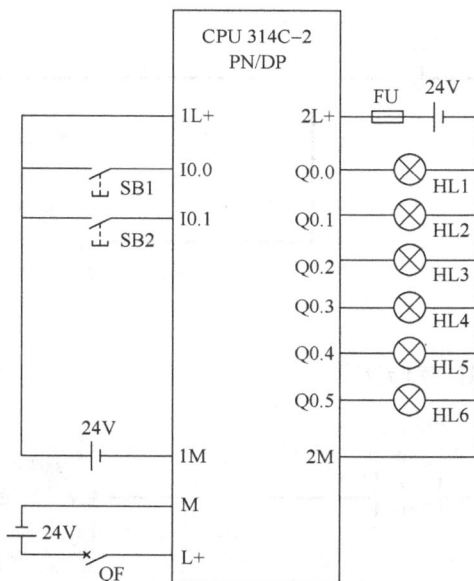

图 2-20 交通灯的 PLC 控制 I/O 接线图

2. 创建项目与硬件组态

创建一个名称为"D_jiaotong"的项目，添加一个 CPU 314C-2 PN/DP 模块，并将 CPU 的输入输出起始地址更改为 I0.0 和 Q0.0。

本案例要求东西和南北方向的交通信号灯闪烁（一般闪烁频率为 1 Hz），在此可启用系统"时钟存储器"，采用系统默认字节 MB0。

组态好上述硬件后，单击项目窗口工具栏上编译按钮对硬件组态进行编译。

3. 编写程序

本案例采用移动指令和比较指令进行控制程序的编写。根据案例任务要求编写的交通灯 PLC 控制程序如图 2-21 所示（读者可自行定义变量表）。

4. 系统调试

程序编辑好后，首先下载到仿真器，分别单击仿真器窗口工具栏上的"插入输入变量"按钮图、"插入输出变量"按钮图和"插入位存储器"按钮图，生成系统默认的 IB0、QB0、MB0，IB0 和 QB0 以"位"的形式显示，将 MB0 改为 MD10，并且以"时间"的格式显示，如图 2-22 所示。

两次单击 I0.0 模拟按下和松开起动按钮，起动交通灯控制系统，观察在 MD10 的时间段内 Q0.0~Q0.5 亮灭情况，如亮灭和任务要求一致，则说明本案例控制程序正确（图 2-22 中，在 11 s 467 ms 时间点时，东西方向绿灯 Q0.0 亮，南北方向红灯 Q0.5 亮）。再将程序下载到 CPU 中，并连接好 PLC 的外围 I/O 端口线路，再按下起动和停止按钮，观察交通灯的亮灭情况，如果与任务要求一致，则说明本案例任务要求实现。

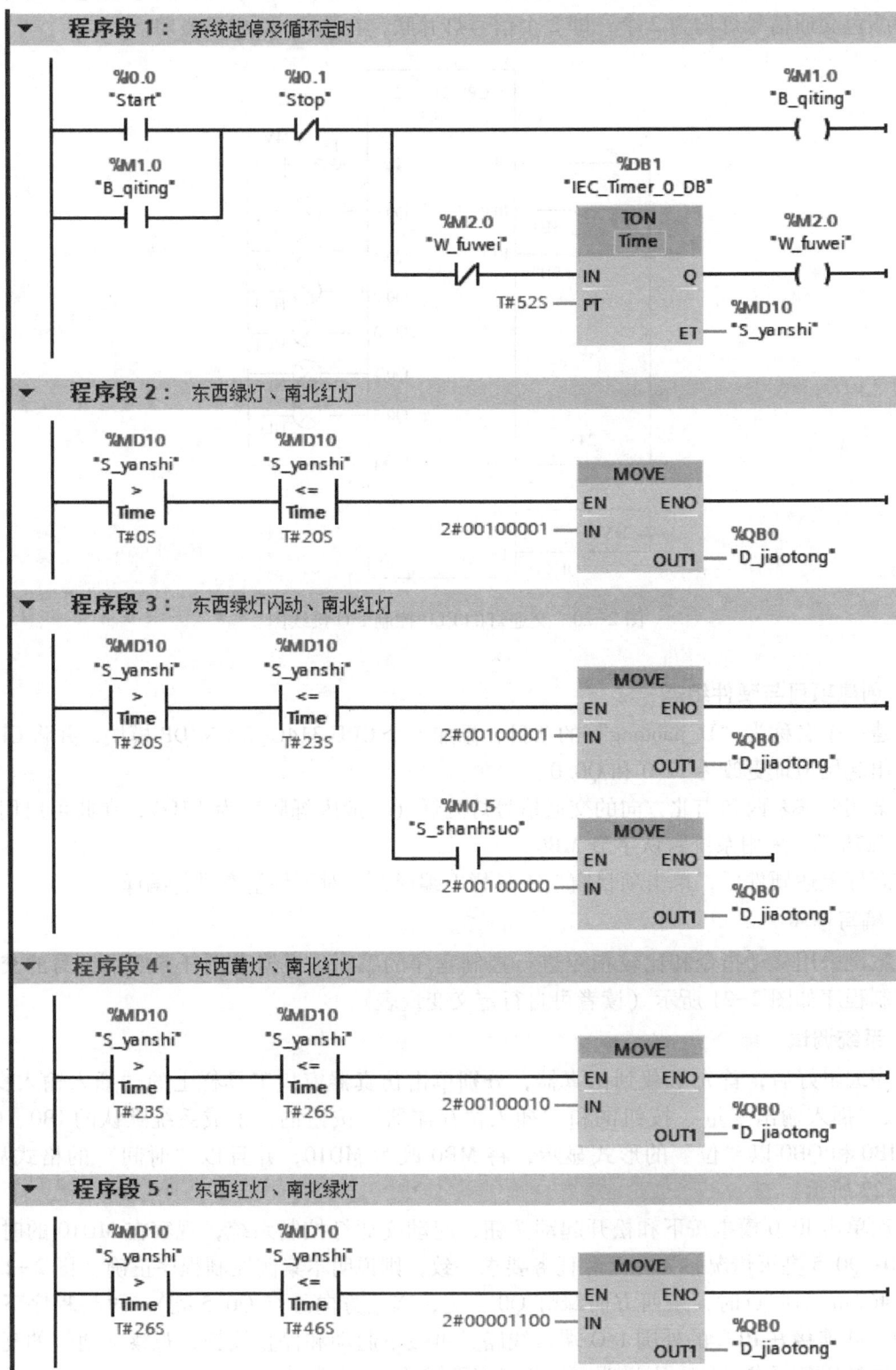

图 2-21　交通灯的 PLC 控制程序

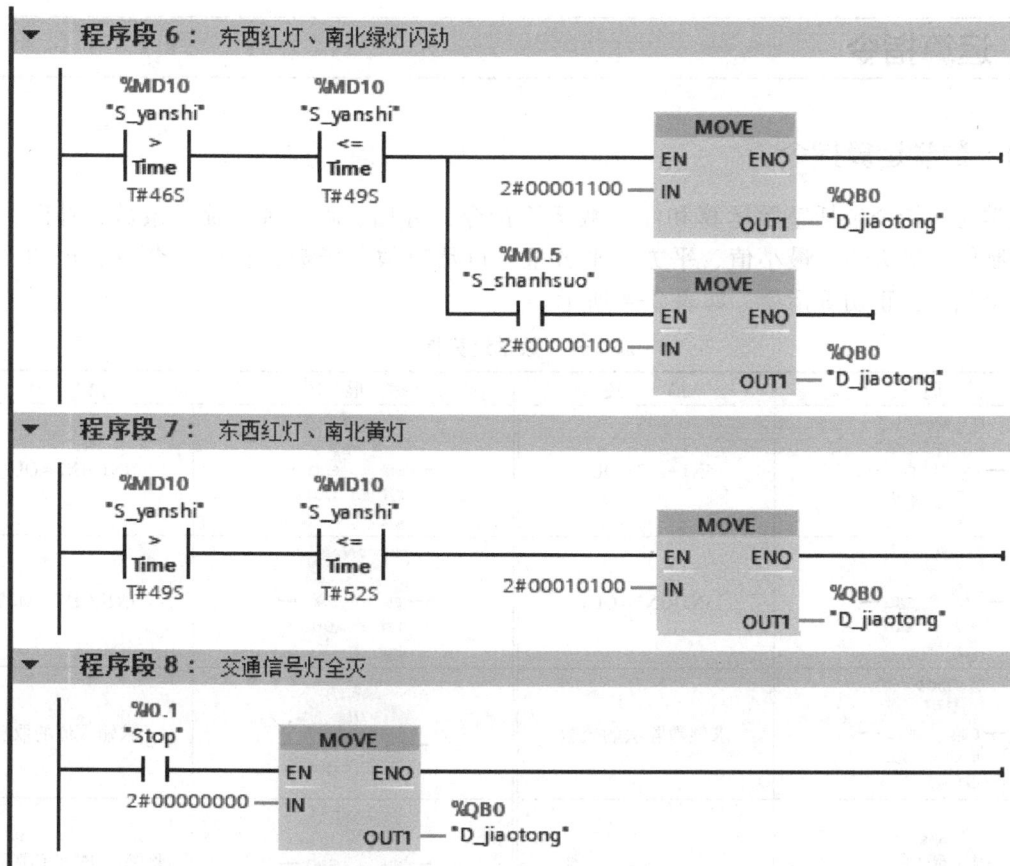

图 2-21　交通灯的 PLC 控制程序（续）

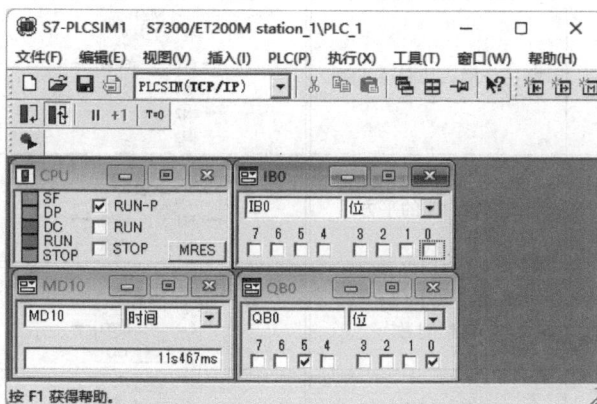

图 2-22　交通灯控制程序的仿真窗口

2.3.4　训练

1）训练 1：使用多个定时器和传送指令实现案例 4 的控制。

2）训练 2：使用 1 个定时器和赋值指令实现案例 4 的控制。

3）训练 3：使用移动指令和比较指令实现连接 QB0 端口的 8 盏灯以跑马灯的形式点亮。

2.4 运算指令

2.4.1 数学运算指令

数学运算指令包括整数运算和浮点数运算指令，有加、减、乘、除、余数、补码、绝对值、限制值、最大值、最小值、平方、平方根、自然对数、指数、正弦、余弦、正切、反正弦、反余弦、反正切等指令，如表 2-4 所示。

表 2-4 数学运算指令

梯 形 图	描 述	梯 形 图	描 述
ADD ??? EN ENO IN1 OUT IN2	IN1+IN2=OUT	SUB ??? EN ENO IN1 OUT IN2	IN1-IN2=OUT
MUL ??? EN ENO IN1 OUT IN2	IN1×IN2=OUT	DIV ??? EN ENO IN1 OUT IN2	IN1 / IN2=OUT
MOD ??? EN ENO IN1 OUT IN2	求整数除法的余数	NEG ??? EN ENO IN OUT	求输入值的取反
ABS Real EN ENO IN OUT	求有符号数的绝对值	LIMIT ??? EN ENO MN OUT IN MX	将输入 IN 的值限制在指定的范围内
MAX ??? EN ENO IN1 OUT IN2 IN3	求三个输入中最大的数	MIN ??? EN ENO IN1 OUT IN2 IN3	求三个输入中最小的数
SQR Real EN ENO IN OUT	求输入 IN 的平方	SQRT Real EN ENO IN OUT	求输入 IN 的平方根
LN Real EN ENO IN OUT	求输入 IN 的自然对数	EXP Real EN ENO IN OUT	求输入 IN 的指数值
SIN Real EN ENO IN OUT	求输入 IN 的正弦值	COS Real EN ENO IN OUT	求输入 IN 的余弦值
TAN Real EN ENO IN OUT	求输入 IN 的正切值	ASIN Real EN ENO IN OUT	求输入 IN 的反正弦值
ACOS Real EN ENO IN OUT	求输入 IN 的反余弦值	ATAN Real EN ENO IN OUT	求输入 IN 的反正切值

1. 整数数学运算指令

整数数学运算指令中的 ADD、SUB、MUL、DIV 分别是加、减、乘、除指令。它们执行的操作见表 2-4。操作数的数据类型可选 Int、DInt 和 Real，输入参数 IN1 和 IN2 可以是常数。IN1、IN2 和 OUT 的数据类型应该相同。

整数除法指令将得到的商截位取整后，作为整数格式的输出参数 OUT。

【例 2-4】 编程实现 [(72+26)-56]×35÷26 的运行结果，并保存在 MW10 中。根据要求编写的运算程序如图 2-23 所示。

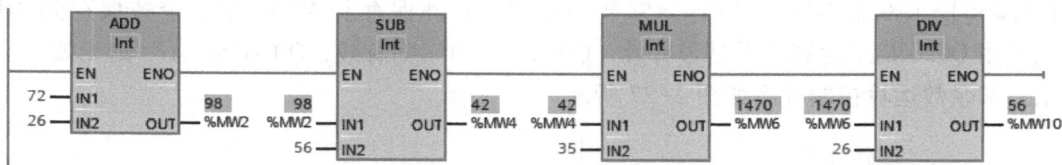

图 2-23 整数数学运算指令应用示例

将数学运算指令拖放到梯形图后，可单击指令方框指令名称下面的问号，再单击出现的倒三角形按钮，用下拉列表框设置操作数的数据类型。

2. 其他整数数学运算指令

（1）MOD（除法）指令

除法指令只能得到商，余数被丢掉。可以使用 MOD 指令（只有双整数数据类型）来求除法的余数。输出 OUT 中的运算结果为除法运算 IN1/IN2 的余数，如图 2-24 所示。

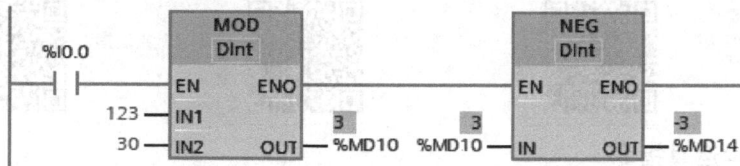

图 2-24 MOD 和 NEG 指令应用示例

（2）NEG（取反）指令

NEG（Negation）指令将输入 IN 的值的符号取反后，保存在输出 OUT 中，IN 和 OUT 的数据类型可以是 Int、DInt 和 Real，输入 IN 还可以是常数，如图 2-24 所示。

（3）MIN（最小值）和 MAX（最大值）指令

MIN（Minimum）指令，可比较输入 IN1、IN2 和 IN3 的值，并将最小值写到输出 OUT 中。只有当所有输入的变量均为同一种数据类型时（且不能为常数），才能执行该指令，如图 2-25 所示。

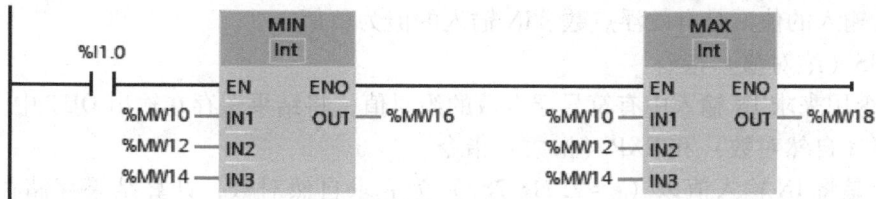

图 2-25 MIN 和 MAX 指令应用示例

MAX（Maximum）指令，可比较输入 IN1、IN2 和 IN3 的值，并将最大值写到输出 OUT 中。只有当所有输入的变量均为同一种数据类型时（且不能为常数），才能执行该指令，如图 2-25 所示。

（4）LIMIT（限制值）指令

LIMIT 指令检查输入 IN 的值是否在参数 MIN 和 MAX 指定的范围内，如果 IN 的值没有超出范围，将它直接保存在 OUT 指定的地址中。如果 IN 的值小于 MIN 的值或大于 MAX 的值，则将 MIN 或 MAX 的值送给输出 OUT，如图 2-26 所示。

【例 2-5】求双字 MD8 的内容与常数 100 相除，商保存到 MD12 中，余数保存到 MD16 中。同时用 Q0.0 指示运算结果是否有效，Q0.0 为 "0" 则有效，Q0.0 为 "1" 则无效。

求商和余数运算控制程序如图 2-27 所示。

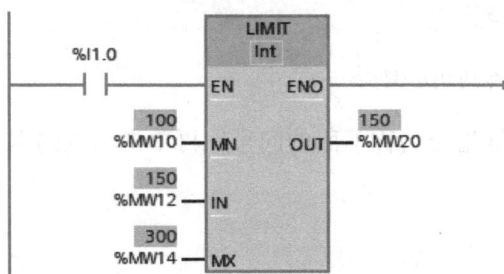

图 2-26　LIMIT 指令应用示例　　图 2-27　【例 2-5】求商和余数运算控制程序

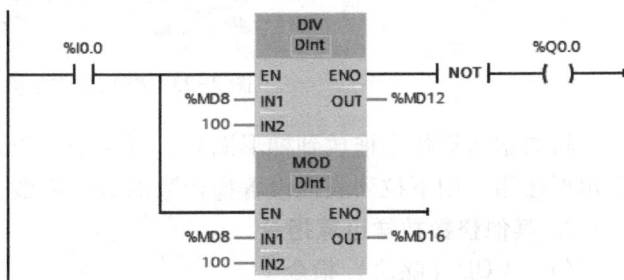

码 2-5　加法指令　　码 2-6　减法指令　　码 2-7　乘法指令　　码 2-8　除法指令

3. 浮点数数学运算指令

浮点数（实数）数学运算指令的操作数为 IN 和 OUT，其数据类型均为 Real。

（1）SQR（平方）和 SQRT（平方根）指令

SQR 指令是将 IN 输入浮点值进行平方运算，并将结果写入输出 OUT。

如果满足下列条件之一，则使能输出 ENO 的信号状态为 "0"：使能输入 EN 的信号状态为 "0"、IN 输入的值不是有效浮点数。

SQRT 指令是将 IN 输入的浮点值进行平方根运算，并将结果写入 OUT 输出。如果输入值大于零，则该指令的结果为正数。如果输入值小于零，则 OUT 输出返回一个无效浮点数。如果 IN 输入的值为 "0"，则结果也为 "0"。

如果满足下列条件之一，则使能输出 ENO 的信号状态为 "0"：使能输入 EN 的信号状态为 "0"、IN 输入的值不是有效浮点数、IN 输入的值为负值。

（2）ABS（绝对值）指令

ABS 指令用来求 IN 输入中有符号浮点数的绝对值，将结果保存在输出 OUT 中。

（3）LN（自然对数）和 EXP（指数）指令

LN 指令是将 IN 输入值以（e = 2.718 282）为底求自然对数，计算结果存储在 OUT 输出中。如果输入值大于零，则该指令的结果为正数。如果输入值小于零，则输出 OUT 返回一个无效浮点数。

EXP 指令是以 e（e＝2.718 282）为底计算 IN 输入值的指数，并将结果存储在 OUT 输出中（OUT＝e^{IN}）。

（4）三角函数及反三角函数指令

三角函数（SIN、COS 和 TAN）指令用于求 IN 输入的正弦值、余弦值和正切值，角度值在 IN 输入处以弧度的形式指定，指令结果送到 OUT 输出中。

反三角函数（ASIN）指令根据 IN 输入指定的正弦值，计算与该值对应的角度值。IN 输入的值只能为 IN 输入指定范围 -1～+1 内的有效浮点数。计算出的角度值以弧度为单位，在 OUT 输出中输出，范围在 -π/2～+π/2 之间。

反三角函数（ACOS）指令根据 IN 输入指定的余弦值，计算与该值对应的角度值。IN 输入的值只能为 IN 输入指定范围 -1～+1 内的有效浮点数。计算出的角度值以弧度为单位，在 OUT 输出中输出，范围在 0～+π 之间。

反三角函数（ATAN）指令根据 IN 输入指定的正切值，计算与该值对应的角度值。IN 输入的值只能是有效的浮点数或 -NaN～+NaN。计算出的角度值以弧度形式在 OUT 输出中输出，范围在 -π/2～+π/2 之间。

（5）EXPT（取幂）指令

EXPT 指令用于求以 IN1 输入的值为底、以 IN2 输入的值为幂的结果，结果放在 OUT 输出（OUT＝IN1^{IN2}）中。

IN1 输入必须为有效的浮点数，IN2 输入也可以是整数。

2.4.2　逻辑运算指令

逻辑运算指令包括与、或、异或、取反、解码、编码、选择、多路复用和多路分用指令，如表 2-5 所示。

表 2-5　逻辑运算指令

梯　形　图	描　　述	梯　形　图	描　　述
AND ??? EN　ENO IN1　OUT IN2	与逻辑运算	OR ??? EN　ENO IN1　OUT IN2	或逻辑运算
XOR ??? EN　ENO IN1　OUT IN2	异或逻辑运算	INV ??? EN　ENO IN　OUT	取反
DECO ??? to DWord EN　ENO IN　OUT	解码	ENCO DWord EN　ENO IN　OUT	编码
SEL ??? EN　ENO G　OUT IN0 IN1	选择		

1. 逻辑运算指令

逻辑运算指令用于对两个输入（或多个）IN1 和 IN2 逐位进行逻辑运算，逻辑运算的结果存放在输出 OUT 指定的地址中，如图 2-28 所示。

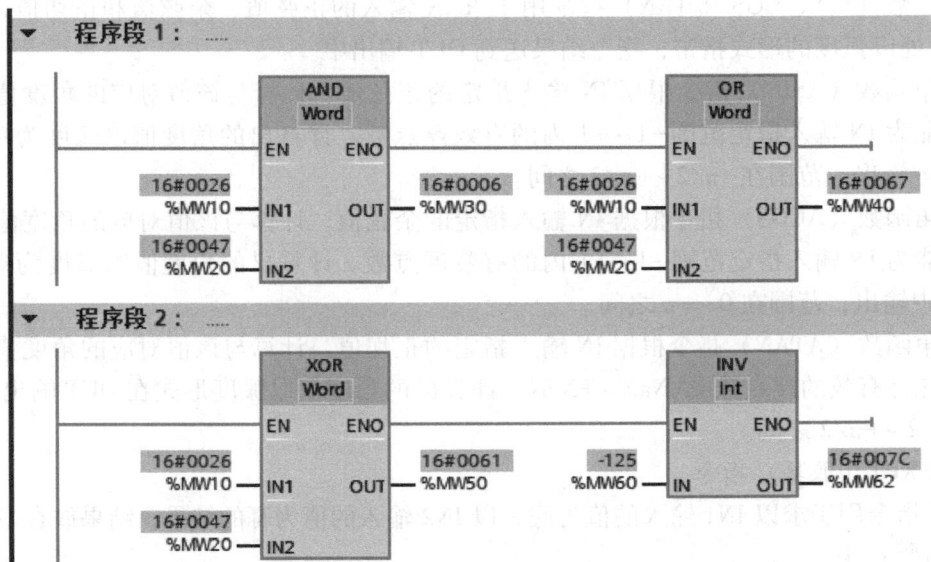

图 2-28　AND、OR、XOR 和 INV 指令应用示例

与（AND）逻辑运算时两个（或多个）操作数的同一位如果均为 1，则运算结果的对应位为 1，否则为 0。

或（OR）逻辑运算时两个（或多个）操作数的同一位如果均为 0，则运算结果的对应位为 0，否则为 1。

异或（XOR）逻辑运算时两个（若有多个输入，则两两运算）操作数的同一位如果不相同，则运算结果的对应位为 1，否则为 0。

与、或、异或指令的操作数为 IN1、IN2 和 OUT，其数据类型为十六进制的 Word 和 DWord。

取反（INV）指令用于将 IN 输入中（数据类型为 Int 或 DInt）的二进制数逐位取反，即二进制数的各位由 0 变 1，由 1 变 0，运算结果存放在输出 OUT 指定的地址中。图 2-28 中 -125 的补码为 2#1111 1111 1000 0011，求反码后为 2#0000 0000 0111 1100（即 16#007C）

2. 解码和编码指令

假设输入参数 IN 的值为 n，解码（DECO，Decode）指令将输出参数 OUT 的第 n 位置 1，其余各位置 0。利用解码指令可以用 IN 输入的值来控制 OUT 中某一位。如果 IN 输入的值大于 31，将 IN 的值除以 32 以后，用余数来进行解码操作。

IN 的数据类型为 Int 或 Word，OUT 的数据类型为 DWord。

例如 IN 的值为 7 时，OUT 输出最后一个字节为 2#1000 0000（16#80），仅第 7 位为 1，如图 2-29 所示。

编码（ENCO，Encode）指令与解码指令相反，将 IN 中为 1 的最低位的位数送给输出参数 OUT 指定的地址，IN 的数据类型为 DWord，OUT 的数据类型为 Int。

如果 IN 为 2#0100 1000，OUT 指定的 MW20 中的编码结果为 3，如图 2-29 所示。如果 IN 为 1 或 0，MW20 中的值为 0。如果 IN 为 0，ENO 为 0。

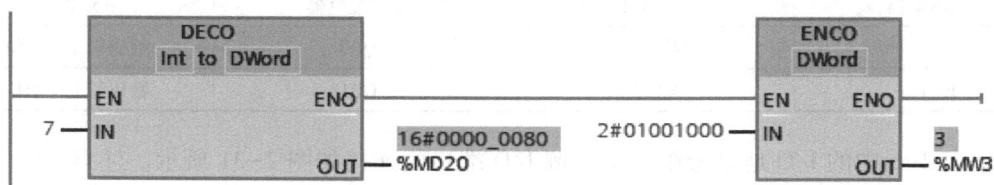

图 2-29　DECO 和 ENCO 指令应用示例

3. 选择指令

选择（SEL，Select）指令的 Bool 型输入参数 G 为 0 时选中 IN0，G 为 1 时选中 IN1，并将它们保存在输出参数 OUT 指定的地址中，如图 2-30 所示。IN0、IN1 和 OUT 的数据类型可为字符串、整数、浮点数、定时器、CHAR、TOD 和 DATE。

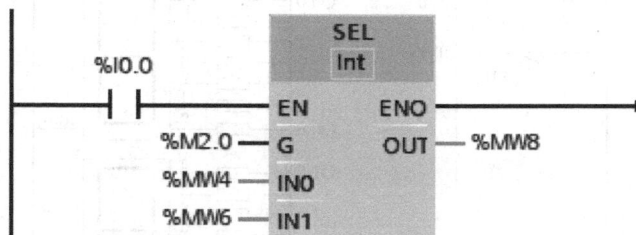

图 2-30　SEL 指令应用示例

2.5　案例 5：倒计时的 PLC 控制

2.5.1　目的

1）掌握数字运算指令的使用。
2）掌握逻辑运算指令的使用。
3）掌握数码管的显示方法。

2.5.2　任务

使用 S7-300 PLC 实现 60 s 倒计时控制。控制要求如下：按下起动按钮，接在输出字节 QW0 的两个数码管显示 60，然后每隔 1 s 递减，当递减到 0 时停止。无论何时按下停止按钮，两位数码管均不显示，准备进行下一轮倒计时。

2.5.3　步骤

1. I/O 端口的连接

本案例的输入元器件为起动按钮和停止按钮；输出元器件为 2 个数码管。本案例的 I/O 地址分配如表 2-6 所示。

表 2-6 倒计时的 PLC 控制 I/O 地址分配

输	入	输	出
输入继电器	元器件	输出继电器	元器件
I0.0	起动按钮	QB0	数码管 1（十位）
I0.1	停止按钮	QB1	数码管 2（个位）

根据表 2-6 中的 I/O 地址分配，本案例 I/O 端口的连接如图 2-31 所示。注意：本案例采用的是七段共阴极型数码管。若 PLC 的端口数量不足，可使用数码管驱动芯片 CD4511 来节省 PLC 的输出端口，请用户自行学习该芯片的使用。

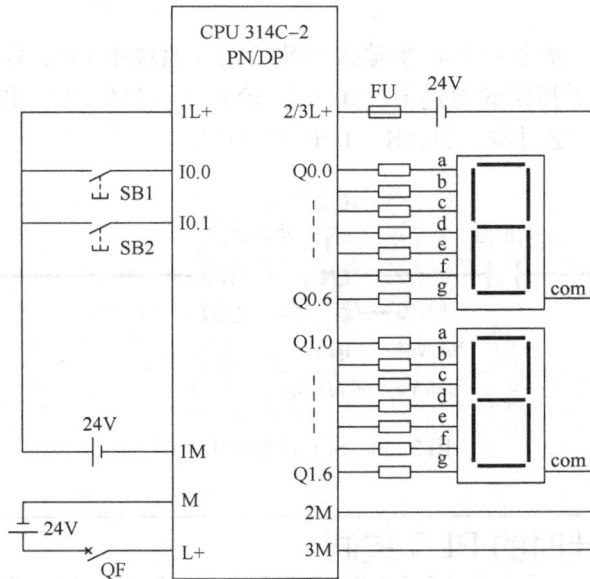

图 2-31 倒计时的 PLC 控制 I/O 接线图

2. 创建项目与硬件组态

创建一个名称为"S_daojishi"的项目，添加一个 CPU 314C-2 PN/DP 模块，并将 CPU 的输入输出起始地址更改为 I0.0 和 Q0.0。

本案例要求每秒减 1，因此，本案例需要启用系统"时钟存储器"。在此，仍采用系统默认字节 MB0。

组态好上述硬件后，单击项目窗口工具栏上编译按钮对硬件组态进行编译。

3. 编写程序

本案例要求倒计时的数值在数码管上显示，通过 PLC 编程使数码管显示的方法主要有：按字符驱动、按钮段驱动、使用段译码指令 SEG。

按字符驱动方法：若显示数值 1，则在 PLC 的相应输出端口通过 MOVE 指令输出 2#0000 0011；若显示数据 2，则需输出 2#0101 1011，即需要点亮哪一段则相应输出口须输出 1（使用共阴极数码管）。

按段驱动的设计方法：每个待显示的数值需要点亮的那些段都通过辅助继电器 M 的若干个位为 1，然后再将这些位并联后驱动数码管的相应段。

使用以上两种方法驱动数码管的程序段比较长，而要用 SEG 指令则需要一个程序段便可实现。

使用段译码指令 SEG：是将需要显示的数值存放在 SEG 指令的数据输入端（以十六进制形式），然后通过 SEG 指令自动转换成 7 段代码以驱动数码管相应的段。

S7-300 PLC 为用户提供四个十六进制数转换 7 段码的 SEG 指令（在指令选项卡基本指令的"其他指令"文件夹中），如图 2-32 所示。在图 2-32 中数据 16#1234 中的 1、2、3、4 分别通过 QB0、QB1、QB2 和 QB3 端口所驱动的数码管加以显示。

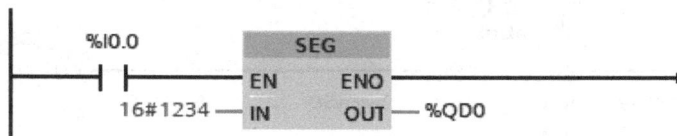

图 2-32　SEG 指令应用示例

本案例采用数学运算指令和段译码 SEG 指令进行控制程序的编写。根据案例要求编写的倒计时 PLC 控制程序如图 2-33 所示。

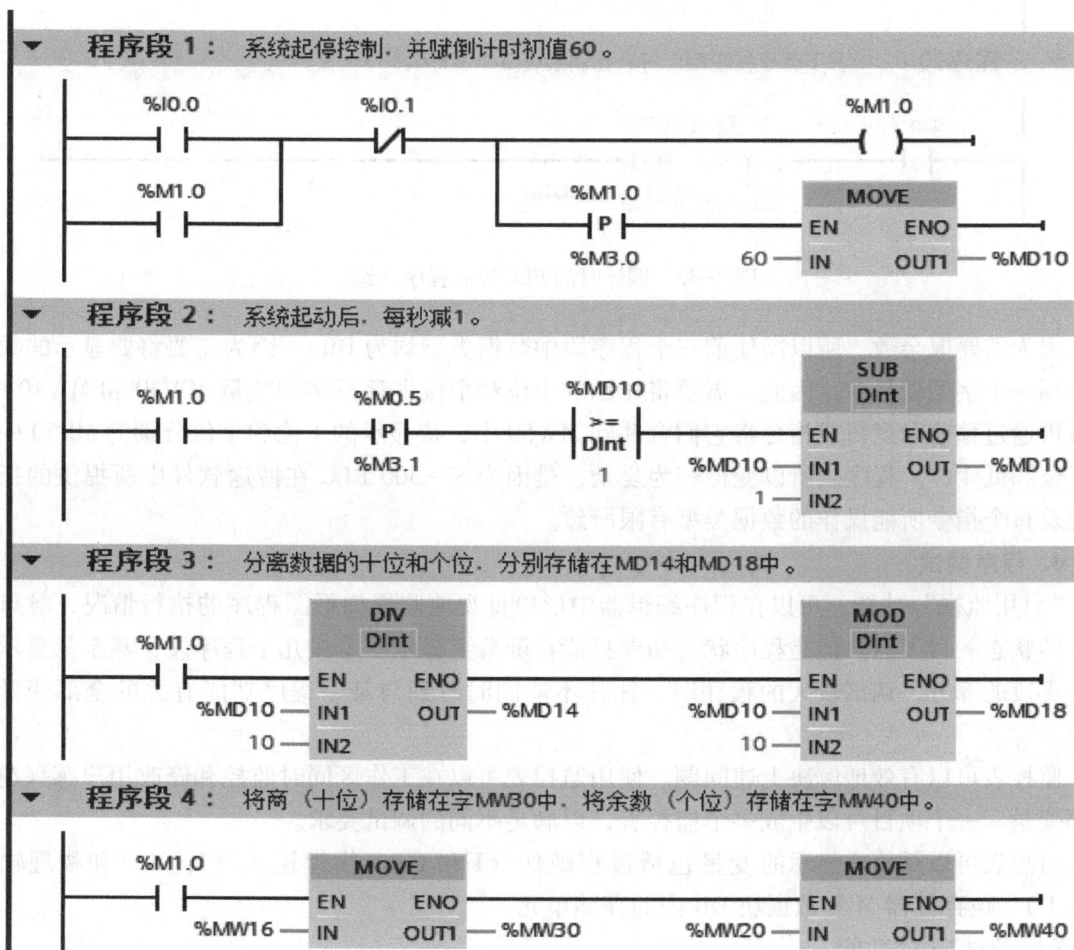

图 2-33　倒计时的 PLC 控制程序

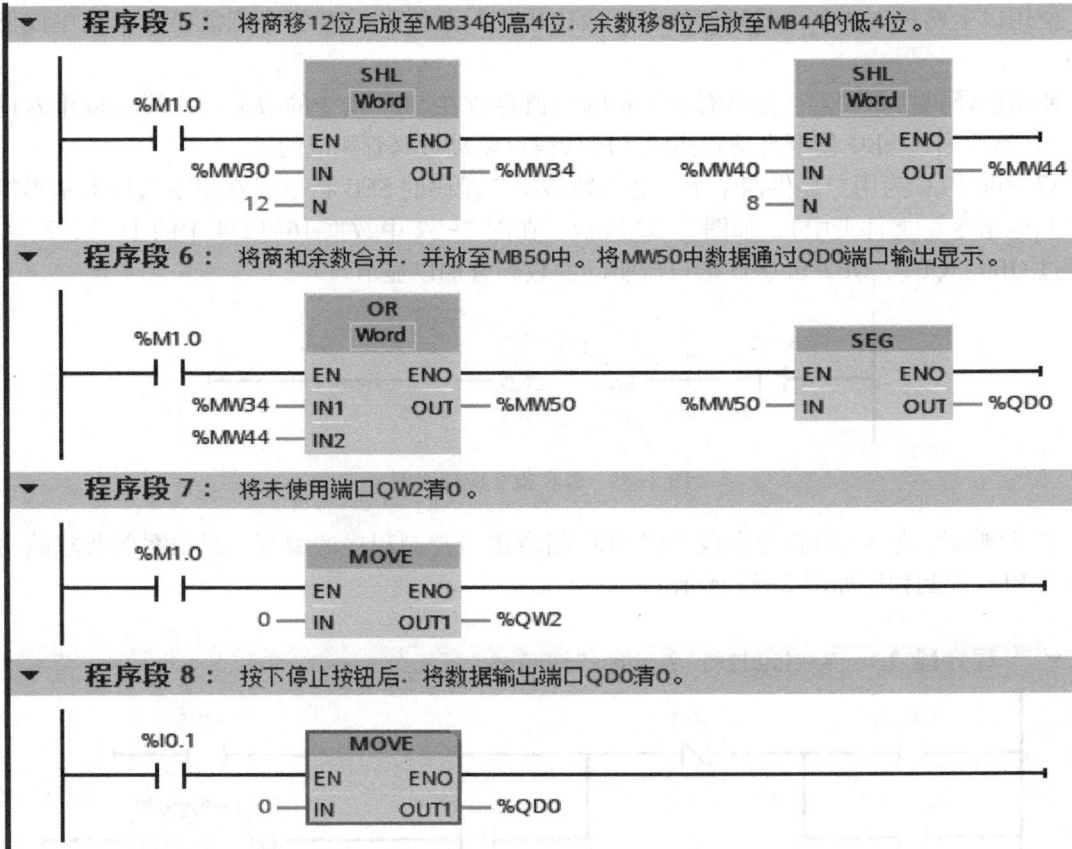

图 2-33 倒计时的 PLC 控制程序（续）

因为需要取余数，所以需使前三个程序段中数据类型均为 DInt。因为需要将要显示的数据合并到一个字型变量中，因此，需要将显示的十位和个位先移至字型变量 MW30 和 MW40 中，然后再通过移位和逻辑或指令将它们合并到 MW50 中，待显示的十位和个位分别为 MB50 中的高 4 位和低 4 位。程序之所以变得较为复杂，是因为 S7-300 PLC 在博途软件中所提供的指令种类及每个指令所能操作的数据类型有限所致。

4. 程序调试

"启用监视"功能，可以在程序编辑器中形象直观地监视梯形图程序的执行情况，触点和线圈的状态一目了然。但是程序状态功能只能在屏幕上显示一个或几个程序段，甚至只显示一个程序段的部分，调试较大的程序时，往往不能同时看到与某一程序功能有关的全部变量的状态。

监控表可以有效地解决上述问题。使用监控表可以在工作区同时监控和修改用户感兴趣的全部变量。一个项目可以生成多个监控表，以满足不同的调试要求。

监控表可以赋值或显示的变量包括过程映像（I 和 Q）、物理输入（I:_P）和物理输出（Q:_P）、位存储器 M 和数据块 DB 内的存储单元。

（1）监控表的功能

1）监控变量：显示用户程序或 CPU 中变量的当前值。

2）修改变量：将固定值赋给用户程序或 CPU 中的变量，这一功能可能会影响到程序运行结果。

3）对物理输出赋值：允许在停止状态下将固定值赋给 CPU 的每一个物理输出点，可用于硬件调试时检查接线。

（2）用监控表监控和修改变量的基本步骤

1）生成新的监控表或打开已有的监控表，生成要监视的变量，编辑和检查监控表的内容。

2）建立计算机与 CPU 之间的硬件连接，将用户程序下载到 PLC。

3）将 PLC 由 STOP 模式切换到 RUN 模式。

4）用监控表监视和修改变量。

（3）生成监控表

打开项目树中 PLC 的"监视与强制表"文件夹，双击其中的"添加新监控表"（见图 2-34），生成一个新的监控表，并在工作区自动打开它。根据需要，可以为一台 PLC 生成多个监控表。应将有关联的变量放在同一个监控表内。

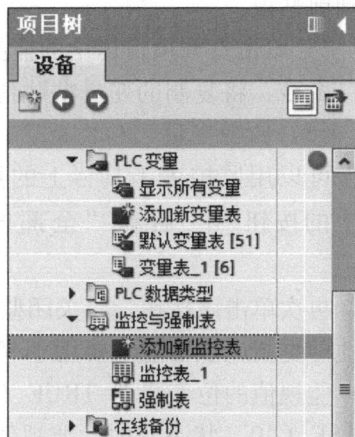

图 2-34　添加新监控表

（4）在监控表中输入变量

如图 2-35 所示，在监控表的"名称"列输入 PLC 变量表中定义过的变量的特号地址，"地址"列将会自动出现该变量的地址。在地址列输入 PLC 变量表中定义过的地址，"名称"列将会自动出现它的名称。

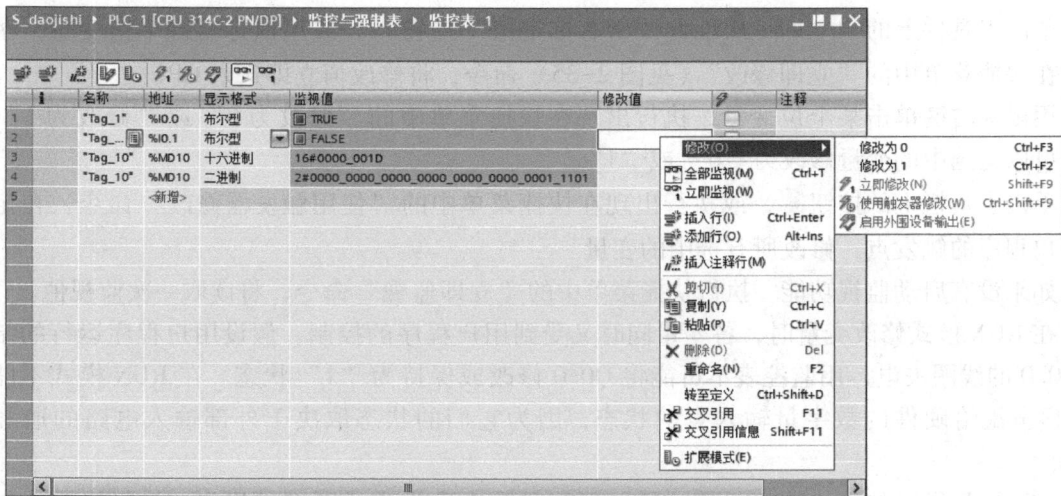

图 2-35　在线显示的监控表

如果输入了错误的变量名称或地址，将在出错的单元下面出现红色背景的错误提示方框。

可以使用监控表的"显示格式"列中默认的显示格式，也可以用鼠标右键单击该列的某个单元，选中弹出的快捷菜单中需要的显示格式。图 2-35 中监控表用二进制模式显示 MD10，可以同时显示和分别修改 M10.0～M13.7 这 32 个位变量。这一方法用于 I、Q 和 M，可以用字节（8 位）、字（16 位）或双字（32 位）来监控和修改位变量。

复制 PLC 变量表中的变量名称，然后将它粘贴到监控表的"名称"列，可以快速生成监控表中的变量。具体方法如下：

1）双击打开项目树中的"PLC 变量"，用鼠标单击变量表中某个变量最左边的序号单元，该变量被选中，整个行的背景色加深。按住计算机〈Ctrl〉键，用同样的方法同时选中其他变量。用鼠标右键单击选中的变量，执行出现在快捷菜单中的"复制"命令，将选中的变量复制到剪贴板。

2）双击打开项目树中的监控表，用鼠标右键单击空白行，执行出现在快捷菜单中的"粘贴"命令，将复制的变量粘贴到监控表。

（5）监视变量

可以用监控表工具栏上的按钮来执行各种功能。与 CPU 建立在线连接后，单击工具栏上的按钮🔲，启动"全部监视"功能，将在"监视值"列连续显示变量的动态实际值。

再次单击该按钮，将关闭监视功能。单击工具栏上的按钮🔲，可以对所选变量的数值作一次立即更新，该功能主要用于 STOP 模式下的监视和修改。

监视值的位变量为 TRUE（"1"状态）时，监视值列的方形指示灯为绿色。位变量为 FALSE（"0"状态）时，监视值列的方形指示灯为灰色。

图 2-35 的 MD10 为倒计时的数值，在倒计时过程中，MD10 的值每秒减 1。

（6）修改变量

按钮🔲用于显示或隐藏"修改值"列，在待修改的变量的"修改值"列输入变量的新值。输入 Bool 型变量的修改值"0"或"1"后，单击监控表其他地方，它们将变为"FALSE"（假）或"TRUE"（真）。

单击工具栏上的"立即一次性修改所有选定值"按钮🔲，或用鼠标右键单击变量，执行出现在快捷菜单中的"立即修改"（见图 2-35）命令，将修改值立即送入 CPU。

用鼠标右键单击某个位变量，执行出现在快捷菜单中的"修改为 0"或"修改为 1"命令，可以将选中的变量修改为"0"或"1"。

单击工具栏上的按钮🔲，或执行出现在快捷菜单中的"使用触发器修改"命令，在定义的用户程序的触发点，修改所有选中的变量。

如果没有启动监视功能，执行快捷菜单中的"立即监视"命令，将读取一次监视值。

在 RUN 模式修改变量时，各变量同时又受到用户程序的控制。假设用户程序运行的结果使 Q0.0 的线圈失电，用监控表不可能将 Q0.0 修改或保持为"1"状态。在 RUN 模式不能改变 I 区分配给硬件的数字量输入点的状态，因为它们的状态取决于外部输入电路的通和断状态。

在程序运行时如果修改变量值出错，可能导致人身伤害或财产的损失。执行修改功能之前，应确认不会有危险情况出现。

先将用户程序和设备组态一起下载到仿真器中，在仿真器中生成存储器 IB0、MD10、MW34、MW44 和 MW50。按下起动和停止按钮，观察上述存储器中的数值（将它们的显示格式改为十进制或十六进制，以便观察数据），如果每个存储器显示的数值与任务要求和程序运行过程中的数据相吻合，说明控制程序编写正确。

将调试好的程序及组态下载到外围线路已连接好的 CPU 中，再次按下起动按钮和停止按钮，观察数码管上的显示是否与任务要求一致。若上述调试现象与任务要求一致，则说明本案例任务实现。

2.5.4　训练

1）训练 1：任务同案例 5，还要求增加一个"暂停"按钮，即在倒计时过程中，若按下暂停按钮，倒计时过程暂时停止，再次按下暂停按钮时，继续进行倒计时过程。

2）训练 2：任务同案例 5，还要求在倒计时到 0 时，两个数码管上的 0 以频率 1 Hz 闪烁，直至按下停止按钮，可用按字符或按段驱动数码管的方法显示数值。

3）训练 3：任务同案例 5，还要求按下起动按钮后，倒计时过程为循环 60 s 倒计时，并要求使用定时器实现秒信号。

2.6　程序控制指令

1. JMP/JMPN 及 LABEL 指令

在程序中设置跳转指令可提高 CPU 的程序执行速度。在没有执行跳转指令时，各个程序段按从上到下的先后顺序执行，这种执行方式称为线性扫描。跳转指令中止程序的线性扫描，跳转到指令中的地址标签所在的目的地址。跳转时不执行跳转指令与标签之间的程序，跳到目的地址后，程序继续按线性扫描的方式顺序执行。跳转指令可以往前跳，也可以往后跳。

跳转指令只能在同一个代码块内跳转，即跳转指令与对应的跳转目的地址应在同一个代码块内。在一个块内，同一个跳转目的地址只能出现一次，即可以从不同的程序段跳转到同一个标签处，同一代码块内不能出现重复的标签。

JMP 是为 1 时的跳转指令，如果跳转条件满足（图 2-36 中 I0.0 的常开触点闭合），监控时 JMP（Jump，为"1"时块中跳转）指令的线圈通电（跳转线圈为绿色），跳转被执行，将跳转到指令给出的标签 abc 处，执行标签之后的第一条指令。被跳过的程序段的指令没有被执

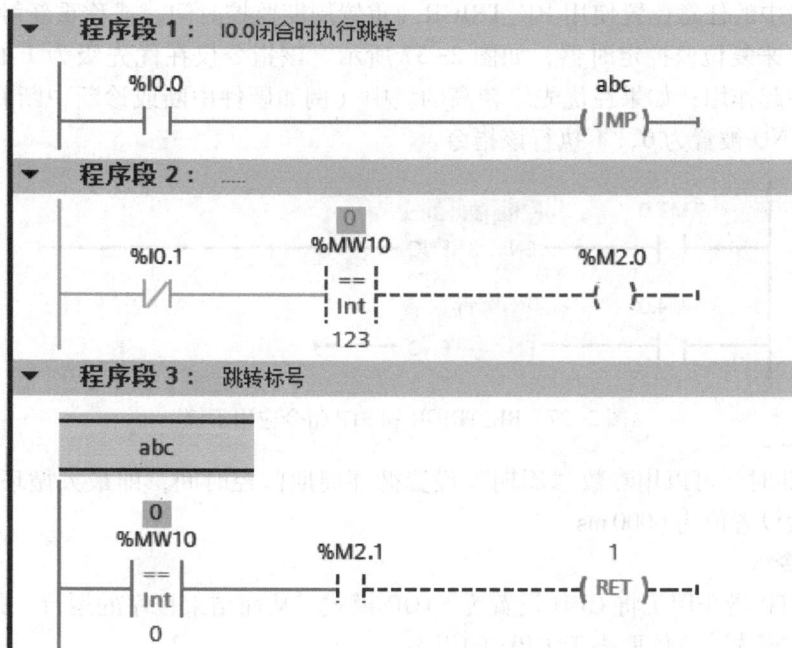

图 2-36　JMP 和 RET 指令应用示例

行，这些程序段的梯形图为灰色。标签在程序段的开始处（单击指令树"基本指令"文件夹中"程序控制指令"指令文件夹下的图标，标签便在程序段下方梯形图的上方出现，然后双击问号可输入标签名），标签的第一个字符必须是字母或下画线，其余的可以是字母、数字和下画线，不能使用特殊字符。如果跳转条件不满足，将继续执行下一个程序段的程序。

JMPN 是为 0 时的跳转指令，即为"0"时块中跳转，该指令的线圈断电时，将跳转到指令给出的标签处，执行标签之后的第一条指令。

2. RET 指令

RET（返回）指令的线圈通电时，停止执行当前的块，不再执行指令后面的程序，返回调用它的块后，执行调用指令后的程序，如图 2-36 所示。RET 指令的线圈断电时，继续执行它下面的程序。RET 线圈上面是块的返回值，数据类型是 Bool。如果当前的块是 OB，则返回值被忽略。如果当前是函数 FC 或函数块 FB，返回值作为函数 FC 或函数块 FB 的 ENO 的值传送给调用它的块。

一般情况下并不需要在块结束时使用 RET 指令来结束块，操作系统将会自动完成这一任务。RET 指令用来有条件地结束块，一个块可以使用多条 RET 指令。

3. RE_TRIGR 指令

重置周期监视时间指令又称监控定时器指令，或称看门狗（Watchdog），每次扫描循环它都被自动复位一次，正常工作时最大扫描循环时间小于监控定时器的时间设定值时，它不会起作用。

以下情况扫描循环时间可能大于监控定时器的设定时间，监控定时器将会起作用：

1）用户程序太长。

2）一个扫描循环内执行中断程序的时间很长。

3）循环指令执行的时间太长。

可以在程序中的任意位置使用 RE_TRIGR（重置周期监控时间，或称重新触发循环周期监控时间）指令，来复位监控定时器，如图 2-37 所示。该指令仅在优先级为 1 的程序循环 OB 和它调用的块中起作用；如果在优先级较高的块中（例如硬件中断或诊断中断 OB）调用该指令，使能输出 ENO 被置为 0，不执行该指令。

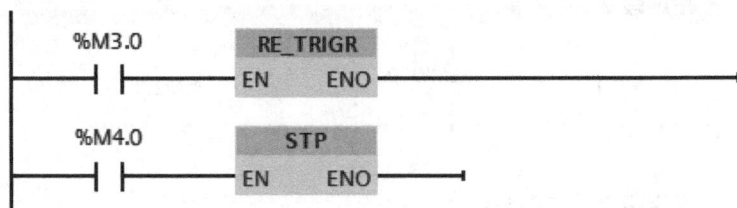

图 2-37　RE_TRIGR 和 STP 指令应用示例

在组态 CPU 时，可以用参数"周期"设置循环周期监控时间，即最大循环时间，默认值为 150 ms，最大设置值为 6000 ms。

4. STP 指令

退出程序 STP 指令用于将 CPU 设置为 STOP 模式，从而结束程序的运行。是否从 RUN 模式转换为 STOP 模式，具体取决于 CPU 的组态。

STP 指令输入的逻辑运算结果（RLO）为"1"时，CPU 将切换为 STOP 模式，结束程序运行，且不检测该指令输出的信号状态。

2.7　习题与思考

1. I1.5 是输入字节＿＿＿＿的第＿＿＿＿位。

2. MW0 是由＿＿＿＿、＿＿＿＿两个字节组成；其中＿＿＿＿是 MW0 的高字节，＿＿＿＿是 MW0 的低字节。

3. QD10 是由＿＿＿＿、＿＿＿＿、＿＿＿＿、＿＿＿＿字节组成。

4. WORD（字）是 16 位＿＿＿＿符号数，INT（整数）是 16 位＿＿＿＿符号数。

5. S7-300 PLC 的基本数据类型有哪些？

6. 如何使用变量表监控程序的执行？

7. 使用定时器及比较指令编写占空比为 1:2，周期为 1.2 s 的连续脉冲信号。

8. 将浮点数 12.3 取整后传送至 MB0。

9. 使用循环移位指令实现接在输出字 QW0 端口 16 盏灯以跑马灯往复点亮控制。

10. 使用算术运算指令实现 $[8+9×6/(12+10)]/(6-2)$ 运算，并将结果保存在 MW10 中。

11. 使用逻辑运算指令将 MW0 和 MW10 合并后分别送到 MD20 的低字和高字中。

12. 某设备有 3 台风机，当设备处于运行状态时，如果有两台或两台以上风机工作，则指示灯常亮，指示"正常"；如果仅有一台风机工作，则该指示灯以 0.5 Hz 的频率闪烁，指示"一级报警"；如果没有风机工作，则指示灯以 2 Hz 的频率闪烁，指示"严重报警"；当设备不运行时，指示灯不亮。

13. 3 组抢答器控制，要求在主持人按下开始按钮后，3 组抢答按钮按下任意一个按钮后，显示器能及时显示该组的编号，同时锁住其他组抢答。如果在主持人按下开始按钮之前进行抢答，则显示器显示该组编号，同时该组号以秒级闪烁以示违规，直至主持人按下复位按钮。若主持人按下开始按钮 10 s 后无人抢答，则蜂鸣器响起，表示无人抢答，主持人按下复位按钮可消除此状态。

14. 某自动生产线上，使用有轨小车来运转工序之间的物件，小车的驱动采用电动机拖动，小车行驶示意图如图 2-38 所示。

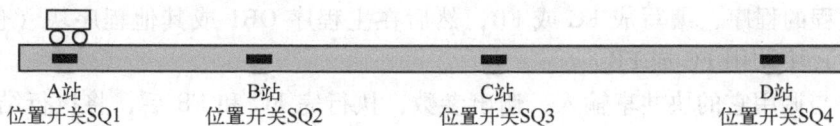

图 2-38　小车行驶示意图

控制过程为：

1）小车从 A 站出发驶向 B 站，抵达后，立即返回 A 站。

2）接着直向 C 站驶去，到达后立即返回 B 站，停止 10 s 后，返回 A 站。

3）第 3 次出发一直驶向 D 站，到达后停止 15 s 后，返回 A 站。

4）如此往复 3 次自动能停下来。

5）无论何时按下停止按钮，小车立即返回至 A 站。

第3章　S7-300 PLC 程序结构的编程及应用

在比较复杂的工业控制中，常常采用块的编程方式，该方式便于程序设计、阅读及调试，还可以进行重复调用，使程序结构清晰明了。本章节重点介绍 S7-300 PLC 中函数、函数块及组织块，通过本章学习可掌握 S7-300 PLC 采用块结构的编程和应用方法。

3.1　函数与函数块

S7-300 PLC 编程时采用块的方式，即将程序分解为独立的、自成体系的各个部件，块类似于子程序的功能，但类型更多，功能更强大，采用块结构也显著地增加了 PLC 程序的组织透明性、可理解性和易维护性。

S7-300 PLC 程序提供了多种不同类型的块，如表 3-1 所示。

表 3-1　S7-300 PLC 用户程序中的块

块（Block）	简　要　描　述
组织块（OB）	操作系统与用户程序的接口，决定用户程序的结构
函数（FC）	用户编写的包含经常使用的功能的子程序，无专用的存储区
函数块（FB）	用户编写的包含经常使用的功能的子程序，有专用的存储区（即背景数据块）
数据块（DB）	存储用户数据的数据区域

函数（Function，FC）又称为功能，函数块（Function Block，FB）又称为功能块。都是用户编写的程序块，类似于子程序功能，它们包含完成特定任务的程序。用户可以将具有相同或相近控制过程的程序，编写成 FC 或 FB，然后在主程序 OB1 或其他程序块（包括组织块、函数和函数块）中调用 FC 或 FB。

FC 或 FB 与调用它的块共享输入、输出参数，执行完 FC 和 FB 后，将执行结果返回给调用它的程序块。

FC 没有固定的存储区，功能执行结束后，其局部变量中的临时数据就丢失了。可以用全局变量来存储那些在功能执行结束后需要保存的数据。而 FB 是有自己的存储区（背景数据块）的块，FB 的典型应用是执行不能在一个扫描周期结束的操作。每次调用 FB 时，都需要指定一个背景数据块。后者随函数块的调用而打开，在调用结束时自动关闭。FB 的输入、输出参数和静态变量（Static）用指定的背景数据块保存，但是不会保存临时局部变量（Temp）中的数据。函数块执行完后，背景数据块中的数据不会丢失。

3.1.1　函数

1. 生成 FC

打开博途软件的项目视图，生成一个名为"FC_First"的新项目。用鼠标双击项目树中的

"添加新设备"，添加一个新设备，CPU 的型号选择为 CPU 314C-2 PN/DP。

　　打开项目视图中的文件夹 "\PLC_1\程序块"，用鼠标双击其中的 "添加新块"，如图 3-2 左侧，打开 "添加新块" 对话框，如图 3-1 所示，单击其中的添加新块的类型中的 "函数"，FC 默认编号方式为 "自动"，且编号为 1，编程语言为 LAD（梯形图）。设置函数的名称为 "M_lianxu"，默认名称为 "块_ 1"（也可以对其重命名，用鼠标右键单击项目树中程序块文件夹下的 FC，选择弹出列表中的 "重命名"，然后对其更改名称）。勾选左下角的 "新增并打开" 选项，然后单击 "确定" 按钮，自动生成 FC1，并打开其编程窗口，此时可以在项目树的文件夹 "\PLC_1\程序块" 中看到新生成的 FC1（M_lianxu[FC1]），如图 3-2 所示。

图 3-1　添加新块——函数

2. 生成 FC 的局部变量

　　将鼠标的光标放在 FC1 的程序区最上面的分隔条上，按住鼠标的左键，往下拉动分隔条，分隔条上面为块接口（Interface）区，见图 3-2 中的右图，下面是程序编辑区。将水平分隔条拉至程序编程器视窗的顶部，不再显示块接口区，但是它仍然存在。或者通过单击块接口区与程序编辑区之间的分隔条隐藏或显示块接口区。

　　在块接口区中生成局部变量，但只能在它所在的块中使用，且为符号寻址访问。块的局部变量的名称由字符（包括汉字）、下划线和数字组成，在编程时程序编辑器自动地在局部变量名前加上#号来标识它们（全局变量或符号使用双引号，绝对地址使用%）。由图 3-2 可知，函数主要用以下 5 种局部变量。

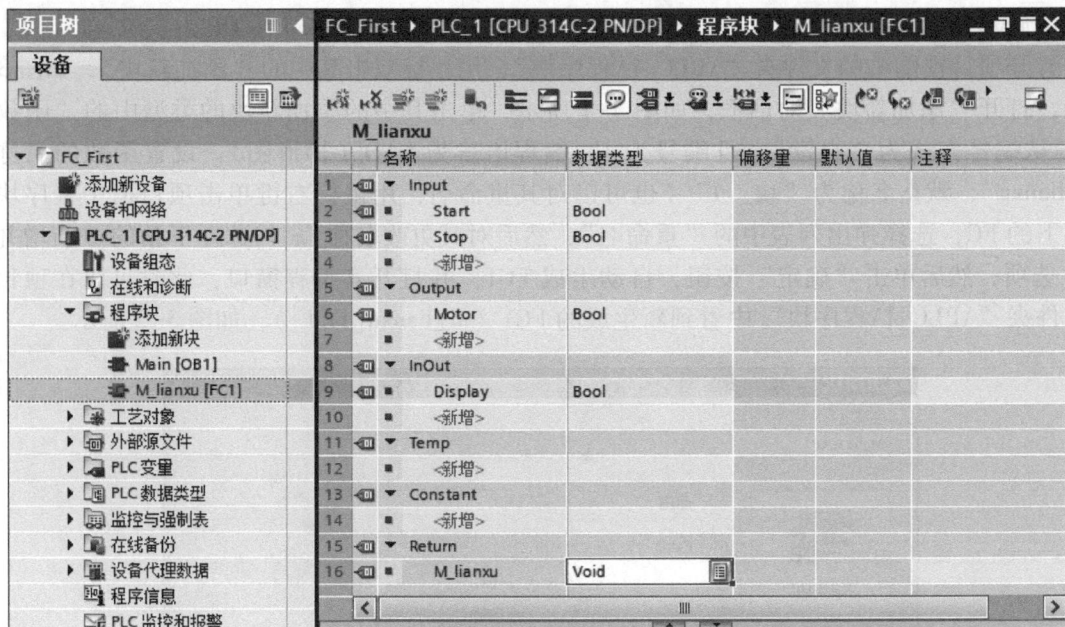

图 3-2 FC1 的局部变量

1）Input（输入参数）：由调用它的块提供的输入数据。

2）Output（输出参数）：给调用它的块返回程序执行结果。

3）InOut（输入/输出参数）：初值由调用它的块提供，块执行后将它的值返回给调用它的块。

4）Temp（临时数据）：暂时保存在局部堆栈中的数据。只是在执行块时使用临时数据，执行完后不再保存临时数据的数值，它可能被别的块的临时数据覆盖。

5）Return（返回）：Return 中的 M_lianxu（返回值）属于输出参数。

在函数 FC1 中实现两台电动机的连续运行控制，控制模式相同：按下起动按钮（电动机 1 对应 I0.0，电动机 2 对应 I0.2），电动机起动运行（电动机 1 对应 Q0.0，电动机 2 对应 Q0.2），按下停止按钮（电动机 1 对应 I0.1，电动机 2 对应 I0.3），电动机停止运行，电动机工作指示分别为 Q0.1 和 Q0.3。在此，电动机过载保护用的热继电器常闭触点接在 PLC 的输出回路中。

下面生成上述电动机连续运行控制的函数局部变量。

- 在 Input 下面的"名称"列生成变量"Start"和"Stop"，单击"数据类型"后的按钮，用下拉列表设置其数据类型为 Bool，默认为 Bool 型。
- 在 InOut 下面的"名称"列生成变量"Dispaly"，选择数据类型为 Bool。
- 在 Output 下面的"名称"列生成变量"Motor"，选择数据类型为 Bool。

生成局部变量时，不需要指定存储器地址。根据各变量的数据类型，程序编辑器会自动地为所有局部变量指定存储器地址。

图 3-2 中返回值 M_lianxu（函数 FC 的名称）属于输出参数，默认的数据类型为 Void，该数据类型不保存数据，用于函数不需要返回值的情况。在调用 FC1 时，看不到 M_lianxu。如果将它设置为 Void 以外的数据类型，在 FC1 内部编程时可以使用该变量，调用 FC1 时可以在方框的右边看到作为输出参数的 M_lianxu。

3. 编写 FC 程序

在自动打开的 FC1 程序编辑窗口中编写上述电动机连续运行的控制程序，程序编辑窗口与主程序 Main［OB1］编辑窗口相同。电动机连续运行的程序设计如图 3-3 所示，并对其进行编译。

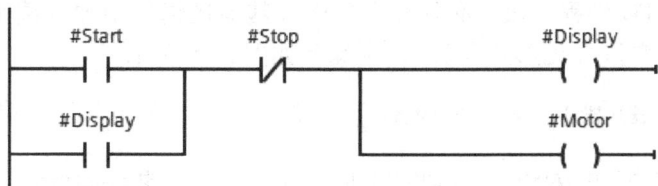

图 3-3　FC1 的电动机连续运行程序

编程时单击触点或线圈上方的<??. ?>时，可手动输入其名称，或再次单击<??. ?>通过弹出的按钮，用下拉列表选择其变量。

> **注意**：如果定义变量"Dispaly"为"Output"参数，则在编写 FC1 程序的自锁常开触点时，系统会提示""# Display"变量被声明为输出，但是可读"的警告！并且此处触点无法显示黑色而为棕色。在主程序编译时也会提出相应的警告。在执行程序时，电动机只能点动，不能连续，即线圈得电，而自锁触点不能闭合。

4. 在 OB1 中调用 FC

在 OB1 程序编辑窗口中，将项目树中的 FC1 拖放到右边的程序区的水平"导线"上，如图 3-4 所示。FC1 的方框中左边的"Start"等是 FC1 的接口区中定义的输入参数和输入/输出参数，右边的"Motor"是输出参数。它们被称为 FC 的形式参数，简称为形参。形参在 FC 内部的程序中使用，在其他逻辑块（包括组织块、函数和函数块）调用 FC 时，需要为每个形参指定实际的参数，简称为实参。实参与它对应的形参应具有相同的数据类型。

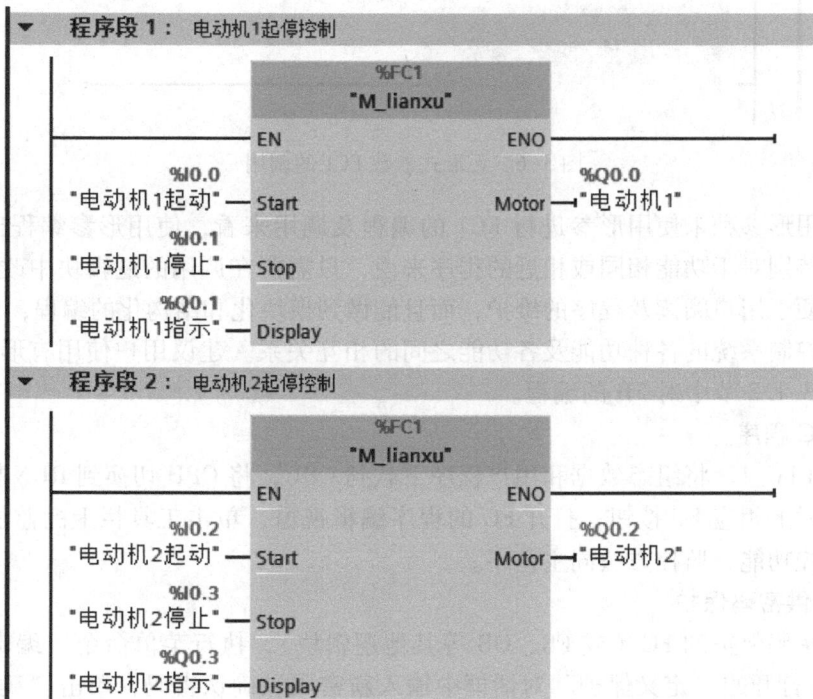

图 3-4　在 OB1 中调用 FC1

　　指定形参时，可以使用变量表和全局数据块中定义的符号地址或绝对地址，也可以是调用 FC1 的块（例如 OB1）的局部变量。

　　如果在 FC1 中不使用局部变量，直接使用绝对地址或符号地址进行编程，如同在主程序中编程一样，若使用 FC 中程序段，必须在主程序或其他逻辑块中加以调用。若上述控制要求在 FC1 中未使用局部变量（无形式参数），则编程如图 3-5 所示。

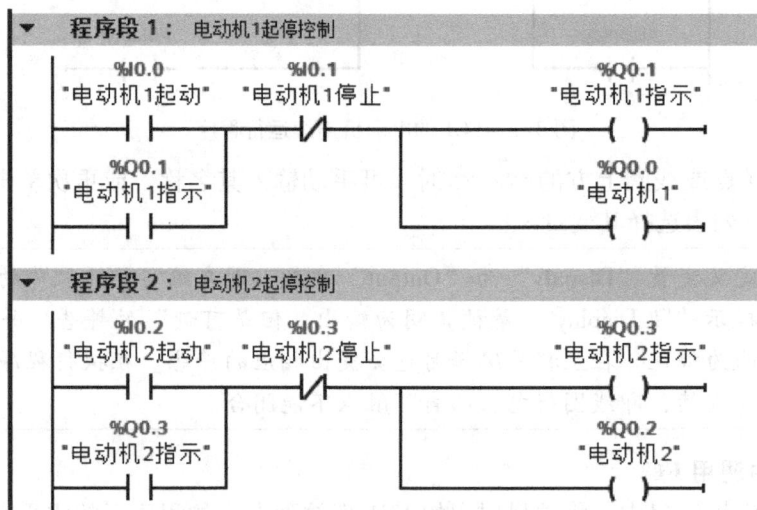

图 3-5　无形式参数 FC1 的编程

　　在 OB1 中调用 FC1（无形式参数），如图 3-6 所示。

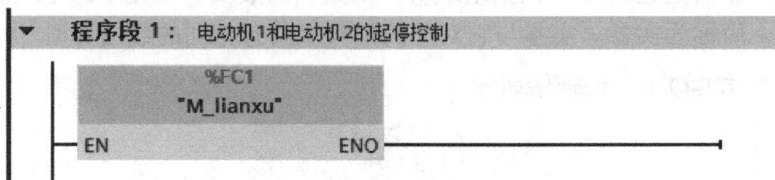

图 3-6　无形式参数 FC1 的调用

　　从上述使用形参和未使用形参进行 FC1 的编程及调用来看，使用形参编程比较灵活，使用比较方便，特别对于功能相同或相近的程序来说，只需要在调用的逻辑块中改变 FC 的实参即可，该方式便于用户阅读及程序的维护，而且能做到模块化和结构化的编程，比线性化方式编程更易理解控制系统的各种功能及各功能之间的相互关系。建议用户使用有形参的 FC 的编程方式，包括 3.1.2 节中对 FB 的编程。

5. 调试 FC 程序

　　选中项目 PLC_1，将组态数据和用户程序下载到 CPU，将 CPU 切换到 RUN 模式。单击巡视窗口编辑器栏上相应 FC 按钮，打开 FC 的程序编辑视窗，单击工具栏上的监控按钮，启动程序状态监控功能，监控方法同主程序。

6. 为块提供密码保护

　　选中需要密码保护的 FC（或 FB、OB 等其他逻辑块），执行菜单命令"编辑"→"专有技术保护"，在打开的"定义保护"对话框中输入新密码和确认密码，单击"确定"按钮后，项目树中相应的 FC 图标上出现一把锁的符号，表示相应的 FC 受到保护。

单击巡视窗口编辑器栏上相应 FC 按钮，打开 FC 程序编辑视窗，此时可以看到接口区的变量，但是看不到程序区的程序。若用鼠标双击项目树中程序块文件夹下带保护的 FC，会弹出"访问保护"对话框，要求输入 FC 的保护密码，密码输入正确后，单击"确定"按钮，才可以看到程序区的程序。

> 码 3-1　无形参函数的创建与调用

3.1.2　函数块

1. 生成 FB

打开博途软件的项目视图，生成一个名为"FB_ First"的新项目。用鼠标双击项目树中的"添加新设备"，添加一个新设备，CPU 的型号选择为 CPU 1214C-2 PN/DP。

打开项目视图中的文件夹"\PLC_1\程序块"，用鼠标双击其中的"添加新块"，如图 3-2 左侧，打开"添加新块"对话框，如图 3-1 所示，单击其中添加新块的类型中的"函数块"，FB 默认编号方式为"自动"，且编号为 1，编程语言为 LAD（梯形图）。设置函数块的名称为"M_baozha"，默认名称为"块_ 1"（也可以对其重命名，鼠标右键单击程序块文件夹下的 FB，选择弹出列表中的"重命名"，然后对其更改名称）。勾选左下角的"新增并打开"选项，然后单击"确定"按钮，自动生成 FB1，并打开其编程窗口，此时可以在项目树的文件夹"\PLC_1\程序块"中看到新生成的 FB1（M_baozha[FB1]）。

2. 生成 FB 的局部变量

将鼠标的光标放在 FB1 的程序区最上面的分隔条上，按住鼠标的左键，往下拉动分隔条，分隔条上面是功能接口（Interface）区，如图 3-7 所示，下面是程序编辑区。将水平分隔条拉至程序编程器窗口的顶部，不再显示接口区，但是它仍然存在。

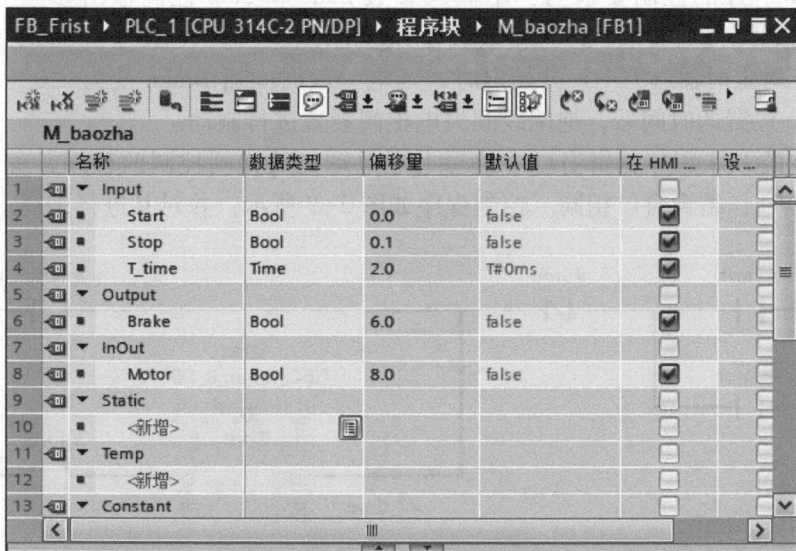

	名称		数据类型	偏移量	默认值	在 HMI ...	设 ...
1	▼	Input					
2	■	Start	Bool	0.0	false	☑	
3	■	Stop	Bool	0.1	false	☑	
4	■	T_time	Time	2.0	T#0ms	☑	
5	▼	Output					
6	■	Brake	Bool	6.0	false	☑	
7	▼	InOut					
8	■	Motor	Bool	8.0	false	☑	
9	▼	Static					
10	■	<新增>					
11	▼	Temp					
12	■	<新增>					
13	▼	Constant					

图 3-7　FB1 的局部变量

与函数相同，函数块的局部变量中也有 Input（输入）参数、Output（输出）参数、InOut（输入/输出）参数和 Temp（临时）参数等。

函数块执行完后，下一次重新调用它时，其 Static（静态）变量中的值保持不变。

背景数据块中的变量就是其函数块变量中的 Input、Output、InOut 参数和 Static 变量，如图 3-7 和图 3-8 所示。函数块的变量永久性地保存在它的背景数据块中，在函数块执行完后也不会丢失，以供下次使用。其他代码块可以访问背景数据块中的变量，不能直接删除和修改背景数据块中的变量，只能在它的函数块的功能接口区中删除和修改这些变量。

图 3-8　FB1 的背景数据块

函数块的输入、输出参数和静态变量，它们被自动指定为一个默认值，可以修改这些默认值。变量的默认值被传送给 FB 的背景数据块，作为同一变量的初始值。可以在背景数据块中修改变量的初始值。调用 FB 时没有指定实参的形参使用背景数据块中的初始值。

3. 编写 FB 程序

相应的，FB 程序的控制要求为：用输入参数 Start 和 Stop 控制输出参数 Motor。若按下 Start，Motor 和 Brake 同时得电，即抱闸装置松开，电动机运行；当按下 Stop 时，Motor 立即停止运行，断电延时定时器（TOF）开始定时，延电一段时间后 Brake 变为"0"状态，即经过输入参数 T_time 设置的时间后，抱闸线圈失电抱闸装置进行制动。

在自动打开的 FB1 程序编辑窗口中编写上述电动机及抱闸控制的程序，程序编辑窗口与主程序 Main［OB1］编辑窗口相同。控制程序如图 3-9 所示，并对其进行编译。

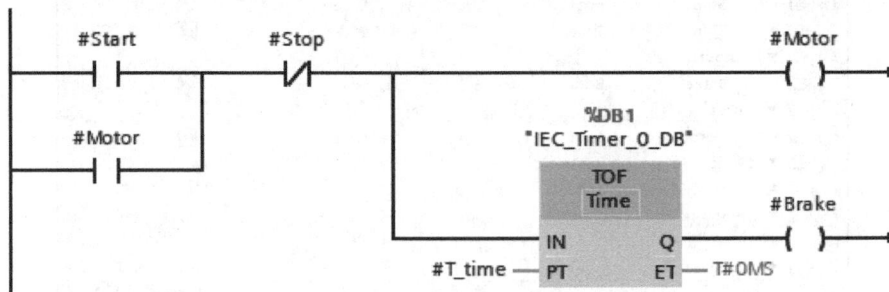

图 3-9　FB1 中的程序

4. 在 OB1 中调用 FB

在 OB1 程序编辑窗口中，将项目树中的 FB 拖放到右边的程序区的水平"导线"上，松开鼠标左键时，在弹出的"调用选项"对话框中，输入 FB1 背景数据块名称，在此采用默认名称，如图 3-10 所示。单击"确定"按钮后，则自动生成 FB1 的背景数据块 DB2（DB1 为断电延时定时器 TOF 的背景数据块），如图 3-11 所示。FB1 的方框中左边的"Start"等是 FB1 接口区中定义的输入参数和输入/输出参数，右边的"Brake"是输出参数。它们是 FB1 的形参，在此为它们实参分别赋值为 I0.0、I0.1、T#15S、Q0.0、Q0.1。

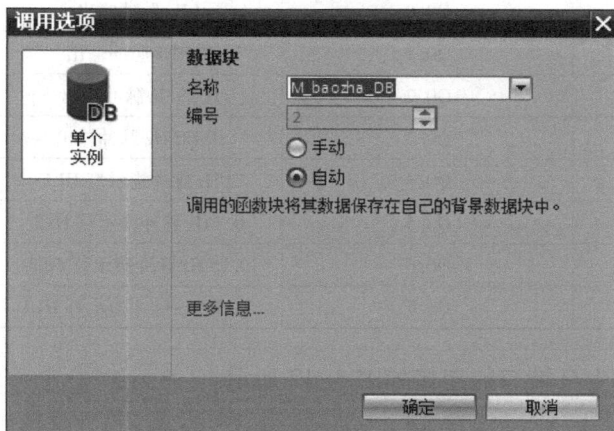

图 3-10　创建 FB1 的背景数据块

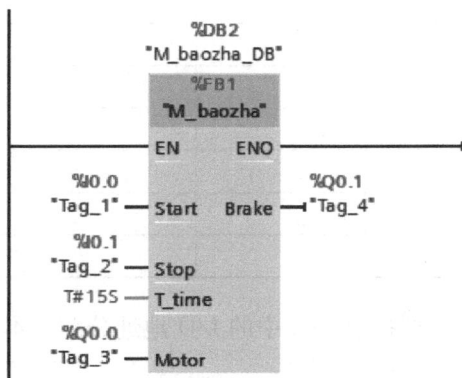

图 3-11　在 OB1 中调用 FB1

5. 处理调用错误

当 OB1 中已经调用完 FB1，若在 FB1 中增/减某个参数、修改某个参数名称、修改某个参数默认值，在 OB1 中被调用的 FB1 的方框、字符、背景数据块将变为红色，这时单击程序编辑器的工具栏上的按钮 🔻（更新不一致的块调用），此时 FB1 中的红色错误标记消失。或在 OB1 中删除 FB1，重新调用便可。

码 3-2　带形参函数的创建与调用

3.2　案例 6：多级分频器的 PLC 控制

3.2.1　目的

1）掌握无形参函数 FC 的应用。
2）掌握有形参函数 FC 的应用。

3.2.2　任务

使用 S7-300 PLC 实现多级分频器的控制。要求当转换开关 SA 接通时，从 Q0.0、Q0.1、Q0.2 和 Q0.3 输出频率为 1 Hz、0.5 Hz、0.25 Hz 和 0.125 Hz 的脉冲信号，同时接在输出端 Q0.4、Q0.5、Q0.6 和 Q0.7 的相应指示灯亮。当转换开关 SA 关断时，无脉冲输出且所有指示灯全部熄灭。

3.2.3　步骤

1. I/O 端口的连接

本案例的输入元器件为转换开关，输出元器件为 4 个脉冲输出信号及 4 个输出脉冲指示灯。本案例的 I/O 地址分配如表 3-2 所示。

表 3-2　多级分频器的 PLC 控制 I/O 分配

输　　入		输　　出	
输入继电器	元　器　件	输出继电器	元　器　件
I0.0	转换开关 SA	Q0.0	1 Hz 脉冲输出
		Q0.1	0.5 Hz 脉冲输出
		Q0.2	0.25 Hz 脉冲输出
		Q0.3	0.125 Hz 脉冲输出
		Q0.4	1 Hz 脉冲指示灯 HL1
		Q0.5	0.5 Hz 脉冲指示灯 HL2
		Q0.6	0.25 Hz 脉冲指示灯 HL3
		Q0.7	0.125 Hz 脉冲指示灯 HL4

根据表 3-2 中的 I/O 地址分配，本案例 I/O 端口的连接如图 3-12 所示。

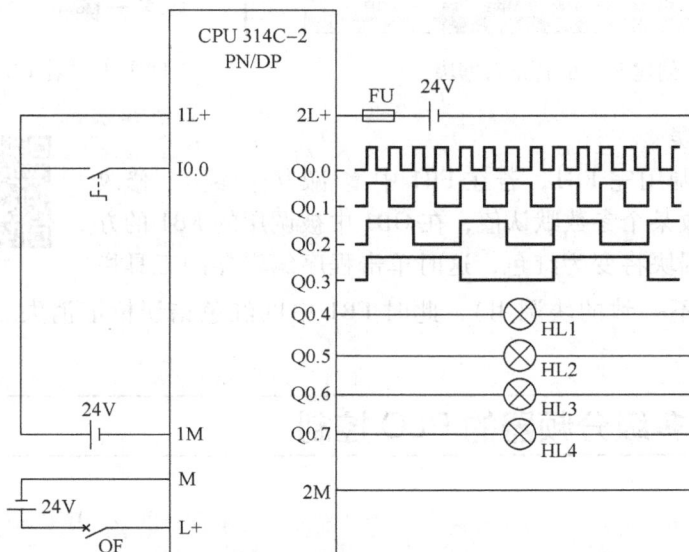

图 3-12　多级分频器的 PLC 控制 I/O 接线图

2. 创建项目与硬件组态

创建一个名称为"F_duofen"的项目，添加一个 CPU 314C-2 PN/DP 模块，并将 CPU 的输入输出起始地址更改为 I0.0 和 Q0.0。

本案例输出的脉冲都有二分频的关系，因此，需要使用系统提供的 2 Hz 方向脉冲，故在此需启用系统"时钟存储器"，仍采用系统默认字节 MB0。

组态好上述硬件后，单击项目窗口工具栏上编译按钮对硬件组态进行编译。

3. 编辑变量表

本案例变量表如图 3-13 所示。

4. 编写程序

本案例使用函数实现控制程序，其简洁明了，结构清晰，便于阅读及系统维护。

（1）创建无形参 FC1

当转换开关 SA 未接通时，主要是将 PLC 的输出端口清 0，程序比较简单，在此采用无形式参数函数 FC1。

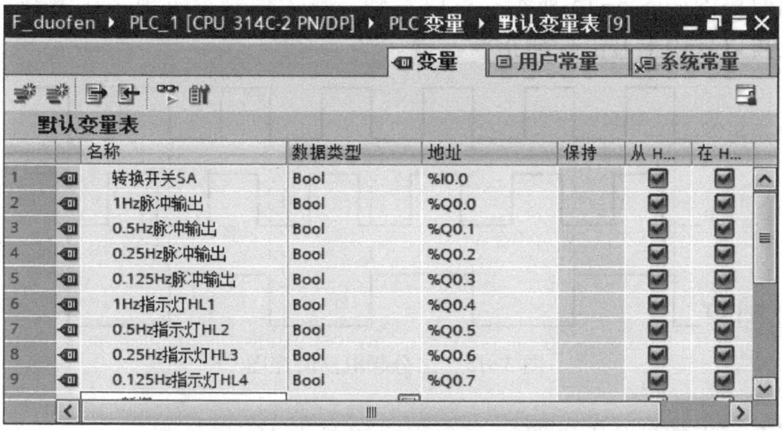

图 3-13　多级分频器控制变量表

1）生成函数 FC1。

打开项目视图中的文件夹 "\PLC_1\程序块"，用鼠标双击其中的 "添加新块"，打开 "添加新块" 对话框，单击其中添加新块的类型中的 "函数"，生成 FC1，设置函数块的名称为 "清零"。

2）编写 FC1 的程序。

无形参的 FC1 程序如图 3-14 所示。

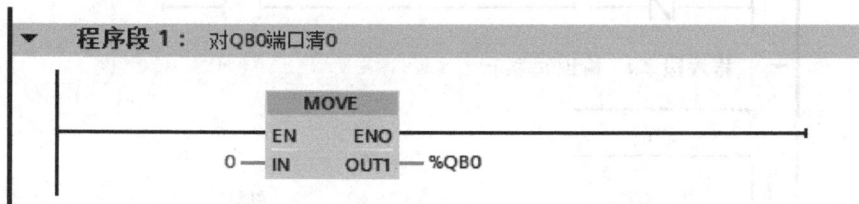

图 3-14　无形参的 FC1 程序

（2）创建有形参 FC2

4 个分频输出的电路原理一样，但它们的输入/输出参数不一样，所以只需生成一个有形参函数 FC2，分 4 次调用即可。

1）生成函数 FC2。

打开项目视图中的文件夹 "\PLC_1\程序块"，用鼠标双击其中的 "添加新块"，打开 "添加新块" 对话框，单击其中添加新块的类型中的 "函数"，生成 FC2，设置函数块的名称为 "二分频器"。

2）编辑 FC2 的局部变量。

在 FC2 中需要定义 4 个局部变量，如表 3-3 所示。

表 3-3　函数 FC2 的局部变量

接口类型	变量名	数据类型	注　释	接口类型	变量名	数据类型	注　释
Input	S_IN	BOOL	脉冲输入信号	InOut	S_OUT	BOOL	脉冲输出信号
InOut	F_P	BOOL	边沿检测标志	Output	LED	BOOL	输出状态指示

3）编写 FC2 程序。

二分频电路时序图如图 3-15 所示。可以看到，输入信号每出现一次上升沿，输出便改变一次状态，因此可以采用上升沿检测指令实现。

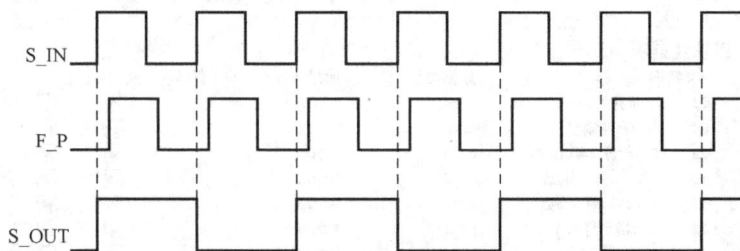

图 3-15 二分频电路时序图

使用跳转指令实现的二分频电路的 FC2 程序如图 3-16 所示。

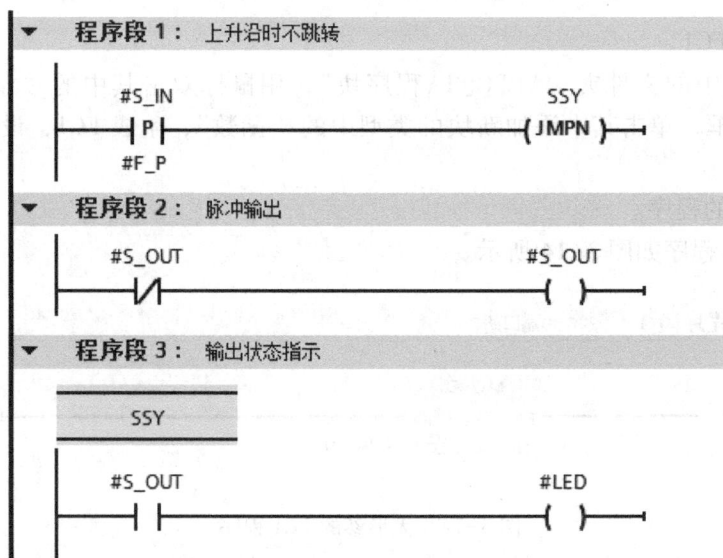

图 3-16 FC2 程序

如果输入信号"S_IN"出现上升沿，则对"S_OUT"取反，然后将信号"S_OUT"状态送"LED"显示，否则程序直接跳转到"SSY"处执行，将"S_OUT"信号状态送"LED"显示。

（3）在 OB1 中调用 FC1 和 FC2 程序

本案例需要启用系统储存器字节和时间存储器字节，均采用默认字节。首次"S_IN"信号取自时钟存储器字节中的位 M0.3，即提供 2 Hz 脉冲信号，OB1 程序如图 3-17 所示。

5. 调试程序

将调试好的用户程序及设备组态下载到 CPU 中，并连接好线路。接通转换开关 SA，观察 PLC 输出端 Q0.0~Q0.3 的 LED 闪烁情况及输出端 Q0.4~Q0.7 上 4 盏指示灯亮灭情况，若断开转换开关 SA，PLC 的输出端是否均停止输出。若上述调试现象与控制要求一致，则说明本案例任务实现。

程序段 1： 转换开关未接通时对端口QB0清0

```
      %I0.0                    %FC1
   "转换开关SA"                  "清零"
      ─┤/├─                   EN    ENO
```

程序段 2： 1Hz脉冲输出

```
      %I0.0                    %FC2
   "转换开关SA"                "二分频器"
      ─┤ ├─                   EN    ENO

      %M0.3                                  %Q0.4
   "Clock_2Hz" ─ S_IN              LED ─ "1Hz指示灯HL1"
      %Q0.0
   "1Hz脉冲输出" ─ S_OUT
      %M2.0
   "Tag_2" ─ F_P
```

程序段 3： 0.5Hz脉冲输出

```
      %I0.0                    %FC2
   "转换开关SA"                "二分频器"
      ─┤ ├─                   EN    ENO

      %Q0.0                                  %Q0.5
   "1Hz脉冲输出" ─ S_IN            LED ─ "0.5Hz指示灯HL2"
      %Q0.1
   "0.5Hz脉冲输出" ─ S_OUT
      %M2.1
   "Tag_3" ─ F_P
```

程序段 4： 0.25Hz脉冲输出

```
      %I0.0                    %FC2
   "转换开关SA"                "二分频器"
      ─┤ ├─                   EN    ENO

      %Q0.1                                  %Q0.6
   "0.5Hz脉冲输出" ─ S_IN          LED ─ "0.25Hz指示灯HL3"
      %Q0.2
   "0.25Hz脉冲输出" ─ S_OUT
      %M2.2
   "Tag_4" ─ F_P
```

程序段 5： 0.125Hz脉冲输出

```
      %I0.1                    %FC2
   "Tag_5"                    "二分频器"
      ─┤ ├─                   EN    ENO

      %Q0.2                                  %Q0.7
   "0.25Hz脉冲输出" ─ S_IN         LED ─ "0.125Hz指示灯HL4"
      %Q0.3
   "0.125Hz脉冲输出" ─ S_OUT
      %M2.3
   "Tag_6" ─ F_P
```

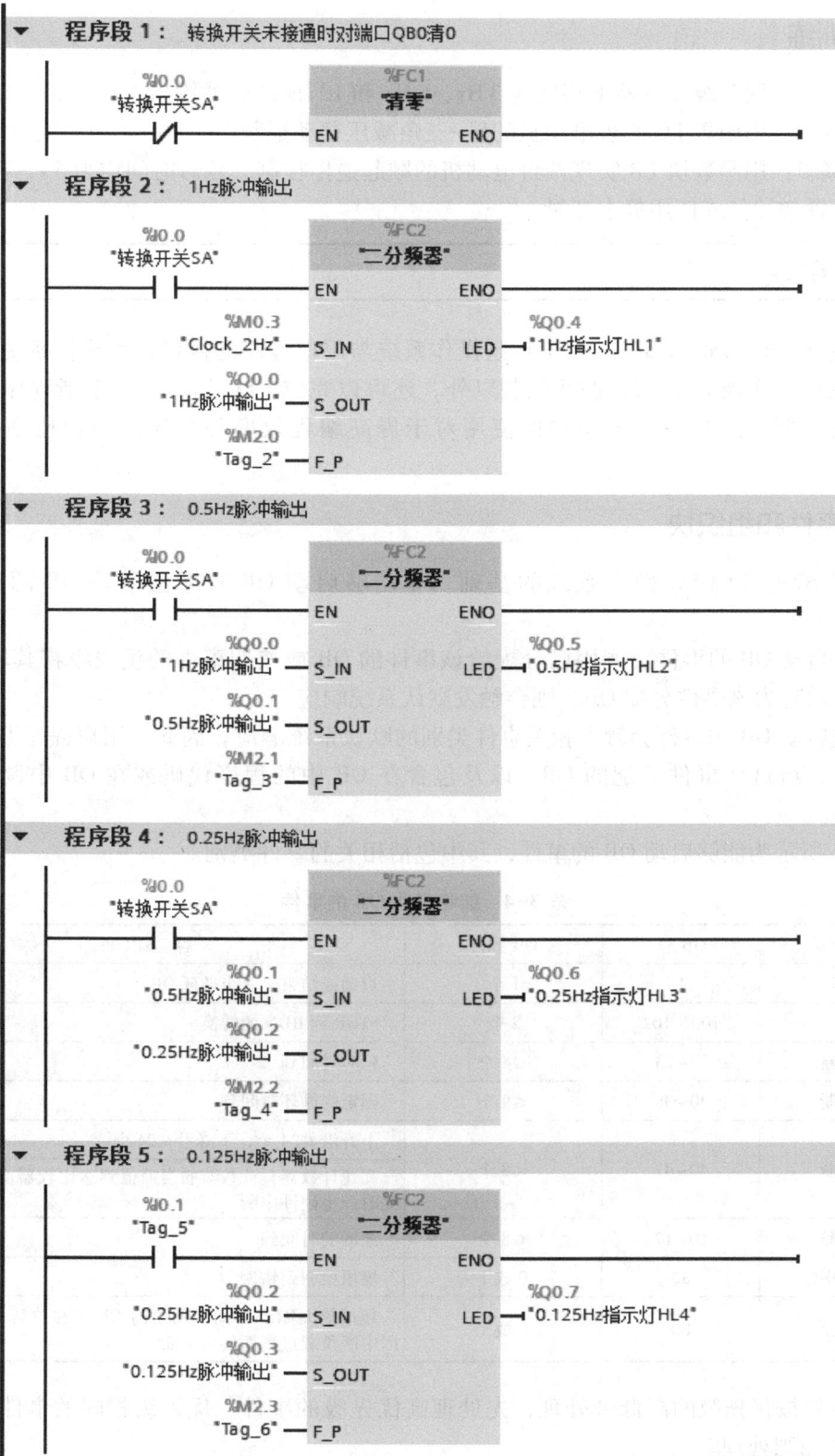

图 3-17   多级分频器的 PLC 控制程序

3.2.4 训练

1）训练 1：用二级分频器电路实现 3 Hz、6 Hz 和 12 Hz 的脉冲输出。

2）训练 2：用函数 FC 实现电动机的星-三角减压起动控制。

3）训练 3：用函数块 FB 实现两台电动机的顺起逆停控制，延时时间均为 5 s，在 FB 的输入参数中设置初始值或使用静态变量。

3.3 组织块

组织块（Organization Block，OB）是操作系统与用户程序的接口，由操作系统调用。组织块除可以用来实现 PLC 扫描循环控制以外，还可以完成 PLC 的启动、中断程序的执行和错误处理等功能。熟悉各类组织块的使用对于提高编程效率和程序的执行速率有很大的帮助。

3.3.1 事件和组织块

事件是 S7-300 PLC 操作系统的基础，有能够启动 OB 和无法启动 OB 两种类型的事件。

- 能够启动 OB 的事件会调用已分配给该事件的 OB 或按照事件的优先级将其输入队列，如果没有为该事件分配 OB，则会触发默认系统响应。
- 无法启动 OB 的事件会触发相关事件类别的默认系统响应。因此，用户程序循环取决于事件、给这些事件分配的 OB，以及包含在 OB 中的程序代码或在 OB 中调用的程序代码。

表 3-4 所示为能够启动 OB 的事件，其中包括相关的事件类别。

表 3-4　能够启动 OB 的事件

事件类别	OB 号	OB 数目	启 动 事 件
程序循环	1	1 个	启动或结束上一个循环 OB
启动	100、102	2 个	STOP 到 RUN 的转换
延时中断	20~23	≤4 个	延时时间到
循环中断	30~38	≤9 个	固定的循环时间到
硬件中断	40~47	≤8 个	上升沿≤24 个，下降沿≤24 个
			高速计数器：计数器的当前值到达比较器值或上溢或下溢时产生硬件中断
时间中断	10~17	≤8 个	激活的时间到
中断错误中断	82	0 或 1	模块检测到错误
时间错误	80	0 或 1	超过最大循环时间，调用的 OB 正在执行，队列溢出，因中断负载过高而丢失中断

事件一般按优先级的高低来处理，先处理高优先级的事件。优先级相同的事件按"先来先服务"的原则处理。

高优先级组的事件可以中断低优先级组的事件的 OB 执行，例如第 2 优先级组所有的事件都可以中断程序循环 OB 的执行，第 3 优先级组的时间错误 OB 可以中断所有其他的 OB。

一个 OB 正在执行时，如果出现了另一个具有相同或较低优先级组的事件，后者不会中断正在处理的 OB，将根据后者的优先级添加到对应的中断队列排队等待。当前的 OB 被处理完后，再处理排队的事件。

当前的 OB 执行完后，CPU 将执行队列中最高优先级的事件的 OB，优先级相同的事件按出现的先后次序处理。如果高优先级组中没有排队的事件了，CPU 将返回较低的优先级组被中断的 OB，从被中断的地方开始继续处理。

不同的事件或不同的 OB 均有它自己的中断队列和不同的队列深度。对于特定的事件类型，如果队列中的事件个数达到上限，下一个事件将使队列溢出，新的中断事件被丢弃，同时产生时间错误中断事件。

有的 OB 用它的临时局部变量提供触发它的启动事件的详细信息，可以在 OB 中编程，做出相应的反应，例如触发报警。

中断的响应时间是指从 CPU 得到中断事件出现的通知，到 CPU 开始执行该事件 OB 中第一条指令之间的时间。

3.3.2　程序循环组织块

需要连续执行的程序放在程序循环组织块 OB1 中，因此 OB1 也常被称为主程序（Main），CPU 在 RUN 模式下循环执行 OB1，可以在 OB1 中调用 FC 和 FB。S7-300 PLC 只有一个程序循环组织块，一般用户程序都写在 OB1 中。

3.3.3　启动组织块

接通 CPU 电源后，S7-300 PLC 在开始执行用户程序循环组织块之前首先执行启动组织块（又称完全重新启动组织块）。通过编写启动组织块 OB100，可以在启动程序中为程序循环组织块指定一些初始变量，或给某些变量赋值，即初始化。S7-300 PLC 为用户提供一个暖启动组织块 OB100，有些 CPU 还可提供冷启动组织块 OB102。

通过添加新块的方法生成启动组织块 OB100，在启动组织块 OB100 中生成初始化程序，如图 3-18 所示。将项目下载到 CPU，并切换到 RUN 模式后，可以看到 QB0 被初始化为 16#F0。

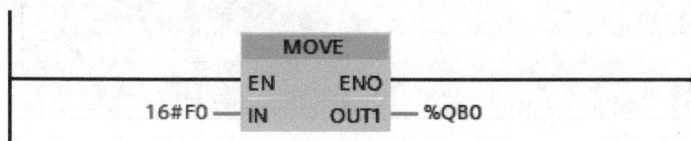

```
                    MOVE
              EN         ENO
      16#F0 — IN        OUT1 — %QB0
```

图 3-18　OB100 程序示例

3.3.4　循环中断组织块

中断在计算机技术中应用较为广泛。中断功能是用中断程序及时地处理中断事件，中断事件与用户程序的执行时序无关，有的中断事件不能事先预测何时发生。中断程序不是由用户程序调用，而是在中断事件发生时由操作系统调用。中断程序是由用户编写。中断程序应该不断优化，在执行完某项特定任务后应返回被中断的程序。中断程序应尽量短小，以减少中断程序的执行时间，减少对其他处理的延迟，否则可能引起主程序控制设备操作异常。设计中断程序时应遵循"越短越好"的原则。

S7-300 PLC 提供了 4~9 个循环中断组织块，优先级为 7~15，它们的循环时间系统已确定且不能更改，分别为：OB30 的循环时间为 5 s、OB31 的循环时间为 2 s、OB32 的循环时间为 1 s、OB33 的循环时间为 500 ms、OB34 的循环时间为 200 ms、OB35 的循环时间为 100 ms、OB36 的循环时间为 50 ms、OB37 的循环时间为 20 ms、OB38 的循环时间为 10 ms。

在设定的时间间隔内，循环中断（Cyclic interrupt）组织块被周期性地执行，例如周期性地定时执行闭环控制系统的 PID 运算程序等，循环中断 OB 的编号为 30~38。

用添加新块的方法生成循环中断组织块 OB32，如图 3-19 所示。这里选用的是 CPU 314C-2 PN/DP，系统只为用户提供 OB32~OB35 共 4 个循环中断组织块。在生成循环中断组织块时，可选择编程语言，可选择 LAD、STL、FBD 和 SCL 等四种编程语言。也可以更改组织块编号，但只能在 32~35 之间更改。循环组织块的名称也可以更改，在此，采用系统默认名称"CYC_INT2"。

图 3-19　生成循环中断组织块 OB32

【例 3-1】 当系统运行时，通过循环中断实现接在 QB0 端口的 8 盏彩亮以频率 2 Hz 闪烁。

添加循环中断组织块 OB32，其循环中断时间为 1 s，然后在其程序编辑区编写控制程序，如图 3-20 所示。

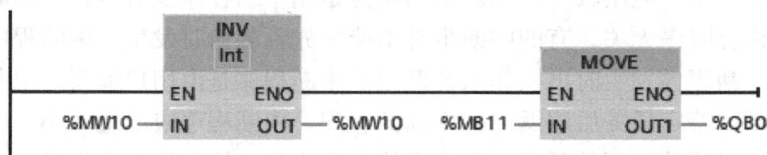

图 3-20　【例 3-1】控制程序

　　每秒执行循环中断组织块 OB32 一次，将 MW10 中数据进行求反，然后将 MB11 或 MB10 中的数据传送给端口 QB0，便可实现 8 盏彩灯以频率 2 Hz 不断闪烁。

码 3-3　循环中断组织块

3.3.5　延时中断组织块

　　定时器指令的定时误差较大，如果需要高精度的延时，可以使用时间延时中断。在过程事件出现后，延长一定的时间再执行时间延时（Time delay）中断 OB。

　　S7-300 PLC 为用户最多提供 4 个延时中断组织块 OB20~OB23，其中 CPU 314C-2 PN/DP 模块只为用户提供 OB20~OB21 共 2 个延时中断组织块。

　　延时中断组织块通过调用"SRT_DINT"指令启动每个延时中断 OB，即通过该指令的使能端 EN 上升沿来启动延时过程。用该指令的参数 DTIME（1~60000 ms）来设置延时时间（时间精度为 1 ms），如图 3-21 所示。其中 SRT_DINT 和 CAN_DINT 指令在时间延时中断 OB 中配合计数器使用，可以得到比 60 s 更长的延时时间。用参数 OB_NR 来指定延时时间到时调用的 OB 的编号，S7-300 PLC 未使用参数 SIGN（通过参数 SIGN，可输入一个用于标识延时中断起始处的标识符），可以设置任意的值。RET_VAL 是指令执行的状态代码。

　　延时中断启用完后，若不再需要使用延时中断，可使用 CAN_DINT 指令来取消已启动的延时中断 OB，还可以在超出所组态的延时时间之后取消调用待执行的延时中断 OB。在 OB_NR 参数中，可以指定将取消调用的组织块编号。

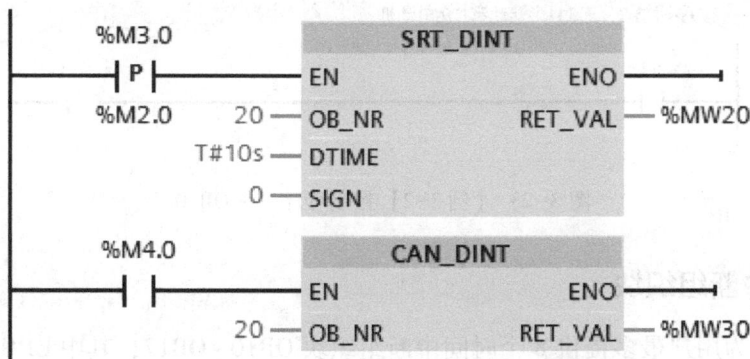

图 3-21　SRT_DINT 和 CAN_DINT 指令

　　用添加新块的方法生成时间延时中断 OB，其编号为 20~23。要使用延时中断 OB，需要调用指令 SRT_DINT 且将延时中断 OB 作为用户程序的一部分下载到 CPU。只有在 CPU 处于"RUN"模式时才会执行延时中断 OB。暖启动将清除延时中断 OB 的所有启动事件。

　　【例 3-2】使用延时中断实现两台电动机的顺序起动控制，要求第一台电动机起动 10 s 后自行起动第二台电动机，按下停止按钮时，两台电动机均立即停止。

　　在主程序 OB1 中编写第一台电动机的起停控制程序、启用延时中断/取消延时中断相关程序，在 OB20 中编写起动第二台电动机程序，分别如图 3-22 和图 3-23 所示。

码 3-4　延时中断组织块

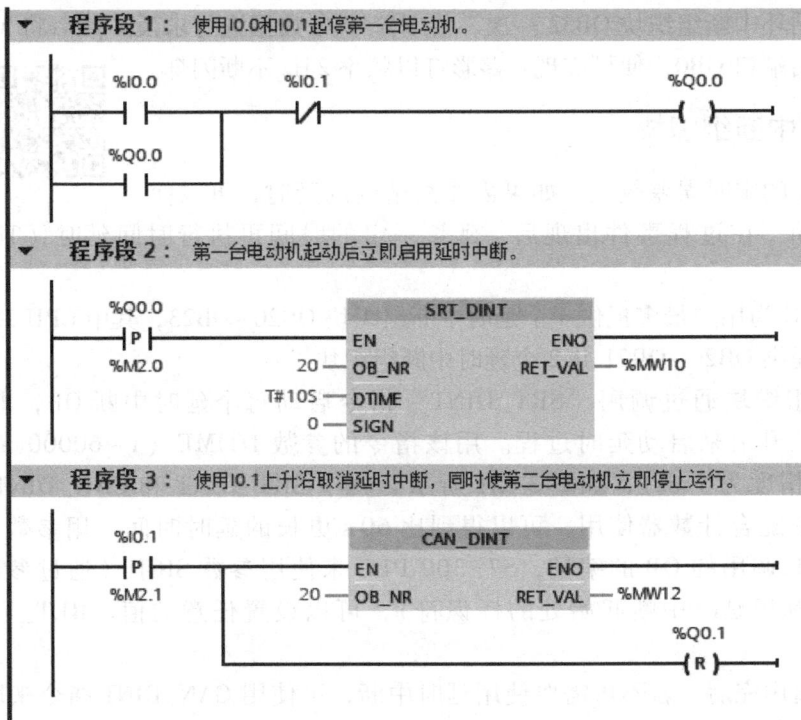

图 3-22　【例 3-2】控制程序——OB1

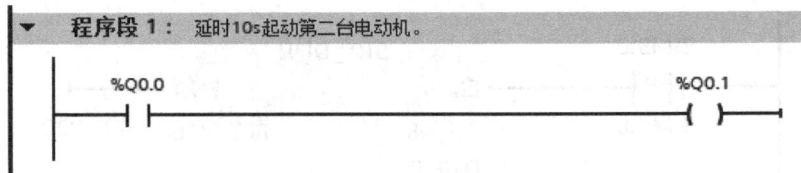

图 3-23　【例 3-2】控制程序——OB20

3.3.6　时间中断组织块

S7-300 PLC 为用户最多提供 8 个时间中断组织块 OB10~OB17，其中 CPU 314C-2 PN/DP 模块只为用户提供 1 个 OB10 时间中断组织块。

通过添加新块的方式添加一个时间中断组织块 TOD_INT0［OB10］，如图 3-24 所示。若想了解时间中断组织块详细信息，可单击图 3-24 中"更多信息"。

通过时间中断组织块可以在指定的时间执行一次程序，或者从某个特定的时间开始，间隔指定的时间（如一天、一个星期、一个月等）执行一次程序，即周期性执行的循环中断。可以使用 SET_TINT 指令设置时间中断，ACT_TINT 指令激活时间中断，CAN_TINT 指令取消时间中断，QRY_TINT 指令查询时间中断状态。绝大多数 S7-300 系列的 CPU 只能使用 OB10。

> 💡 **注意**：如果采用只处理一次相应 OB 的方法组态时间中断，则日期和时间不可为过去的日期和时间（相对于 CPU 的实时时钟）；如果采用定期处理相应 OB 的方法组态时间中断，但起始日期和时间已经过去，则将在下次到达该日期和时间时处理时间中断。

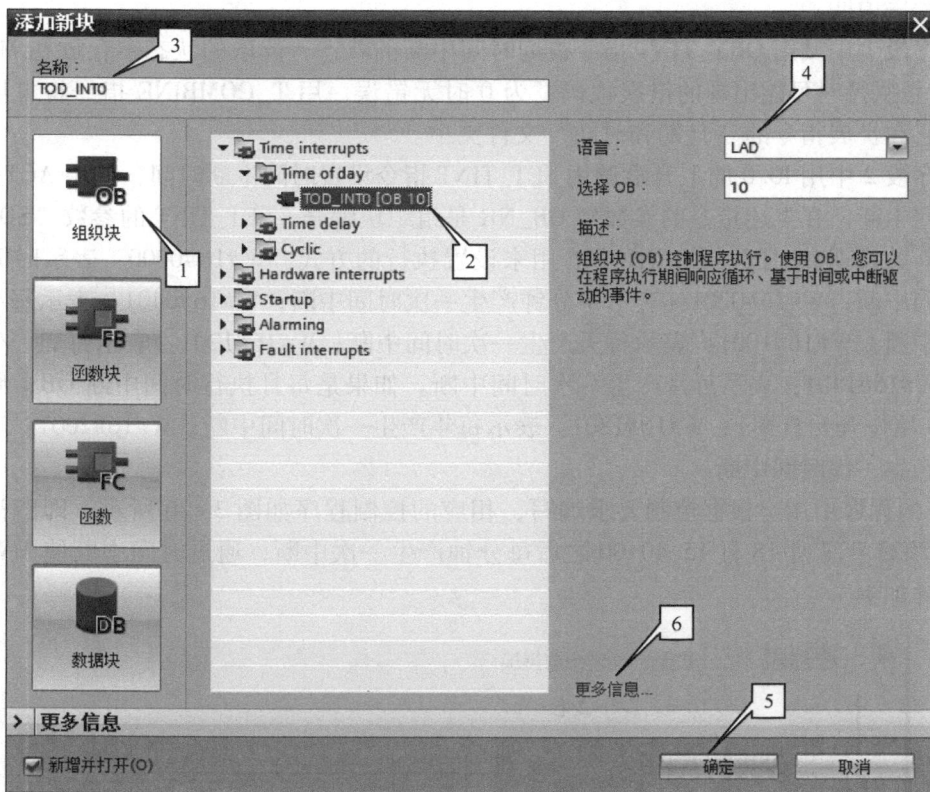

图 3-24　添加时间中断组织块 OB10

在图 3-25 中，通过 T_COMBINE 指令将日期和时间合并，在 OB1 块接口中新增加一个变量"#DT0"，数据类型为 Date_And_Time，或直接使用块接口中变量"OB1_DATE_TIME"，其变量数据类型也是 Date_And_Time，便于存储日期和时间。

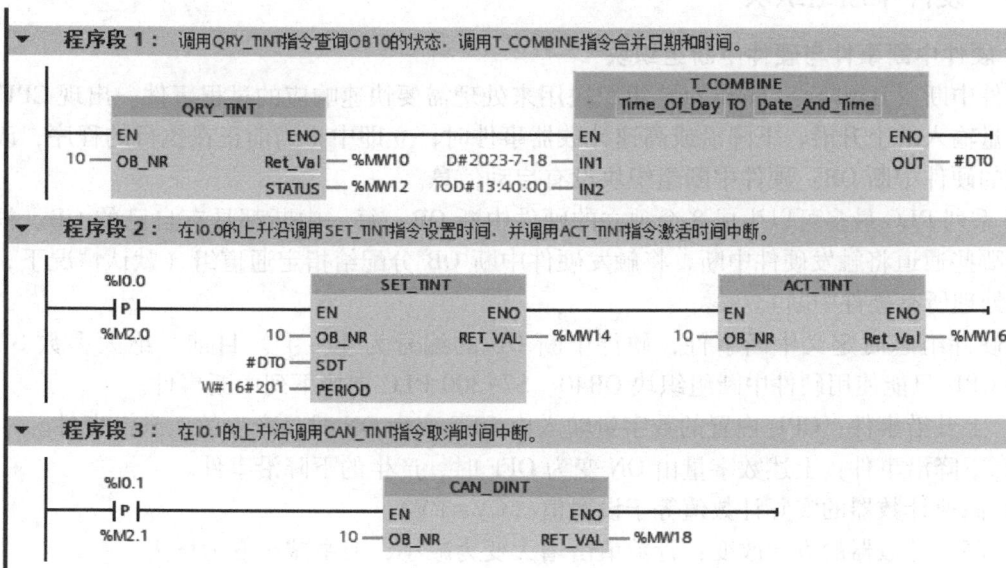

图 3-25　OB1 的程序

OB1 程序说明：

在程序段 1 中调用 QRY_TINT 指令查询时间中断的状态，读取的状态字存放在 MW10 中，RET_VAL 是执行时可能出现的错误代码，为 0 时无错误。用 T_COMBINE 指令将日期和时间值合并，它在扩展指令的"日期和时间"文件夹中。

在程序段 2 中用 I0.0 的上升沿调用 SET_TINT 指令设置时间中断时间，调用 ACT_TINT 指令激活时间中断。在上述指令的参数中 OB_NR 是组织块编号。SET_TINT 的参数"SDT"是开始产生中断的日期和时间。"PERIOD"用来设置执行的方式：W#16#0000：表示时间到只执行一次时间中断；W#16#0201：表示每分钟产生一次时间中断；W#16#0401：表示每小时产生一次时间中断；W#16#1001：表示每天产生一次时间中断；W#16#1201：表示每周产生一次时间中断；W#16#1401：表示每月产生一次时间中断。如果是每月执行时间中断 OB，则只能将 1、2 至 28 用作开始日期）；W#16#1801：表示每年产生一次时间中断；W#16#2001：表示每个月的月末产生一次时间中断。

OB10 的程序由用户根据控制要求编写，相应的控制程序如图 3-26 所示，即激活时间中断后，在 2023 年 7 月 18 日 15：40：00 之后每分钟产生一次中断，通过时间中断使 MW50 中的数据每分钟加 1。

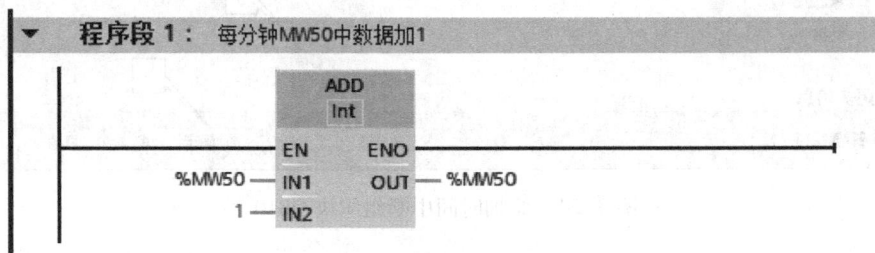

图 3-26　OB10 的程序

3.3.7　硬件中断组织块

1. 硬件中断事件与硬件中断组织块

硬件中断（Hardware interrupt）组织块用来处理需要快速响应的过程事件。出现 CPU 内置的数字量输入的上升沿、下降沿或高速计数器事件时，立即中止当前正在执行的程序，改为执行对应的硬件中断 OB。硬件中断组织块没有启动信息。

S7 系列 PLC 最多可以生成 8 个独立的硬件中断 OB，每一中断都具有自己的 OB。根据组态指定哪些通道将触发硬件中断，将触发硬件中断 OB 分配给指定通道组（默认情况下，将由 OB 40 处理所有硬件中断）。

在硬件组态时定义中断事件，硬件中断 OB 的编号为 40~47。目前，绝大多数 S7-300 PLC 的 CPU 只能使用硬件中断组织块 OB40。S7-300 PLC 支持下列中断事件。

1）上升沿事件：CPU 内置的数字量输入由 OFF 变为 ON 时，产生的上升沿事件。

2）下降沿事件：上述数字量由 ON 变为 OFF 时，产生的下降沿事件。

3）高速计数器的实际计数值等于设置值（CV=PV）。

4）高速计数器的方向改变：计数值由增大变为减小，或由减小变为增大。

5）高速计数器的外部复位：某些高速计数器的数字量外部复位输入由 OFF 变为 ON 时，将计数值复位为 0。

2. 生成硬件中断组织块

用添加新块的方法生成硬件中断 OB40，如图 3-27 所示。从图 3-27 中可以看出 CPU 314C-2 PN/DP 模块在博途软件中只为用户提供一个硬件中断组织块，其 OB 默认的编号是 40，名称为 HW_INTO，编程语言为 LAD（梯形图）。

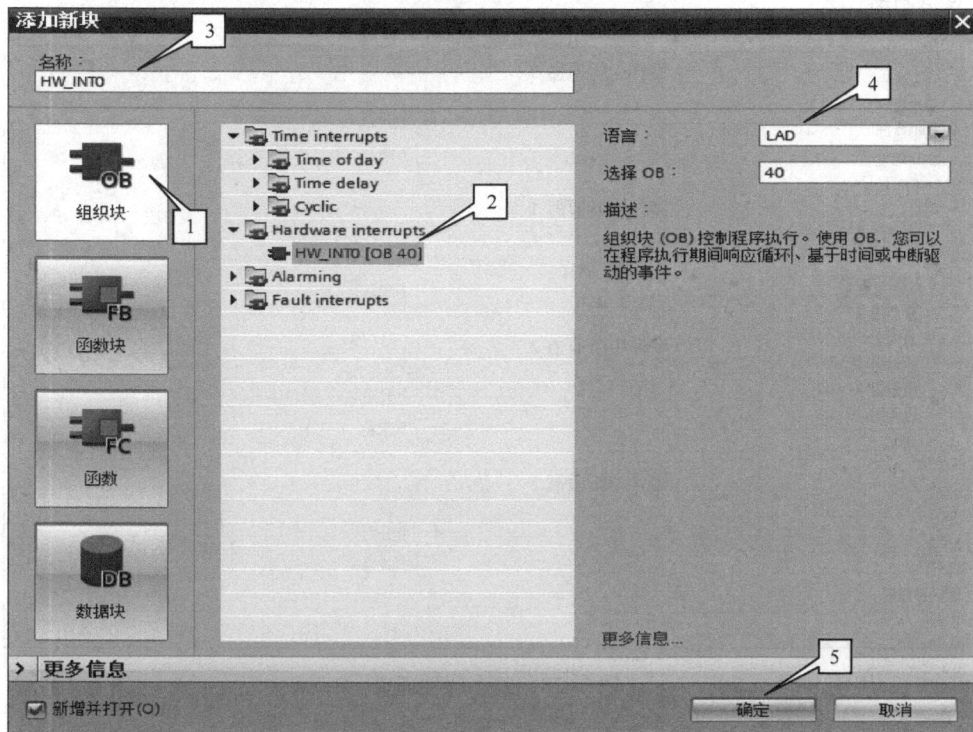

图 3-27　生成硬件中断组织块

可使用 "DIS_IRT"（禁用中断事件）指令禁止调用硬件中断 OB，使用 "EN_IRT"（启用中断事件）指令重新调用，并使用 "DIS_AIRT"（延时执行较高优先级中断和异步错误事件）和 "EN_AIRT"（启用执行较高优先级中断和异步错误事件）指令对其进行延时。

3. 组态时定义硬件中断 OB40

在项目的 "设备视图" 窗口，双击 CPU 模块打开其巡视窗口。在 "常规" 属性中，选中 "DI 24/DO 16" 文件夹中的输入 "通道组 0-3"，将其对应的硬件中断通道上升沿或下降沿勾选，如图 3-28 所示。当组态好相应硬件通道时，若该硬件通道出现上升沿或下降沿时便会执行相应的中断程序。

4. 编写硬件中断 OB 的程序

根据控制要求，在硬件中断 OB 中编写相应的控制程序，其程序编辑视窗同主程序及其他程序块，编程内容根据控制要求而定。

【例 3-3】使用硬件中断实现【例 3-2】中第二台电动机的停止控制。

将图 3-22 中程序段 3 中第二行的 Q0.1 复位指令删除，主程序中其他控制程序仍与图 3-22 中相同。

新生成硬件中断组织块 OB40（并组态为硬件中断通道 1 的上升沿），在 OB40 中编写如图 3-29 所示程序。

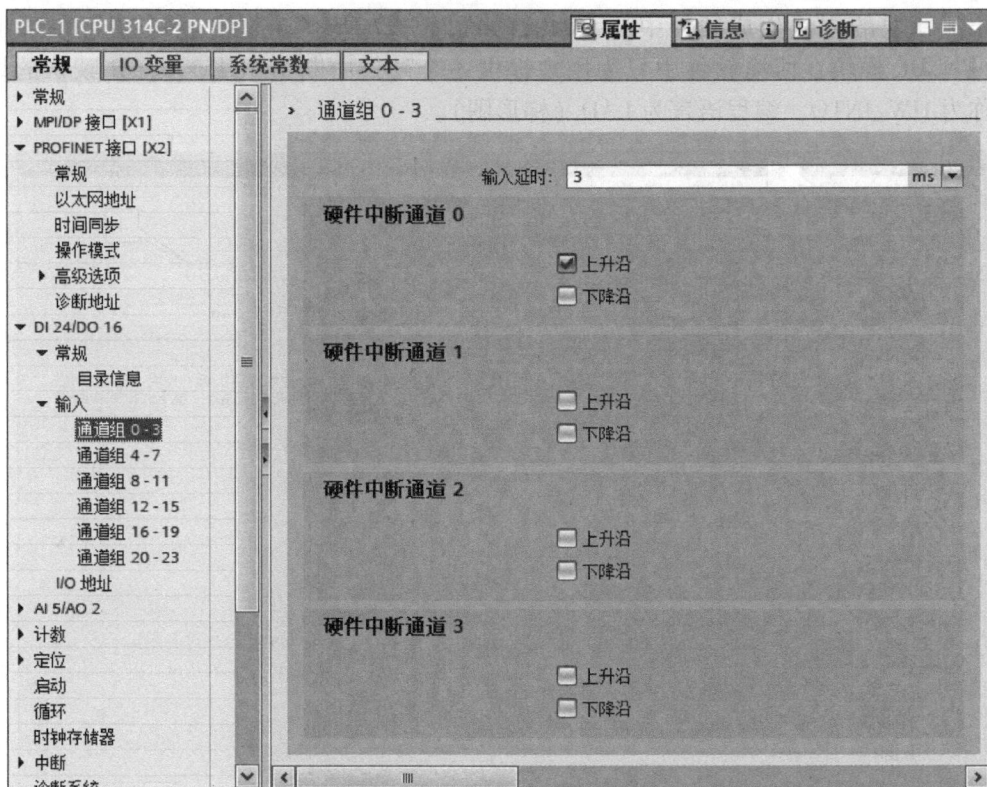

图 3-28　组态硬件通道

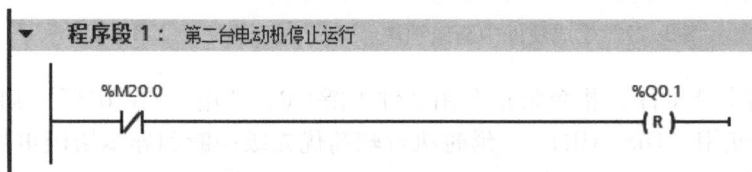

程序段 1:　第二台电动机停止运行

码 3-5　硬件中断组织块

图 3-29　【例 3-3】控制程序——OB40

3.3.8　时间错误组织块

如果发生以下事件之一,操作系统将调用时间错误中断(Time error interrupt)OB:

1)循环程序超出最大循环时间。

2)OB 执行期间的确认错误。

3)设置时间转发(跳过时间)以启动 OB。

在用户程序中只能使用一个时间错误中断 OB(OB80)。

例如,如果在完成某个循环中断 OB 的执行之前,发生了该 OB 的启动事件,则操作系统调用 OB80。

如果未对 OB80 编程,则 CPU 切换为 STOP 模式。

3.3.9　诊断错误组织块

如果具有诊断功能的模块（已为其启用了诊断中断）检测到诊断状态更改，则它会向 CPU 发送一个诊断中断请求：

1）存在问题或一个组件需要维护或两者都包括（到达事件）。

2）没有问题或没有更多组件需要维护（离去事件）。

操作系统然后调用 OB82。

如果未对 OB82 编程，则 CPU 切换为 STOP 模式。

3.4　案例 7：电动机轮休的 PLC 控制

3.4.1　目的

1）掌握启动组织块 OB100 的应用。

2）掌握循环中断组织块 OB32 的应用。

3）掌握硬件中断组织块 OB40 的应用。

3.4.2　任务

使用 S7-300 PLC 实现电动机轮休的控制。控制要求如下：按下起动按钮起动系统，此时第 1 台电动机起动并工作 3 h 后，第 2 台电动机开始工作，同时第 1 台电动机停止；当第 2 台电动机工作 3 h 后，第 1 台电动机开始工作，同时第 2 台电动机停止，如此循环。当按下停止按钮时，当前运行的电动机立即停止。

3.4.3　步骤

1. I/O 端口的连接

本案例的输入元器件为起动按钮、停止按钮、2 个热继电器；输出元器件为 2 个交流接触器。本案例的 I/O 地址分配如表 3-5 所示。

表 3-5　电动机轮休的 PLC 控制 I/O 分配

输 入		输 出	
输入继电器	元 器 件	输出继电器	元 器 件
I0.0	起动按钮 SB1	Q0.0	交流接触器 KM1
I0.1	停止按钮 SB2	Q0.1	交流接触器 KM2
I0.2	热继电器 FR1		
I0.3	热继电器 FR2		

根据表 3-5 中的 I/O 地址分配，本案例 I/O 端口的连接如图 3-30 所示（主电路为两台电动机独立的直接起动控制电路，主电路的直接起动控制电路同图 1-32）。

2. 创建项目与硬件组态

创建一个名称为 "M_luenxiu" 的项目，添加一个 CPU 314C-2 PN/DP 模块，并将 CPU 的输入输出起始地址更改为 I0.0 和 Q0.0。

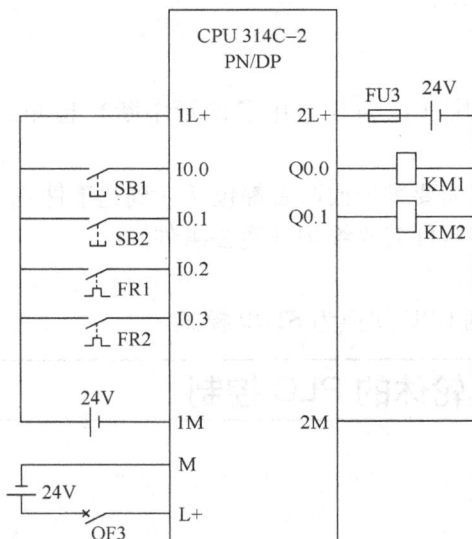

图 3-30 两台电动机轮休的 PLC 控制 I/O 接线图

组态好上述硬件后，单击项目窗口工具栏上编译按钮对硬件组态进行编译。

3. 编写程序

（1）启动组织块 OB100

生成一个启动组织块 OB100，打开 OB100 编辑窗口，OB100 的程序如图 3-31 所示。使用"与"运算指令对端口 Q0.0 和 Q0.1 清 0，使用"与"运算操作不会对未使用的端口产生影响，同时将循环初值赋 0，将累计次数 MW20 清 0。DIS_IRT 指令参数 MODE 值取 2，表示禁用所有新发生的指定中断。

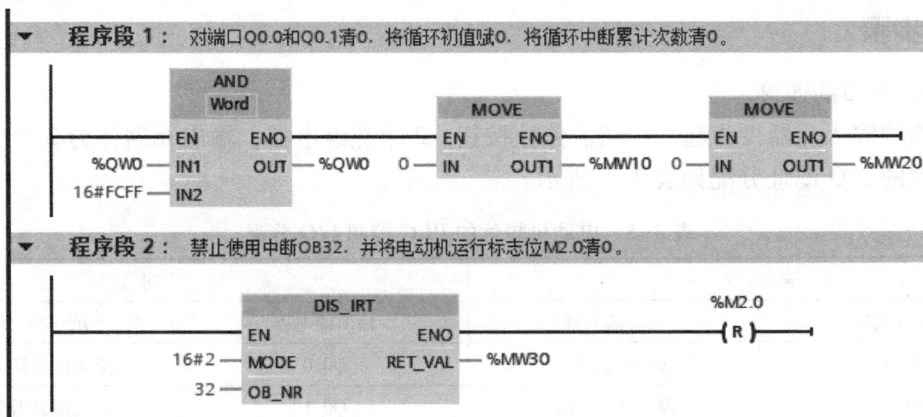

图 3-31 OB100 程序

（2）循环中断组织块 OB32

生成一个循环中断组织块 OB32，循环周期为 1 s，计数 10800 次，可以得到 3 h 的轮休时间，OB32 的程序如图 3-32 所示。

（3）硬件中断组织块 OB40

生成一个硬件中断组织块 OB40，并将硬件通道 I0.1、I0.2 和 I0.3 组态为上升沿触发的硬件中断，OB40 的程序如图 3-33 所示。

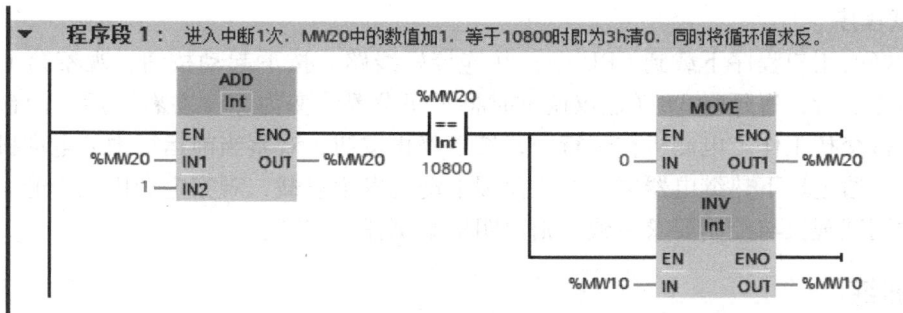

图 3-32　OB32 程序

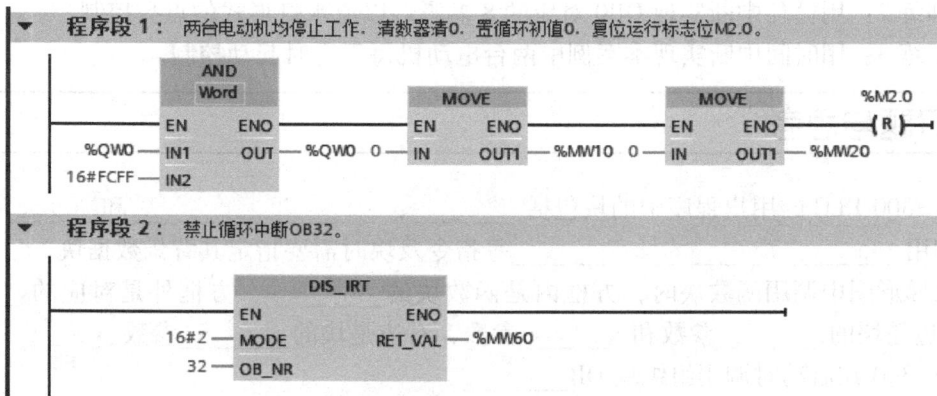

图 3-33　OB40 程序

（4）主程序组织块 OB1

在主程序中起动电动机并激活循环中断组织块 OB32，同时，置运行标志位 M2.0，OB1 的程序如图 3-34 所示。EN_IRT 指令参数 MODE 的值取 2，表示启用指定中断的所有新发生事件。

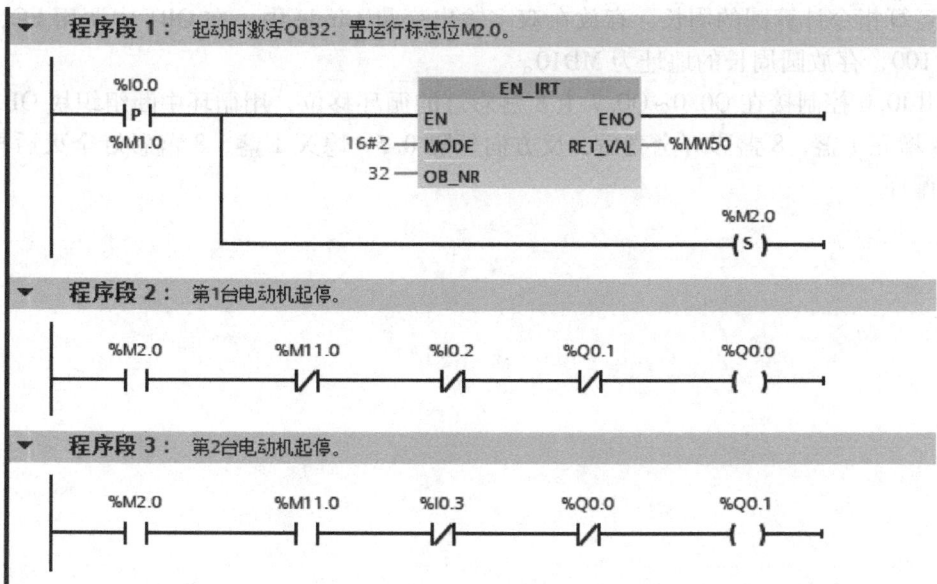

图 3-34　OB1 程序

4. 调试程序

将调试好的用户程序下载到 CPU 中，并连接好线路。按下起动按钮，观察第 1 台电动机是否能起动并运行，每延时 3 h（建议调试时将时间设置值变为 10 s 左右）后，两台电动机是否能正常进行交替工作。电动机在运行中，按下停止按钮，观察当前运行中的电动机是否能立即停止运行，通过按下热继电器复位按钮模拟电动机发生过载，观察电动机是否能立即停止运行。如上述调试现象与控制要求一致，则说明本案例任务实现。

3.4.4　训练

1）训练 1：用循环中断实现两台电动机的顺起顺停控制。

2）训练 2：用循环中断实现 QB0 对应的 8 盏彩灯以流水灯形式的点亮控制。

3）训练 3：用时间中断实现本案例中两台电动机每天定时起动控制。

3.5　习题与思考

1. S7-300 PLC 的用户程序中的块包括＿＿＿＿、＿＿＿＿、＿＿＿＿和＿＿＿＿。

2. 调用＿＿＿＿、＿＿＿＿、＿＿＿＿等指令及块时需要指定其背景数据块。

3. 在梯形图中调用函数块时，方框内是函数块的＿＿＿＿，方框外是对应的＿＿＿＿。方框的左边是块的＿＿＿＿参数和＿＿＿＿参数，右边是块的＿＿＿＿参数。

4. S7-300 在启动时调用组织块 OB＿＿＿＿。

5. CPU 检测到故障或错误时，如果没有下载对应的错误处理组织块，CPU 将进入＿＿＿＿模式。

6. 函数和函数块有什么区别？

7. 组织块可否调用其他组织块？

8. 延时中断与定时器都可以实现延时，它们有什么区别？

9. 设计求圆周长的函数 FC，FC 的输入变量为直径 Diameter（整数），取圆周率为 3.14，用浮点数运算指令计算圆的周长，存放在双字输出变量 Circle 中。在 OB1 中调用 FC，直径的输入值为 100，存放圆周长的地址为 MD10。

10. 用 I0.0 控制接在 Q0.0~Q0.7 上 8 盏彩灯的循环移位，用循环中断组织块 OB33 定时，每隔 0.5 s 增亮 1 盏，8 盏彩灯全亮后，反方向每隔 0.5 s 熄灭 1 盏，8 盏彩灯全灭后再逐位增亮，如此循环。

第4章 | S7-300 PLC 模拟量与脉冲量的编程及应用

在工程应用中，过程数据的检测和控制、高速脉冲的计数及输出已在过程控制和运动控制中得到广泛使用。本章节重点介绍模拟量模块的组态、高速脉冲输入和输出的应用，通过本章节学习可掌握 S7-300 PLC 在过程控制和运动控制中的基本应用。

4.1 模拟量

模拟量是区别于数字量的一个连续变化的电压或电流信号。模拟量可作为 PLC 的输入或输出，通过传感器或控制设备对控制系统的温度、压力和流量等模拟量进行检测或控制。通过模拟量转换模块或变送器可将传感器提供的电量或非电量转换为标准的直流电流（0~20 mA、4~20 mA、±20 mA 等）信号或直流电压信号（0~5 V、0~10 V、±10 V 等）。

4.1.1 模拟量模块类型

S7-300 PLC 的模拟量信号模块包括 SM331 模拟量输入模块（AI）、SM332 模拟量输出模块（AO）、SM334 和 SM335 模块量输入/输出模块（AI/AO）等。

模拟量输入模块 SM331 用于将现场各种模拟量测量传感器输出的直流电压或电流信号转换为 S7-300 PLC 内部处理用的数字信号。模拟量输入模块 SM331 可选择的输入信号类型有电压型、电流型、电阻型、热电阻型和热电偶型等。

模拟量输出模块 SM332 用于将 S7-300 PLC 的数字信号转换成系统所需要的模拟量信号，控制模拟量调节器或执行机械。模拟量输出模块 SM332 可选择电压或电流两种类型的信号输出。S7-300 PLC 的紧凑型 CPU 模块已集成模拟信号输入和输出功能。

4.1.2 模拟量模块的地址分配

模拟量模块以通道为单位，一个通道占一个字（2B）的地址，所以在模拟量地址中只有偶数。S7-300 PLC 的模拟量模块的字节地址为 IB256~IB767。一个模拟量模块最多有 8 个通道，从 256 号字节开始，S7-300 PLC 给每一个模拟量模块分配 16B（8 个字）的地址。M 号机架的 N 号槽的模拟量模块的起始字节地址为 $128{\times}M+(N-4){\times}16+256$。

对信号模块组态时，CPU 将会根据模块所在的机架号和槽号，按上述原则自动地分配模块的默认地址。硬件组态窗口下面的硬件信息显示窗口中的"I 地址"列和"Q 地址"列分别是模块输入和输出的起始和结束字节地址。

在模块的属性对话框的"地址"选项卡中，用户可以修改 STEP 7 自动分配的地址。一般采用系统分配的地址，因此没必要死记上述的地址分配原则。但是必须根据组态时确定的 I/O 点的地址来编程。

码 4-1 模拟量模块的作用及添加

模拟量输入地址的标识符是 IW，模拟量输出地址的标识符是 QW。

4.1.3 模拟量模块的组态

由于模拟量输入或输出模块提供不止一种信号类型的输入或输出，每种信号的测量范围又有多种选择，因此必须对模块信号类型和测量范围进行设定。

以 CPU 314C 模块为例进行设置。如上所述，CPU 314C 不仅是 CPU 模块，而且还提供了功能丰富的输入/输出信号，其中模拟量输入第 0~3 通道为电压/电流信号输入，第 4 通道为电阻/热敏电阻输入。

> 注意：必须在 CPU 为 "STOP" 模式时才能设置参数，且需要将参数进行下载。当 CPU 从 "STOP" 模式切换到 "RUN" 模式后，CPU 即将设定的参数传送到每个模拟量模块中。

在此，以 CPU 上集成的模拟量通道 5AI/ AQ2 为例进行介绍。

在项目视图中打开 "设备组态"，单击 CPU 右侧的 5AI/ AQ2 模块，在巡视窗口便可看到其模拟量通道的属性，如图 4-1 所示。其 "常规" 属性中包括 "常规" "输入" "输出" 和地址等 4 个选项，"常规" 项给出了该模块的名称、描述、订货号及固件版本等信息。

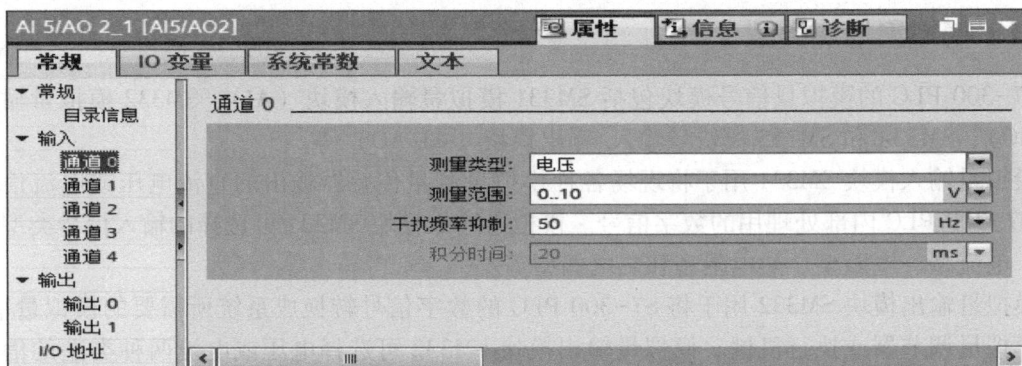

图 4-1 集成的模拟量输入通道属性设置对话框

在 "输入" 选项中可设置模拟量输入信号的测量类型、测量范围及干扰频率抑制（一般选择 50 Hz，可以抑制工频信号对模拟量信号的干扰），单击 "测量类型" 后面的按钮，可以看到测量类型有 "电压" 和 "电流" 两种。单击 "测量范围" 后面的按钮，若 "测量类型" 选为 "电压"，则 "电压范围" 为 0~10 V 和 ±10 V；若 "测量类型" 选为 "电流"，则 "电流范围" 为 0~20 mA、4~20 mA 和 ±20 mA。

在 "输出" 选项中可设置模拟量输出信号的输出类型（电压和电流）及范围（若输出为电压信号，则范围为 0~10 V 和 ±10 V；若输出为电流信号，则范围为 0~20 mA、4~20 mA 和 ±20 mA），如图 4-2 所示。

码 4-2 模拟量模块的线路连接及组态

在 "I/O 地址" 选项中给出了模拟量输入/输出通道的起始和结束地址，用户可以自定义通道地址（这些地址可在设备组态中更改，范围为 0~2038），如图 4-3 所示。

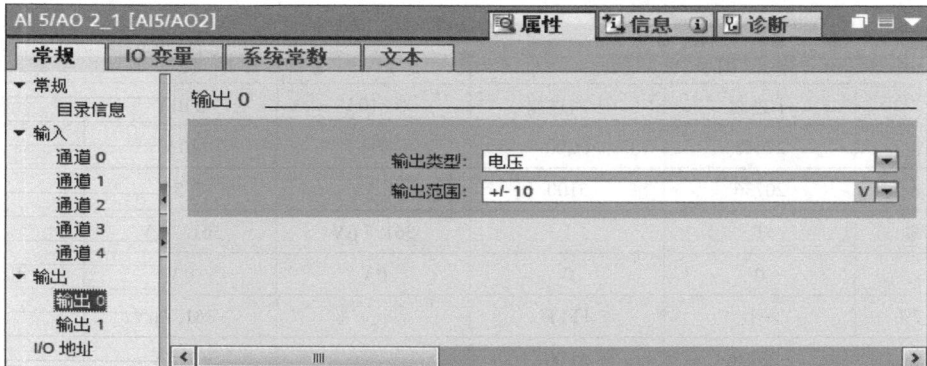

图 4-2　集成的模拟量输出通道属性设置对话框

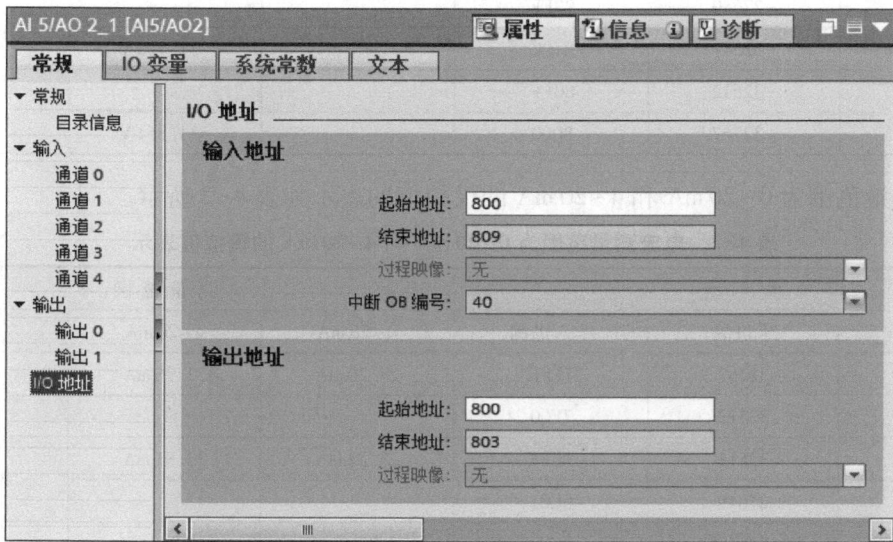

图 4-3　集成的模拟量通道的 I/O 地址属性对话框

4.1.4　模拟值的表示

模拟值用二进制补码表示，宽度为 16 位，符号位总在最高位。模拟量模块的精度最高位为 15 位，如果少于 15 位，则模拟值左移调整，然后再保存到模块中，未用的低位填入"0"。若模拟值的精度为 12 位加符号位，左移 3 位后未使用的低位（第 0~2 位）为 0，相当于实际的模拟值乘以 8。

以电压测量范围 0~10 V 和 ±10 V 为例，其模拟值的表示如表 4-1 所示。

表 4-1　电压测量范围为 0~10 V 和 ±10 V 的模拟值表示

系　　统			测 量 范 围		
百分比	十进制	十六进制	0~10 V	±10 V	范围
118.515%	32767	7FFF	11.851 V	11.851 V	上溢
117.593%	32512	7F00			
117.589%	32511	7EFF	11.759 V	11.759 V	超出范围
	27649	6C01			

（续）

系　统			测量范围		
百分比	十进制	十六进制	0~10 V	±10 V	范围
100.000%	27648	6C00	10 V	10 V	正常范围
75.000%	20736	5100	7.5 V	7.5 V	
0.003617%	1	1	361.7 μV	361.7 μV	
0%	0	0	0 V	0 V	
-0.003617%	-1	FFFF		-361.7 μV	
-75.000%	-20736	AF00		-7.5 V	
-100.000%	-27648	9400		-10 V	
	-27649	93FF			低于范围
-117.589%	-32511	8100		-11.759 V	
-117.593%	-32512	80FF			下溢
-118.515%	-32767	8000		-11.851 V	

电流测量范围为 0~20 mA 和 4~20 mA 的模拟值的表示如表 4-2 所示。

表 4-2　电流测量范围为 0~20 mA 和 4~20 mA 的模拟值表示

系　统			测量范围		
百分比	十进制	十六进制	0~20 mA	4~20 mA	范围
118.515%	32767	7FFF	23.70 mA	22.96 mA	上溢
	32512	7F00			
117.589%	32511	7EFF	23.52 mA	22.81 mA	超出范围
	27649	6C01			
100.000%	27648	6C00	20 mA	20 mA	正常范围
75.000%	20736	5100	15 mA	15 mA	
	1	1	723.4 nA	4 mA+578.7 nA	
0%	0	0	0 mA	4 mA	
-118.519%	-32768	8000			

【例 4-1】 流量变送器的量程为 $0~100l$，输出信号为 $4~20\,\text{mA}$，模拟量输入模块的量程为 $4~20\,\text{mA}$，转换后数字量为 $0~27\,648$，设转换后得到的数字为 N，试求以 l 为单位的流量值。

根据题意可知，$0~100l$ 对应于转换后数字 $0~27\,648$，转换公式为：

$$L = 100N/27\,648$$

【例 4-2】 某温度变送器的量程为 $-100~500\,℃$，输出信号为 $4~20\,\text{mA}$，某模拟量输入模块将 $0~20\,\text{mA}$ 的电流信号转换为数字 $0~27\,648$，设转换后得到的某数字为 N，求以 $℃$ 为单位的温度值 T。

根据题意可知，$0~20\,\text{mA}$ 的电流信号转换为数字 $0~27\,648$，画出图 4-4 所示模拟量

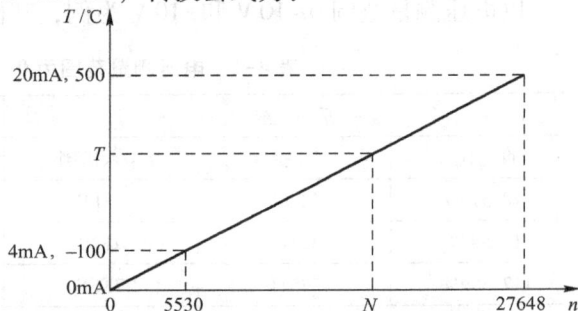

图 4-4　模拟量与转换值的关系曲线

与转换值的关系曲线，根据比例关系得：

$$\frac{T-(-100)}{N-5\,530}=\frac{500-(-100)}{27\,648-5\,530}$$

整理后得到温度 T（单位为℃）的计算公式为：

$$T=\frac{600\times(N-5\,530)}{22\,118}-100$$

【例 4-3】将实时检测的电量模拟信号转换为工程单位信号。

模拟量输入模块是将标准电压或电流信号转换成 0~27 648 的数字信号，但工程技术人员一般习惯使用带有实际工程单位的工程量来计算，如 50℃ 的水、10 MPa 的压力等。这时可用 SCALE 指令来进行转换。图 4-5 的程序是将 0~27 648 之间的数据（模拟量采集值）转换为 0.0~100.0℃ 的温度值，结果存入到 MD10（数据类型为浮点数）中。SCALE 指令中"BIPO-LAR"参数为"1"时表示输入为双极性，为"0"时表示输入为单极性。

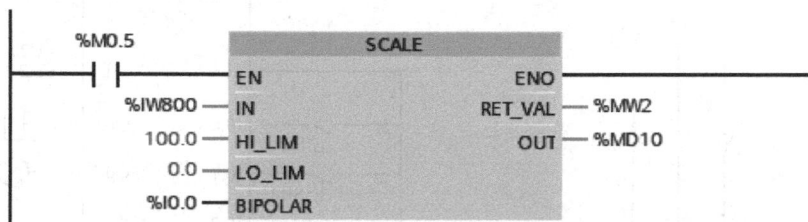

图 4-5　模拟量的工程单位转换

4.2　案例 8：炉箱温度的 PLC 控制

4.2.1　目的

1）掌握模拟量与数字量的对应关系。
2）掌握模拟量模块的使用。
3）掌握延时设置参数值的方法。

4.2.2　任务

使用 S7-300 PLC 实现炉箱温度控制。控制要求如下：当按下起动按钮时，接在输出位 Q0.0 的加热器工作，同时接在输出位 Q0.1 的加热指示灯亮；当炉箱温度大于等于设置值时，加热器停止加热；当低于设置温度 5℃ 时自行起动加热器。无论何时按下停止按钮，加热器停止工作。系统要求长按 3 s 后方可对温度值进行设置，设置温度的范围为 30~60℃。炉箱温度由温度传感器进行检测，温度传感器输出 0~10 V，对应炉箱温度 0~100℃。

4.2.3　步骤

1. I/O 端口的连接

本案例的输入元器件为起动按钮和停止按钮；输出元器件为交流接触器和加热指示灯。本案例的 I/O 地址分配如表 4-3 所示。

表 4-3 炉箱温度的 PLC 控制 I/O 地址分配

输 入		输 出	
输入继电器	元器件	输出继电器	元器件
I0.0	起动按钮 SB1	Q0.0	交流接触器 KM
I0.1	停止按钮 SB2	Q0.1	指示灯 HL
I0.2	温度设置按钮 SB3		
I0.3	增加温度按钮 SB4		
I0.4	减少温度按钮 SB5		

根据表 4-3 中的 I/O 地址分配，本案例的主电路及 I/O 端口的连接如图 4-6 和图 4-7 所示。

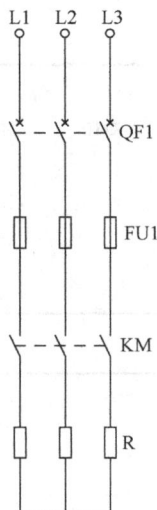

图 4-6 炉箱温度控制的主电路　　图 4-7 炉箱温度控制的 I/O 接线图

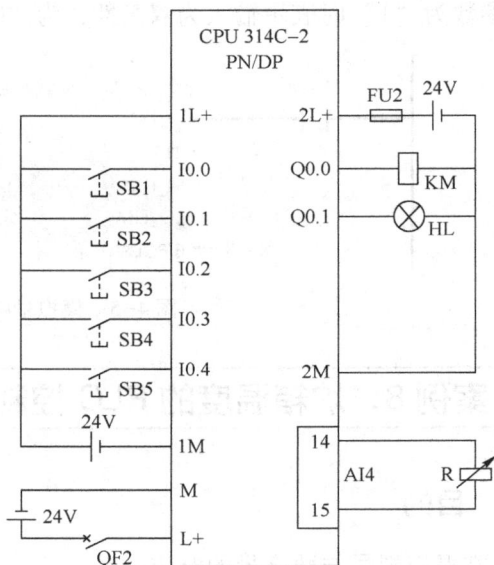

图 4-7 中 CPU 的 14 和 15 号引脚为 CPU 系统集成的模拟量输入通道 4，外接一个 2 线制热敏电阻型传感器，输出 0~10 V 直流电压信号。

注意： 本案例 I/O 接线图中未绘制用于温度显示的数码管，请读者自行设计与绘制。

2. 创建项目与硬件组态

创建一个名称为 "W_luwen" 的项目，添加一个 CPU 314C-2 PN/DP 模块，将 CPU 的输入输出起始地址更改为 I0.0 和 Q0.0，将集成的模拟量输入通道 4 的 "测量类型" 组态为 "热敏电阻（线性，2 线制）"，启用系统时间存储器，地址为 MB0。

组态好上述硬件后，单击项目窗口工具栏上的编译按钮对硬件组态进行编译。

3. 编写程序

本案例中实际检测温度存储在 MW10 中，用户设置的温度值存储在 MW20 中，其控制程序如图 4-8 所示。

▼　**程序段 1：**　系统起动。起动标志位为M50.0。

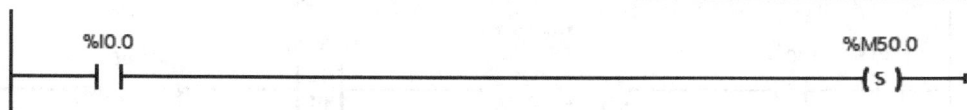

```
%I0.0                                                    %M50.0
─┤├──────────────────────────────────────────────────────( S )──
```

▼　**程序段 2：**　每秒读取一次检测的温度值，将温度值0~100℃存储在MW10中。

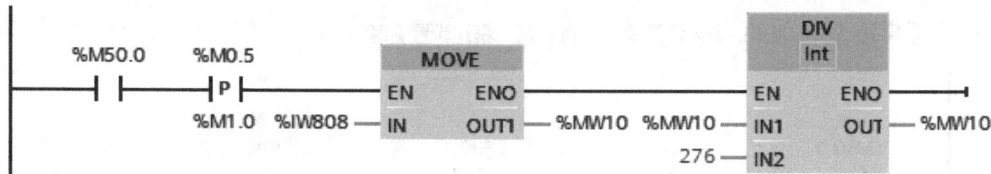

```
                                          ┌─────────┐              ┌─── DIV ───┐
                                          │  MOVE   │              │    Int    │
%M50.0    %M0.5                           │         │              │           │
─┤├────────┤P├────────────────────────────┤EN   ENO├───    ──────── │EN     ENO├───
         %M1.0    %IW808 ─────────────────┤IN  OUT1├─ %MW10  %MW10 ─┤IN1    OUT├─ %MW10
                                          └─────────┘          276 ─┤IN2        │
                                                                    └───────────┘
```

▼　**程序段 3：**　当检测温度低于设置温度5℃时起动加热器。

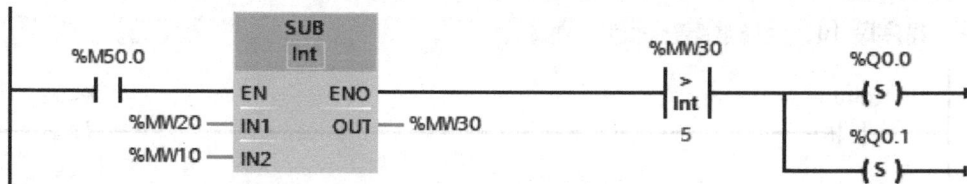

```
              ┌─── SUB ───┐                        %MW30          %Q0.0
              │    Int    │                        ─┤ > ├─         ( S )
%M50.0        │           │                          Int
─┤├───────────┤EN     ENO├───                          5       %Q0.1
     %MW20 ───┤IN1    OUT├─ %MW30                              ( S )
     %MW10 ───┤IN2        │
              └───────────┘
```

▼　**程序段 4：**　当检测温度大于或等于设置温度值时，停止加热。

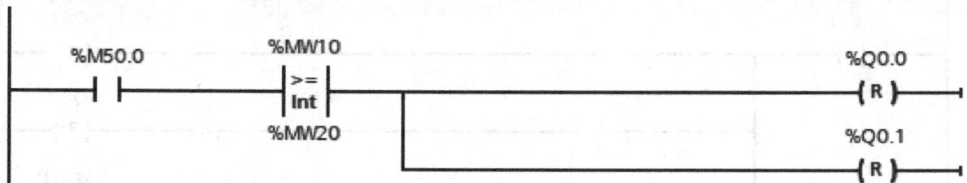

```
%M50.0        %MW10                                           %Q0.0
─┤├──────────┤ >= ├──────────────────────────────────────────( R )──
              Int
             %MW20                                            %Q0.1
                                                             ( R )──
```

▼　**程序段 5：**　长按温度设置按钮3s以上可对温度值进行设置。

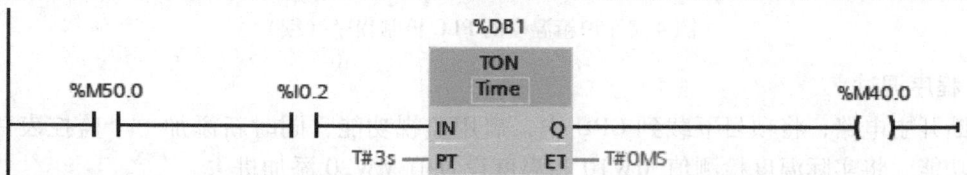

```
                              %DB1
                           ┌─── TON ───┐
                           │   Time    │
%M50.0     %I0.2           │           │                     %M40.0
─┤├─────────┤├──────────────┤IN      Q├───────────────────────( )──
                      T#3s ─┤PT     ET├─ T#0MS
                           └───────────┘
```

▼　**程序段 6：**　置位温度设置标志位M40.5。

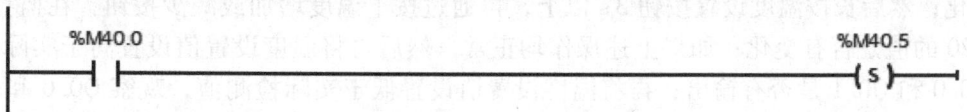

```
%M40.0                                                       %M40.5
─┤├──────────────────────────────────────────────────────────( S )──
```

▼　**程序段 7：**　增加设置温度值。上限为60℃。

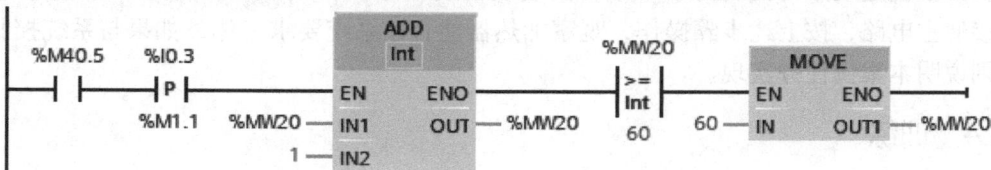

```
                      ┌─── ADD ───┐
                      │    Int    │                ┌─── MOVE ───┐
%M40.5   %I0.3        │           │      %MW20     │            │
─┤├───────┤P├──────────┤EN     ENO├───   ─┤ >= ├──── ┤EN      ENO├───
        %M1.1  %MW20 ─┤IN1    OUT├─ %MW20   Int    60 ─┤IN    OUT1├─ %MW20
                  1 ─┤IN2        │          60     │            │
                      └───────────┘                └────────────┘
```

图 4-8　炉箱温度的 PLC 控制程序

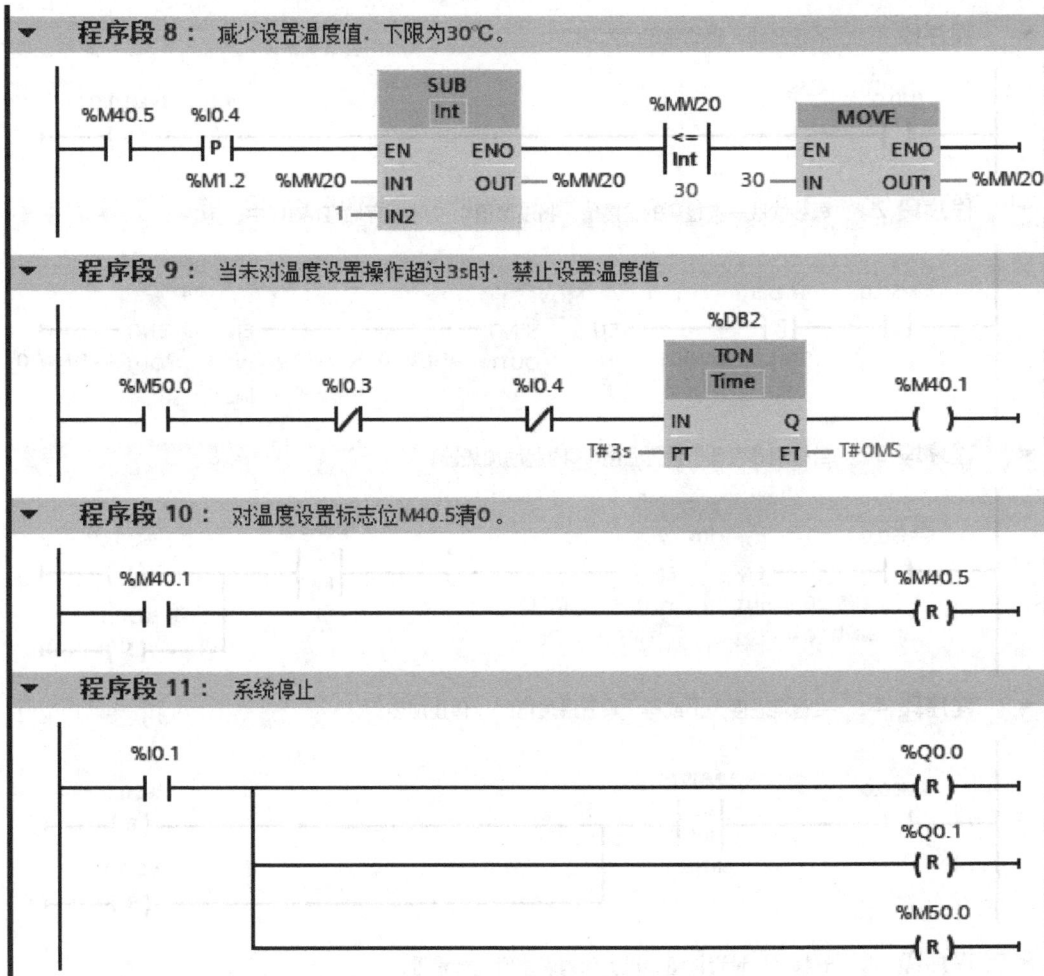

图 4-8　炉箱温度的 PLC 控制程序（续）

4. 程序调试

先断开主电路，将项目下载到 CPU 中，启用监视功能，同时新添加一个监控表并启用全部监视功能，将实际温度检测值 MW10 和温度设置值 MW20 添加进去。

按下系统起动按钮，可使用热水给热敏电阻加热。首先在监控表中观察 MW10 的值是否发生变化；然后长按温度设置按钮 3 s 以上，再通过按下温度增加或减少按钮，在监控表中观察 MW20 的值是否有变化；如果上述操作均正常，然后再将温度设置值设置高于实际检测值，观察 Q0.0 和 Q0.1 是否有输出；再将温度设置值设置低于实际检测值，观察 Q0.0 和 Q0.1 是否停止输出；在 Q0.0 和 Q0.1 有输出期间，按下系统停止按钮，观察 Q0.0 和 Q0.1 是否停止输出，如果上述现象与控制要求一致，则说明控制程序及 PLC 的 I/O 端口线路连接正确，这时再接通主电路，按上述步骤操作，观察加热器能否按系统要求工作，如果与系统控制要求一致，则说明本案例任务实现。

4.2.4　训练

1）训练 1：控制要求同本案例，同时还要求使用两个数码管实时显示炉箱温度。

2）训练 2：控制要求同本案例，同时还要求在每秒内对炉箱温度采集 4 次，取其平均值作为每秒炉箱温度的实际采集值。

3）训练 3：使用两组加热器对炉箱温度进行控制，要求可调温度值在 30～150℃。当系统起动后，两组加热器同时投入工作，接近设置温度 10℃时，第二组加热器停止加热，当大于或等于设置温度时，第一组加热器停止加热（若设置温度值大于实际检测值 10℃以内时，仅起动第一组加热器）。

4.3　高速脉冲

高速脉冲在实际应用中比较多见。工业应用现场常采用高速计数器对某些产品进行计数，使用步进电动机或伺服电动机实现精确定位，而步进电动机或伺服电动机均是由高速脉冲驱动的。

S7-300 PLC 具有专用高速脉冲输入和输出模块，而紧凑型 CPU（如 CPU 312C、CPU 313C、CPU 314C 等）也集成有高速脉冲计数以及高速脉冲输出的通道。CPU 312C 集成有两个用于高速脉冲计数或高速脉冲输出的特殊通道；CPU 313C 集成有 3 个用于高速脉冲计数或高速脉冲输出的特殊通道；CPU 314C 集成有 4 个用于高速脉冲计数或高速脉冲输出的特殊通道，这些通道可实现高速脉冲计数功能、频率测量功能和脉宽调制（PWM）输出功能。CPU 312C 最大计数频率为 10 kHz，CPU 313C 最大为 30 kHz，CPU 314C 最大为 60 kHz。CPU 312C 连接器 X1 的引脚分配、CPU 313C 连接器 X1 或 X2 的引脚分配、CPU 314C 连接器 X2 的引脚分配分别如表 4-4～表 4-6 所示。

表 4-4　CPU 312C 连接器 X1 的引脚分配

连接	名称/地址	计　数	频率测量	脉宽调制
2	DI+0.0	通道 0：轨迹 A/脉冲	通道 0：轨迹 A/脉冲	—
3	DI+0.1	通道 0：轨迹 B/方向	通道 0：轨迹 B/方向	0/不使用
4	DI+0.2	通道 0：硬件门	通道 0：硬件门	通道 0：硬件门
5	DI+0.3	通道 1：轨迹 A/脉冲	通道 1：轨迹 A/脉冲	—
6	DI+0.4	通道 1：轨迹 B/方向	通道 1：轨迹 B/方向	0/不使用
7	DI+0.5	通道 1：硬件门	通道 1：硬件门	通道 1：硬件门
8	DI+0.6	通道 0：锁存器		
9	DI+0.7	通道 1：锁存器		
14	DO+0.0	通道 0：输出	通道 0：输出	通道 0：输出
15	DO+0.1	通道 1：输出	通道 1：输出	通道 1：输出

表 4-5　CPU 313C 连接器 X1 或 X2 的引脚分配

连接	名称/地址	计　数	频率测量	脉宽调制
2	DI+0.0	通道 0：轨迹 A/脉冲	通道 0：轨迹 A/脉冲	—
3	DI+0.1	通道 0：轨迹 B/方向	通道 0：轨迹 B/方向	0/不使用
4	DI+0.2	通道 0：硬件门	通道 0：硬件门	通道 0：硬件门
5	DI+0.3	通道 1：轨迹 A/脉冲	通道 1：轨迹 A/脉冲	—
6	DI+0.4	通道 1：轨迹 B/方向	通道 1：轨迹 B/方向	0/不使用

（续）

连接	名称/地址	计　数	频率测量	脉宽调制
7	DI+0.5	通道 1：硬件门	通道 1：硬件门	通道 1：硬件门
8	DI+0.6	通道 2：轨迹 A/脉冲	通道 2：轨迹 A/脉冲	—
9	DI+0.7	通道 2：轨迹 B/方向	通道 2：轨迹 B/方向	0/不使用
12	DI+1.0	通道 2：硬件门	通道 2：硬件门	通道 2：硬件门
16	DI+1.4	通道 0：锁存器	—	—
17	DI+1.5	通道 1：锁存器	—	—
18	DI+1.6	通道 2：锁存器	—	—
22	DO+0.0	通道 0：输出	通道 0：输出	通道 0：输出
23	DO+0.1	通道 1：输出	通道 1：输出	通道 1：输出
24	DO+0.2	通道 2：输出	通道 2：输出	通道 2：输出

表 4-6　CPU 314C 连接器 X2 的引脚分配

连接	名称/地址	计　数	频率测量	脉宽调制
2	DI+0.0	通道 0：轨迹 A/脉冲	通道 0：轨迹 A/脉冲	—
3	DI+0.1	通道 0：轨迹 B/方向	通道 0：轨迹 B/方向	0/不使用
4	DI+0.2	通道 0：硬件门	通道 0：硬件门	通道 0：硬件门
5	DI+0.3	通道 1：轨迹 A/脉冲	通道 1：轨迹 A/脉冲	—
6	DI+0.4	通道 1：轨迹 B/方向	通道 1：轨迹 B/方向	0/不使用
7	DI+0.5	通道 1：硬件门	通道 1：硬件门	通道 1：硬件门
8	DI+0.6	通道 2：轨迹 A/脉冲	通道 2：轨迹 A/脉冲	—
9	DI+0.7	通道 2：轨迹 B/方向	通道 2：轨迹 B/方向	0/不使用
12	DI+1.0	通道 2：硬件门	通道 2：硬件门	通道 2：硬件门
13	DI+1.1	通道 3：轨迹 A/脉冲	通道 3：轨迹 A/脉冲	—
14	DI+1.2	通道 3：轨迹 B/方向	通道 3：轨迹 B/方向	0/不使用
15	DI+1.3	通道 3：硬件门	通道 3：硬件门	通道 3：硬件门
16	DI+1.4	通道 0：锁存器	—	—
17	DI+1.5	通道 1：锁存器	—	—
18	DI+1.6	通道 2：锁存器	—	—
19	DI+1.7	通道 3：锁存器	—	—
22	DO+0.0	通道 0：输出	通道 0：输出	通道 0：输出
23	DO+0.1	通道 1：输出	通道 1：输出	通道 1：输出
24	DO+0.2	通道 2：输出	通道 2：输出	通道 2：输出
25	DO+0.3	通道 3：输出	通道 3：输出	通道 3：输出

　　集成的高速脉冲计数输入或高速脉冲输出一般情况下可以作为普通的数字量输入和输出来用。在需要高速脉冲计数或高速脉冲输出时，可通过硬件设置定义这些位的属性，将其作为高速脉冲计数输入或高速脉冲输出。

4.3.1　高速脉冲输入

控制通道实现高速脉冲计数或频率测量功能要分两个步骤进行：第一步是硬件组态；第二步是调用相应系统功能块。

1. 硬件组态

1）生成一个项目，CPU 型号选择为 CPU 314C-2 PN/DP。

2）双击项目"设备视图"窗口中的 CPU 模块，在打开的巡视窗口中，选中"常规"属性。添加完 CPU 后，可以看到 CPU 314C 除集成数字量和模拟量的输入和输出点外，还有"计数"功能和"定位"功能，高速脉冲的属性设置就在"计数"功能中进行。打开"计数"选项便可进行高速脉冲计数、频率测量以及高速脉冲输出等属性设置。

3）单击"计数"选项中的某个通道，如通道 0，便可进入"通道 0"属性设置对话框，如图 4-9 所示。

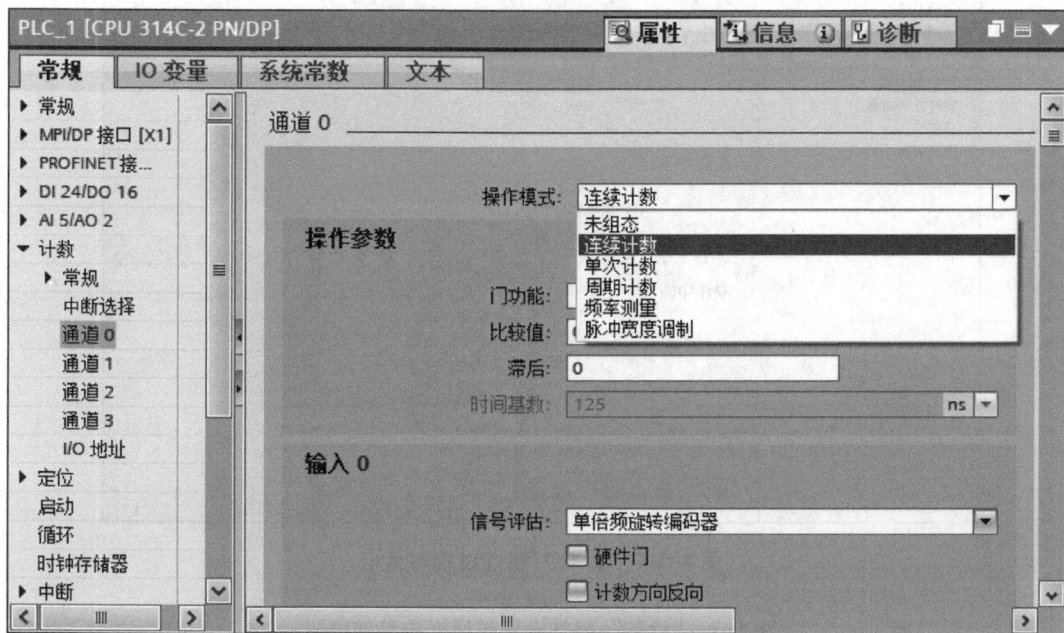

图 4-9　计数器的通道属性设置对话框

从图 4-9 中可以看出，CPU 314C 模块共有 4 个通道号可以选择，即"0""1""2""3"，用户可以根据自己的需要对某个通道或 4 个通道分别进行设置。"操作模式"为工作模式，其后面的下拉列表中有 5 种工作模式可以选择："连续计数（计到上限时跳到下限重新开始）""单次计数（计到上限时跳到下限等待新的触发）""周期计数（从装载值开始计数，到设置上限时跳到装载值重新计数）""频率测量"和"脉冲宽度调制"。选择其中之一（如连续计数），会在其下方弹出相应操作模式的默认设置对话框。

4）设置参数，如通道被设置为"计数"操作模式，以"连续计数"为例，打开图 4-10 所示"计数"属性设置对话框，在此可设置相关参数。

"计数"属性设置对话框中各项参数含义如表 4-7 所示（含单次计数和周期计数）。

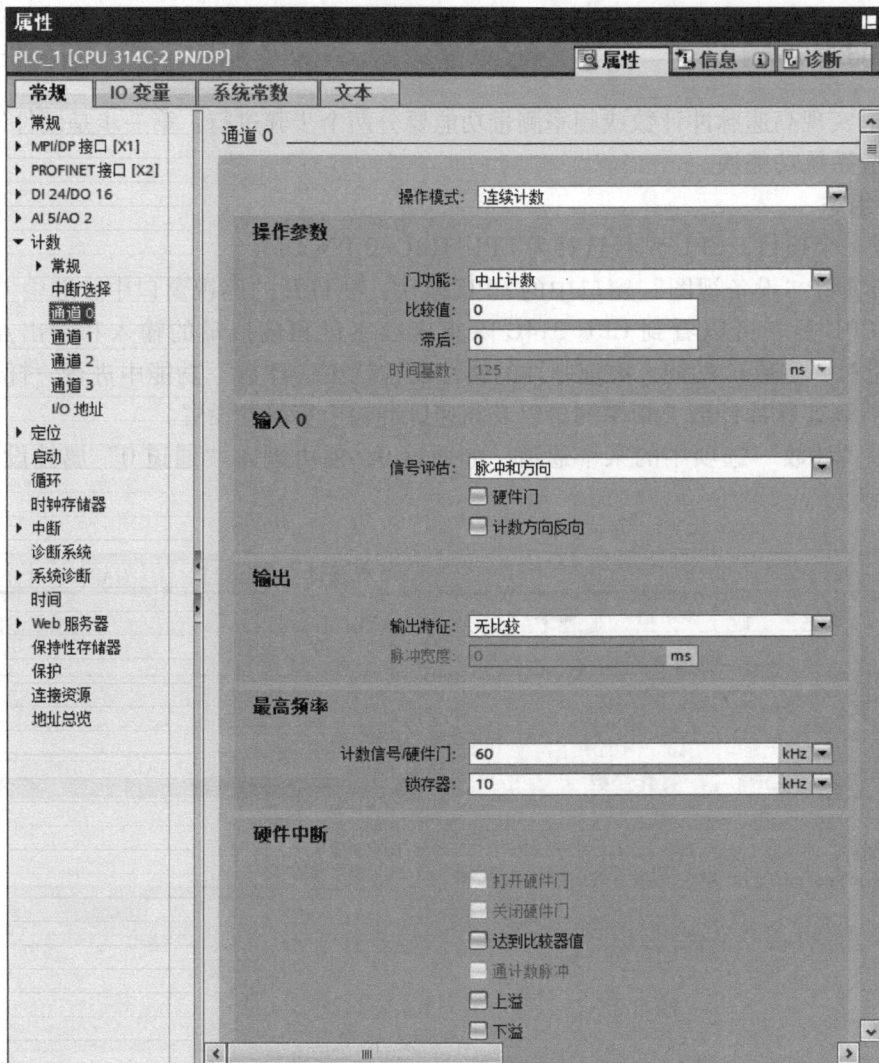

图 4-10 "计数"属性设置对话框

表 4-7 "计数"属性设置对话框中参数说明

参数	说 明	取 值 范 围	默认值
门功能	• 中止计数：在关闭与非门后再次重启时，从装载值处重新启动计数过程 • 中断计数：在关闭与非门后再次重启时，从上一次关闭时的当前计数值处启动计数过程	• 中止计数 • 中断计数	中止计数
比较值	将计数值与比较值进行比较，将输出位和 STS_CMP 比较器状态位，并生成"到达比较器时"的过程中断	-2 147 483 648~2 147 483 647	0
滞后	如果计数值在比较值范围内，则可使用滞后来避免频繁的输出切换操作。0 和 1 表示关闭滞后	0~255	0
信号评估	• 脉冲和方向信号与输入相连 • 旋转传感器与输入连接（单倍频、双倍频或四倍频）	• 脉冲和方向 • 旋转传感器，单倍频 • 旋转传感器，双倍频 • 旋转传感器，四倍频	脉冲和方向

（续）

参数	说　　明	取 值 范 围	默认值
硬件门	• 是：使用硬件门控制 • 否：不使用硬件门控制	• 是 • 否	否
计数方向反向	• 是：反转了"方向"输入信号 • 否：未反转"方向"输入信号	• 是 • 否	否
输出特征	根据该参数设置输出和"比较器"（STS_CMP）状态位	• 无比较 • 计数值≥比较值 • 计数值≤比较值时设置 • 达到比较值时的脉冲	无比较
脉冲宽度	通过"输出特征：达到比较值时的脉冲"设置，可指定输出信号的脉冲宽度。仅可使用偶数值	0~510 ms	0
计数信号/硬件门	可按固定步骤设置轨迹 A/脉冲、轨迹 B/方向和硬件门信号的最大频率。最大值依 CPU 而定		
	CPU 312C	10 kHz、5 kHz、2 kHz、1 kHz	10 kHz
	CPU 313C	30 kHz、10 kHz、5 kHz、2 kHz、1 kHz	30 kHz
	CPU 314C	60 kHz、30 kHz、10 kHz、5 kHz、2 kHz、1 kHz	60 kHz
打开硬件门	软件门打开时，打开硬件门可产生硬件中断	• 是 • 否	否
关闭硬件门	软件门打开时，关闭硬件门可产生硬件中断	• 是 • 否	否
达到比较器值	达到（响应）比较器值时产生硬件中断	• 是 • 否	否
上溢	上溢（超出计数上限）时产生硬件中断	• 是 • 否	否
下溢	下溢（超出计数下限）时产生硬件中断	• 是 • 否	否

　　若通道的"操作模式"选择"频率测量"和"脉冲宽度调制"，其相关参数请详见相关说明。以上硬件组态完成后，将硬件组态编译并保存。

　　在"计数"和"频率测量"模式下，可通过"计数"选项（又称子模块）中的输入地址（I 地址）直接访问 I/O 来读取实际计数/频率值（取决于设置模式）。计数子模块的输入/输出地址已在添加模块时指定，计数子模块地址区域为 16B，数据类型为双整数。n+0：通道 0 的计数值 $[-2^{31} \sim (2^{31}-1)]$ 或频率值 $[0 \sim (2^{31}-1)]$；n+4：通道 1 的计数值或频率值；n+8：通道 2 的计数值或频率值；n+12：通道 3 的计数值或频率值；n 为"计数"子模块的输入地址（默认值为 816）；在图 4-10 的"I/O 变量"选项卡中可以看到，用户既可用系统默认地址，也可以更改。

2. 调用计数器指令 COUNT

　　1）在程序编辑窗口的 OB1 中调用 COUNT 指令。过程如下：在"指令"选项卡中，选择"工艺"→"300C 功能"，双击该指令文件夹中的"COUNT"指令（或将该指令拖拽到程序行上），同时弹出该指令的"调用选项"，单击"确定"按钮，即生成该指令的同时会生成其指令的背景数据块，默认名称为 COUNT_300C_DB，如图 4-11 所示。该指令用于用户控制程序中的计数器。

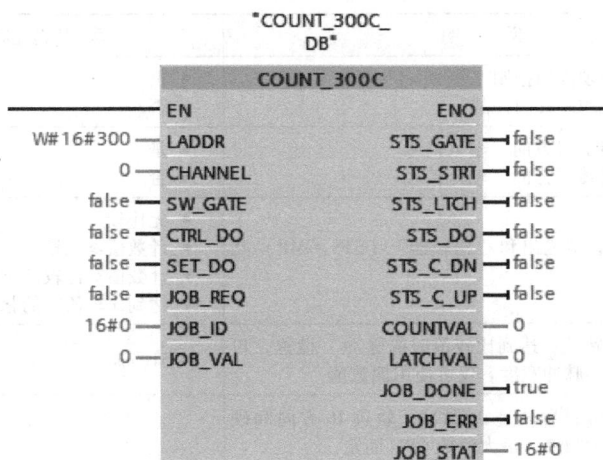

图 4-11　计数器指令 COUNT

2）计数器指令 COUNT 的参数。该指令参数很多，在使用时用户可根据需要进行选择性填写。计数器指令 COUNT（SFB47）的输入参数、输出参数分别如表 4-8 和表 4-9 所示。

表 4-8　计数器指令 SFB47 的输入参数

输入参数	数据类型	地址 DB	说　明	取值范围	默认值
LADDR	WORD	0	用户在硬件组态期间指定的子模块 I/O 地址。如果输入地址和输出地址不一致，必须指定两个地址中较低的地址。	CPU 312C CPU 313C CPU 314C	W#16#300 W#16#300 W#16#330
CHANNEL	INT	2	通道号：CPU 312 CPU 313 CPU 314	0~1 0~2 0~3	0
SW_GATE	BOOL	4.0	用于启动/停止计数器的软件门	1/0	0
CTRL_DO	BOOL	4.1	启动输出	1/0	0
SET_DO	BOOL	4.2	控制输出	1/0	0
JOB_REQ	BOOL	4.3	启动作业（上升沿）	1/0	0
JOB_ID	WORD	6	作业号 W#16#00＝无功能作业 W#16#01＝写入计数值 W#16#02＝写入装载值 W#16#04＝写入比较值 W#16#08＝写入滞后 W#16#10＝写入脉冲宽度 W#16#82＝读取装载值 W#16#84＝读取比较值 W#16#88＝读取滞后 W#16#90＝读脉冲宽度	W#16#00 W#16#01 W#16#02 W#16#04 W#16#08 W#16#10 W#16#82 W#16#84 W#16#88 W#16#90	W#16#00
JOB_VAL	DINT	8	写作业的值	$-2^{31}\sim(2^{31}-1)$	0

说明： 参数 LADDR，默认值为 W#16#300 或 W#16#330，即输入/输出映像区第 768 或第 816B。若通道集成在 CPU 模块中，则此参数可以不用设置；若通道在某个子功能模块上，则必须保证此参数的地址与模块设置的地址一致。

表 4-9　计数器指令 SFB47 的输出参数

输入参数	数据类型	地址 DB	说　　明	取值范围	默认值
STS_GATE	BOOL	12.0	内部门的状态	1/0	0
STS_STRT	BOOL	12.1	硬件门的状态（开始输入）	1/0	0
STS_LTCH	BOOL	12.2	锁存输入的状态	1/0	0
STS_DO	BOOL	12.3	输出状态	1/0	0
STS_C_DN	BOOL	12.4	反向的状态。总是显示上一次的计数方向。首次调用该指令后，STS_C_DN 的值为 FALSE	1/0	0
STS_C_UP	BOOL	12.5	正向的状态。总是显示上一次的计数方向。首次调用该指令后，STS_C_UP 的值为 TRUE	1/0	0
COUNTVAL	DINT	14	实际计数值	$-2^{31} \sim (2^{31}-1)$	0
LATCHVAL	DINT	18	实际锁存值	$-2^{31} \sim (2^{31}-1)$	0
JOB_DONE	BOOL	22.0	可以启动新作业	1/0	1
JOB_ERR	BOOL	22.1	错误作业	1/0	0
JOB_STAT	WORD	24	作业错误号： W#16#0121 = 比较值太小 W#16#0122 = 比较值太大 W#16#0131 = 滞后太小 W#16#0132 = 滞后太大 W#16#0141 = 脉冲宽度太小 W#16#0142 = 脉冲宽度太大 W#16#0151 = 装载值太小 W#16#0152 = 装载值太大 W#16#0161 = 计数器值太小 W#16#0162 = 计数器值太大 W#16#01FF = 作业号无效	0 ~ W#16#FFFF W#16#0121 W#16#0122 W#16#0131 W#16#0132 W#16#0141 W#16#0142 W#16#0151 W#16#0152 W#16#0161 W#16#0162 W#16#01FF	0

计数器指令三种计数方式如下。

1）在"连续计数"方式下，CPU 从 0 或装载值开始计数，当向上计数达到上限时（$2^{31}-1$），它将在出现下一正计数脉冲时跳至下限（-2^{31}）处，并从此处恢复计数；当向下计数达到下限时，它将在出现下一负计数脉冲时跳至上限处，并从此处恢复计数。计数值范围为 $-2^{31} \sim (2^{31}-1)$，装载值的范围为 $(-2^{31}+1) \sim (2^{31}-2)$。

2）在"单次计数"方式下，CPU 根据组态的计数主方向执行单次计数。若为无默认计数方向时，CPU 从计数装载值向上或向下开始执行单次计数，计数限值设置为最大范围。在计数限值处上溢或下溢时，计数器将跳至相反的计数限值，门将自动关闭。要重新启动计数，必须在门控制处生成一个上升沿。中断门控制时，将从实际的计数值开始恢复计数。取消门控制后，将从装载值重新开始计数。若默认为向上计数时，CPU 从装载值开始沿正方向计数到结束值-1 后，将在出现下一个正计数脉冲时跳回至装载值，门将自动关闭。要重新启动计数，必须在门控制处生成一个上升沿，计数器从装载值开始计数。若默认为向下计数时，CPU 从装载值开始沿负方向计数到 1 后，将在出现下一个负计数脉冲时跳回至装载值（开始值），门将自动关闭。要重新启动计数，必须在门控制处生成一个正跳沿，计数器从装载值开始计数。

3）在"周期计数"方式下，CPU 根据声明的默认计数方向执行周期计数。若为无默认计数方向，CPU 从装载值向上或向下开始计数，在相应的计数限值处上溢或下溢时，计数器将跳至装载值并从该值开始恢复计数。若默认为向上计数时,CPU 从装载值向上开始计数,当计数器沿正方向计数到结束值-1 后,将在出现下一个正计数脉冲时跳回至装载值,并从该值开始恢复计数。若默认为向下计数时,CPU 从装载值向下开始计数。当计数器沿负方向计数到 1 后,将在出现下一个负计数脉冲时跳回至装载值(开始值),并从该值开始恢复计数。

【例 4-4】 电动机运行速度的实时检测。

要实现电动机运行速度的实时检测需分两步骤:第一步为硬件组态;第二步为调用控制计数器指令及编程。

1. 硬件组态

1)创建项目(取名为电动机运行速度检测),选择 CPU 型号为 CPU 314C-2 PN/DP。

2)打开 CPU 的巡视窗口中,选中"计数"子模块,进行相关属性设置。

3)在"计数"属性对话框中选择"通道 0",在"操作模式"中选择"连续计数"。

4)在"输入 0"中将"信号评估"设置为"脉冲和方向",其他均为默认值即可。

以上硬件设置完成后将其编译并保存。

2. 调用控制计数器指令 COUNT 及编程

电动机运行速度实时检测程序如图 4-12 所示(硬件接线时,将编码器的脉冲输出 A 接入 I0.0,脉冲输出 B 接入 I0.1)。

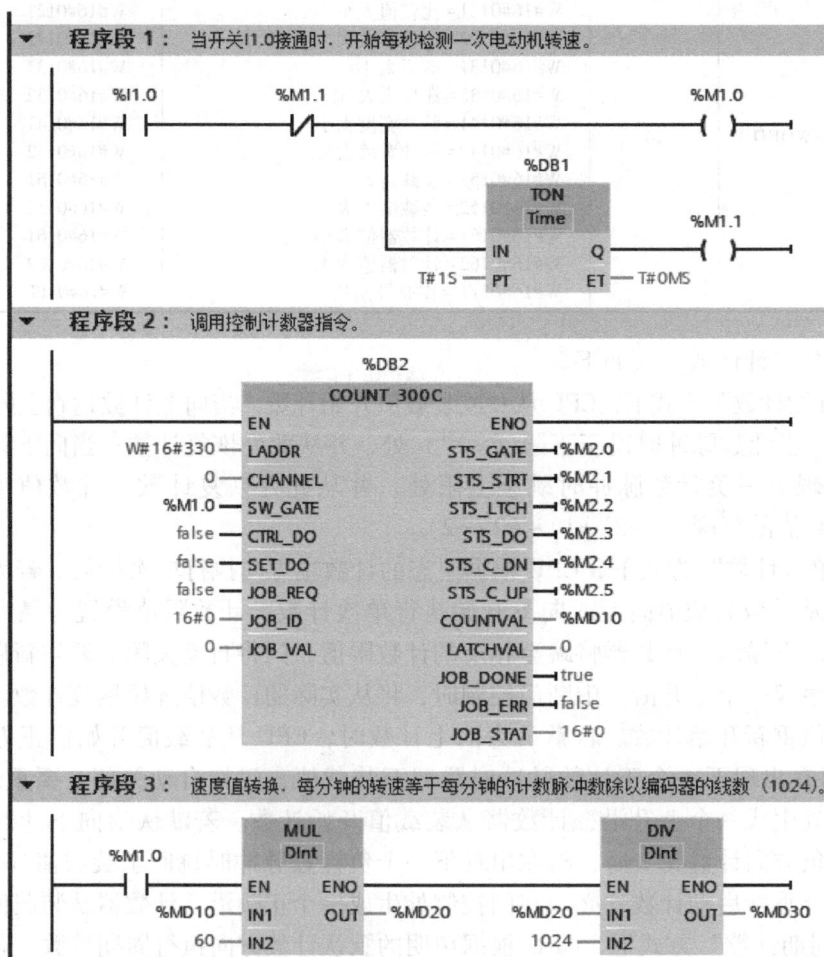

图 4-12 【例 4-4】控制程序

若电动机正转，则图 4-12 程序段 2 中控制计数器指令的输出参数 M2.5 为 "1"，输出参数 MD10 的内容为正；若电动机反转，则控制计数器指令的输出参数 M2.4 为 "1"，输出参数 MD10 的内容为负。

4.3.2　高速脉冲输出

要控制通道实现高速脉冲输出功能也有两个步骤：第一步为硬件组态；第二步为调用脉冲宽度调制指令。

1. 硬件组态

在 CPU 模块的巡视窗口中，选中 "计数" 子模块的通道 0，在 "操作模式" 中选择 "脉冲宽度调制（Pulse Width Modulation，PWM）" 选项，进入 "脉冲宽度调制" 设置对话框，如图 4-13 所示。

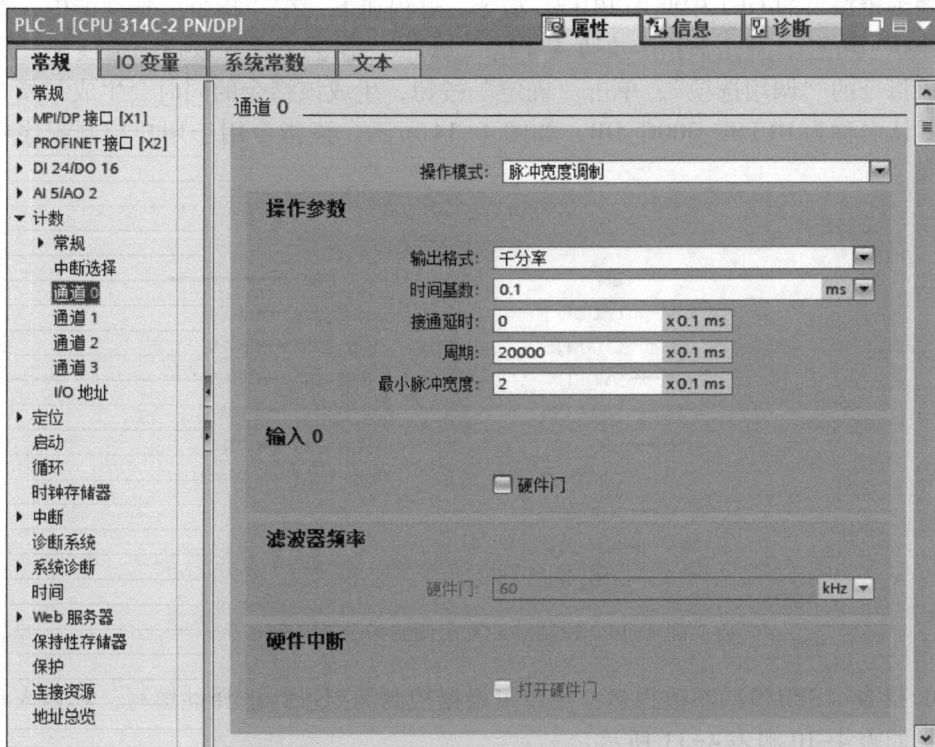

图 4-13　"脉冲宽度调制" 设置对话框

"操作参数" 选项组中各参数含义如下：

1）输出格式：输出格式有两种选择。千分率和 S7 模拟值。千分率即每密耳（Per mil），1 mil = 0.001 in = 0.0254 mm，其取值范围为 0~1000；S7 模拟值，其取值范围为 0~27 648。输出格式的取值也可在调用脉冲（又称控制脉冲宽度调制）指令中设置，这一取值将会影响输出脉冲的占空比。

2）时间基数：时基有 0.1 ms 和 1 ms 两种选择。用户可根据实际需要选择合适的时基，若要产生频率较高的脉冲，可选择 0.1 ms 时基。

3）接通延时：接通延时是指当控制条件成立时，对应通道将延时指定时间后输出高速脉冲。指定时间值为设置值乘以时基，取值范围为 0~65 535。

4）周期：指定输出脉冲的周期。周期为设置值乘以时基，取值范围为 4~65 535。

5）最小脉冲宽度：指定输出的最小脉冲宽度，其值为设置值乘以时基，取值范围为 2~周期/2。

以上参数中的延时时间、周期以及最小脉冲宽度还可以通过脉冲指令进行修改。

"输入"选项组的参数"硬件门"是供用户选择是否通过硬件门来控制脉冲输出。如果选中硬件门，则高速脉冲的控制需要硬件门和软件门共同控制；如果没有选中，则高速脉冲输出由软件门单独控制。

"硬件中断"选项组的参数"打开硬件门"是硬件中断选择。一旦选中硬件门控制以后，此选项将被激活，用户可根据需要选择是否在硬件门起动时调用硬件中断组织块 OB40 中的程序。硬件组态完成后，需要进行编译和保存。

2. 调用脉冲宽度调制指令 PULSE

在程序编辑窗口的 OB1 中调用 PULSE 指令。过程如下：在"指令"选项卡中，找到"工艺"→"300C 功能"，双击该指令文件夹中的"脉冲"指令（或将该指令拖拽到程序行上），同时弹出该指令的"调用选项"，单击"确定"按钮，生成该指令的同时会生成其指令的背景数据块，默认名称为 PULSE_300C_DB，如图 4-14 所示。该指令用于用户控制程序中的脉宽调制。

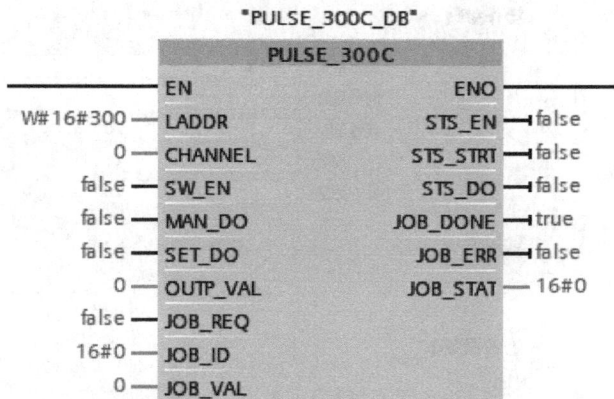

图 4-14 控制脉冲宽度调制指令 PULSE

PULSE 指令（SFB49）参数很多，用户可根据控制需要进行选择性填写，其输入参数、输出参数分别如表 4-10 和表 4-11 所示。

表 4-10 脉冲宽度调制指令 SFB49 的输入参数

输入参数	数据类型	地址 DB	说　　明	取值范围	默认值
LADDR	WORD	0	用户在硬件组态期间所指定的子模块 I/O 地址。如果 I/O 地址不相同，必须指定两者中的较低一个	CPU 312C CPU 313C CPU 314C	W#16#300 W#16#300 W#16#330
CHANNEL	INT	2	通道号：CPU 312 CPU 313 CPU 314	0~1 0~2 0~3	0
SW_EN	BOOL	4.0	软件门，用于控制脉冲输出	1/0	0
MAN_DO	BOOL	4.1	启动手动输出控制	1/0	0
SET_DO	BOOL	4.2	控制输出	1/0	0

（续）

输入参数	数据类型	地址 DB	说　　　明	取值范围	默认值
OUTP_VAL	INT	6	输出值设置，分密耳和模拟量	0～1000 0～27648	0
JOB_REQ	BOOL	8.0	作业初始化控制端（上升沿）	1/0	0
JOB_ID	WORD	10	作业号： W#16#0000 = 任务不起作用 W#16#0001 = 写入周期长度 W#16#0002 = 写入接通延时时间 W#16#0004 = 写入最小脉冲宽度 W#16#0081 = 读取周期长度 W#16#0082 = 读取接通延时时间 W#16#0084 = 读取最小脉冲周期	W#16#0000 W#16#0001 W#16#0002 W#16#0004 W#16#0081 W#16#0082 W#16#0084	W#16#00
JOB_VAL	DINT	12	写作业的值	-2^{31}～$(2^{31}-1)$	0

参数说明：

1）子模块地址 LADDR，默认值为 W#16#300 或 W#16#330，即输入/输出映像区第 768 或第 816B。若通道集成在 CPU 模块中，则此参数可以不用设置；若通道在某个子功能模块上，必须保证此参数的地址与模块设置的地址一致。

2）软件门 SW_EN，当 SW_EN 端为 "1" 时，脉冲输出指令开始执行（延时指定时间后输出指定周期和脉宽的高速脉冲）；当 SW_EN 端为 "0" 时，高速脉冲停止输出。

采用硬件门和软件门同时控制时，需要在硬件设置中启动硬件门控制。当软件门先为 "1"，同时在硬件门有一个上升沿时，将启动内部门功能，并延时指定时间以输出高速脉冲。当硬件门的状态先为 "1"，而软件门的状态后变为 "1"，则门功能不启动，若软件门的状态保持为 "1"，同时在硬件门有一个下降沿发生时，也能启动门功能，输出高速脉冲。当软件门的状态变为 "0"，无论硬件门的状态如何，将停止脉冲输出。

3）手动输出使能端 MAN_DO，一旦通道在硬件组态时设置为脉宽调制功能，则该通道不能使用普通的输出线圈指令对其进行写操作控制，要想控制该通道，必须调用脉冲指令对其进行控制。如果还想在该通道得到持续的高电平（非脉冲信号），需通过 MAN_DO 控制端来实现。当 MAN_DO 端为 "1" 时，指定通道不能输出高速脉冲，只能作为数字量输出点使用。当 MAN_DO 端为 "0" 时，指定通道只能作为高速脉冲输出通道使用，输出指定频率的脉冲信号。

4）控制输出 SET_DO，数字量输出控制端。如果 MAN_DO 端为 "1" 时，可通过 SET_DO 端控制指定通道的状态是高电平 "1"，还是低电平 "0"；如果 MAN_DO 端为 "0"，则 SET_DO 端的状态不起作用，不会影响通道的状态。

5）输出设置 OUTP_VAL，用来指定脉冲的占空比。在硬件设置时，如果选择输出格式为千分率，则 OUTP_VAL 取值范围为 0～1 000（基数为 1 000），输出脉冲高电平时间长度为：脉宽 =（OUTP_VAL/1 000）×周期；如果选择输出格式为 S7 模拟值，则 OUTP_VAL 取值范围为 0～27 648（基数为 27 648），脉宽计算方法同上。

注意：在设置占空比时，应该保证计算出来的高、低电平的时间不能小于硬件设置中指定的最小脉宽值，否则将不能输出脉冲信号。

表 4-11 脉冲宽度调制指令 SFB49 的输出参数

输入参数	数据类型	地址 DB	说　明	取值范围	默认值
STS_EN	BOOL	16.0	状态使能端	1/0	0
STS_STRT	BOOL	16.1	硬件门的状态（开始输入）	1/0	0
STS_DO	BOOL	16.2	输出状态	1/0	0
JOB_DONE	BOOL	16.3	可以启动新作业	1/0	1
JOB_ERR	BOOL	16.4	错误作业	1/0	0
JOB_STAT	WORD	18	作业错误号： W#16#0411＝周期过短 W#16#0412＝周期过长 W#16#0421＝延时过短 W#16#0422＝延时过长 W#16#0431＝最小脉冲周期过短 W#16#0432＝最小脉冲周期过长 W#16#04FF＝作业号非法 W#16#8001＝操作模式或参数错误 W#16#8009＝通道号非法	0~W#16#FFFF W#16#0411 W#16#0412 W#16#0421 W#16#0422 W#16#0431 W#16#0432 W#16#04FF W#16#8001 W#16#8009	0

参数说明：

1）状态使能端 STS_EN，当 STS_EN 的状态为"1"时，表示高速脉冲输出条件成立，通道处于延时或输出状态。

2）硬件门状态 STS_STRT，无论是否启动硬件门功能，参数 STS_STRT 的状态与通道对应的硬件门的状态一致。

3）通道输出状态 STS_DO，当通道作为数字量或高速脉冲输出时，STS_DO 的状态与通道输出的状态一致。

4.4 案例 9：步进电动机的 PLC 控制

4.4.1 目的

1）掌握步进电动机驱动器、步进电动机及 PLC 的接线方法。
2）掌握高速脉冲输出指令的使用。

4.4.2 任务

使用 S7-300 PLC 实现步进电动机的控制。控制要求如下：在 CPU 314C-2 PN/DP 的通道 0 通过软件门单独控制，产生周期为 20 ms、占空比为 1:4、最小脉宽为 1 ms、接通延时时间为 2 s 的脉冲。在通道 1 通过硬件门和软件门同时控制，产生周期为 2 s、占空比为 1:2、最小脉宽为 50 ms、延时时间为 0 s 的脉冲。硬件门打开时，不调用硬件中断组织块。

4.4.3 步骤

1. I/O 端口的连接

本案例的输入元器件为 3 个转换开关，分别为通道 0 及通道 1 的两个软件门控制信号和通道 1 的硬件门启停控制信号；两种频率输出作为 PLC 的输出信号。本案例的 I/O 地址分配如表 4-12 所示。

表 4-12　步进电动机的 PLC 控制 I/O 地址分配

输　　入		输　　出	
输入继电器	元器件	输出继电器	元器件（作用）
I0.0	转换开关 SA1	Q0.0	步进电动机 50 Hz 脉冲输出
I0.1	转换开关 SA2	Q0.1	步进电动机 0.5 Hz 脉冲输出
I0.5	转换开关 SA3		

根据表 4-12 中的 I/O 地址分配，本案例的 I/O 端口的连接如图 4-15 所示（本案例中步进电动机采用的是共阴极连接方式）。

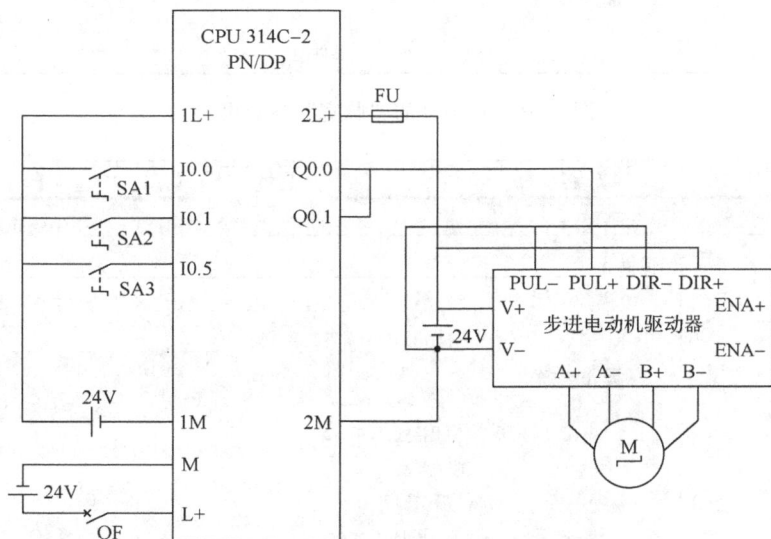

图 4-15　步进电动机控制的 I/O 接线图

2. 创建项目与硬件组态

创建一个名称为"M_bujin"的项目，添加一个 CPU 314C-2 PN/DP 模块，将 CPU 的输入输出起始地址更改为 I0.0 和 Q0.0。

在 CPU 模块的巡视窗口中，分别选中"计数"子模块的通道 0 和通道 1，将"操作模式"均选择为"脉冲宽度调制"，通道 0 和通道 1 的"脉宽"参数设置分别如图 4-16 和图 4-17 所示。

组态好上述硬件后，单击项目窗口工具栏上编译按钮对硬件组态进行编译。

3. 编写程序

在主程序 OB1 中，两次调用脉宽调制指令 PULSE（调用两次，分别为通道 0 和通道 1），同时生成两个指令的背景数据块 DB1 和 DB2。步进电动机控制程序如图 4-18 所示。

程序编写好后，不能使用 PLCSIM 软件进行仿真，仿真软件无法仿真高速脉冲输入及输出功能。如果使用软件仿真，即使硬件组态和程序编写正确，状态使能端 STS_EN 也在监控状态下显示"0"，即高速脉冲输出条件不成立。

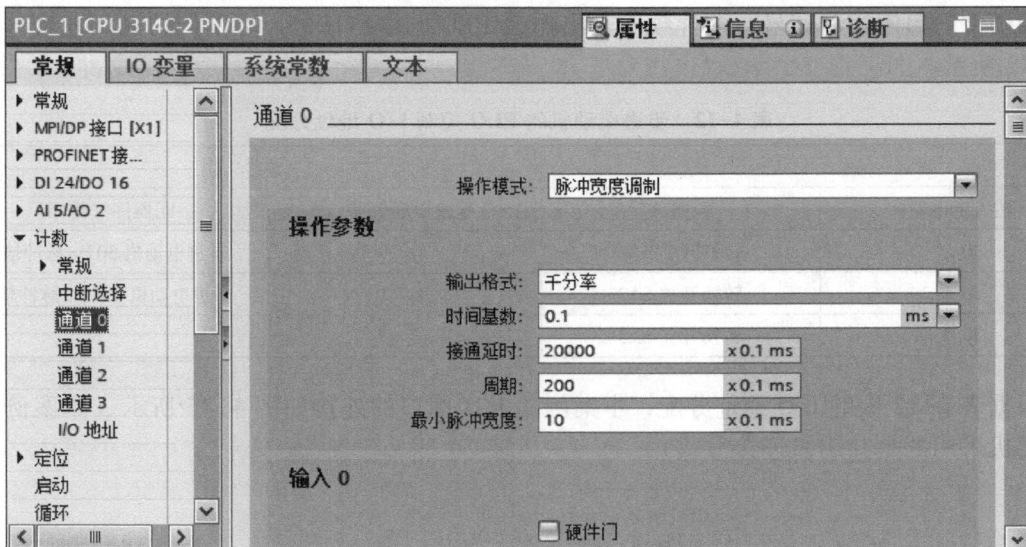

图 4-16　通道 0 的"脉宽"参数设置

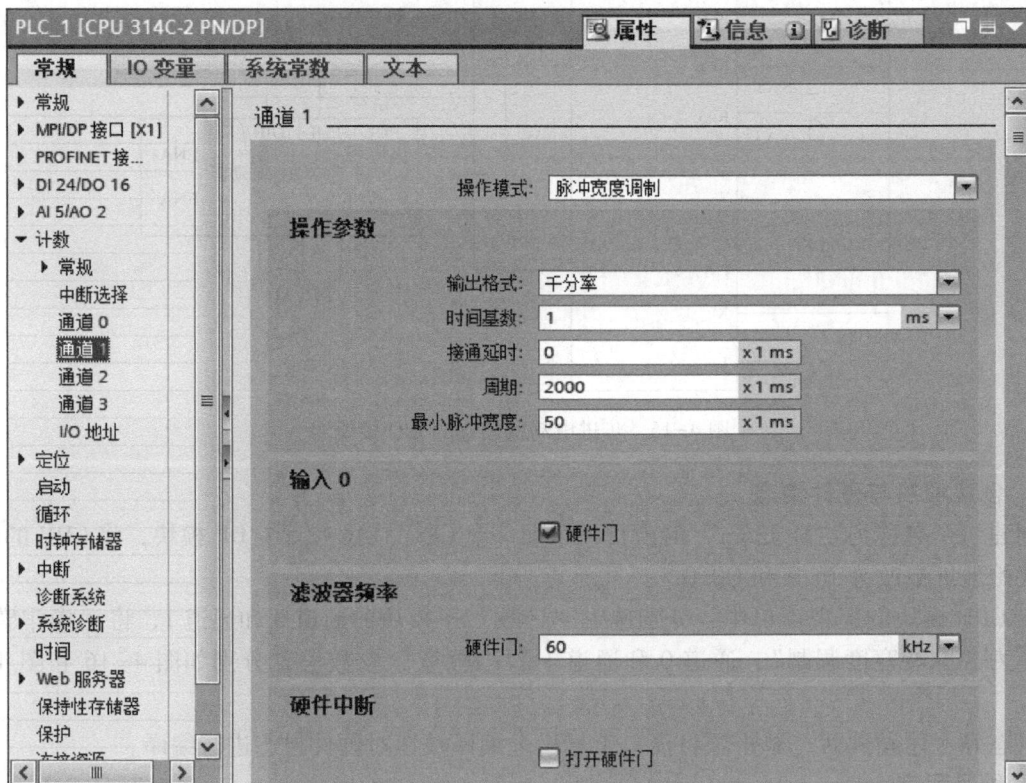

图 4-17　通道 1 的"脉宽"参数设置

注意：使用高速脉冲输出的通道不能再作为普通数字量使用，如果使用，其触点即便输出状态为"1"也不产生动作，这时可用通道的输出状态 STS_DO 端所连接的位存储器（如本案例中的 M1.2 和 M2.2）来代替相应高速脉冲的输出通道。

程序段 1: 输出脉冲频率为50Hz

```
                            %DB1
                        PULSE_300C
              ┌──────────────────────────────┐
    ──────────┤ EN                        ENO ├──────────
              │                                │
  W#16#330 ───┤ LADDR                  STS_EN ├─── %M1.0
        0 ───┤ CHANNEL               STS_STRT ├─── %M1.1
    %I0.0 ───┤ SW_EN                   STS_DO ├─── %M1.2
    false ───┤ MAN_DO                JOB_DONE ├─── true
    false ───┤ SET_DO                 JOB_ERR ├─── false
       50 ───┤ OUTP_VAL              JOB_STAT ├─── 16#0
    false ───┤ JOB_REQ                         │
     16#0 ───┤ JOB_ID                          │
        0 ───┤ JOB_VAL                         │
              └──────────────────────────────┘
```

程序段 2: 输出脉冲频率为0.5Hz

```
                            %DB2
                        PULSE_300C
              ┌──────────────────────────────┐
    ──────────┤ EN                        ENO ├──────────
              │                                │
  W#16#330 ───┤ LADDR                  STS_EN ├─── %M2.0
        1 ───┤ CHANNEL               STS_STRT ├─── %M2.1
    %I0.1 ───┤ SW_EN                   STS_DO ├─── %M2.2
    false ───┤ MAN_DO                JOB_DONE ├─── true
    false ───┤ SET_DO                 JOB_ERR ├─── false
     1000 ───┤ OUTP_VAL              JOB_STAT ├─── 16#0
    false ───┤ JOB_REQ                         │
     16#0 ───┤ JOB_ID                          │
        0 ───┤ JOB_VAL                         │
              └──────────────────────────────┘
```

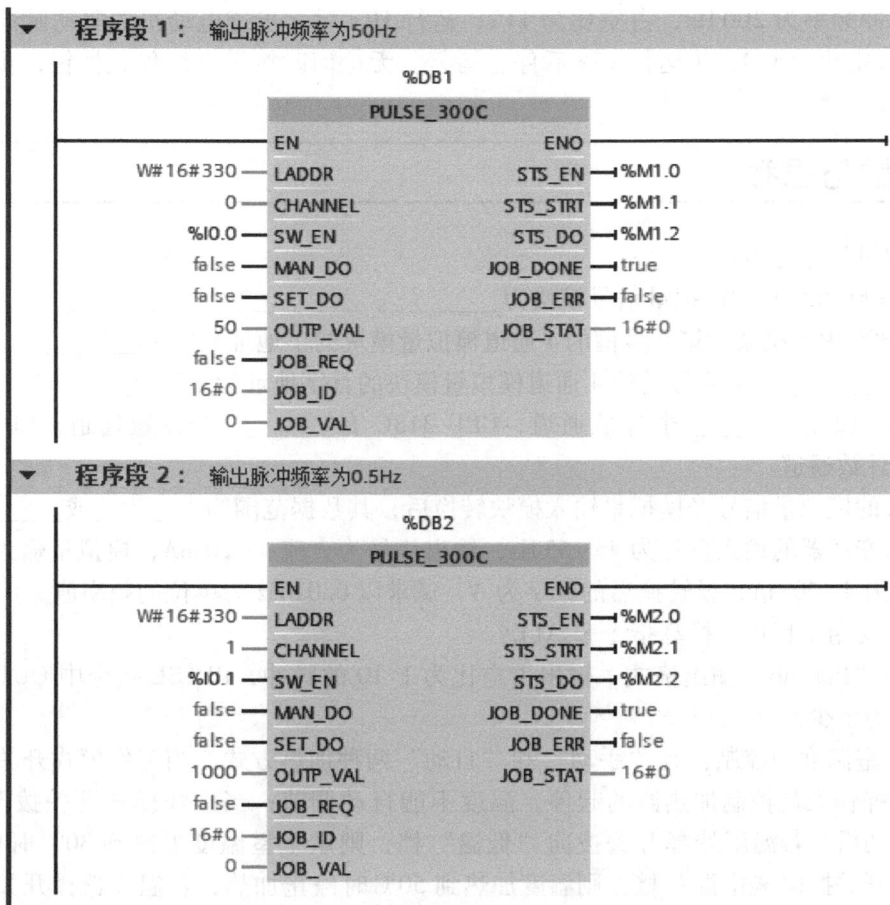

图 4-18　步进电动机的 PLC 控制程序

4. 程序调试

　　硬件连接和组态完成并且程序编译后下载到 CPU 中，打开主程序 OB1，启动程序状态监控功能。将 I0.0 触点接通，观察 Q0.0 输出情况及步进电动机的转速情况。断开 I0.0 触点，将 I0.1 触点接通后再接通 I0.5 触点，观察 Q0.1 输出情况及步进电动机的转速情况。断开 I0.1 和 I0.5 触点，这时先接通 I0.5 触点后再接通 I0.1 触点，观察 Q0.1 输出情况及步进电动机的转速情况。如上述调试现象与控制系统要求一致，则说明本案例功能实现。

4.4.4　训练

　　1）训练 1：使用 S7-300 PLC 实现步进电动机的正反转运行控制：当按下正向起动按钮后，步进电动机正向旋转，驱动脉冲频率为 100 Hz，占空比为 1:2；当按下反向起动按钮后，步进电动机反向旋转，驱动脉冲频率为 100 Hz，占空比为 1:2；无论何时按下停止按钮，步进电动机均停止运行。

　　2）训练 2：使用 S7-300 PLC 实现步进电动机的正反转运行控制：当按下起动按钮后，步进电动机的驱动脉冲频率为 200 Hz，占空比为 1:2，运行至 B 点时停留 5 s 后返回，此时步进电动机的驱动脉冲频率变为 500 Hz，占空比为 1:2，返回到 A 点时停止运行。

　　3）训练 3：使用 S7-300 PLC 实现步进电动机的分时段控制：当系统起动后，步进电动机的驱动脉冲频率为 200 Hz，占空比为 1:2，运行 10 s 后，步进电动机的驱动脉冲频率变为 1 000 Hz，占空比为 1:4，再运行 15 s 后停止运行。无论何时按下系统停止按钮，步进电动机立即停止运行。

4.5 习题与思考

1. 模拟量信号分为_____、_____。

2. S7-300 PLC 常用模拟量信号模块为_____、_____、_____、_____等。

3. S7-300 中央机架的第 6 号槽的 4 通道模拟量模块的字地址分别为_____、_____、_____、_____，第 8 号槽的 4 通道模拟量模块的首字地址为_____。

4. CPU 312 有_____个计数通道，CPU 313C 有_____个计数通道，CPU 314C 有_____个计数通道。

5. 标准的模拟量信号经模拟量输入模块转换后，其数据范围为_____或_____。

6. 频率变送器的输入量程为 45~55 Hz，输出信号为直流 4~20 mA，模拟量输入模块的额定输入电流为 4~20 mA，设转换后的数字为 N，试求以 0.01 Hz 为单位的频率值。

7. 如何使用工程单位换算指令 SCALE？

8. 采用"Per mil"输出格式，输出占空比为 1:10 的脉冲，PULSE 指令中 OUTP_VAL 输出值应设置为多少？

9. 烘干室温度的控制：有"手动"和"自动"两种加热方式，当工作模式开关拨至"手动"时，由操作人员控制加热器的起停，温度不能自动调节；当工作模式开关拨至"自动"时，系统起动后，若温度选择开关拨向"低温"档，则烘干室温度加热到 30℃时停止加热，若温度选择开关拨向"中温"档，则温度加热到 50℃时停止加热；若温度选择开关拨向"高温"档，则温度加热到 80℃时停止加热。当温度低于设置值 3℃时自行起动加热器。

10. 送料车行走控制：送料车由步进电动机驱动，当检测到物料时，步进电动机以 60 r/min 前进送料（脉冲频率为 500 Hz），当到达指定位置 SQ2 处时，开始卸料，5 s 后以 90 r/min 返回（脉冲频率为 750 Hz），到达原点 SQ1 处停止。

第5章 S7-300 PLC 网络通信的编程及应用

在较为复杂的控制系统中，PLC 之间进行数据交换是必不可少的。S7-300 PLC 有很强的通信功能，本章节重点介绍 S7-300 PLC 之间的 MPI 通信、PROFIBUS-DP 通信和 PROFINET 通信，通过本章学习可掌握 S7-300 PLC 之间的网络组态及其编程。

5.1 MPI 通信

MPI（Multi Point Interface）是多点接口的简称，是当通信速率要求不高、通信数据量不大时采用的一种简单经济的通信方式。在 SIMATIC S7/M7/C7 PLC 上都集成有 MPI，MPI 的基本功能是 S7 的编程接口，还可进行 S7-300 之间、S7-300/400 之间、S7-300 与 S7-200 之间小数据量的通信，是一种应用广泛、经济、不用做连接组态的通信方式。不分段的 MPI 网络最多可以有 32 个网络节点（接入到 MPI 网的设备称为一个节点）。

西门子 PLC 与 PLC 之间的 MIP 通信一般有 3 种通道方式：全局数据包通信方式、无组态连接通信方式和组态连接通信方式。在此，只介绍后两种通信方式。

5.1.1 MPI 通信网络的组建

MPI 通信网络的组建步骤如下：

1. 创建项目

创建一个新项目，如 MPI_First。

2. 生成站点

生成需配置的节点数或站数，如 3 个站，CPU 可以选相同，也可以选择不同，在此均选择 CPU 314C-2 PN/DP 模块。

3. 配置网络

在新建项目的项目树中，双击项目名称下方的"设备与网络"，打开设备与网络的"网络视图"窗口（或双击项目树中的任意一个 PLC 文件夹中的"设备组态"，在打开的设备视图窗口中单击"网络视图"选项卡，也可打开此窗口），此时会看到已添加的 3 个 CPU 模块。

单击选中 PLC_1 的 CPU 模块上的 MPI/DP 接口，在下方打开的巡视窗口中选择"常规"属性，选中"MPI 地址"，然后在其右侧窗口的"接口连接到"选项中，单击"添加新子网"按钮，这时将新建一条名称为 MPI_1 的新子网，同时在网络视图中会出现只与 PLC_1 相连接的 MPI_1 的网络，如图 5-1 所示。在"参数"选项中，可以看到新建的 MPI_1 子网接口类型为"MPI"，MPI 的接口地址为"2"（默认的 MPI 网络站地址），MPI 网络的最高站地址为 31，通信传输速率默认为 187.5 kbps。

在"网络视图"窗口中，在 PLC_2 的 MPI/DP 接口处按住鼠标左键并拖拽至 MPI_1 网络

线上后松开，此时 PLC_2 就连接到 MPI_1 子网络上。用同样的方法，将 PLC_3 也连接到 MPI_1
子网络上，如图 5-2 所示。单击 PLC 上 MPI/DP 接口，当此接口连接到 MPI_1 网络上的连接
变为蓝色线时，可按下键盘上的〈Delete〉键将已连接上的网络线删除。

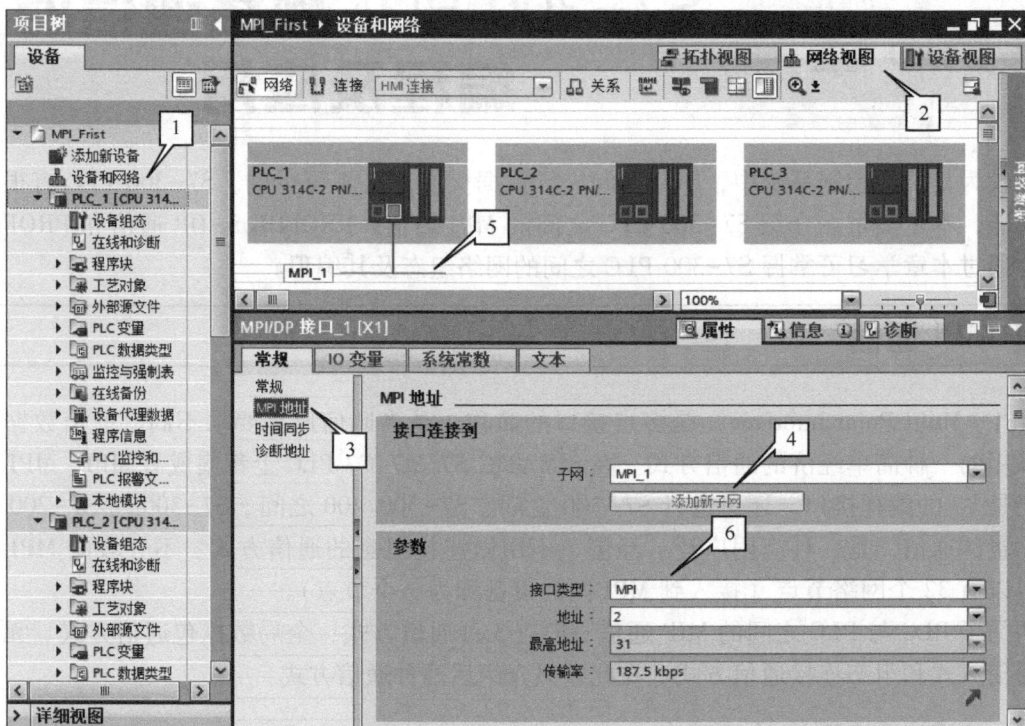

图 5-1　MPI 接口属性对话框

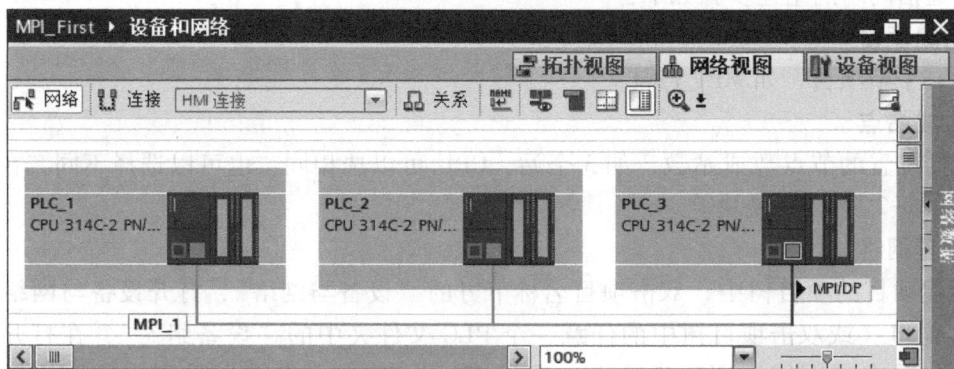

图 5-2　组态 MPI_1 网络

　　选中 PLC_2 或 PLC_3 的 MPI/DP 接口，在打开的巡视窗口中能看到它们的 MPI 站地址分
别为 3 和 4。在连接 MPI 网络时，每增加一个 MPI 从站，其 MPI 站地址就为自动加 1，当然也
可以人为修改（最高为 31），但不能重叠。

　　还可以用以下方法将其他 PLC 连接到 MPI 网络上：打开待连接 PLC 的 MPI 接口巡视窗
口，选中"常规"属性中的"MPI 地址"，在右侧"子网"栏中选择"MPI_1"子网络名称
即可。

注意：MPI 网络的第一个及最后一个节点需接入通信终端匹配电阻，在向 MPI 网添加一个新节点时，应该切断 MPI 网络的电源。MPI 网络节点间连接的距离是有限制的，从第一个节点到最后一个节点最长距离仅为 50 m，采用两个中继器可将节点的距离增大到 1000 m，通过 OLM 光纤距离可扩展到 100 km 以上，但两个节点之间不应再有其他节点。

4. 修改属性

在图 5-2 中，选中 MPI_1 网络，在打开的巡视窗口中，在"常规"属性中可以更改 MPI 网络的名称，在"网络设置"属性中可以更改"最高 MPI 地址"和传输率。MPI 网络的通信速率为 19.2 kbit/s～12 Mbit/s，与 S7-200 通信时只能选择 19.2 kbit/s 的通信速率，S7-300 通常默认设置为 187.5 kbit/s，只有能够设置为 Profibus 接口的 MPI 网络才支持 12 Mbit/s 的通信速率。

单击图 5-1 中传输率右下方的绿色箭头 ⬈，也可以打开 MPI 网络属性窗口。

5. 编译和保存

MPI 网络组建完成后，对其进行编译和保存。

5.1.2　无组态的 MPI 通信

调用 X_SEND、X_RCV、X_GET、X_PUT、X_ABORT 等指令时，可以在无组态情况下实现 PLC 之间的 MPI 通信，这种通信方式适用于 S7-300、S7-400 与 S7-200 之间的通信，是一种应用广泛、经济的通信方式。无组态通信又可分为双向通信方式和单向通信方式。对于一些老型号的 S7-300 CPU，由于不含有上述通信指令，所以不能用无组态通信方式，只能用全局数据通信方式。

1. 双向通信方式

双向通信方式要求通信双方都需要调用通信指令，一方调用发送指令发送数据，另一方调用接收指令接收数据。双向通信方式适用于 S7-300/400 之间的通信，发送指令是 X_SEND，接收块是 X_RCV。下面通过举例说明如何实现无组态双向通信。

【例 5-1】实现无组态双向通信。要求将 MPI 地址为 2 的 PLC 的 IW0 中数据发送至 MPI 地址为 3 的 PLC 的 MW10 中。

（1）生成项目

打开 TIA Portal V16 软件，创建一个新项目，并命名为"无组态双向通信"。选中"无组态双向通信"项目名称，插入两个 S7-300 的 PLC 站点，分别重命名为 MPI_ZHAN_1 和 MPI_ZHAN_2。在此每个站均选择 CPU 314C-2 PN/DP。并将两个 CPU 块的 I/O 起始地址都改为 0。

（2）设置 MPI 地址

参照 5.1.1 节完成两个 PLC 站点的硬件组态，配置 MPI 地址和通信速率，在本例中两台 CPU 的 MPI 地址分别为 2 和 3，通信速率为 187.5 kbit/s。硬件组态完成后进行编译并保存。最后将组态信息下载到各自的 PLC 中。

（3）编写发送站的通信程序

在 MPI_ZHAN_1 站的循环中断块 OB35（循环中断时间为 100 ms）中调用发送指令 X_SEND，将 I0.0～I1.7 中数据发送至 MPI_ZHAN_2 站。如果在 OB35 中调用发送指令 X_SEND，发送的频率太快，将加重 CPU 负担，因此，可使用循环组织块 OB33（循环中断时间为 500 ms）使发送数据间隔变大。当然也可以使用时钟存储器的相关位来周期性触发发送指令 X_SEND。

MPI_ZHAN_1 站 OB35 中的发送数据程序如图 5-3 所示。

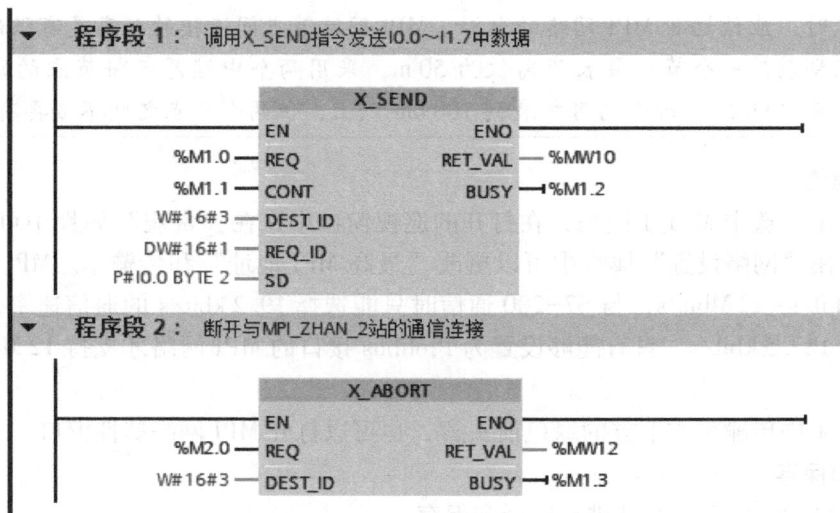

图 5-3　OB35 中的发送数据程序

程序说明：

在程序段 1 中，当 M1.0 为"1"，且 M1.1 为"1"时，请求被激活，连续发送第一个数据包，数据区从 I0.0 开始共 2B。

发送指令 X_SEND（该指令在"通信"指令下的"MPI 通信"文件夹中）各端口的含义如下。

- EN：使能激活输入信号，"1"有效。
- REQ：请求激活输入信号，"1"有效。
- CONT："连续"信号，为"1"时表示发送数据是一个连续的整体。
- DEST_ID：目的站的 MPI 地址，采用字格式，如 W#16#3。
- REQ_ID：发送数据包的标识符，采用双字格式，如 DW#16#1、DW#16#2。
- SD：发送数据区，以指针的格式表示，发送区最大为 76B。可以采用 BOOL、BYTE、CHAR、WORD、INT、DWORD、DINT、DATE、TOD、TIME、S5TIME、DATE _ DND _ TIME 及 ARRAY 等数据类型，格式为：P #起始位地址数据类型长度。

如 P#I0.0 BYTE 2，表示从 I0.0 开始共 2B；P#M0.0 WORD 2，表示从 M0.0 开始共 4B。

- RET_VAL：返回故障码信息参数，采用字格式。
- BUSY：返回发送完成信息参数，采用 BOOL 格式，"1"表示正在发送，"0"表示发送完成或无发送功能被激活。

在程序段 2 中，当 M2.0 为"1"时，则断开 MPI_ZHAN_1 站与 MPI_ZHAN_2 站的通信连接。中止通信连接指令 X_ABORT 为中断一个外部连接的指令，其各端口含义同 X_SEND。当用户建立的外部连接较多时，为了释放所占用的 CPU 资源，可以调用 X_ABORT 指令来释放一个外部连接。

（4）编写接收站的通信程序

在 MPI_ZHAN_2 站的主循环组织块 OB1 中调用接收指令 X_RCV，接收 MPI_ZHAN_1 站发送的数据保存在 M10.0 开始的 2B 中，OB1 中的接收数据程序如图 5-4 所示。

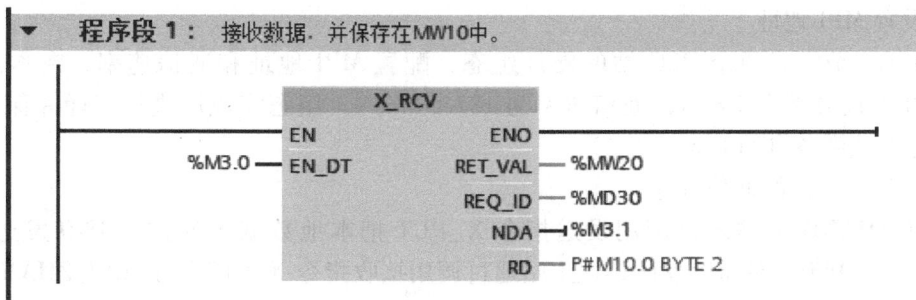

图 5-4　OB1 中的接收数据程序

接收指令 X_RCV 各端口的含义如下。

- EN：使能信号输入端，"1" 有效。
- EN_DT：接收使能信号输入端，"1" 有效。
- RET_VAL：返回接收状态信息，采用字格式，W#16#7000 表示无错。
- REQ_ID：接收数据包的标识符，采用双字格式。在多站无组态通信时，此标识符应与发送站的 REQ_ID（发送数据包标识符）一致。
- NDA：为 "1" 时表示有新的数据包，为 "0" 时表示没有新的数据包。
- RD：数据接收区，以指针的格式表示，最大为 76B。

将通信双方的程序块和硬件及网络组态信息下载到各自的 PLC 中。用 MPI 电缆连接主站和从站的 MPI/DP 接口，接通主站和从站的电源。将 CPU 均切换到 "RUN" 模式，便可实现双方的 MPI 通信。

💡 **注意**：完成上述操作后，请使用 MPI 电缆将通信双方的 PLC 进行硬件连接，后续案例相同。

2. 单向通信方式

单向通信只在一方编写通信程序，也就是客户机与服务器的访问模式。编写程序一方的 CPU 作为客户机（既可以把数据写入对方，也可以读取对方的数据），无需编写程序一方的 CPU 作为服务

码 5-1　S7-300 PLC 之间无组态的 MPI 通信

器（不能主动发送数据，只能被动接收数据和被其他 CPU 读取），客户机调用通信指令对服务器进行访问。

这种通信方式适合 S7-300/400/200 之间进行通信，S7-300/400 的 CPU 可以同时作为客户机和服务器，S7-200 只能作服务器。X_GET 指令用来读取服务器指定数据区中的数据并存放到本地的数据区中，X_PUT 指令用来将本地数据区中的数据写到服务器中指定的数据区。下面通过举例说明如何调用上述两个通信指令来实现单向通信。

【例 5-2】 实现无组态单向通信。要求将本地站（MPI 地址为 2）IW0 中数据发送至远程站（MPI 地址为 4）的 QW0 中，同时读取远程站 IW0 中数据，并存放到本地站的 QW0。

（1）生成项目

打开 TIA Portal V16 软件，创建一个新项目，并命名为 "无组态单向通信"。选中 "无组态单向通信" 项目名称，插入两个 S7-300 的 PLC 站，分别重命名为 MPI_ZHAND_1 和 MPI_ZHAND_2。在此每个站均选择 CPU 314C-2 PN/DP。并将两个 CPU 块的 I/O 起始地址都改为 0。

（2）设置 MPI 地址

参照 5.1.1 节完成两个 PLC 站的硬件组态，配置 MPI 地址和通信速率，在本例中两台 CPU 的 MPI 地址分别为 2 和 4，通信速率为 187.5 kbit/s。组态完成后进行编译并保存。最后将组态信息下载到各自的 PLC 中。

（3）编写客户机的通信程序

在 MPI_ZHAND_1 站通过调用发送指令 X_PUT 把本地数据区的数据 IW0 发送到 MPI_ZHAND_2 站的 QW0；在 MPI_ZHAND_1 站通过调用接收指令 X_GET，从 MPI_ZHAND_2 站读取 IW0 中的数据，放到本地站的 QW0 中，客户机的 MPI 通信程序如图 5-5 所示。

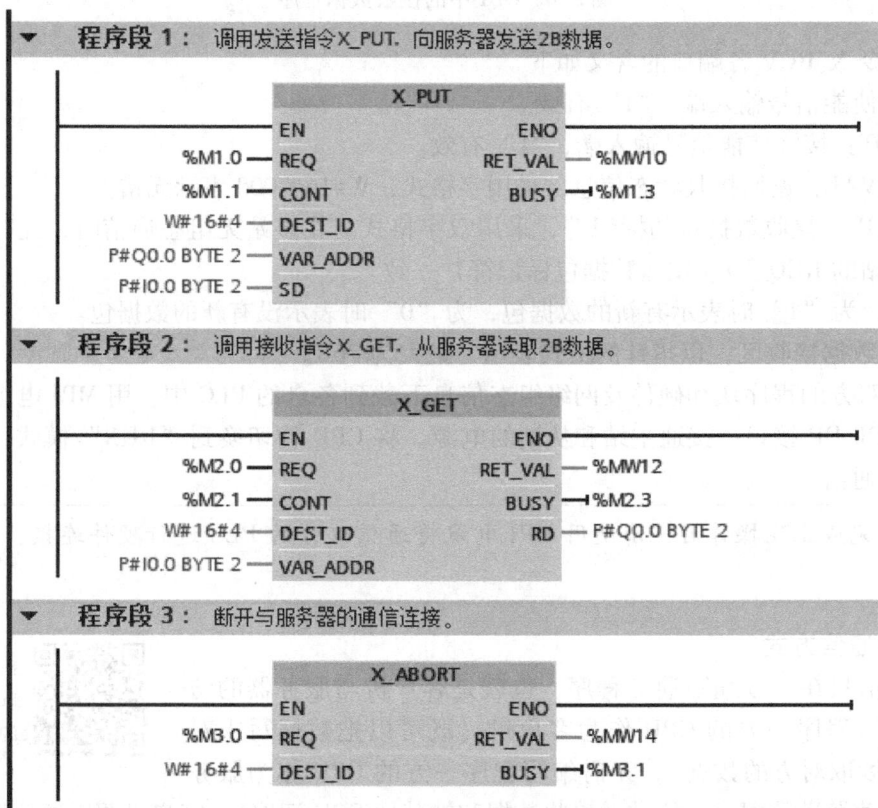

图 5-5　客户机的 MPI 通信程序

程序说明：

在程序段 1 中，当 M1.0 为 "1"，且 M1.1 为 "1" 时，激活发送指令 X_PUT，客户机将本地发送区 IB0 开始的 2B 数据发送到服务接收区从 QB0 开始的 2B 中。

在程序段 2 中，当 M2.0 为 "1"，且 M2.1 为 "1" 时，激活接收指令 X_GET，客户机从服务器数据区 IB0 开始的 2B 读取数据，存放到客户机接收区 QB0 开始的 2B 中。

在程序段 3 中，当 M3.0 为 "1" 时，中断客户机与服务器的通信连接。

发送指令 X_PUT 及接收指令 X_GET 各端口的含义如下。

● DEST_ID：对方（服务器）的 MPI 地址，采用字格式，如 W#16#4。

● VAR_ADDR：指定服务器的数据区，采用指针变量，数据区最大为 76B。

● SD：本地数据发送区，数据区最大为 76B。

- RD：本地数据接收区，数据区最大为 76B。

5.1.3　有组态的 MPI 通信

对于 MPI 网络，调用通信指令进行 PLC 之间的通信只适合于 S7-300/400 以及 S7-400/400 之间的通信。

S7-300/400 PLC 通信时，由于 S7-300 CPU 中不能调用 S7 通信指令 BSEND、BRCV、GET 和 PUT，不能主动发送和接收数据，只能进行单向通信，所以 S7-300 PLC 只能作为一个数据的服务器，S7-400 PLC 可以作为客户机对 S7-300 PLC 的数据进行读写操作。

S7-400/400 之间的通信，S7-400 PLC 可以调用指令 GET 和 PUT，既可以作为数据的服务器，也可以作为客户机进行单向通信，还可以调用指令 BSEND、BRCV，发送和接收数据进行双向通信，在 MPI 网络上调用系统功能块通信，数据包最大不能超过 160B。下面举例说明如何实现 S7-300/400 PLC 之间的单向通信。

【例 5-3】实现有组态的 MPI 单向通信。要求 CPU 414-3 PN/DP 作为客户机，CPU 314C-2 PN/DP 作为服务器，CPU 414-3 PN/DP 向 CPU 314C-2 DP 发送一个数据包，并读取一个数据包。

（1）生成项目

打开 TIA Portal V16 软件，创建一个新项目，并命名为"有组态单向通信"。选中"有组态单向通信"项目名称，添加一个 S7-400 和一个 S7-300 两个站点，均使用默认名称 PLC_1 和 PLC_2。CPU 分别选择 CPU 414-3 PN/DP 和 CPU 314C-2 PN/DP。注意要给 CPU 414-3 PN/DP 配备电源模块，否则编译将出错。

（2）组态 MPI 通信连接

在项目的"网络视图"窗口，单击左上角的"连接" [ ] 连接 按钮，然后单击右侧"HMI 连接"选择框右侧的向下三角形按钮 ，在出现的对话框中选择"S7 连接"，如图 5-6 所示。

图 5-6　组态 "S7 连接"

选中 CPU 414-3 PN/DP 模块上的 MPI/DP 接口，在其巡视窗口中新建一个默认名称为 MPI_1 的子网（或选中 CPU 模块上的 MPI/DP 接口，右击选择"添加子网"）。选中 S7-400 PLC 的 CPU 模块并右击，在弹出的菜单中选择"添加新连接"命令，如图 5-7 所示。

在弹出的"添加新连接"对话框中，首先选中左上角的"PLC_2 [CPU 314C-2 PN/DP]"，然后在右侧窗口"伙伴接口"列出现"PLC_2，PROFINET 接口_1 [X2]"接口及"PLC_2，MPI/DP 接口_1 [X1]"。选中 MPI/DP 接口后单击右下方的"添加"按钮，然后在"信息"栏显示已添加的接口，如图 5-8 所示。新的连接添加完成后，单击该对话框右下角的"关闭"按钮，将此对话框关闭。

在关闭"添加新连接"对话框的同时弹出"S7_连接_1 [S7 连接]"属性对话框，可以看出本地站的"接口类型"为"MPI"，"子网"为"MPI_1"，"地址"为"2"。而伙伴站的

"接口类型"为"MPI","子网""地址"栏均为浅红色背景框,不能进行组态,且地址为默认站地址 2。

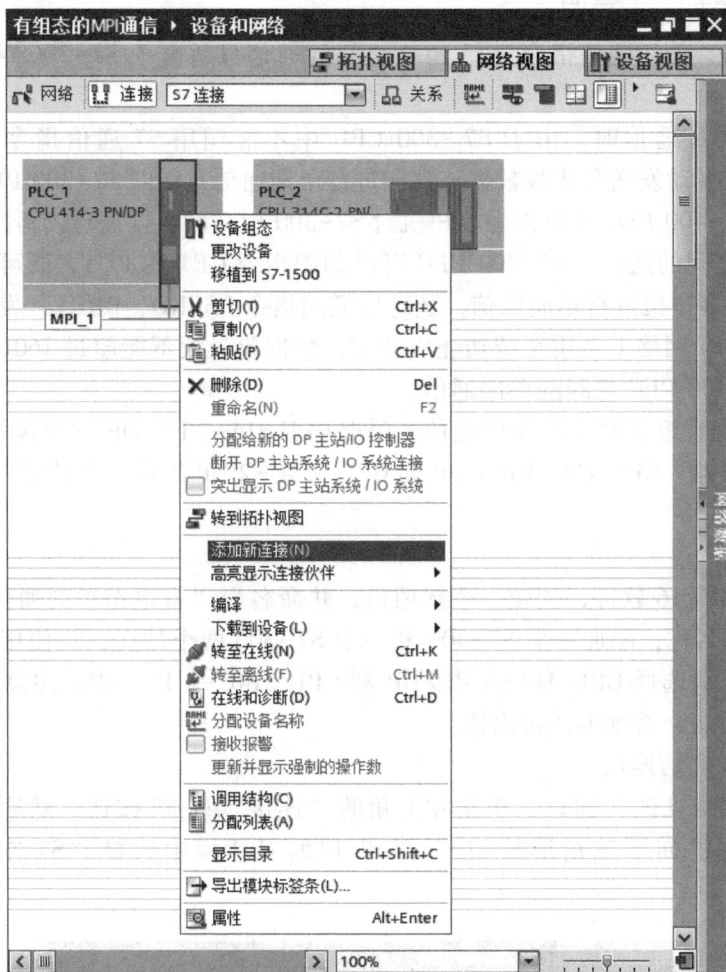

图 5-7   选择"添加新连接"命令

选中 CPU 314C-2 PN/DP 模块的 MPI/DP 接口,在弹出的巡视窗口的属性对话框中,在"子网"栏中选择"MPI_1",此时"网络视图"中的 MPI_1 子网消失(如果在新建项目时没有生成 MPI_1 子网,可在 PLC_1 中新生成一条 MPI_1 子网)。再次回到"S7_连接_1[S7 连接]"属性对话框可以看到伙伴站的"子网"变为"MPI_1","地址"变为 3,如图 5-9 所示。

上述硬件及网络组态完成以后,需要对它们进行编译和保存,然后将硬件及组态连接分别下载到各自的 PLC 中。

(3)编写客户机 MPI 通信程序

由于是单向通信,所以只能对 S7-400 工作站(客户机)编程,调用发送指令 PUT(在"通信"指令的"S7 通信"文件夹中),将数据传送到 S7-300 工作站(服务器)中;调用接收指令 GET,从 S7-300 工作站中读取数据到客户机中。客户机的 MPI 通信程序如图 5-10 所示。将程序下载到 CPU 414-3 PN/DP 以后,就建立了有组态的 MPI 通信连接。

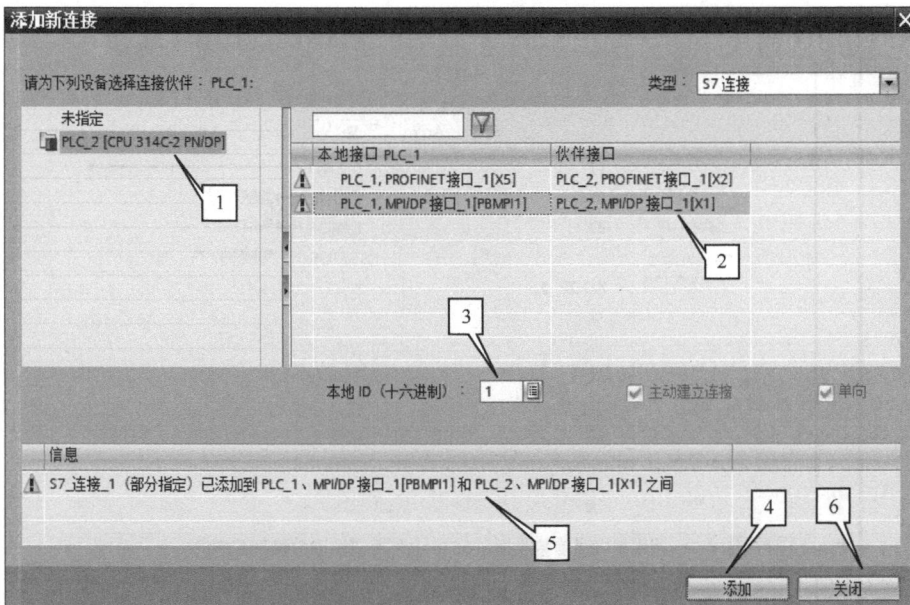

图 5-8　"添加新连接"对话框

图 5-9　"S7 连接 1"属性对话框

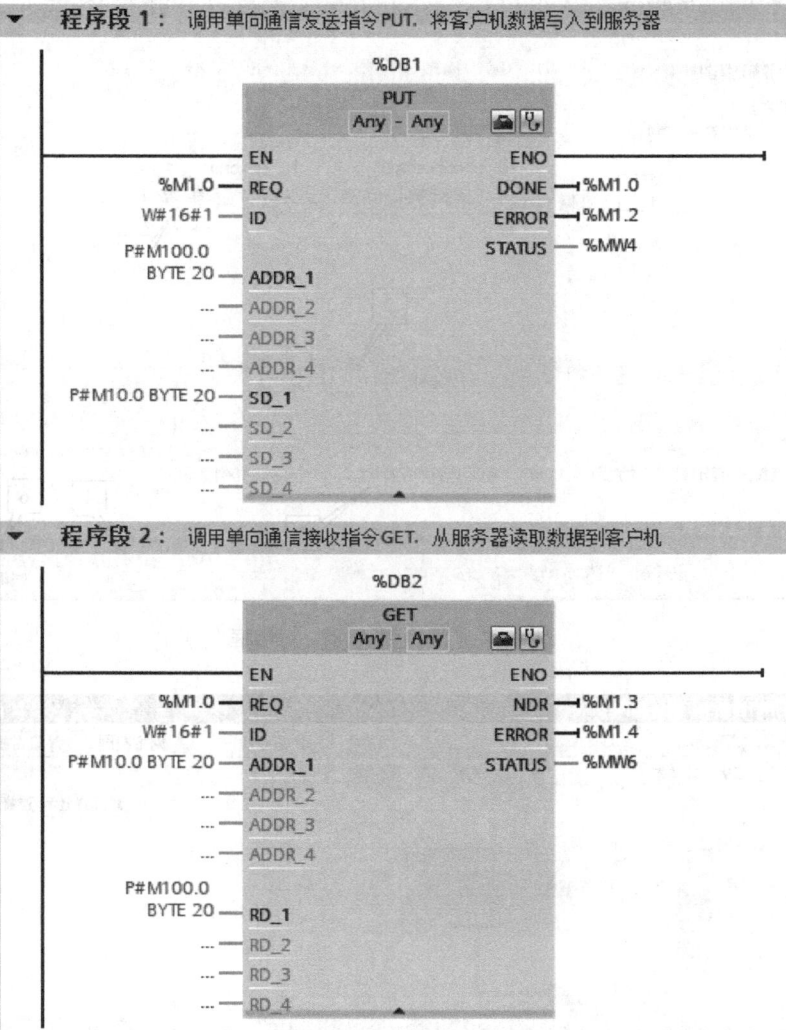

图 5-10　客户机的 MPI 通信程序

指令 PUT 和 GET 中主要端子的含义如下。

● REQ：请求信号，上升沿有效。

● ID：连接寻址参数（与图 5-8 中的本地 ID 一致），采用字格式。

● ADDR_1~ADDR_4：远端 CPU（本例为 CPU 314C-2 PN/DP）数据区地址。

● SD_1~SD_4：本机数据发送区地址。

● RD_1~RD_4：本机数据接收区地址。

● DONE：数据交换状态参数，"1" 表示作业被无误执行；"0" 表示作业未开始或仍在执行。

● ERROR：执行错误，"0" 表示无错误；"1" 表示有错误。

● STATUS：执行状态，存储错误代码。

● NDR：状态参数，"0" 表示作业尚未启动，或仍在执行；"1" 表示作业已成功完成。

程序说明：

在程序段 1 中，当 M1.0 出现上升沿时，则激活对 PUT 指令的调用，将 CPU 414-3 PN/

DP 发送区 MB10 开始的 20B 数据，传送到 CPU 314C-2 PN/DP 数据接收区 MB100 开始的 20B 中。

在程序段 2 中，当 M1.0 出现上升沿时，则激活对 GET 指令的调用，将 CPU 314C-2 PN/DP 数据区 MB10 开始的 20B 数据，读取到 CPU 414-3 PN/DP 数据接收区 MB100 开始的 20B 中。

有组态的 MPI 单向通信也可以按 5.1.2 节中"单向通信"介绍的方法进行组态。

5.2　案例 10：两台电动机的异地起停控制

5.2.1　目的

1）掌握 MPI 网络的组态方法。
2）掌握 MPI 网络的硬件连接。
3）掌握无组态双向 MPI 通信程序的编写。

5.2.2　任务

使用 S7-300 PLC 通过无组态双向通信方式实现两台电动机的异地起停控制。控制要求如下：按下本地的起动按钮和停止按钮，本地电动机起动和停止。按下本地控制远程电动机的起动按钮和停止按钮，远程电动机起动和停止。同时，在两站点均能显示两台电动机的工作状态。

5.2.3　步骤

1. I/O 端口的连接

本案例的输入元器件为本地和远程电动机的起动按钮和停止按钮、本地电动机过载保护的热继电器；输出元器件为接触器 KM、本地和远程电动机的工作状态指示灯。本案例的 I/O 地址分配如表 5-1 所示（本地和远程的 I/O 地址分配表相同，在此只给出本地的 I/O 地址分配表）。

表 5-1　两台电动机的异地起停控制 I/O 地址分配

输　入		输　出	
输入继电器	元器件	输出继电器	元器件
I0.0	本地起动按钮 SB1	Q0.0	接触器 KM
I0.1	本地停止按钮 SB2	Q0.1	本地工作指示灯 HL1
I0.2	热继电器 FR	Q0.2	远程工作指示灯 HL2
I0.3	远程起动按钮 SB3		
I0.4	远程停止按钮 SB4		

本案例的主电路为电动机的直接起动电路，同图 1-32，而且本地和远程站主电路也相同，在此省略。本案例中本地 PLC 的 I/O 端口连接如图 5-11 所示。

2. 创建项目与硬件组态

创建一个名称为"M_yidiqiting"的项目，添加两个 CPU 314C-2 PN/DP 模块，并将它们的输入输出起始地址更改为 I0.0 和 Q0.0。

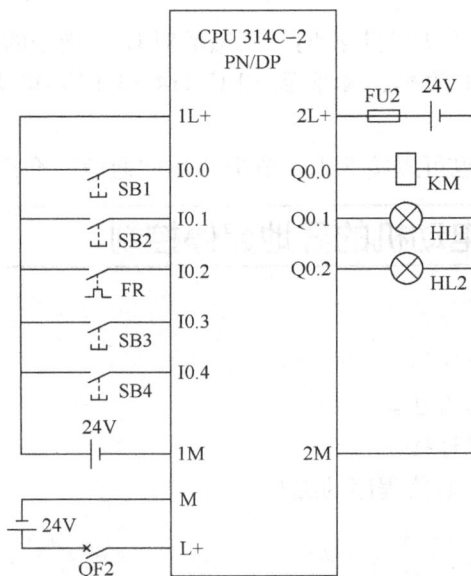

图 5-11 两台电动机的异地起停控制 I/O 接线图

启用时钟存储器，地址均为默认地址 MB0，配置两站的 MPI 地址分别为 2 和 3，通信速率均为 187.5 kbit/s，再配置 MPI 网络，配置过程请读者参考 5.1.2 节双向通信方式中的有关内容。硬件及网络组态完成后进行编译和保存，再将硬件及网络组态下载到各自的 CPU 中。

3. 编写程序

在本案例中将本地和远程站中所使用的存储器及其地址分配设置为相同，则除目的站地址 "DEST_ID" 不一样外两站的控制程序一样（本地站此参数为 W#16#3，远程站此参数为 W#16#2），两台电动机异地起停控制本地站程序如图 5-12 所示。

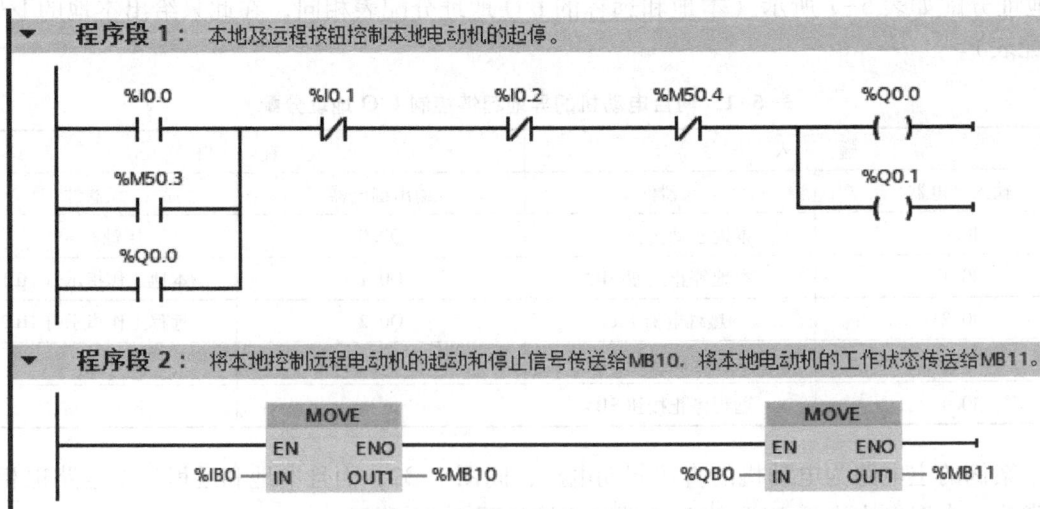

图 5-12 两台电动机异地起停控制的本地站程序

程序段 3：　每秒钟发送一次以MB10开始的2个字节数据。

```
        %M0.5                              X_SEND
        ┤P├                    EN                         ENO
        %M1.0                                         RET_VAL ── %MW20
        ┤ ├                                              BUSY ──┤%M3.0
        %M2.0
        ┤/├                    REQ

        %M2.1
        ┤/├                    CONT
              W#16#3 ── DEST_ID
              DW#16#1 ── REQ_ID
        P#M10.0 BYTE 2 ── SD
```

程序段 4：　接收来自远程（MPI站地址3）的数据，并保存在从MB50开始的2个字节中。

```
        %M0.5                    X_RCV
        ┤N├                    EN                         ENO
        %M4.0                                         RET_VAL ── %MW22
        ┤ ├                                           REQ_ID ── %MD24
        %M5.0                                             NDA ──%M5.1
        ┤/├                    EN_DT                       RD ── P#M50.0 BYTE 2
```

程序段 5：　显示远程电动机的运行状态。

```
        %M51.0                                                      %Q0.2
        ┤ ├──────────────────────────────────────────────────────( )
```

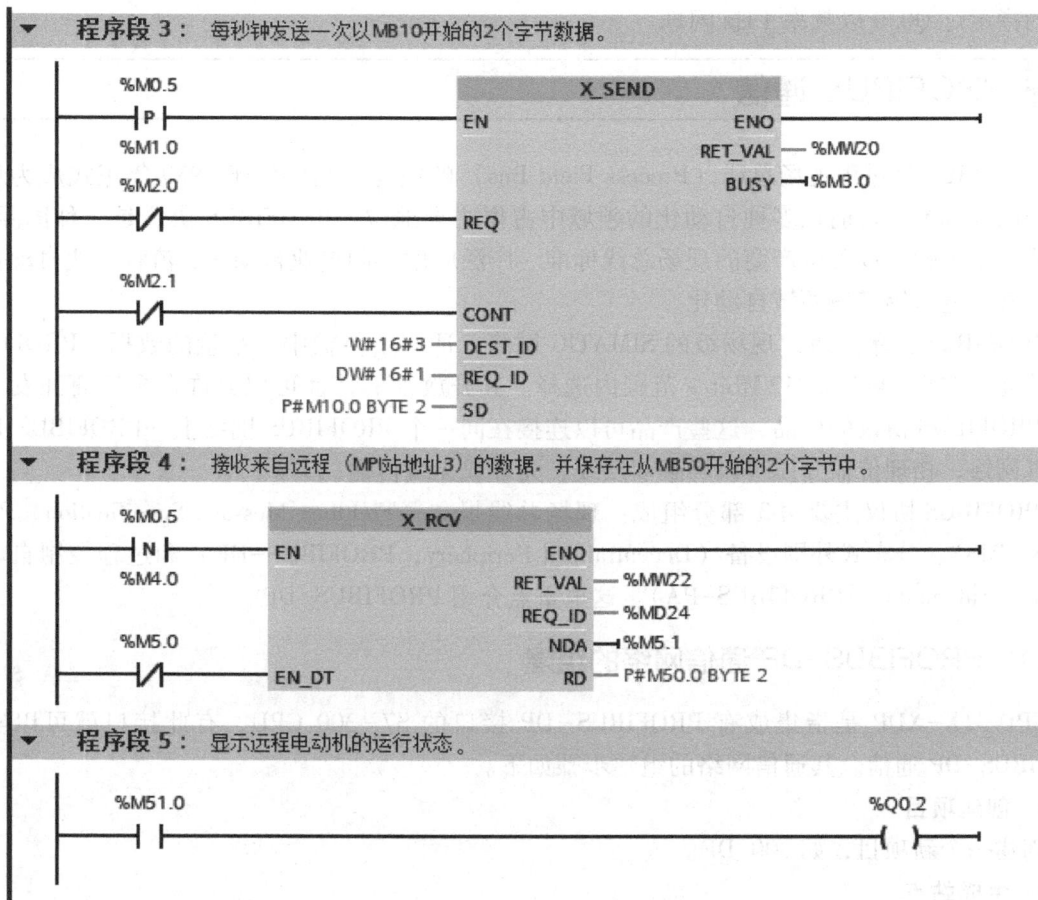

图 5-12　两台电动机异地起停控制的本地站程序（续）

4. 程序调试

将两站中的硬件和网络组态、将程序编译后下载到各自的 CPU 中，先断开主电路，只接通 CPU 电源。按下本地站的起动按钮，观察本地站 CPU 上的接触器 KM 是否吸合及指示灯是否点亮，同时观察远程站上本地电动机运行指示灯是否已点亮；按下本地站上的远程电动机起动按钮，观察远程站 CPU 上的接触器 KM 是否吸合及指示灯是否点亮，同时观察本地站上远程电动机运行指示灯是否已点亮。按下本地站上的本地电动机停止按钮和远程电动机的停止按钮，观察本地站和远程站上电动机是否都停止。

若上述调试现象与控制要求相符，再在远程站上进行上述同样的操作，观察两站点上的接触器是否吸合及电动机的运行指示灯是否点亮。若调试现象与控制要求相符，则将两站点上的主电路接通电源，再进行上述操作，如调试现象与控制要求一致，则说明本案例任务实现。

5.2.4　训练

1）训练 1：使用无组态的 MPI 通信中的单向通信方式实现案例 11 中的任务。

2）训练 2：使用有组态的 MPI 通信实现案例 11 中的任务。

3）训练 3：3 个 S7-300 PLC 之间的 MPI 通信。要求按下第一站的按钮 I0.0，第二站的指示灯 Q1.0 和第三站的 Q0.0 会被点亮，松开按钮则会熄灭。按下第二站的按钮 I1.0，控制第一站的指示灯 Q0.0 以频率 1 Hz 闪烁。

5.3 PROFIBUS 通信

　　PROFIBUS 是过程现场总线（Process Field Bus）的缩写，其协议于 1989 年正式成为现场总线的国际标准，目前在多种自动化的领域中占据主导地位。PROFIBUS 协议是一种国际化、开放式、不依赖于设备生产商的现场总线标准。广泛应用于制造业自动化、流程工业自动化和楼宇、交通电力等其他领域自动化。

　　PROFIBUS 是单元级、现场级的 SIMATIC 网络，适用于传输中、小量的数据。PROFIBUS 传送速度可在 9.6 kbit/s~12 Mbit/s 范围内选择。其开放性的特性可以允许众多厂商开发各自符合 PROFIBUS 协议的产品，这些产品可以连接在同一个 PROFIBUS 网络上。PROFIBUS 是一种电气网络，物理传输介质可以屏蔽双绞线、光纤或无线传输。

　　PROFIBUS 协议主要由 3 部分组成：现场总线报文（Fieldbus Message Specification，PROFIBUS-FMS）、分布式外围设备（Decentralized Periphery，PROFIBUS-DP）和过程控制自动化（Process Automation，PROFIBUS-PA）。这里重点介绍 PROFIBUS-DP。

5.3.1 PROFIBUS-DP 通信网络的组建

　　CPU 31X-XDP 是指集成有 PROFIBUS-DP 接口的 S7-300 CPU，有此接口就可以实现 PROFIBUS-DP 通信。其通信网络的组建步骤如下。

1. 创建项目

创建一个新项目，如 300_DP。

2. 生成站点

生成需配置的节点数或站数，如两个站，在此均选择 CPU 314C-2 PN/DP 模块，将它们的输入/输出起始地址均更改为 0。

3. 配置网络

在新建项目的项目树中，双击项目名称下方的"设备与网络"，打开设备与网络的"网络视图"窗口（或双击项目树中的任意一个 PLC 文件夹中的"设备组态"，在打开的设备视图窗口，单击"网络视图"选项卡，也可打开此窗口），此时会看到已添加的 2 个 CPU 模块。

单击选中 PLC_1 的 CPU 模块上的 MPI/DP 接口，在下方打开的巡视窗口中选择"常规"属性，选中"MPI 地址"，在其右侧的"参数"选项中，将"接口类型"更改为"PROFIBUS"，此时左侧"MPI 地址"选项立即更改为"PROFIBUS 地址"，如图 5-13 所示。

单击"接口连接到"选项中的"添加新子网"按钮，这时将新建一条名称为"PROFIBUS_1"的新子网。同时，在"网络视图"窗口生成一条名称为"PROFIBUS_1"紫色网线，CPU 模块上的 MPI/DP 接口也变成紫色。此时在"参数"选项中，可以看到"地址"为"2"（默认值，可更改，最大地址为 126），"传输速率"为"1.5 Mbps"。

在"网络视图"窗口中，在 PLC_2 的 MPI/DP 接口处按住鼠标左键并拖拽至 PROFIBUS_1 网络线上后松开，此时 PLC_2 就连接到 PROFIBUS_1 子网络上，如图 5-13 所示。单击 PLC 上 MPI/DP 接口，当此接口连接到 PROFIBUS_1 网络上的连接变为蓝色线时，可按下键盘上的〈Delete〉键将其已连接上的网络线删除。

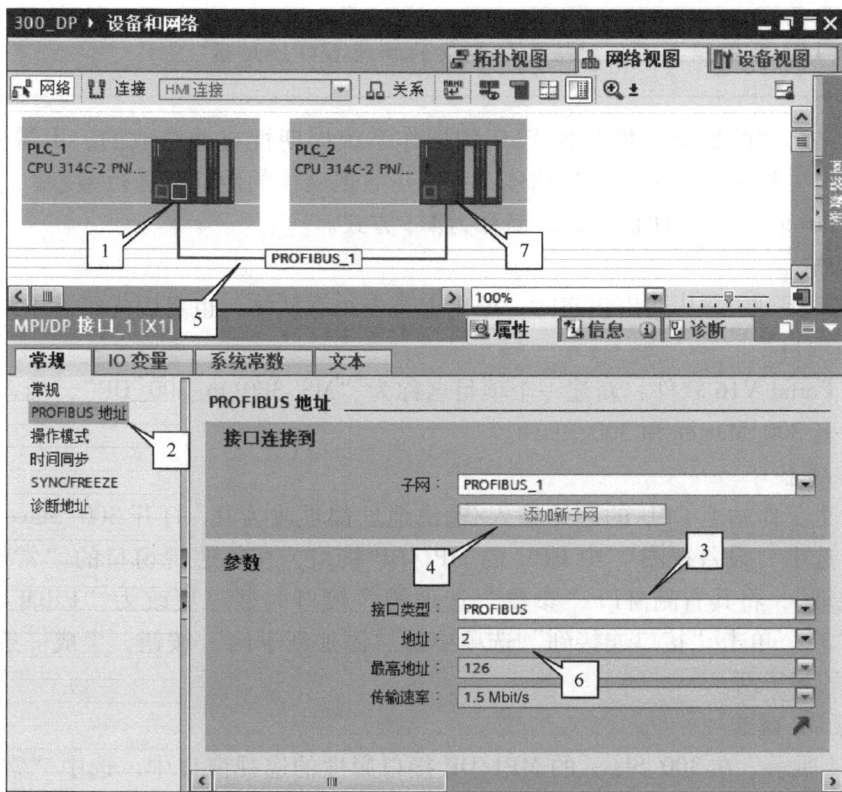

图 5-13　PROFIBUS 接口属性对话框

选中 PLC_2 的 MPI/DP 接口，在打开的巡视窗口中能看到它们的 PROFIBUS 站地址为 3。在连接 PROFIBUS 网络时，每增加一个 PROFIBUS 从站，其 PROFIBUS 站地址就会自动加 1，当然也可以更改（最高地址为 126），但不能重叠。

还可用以下方法将其他 PLC 连接 PROFIBUS 网络上：打开待连接 PLC 的 PROFIBUS 接口巡视窗口，选中"常规"属性中的"PROFIBUS 地址"，在右侧"子网"列表框中选择"PROFIBUS_1"子网络名称即可。

4. 修改属性

在图 5-13 中，选中 PROFIBUS_1 网络，在打开的巡视窗口中，在"常规"属性中可以更改 PROFIBUS 网络的名称，在"网络设置"属性中可以更改"最高 PROFIBUS 地址"和传输速率。PROFIBUS 网络的通信速率为 9.6 kbit/s ~ 12 Mbit/s，S7-300 PLC 的 PROFIBUS 通信通常默认传输速率为 1.5 Mbit/s。

单击图 5-13 中"传输速率"右下方的绿色箭头 ，也可以打开 PROFIBUS 网络属性窗口。

5. 编译和保存

PROFIBUS 网络组建完成后，对其进行编译和保存。

5.3.2　S7-300 PLC 之间的 PROFIBUS-DP 通信

在控制系统中常用多台 PLC 控制若干个子任务，这些 CPU 在 DP 网络中作 DP 主站和智能从站。主站和从站的地址是相互独立的，DP 主站不是用 I/O 地址直接访问智能从站的物理 I/O 区，而是通过从站组态时指定通信双方的 I/O 区来交换数据。

注意：该 I/O 区不能占用分配给 I/O 模块的物理 I/O 地址区。

主站和从站之间的数据交换是由 PLC 的操作系统周期性自动完成的，不需要用户编程，但是用户必须对主站和从站之间的通信连接和用于数据交换的地址区进行组态。这种通信方式称为主/从（Master/Slave）通信方式，简称为 MS 方式。

1. 组态从站

在对两个 CPU 的主-从通信组态时，原则上要先组态从站，也可以先组态主站。

（1）创建项目

打开 TIA Portal V16 软件，新建一个项目名称为"MS_300_to_300_DP"，插入两个 300 工作站，分别命名 300_Master 和 300_Slave。

（2）硬件组态

首先将两个工作站上 CPU 的起始输入/输出地址都更改为 0。打开 300_Slave 工作站的设备视图窗口，选中"设备视图"中 CPU 的 MPI/DP 接口，在其巡视窗口的"常规"属性中，选中"MPI 地址"，将其右侧窗口"参数"选项的"接口类型"更改为"PROFIBUS"，"地址"更改为"3"。单击"接口连接到"选项中的"添加新子网"按钮，生成一条默认名称为 PROFIBUS_1 的新子网。

（3）组态 DP 模式

如图 5-14 所示，在 300_Slave 的 MPI/DP 接口属性的巡视窗口中，选中"常规"属性中的"操作模式"选项，在其右侧窗口将 300_Slave 工作站设置为"DP 从站"（点选 DP 从站选项），然后在"分配的 DP 主站"列表框中选择"300_Master. MPI/DP 接口_1"。如果勾选"测试、运行和路由"复选框，则这个接口既可以作为 DP 从站，还可以通过这个接口监控程序。

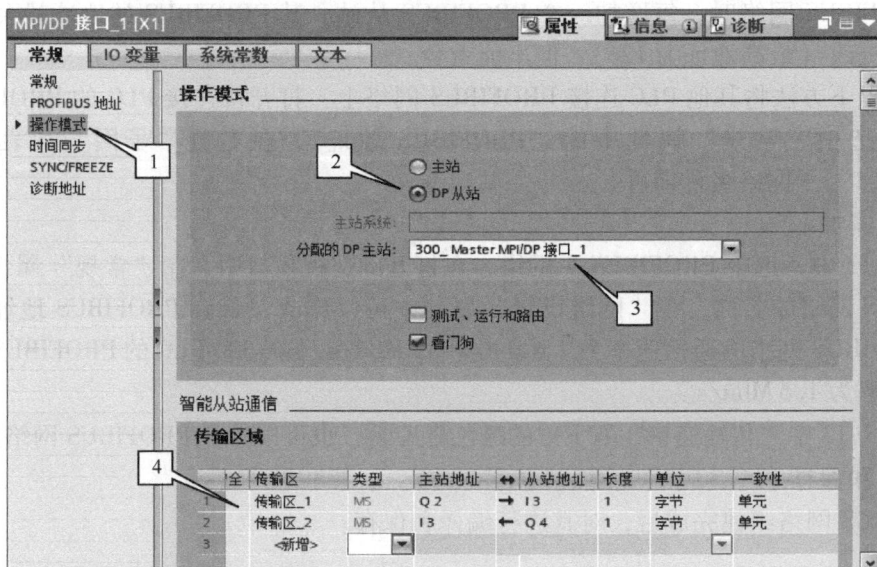

图 5-14　组态 DP 模式及通信接口区设置

（4）定义从站通信接口区

在图 5-14 中，在"智能从站通信"中，可以组态通信双方的"传输区域"。双击（或两次单击，间隔时间略长些）传输区域中"传输区"列下方第一行中的"新增"按钮，此时传输区列下方第一行自动出现"传输区_1"，"类型"默认为"MS"，"主站地址"自动变为"Q 2"（CPU 的集成输出地址已更改为 QB0~QB1），"从站地址"自动变为"I 3"CPU 的集成输出地址已更改为 IB0~IB2），并且传输方向由主站指向从站。

再次强调：DP 主站不是用 I/O 地址直接访问智能从站的物理 I/O 区，而是通过从站组态时指定通信双方的 I/O 区来交换数据。

在传输区_1 中的主站地址和从站地址可以更改（范围为 0~2047，但不能是 CPU 模块上的物理地址），传输方向也可以更改（单击传输方向的单向箭头，此单向箭头会自动改变方向），若传输方向更改了，则主从站传输区的地址也会被系统更改，即 I 变为 Q，Q 变为 I，地址采用系统默认的从紧接物理 I/O 区以后的地址。

"长度"用来设置通信区域的大小，最多 32B，在此设置为 1。"单位"用来选择按字节（Byte）或按字（Word）来通信，在此选择 Byte。

双击传输区域中"传输区"列下方第二行中的"新增"按钮，此时传输区列下方第二行自动出现"传输区_2"。在此，改变传输方向，使主站接收，从站发送，将从站 QB4 中数据传输给主站 IB3，"长度"为"1"，按"字节"传输，如图 5-14 所示。建议将主从站的数据发送区和接收区组态为同一区域，这样便于程序的编写和阅读。

同样根据实际通信数据需要，可以建立若干行，但最大不能超过 244B。

> 💡 **注意**：此时只能对本地（从站）进行通信数据区的配置，而且从站的输出区与主站的输入区相对应，从站的输入区同主站的输出区相对应，如图 5-14 所示。其中，主站的输出区 QB2 与从站的 IB3 相对应（如果组态是多个字节，则从组态的字节开始与之一一对应）；主站的输入区 IB3 与从站的输出区 QB4 相对应（建议用户将输入区和输出区地址设置为同一地址，这样方便编程及记忆）。

（5）编译组态

通信区设置完成后，对从站组态信息进行编译（选中从站 CPU 上 MPI/DP 接口，再单击工具栏上的编译按钮）并保存，编译无误后即完成从站的组态。

2. 组态主站

完成从站组态后，再对主站进行组态，基本过程与从站相同。在此，将 300_Master 设置为主站（默认设置），其 DP 站地址设置为 2（默认设置），并选择与从站相同的 PROFIBUS 网络"PROFIBUS(1)"，传输速率及配置文件与从站设置应相同（1.5 Mbit/s，DP）。

对主站的组态信息进行编译并保存，配置完成后，分别将配置数据下载到各自的 PLC 中初始化通信接口数据。

3. 软件编程

系统编程时，为避免网络上某个站点掉电使整个网络不能正常工作，建议将 OB82、OB86、OB122 下载到 CPU 中，这样保证 CPU 有上述中断触发时，CPU 仍可运行。

【例 5-4】使用 S7-300 PLC 的 PROFIBUS-DP 通信方式，实现主站的输入 I0.0~I0.7 控制从站的输出 Q0.0~Q0.7，从站的输入 I0.0~I0.7 控制主站的输出 Q0.0~Q0.7。

按本节所介绍的 PROFIBUS-DP 通信方法，生成站点、组态 DP 操作模式和设置通信接口区（见图 5-14 中的"传输区域"）。本例的主站程序如图 5-15 所示。

从站程序与主站程序类似，只需将程序段 1 中的 QB2 更改为 QB4 便可。

▼ 程序段 1: 将IB0中数据通过QB2输出区发送给从站

```
            MOVE
         ┌──────────┐
      ───┤EN     ENO├───
  %IB0 ──┤IN    OUT1├── %QB2
         └──────────┘
```

▼ 程序段 2: 将从站接收来的数据（在IB3中）传输给QB0

```
            MOVE
         ┌──────────┐
      ───┤EN     ENO├───
  %IB3 ──┤IN    OUT1├── %QB0
         └──────────┘
```

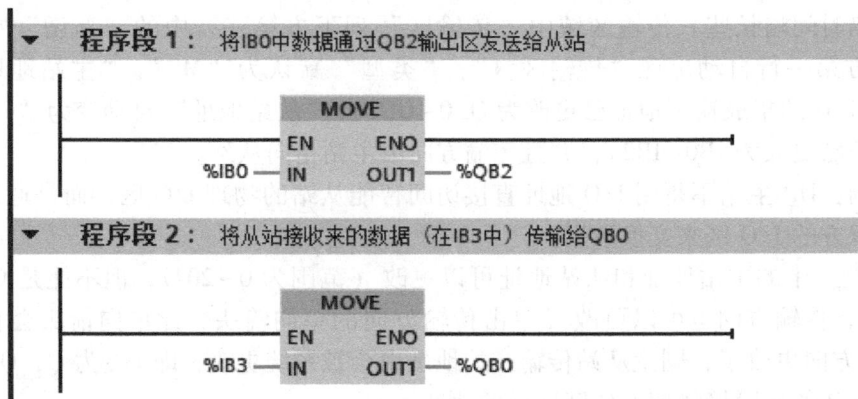

图 5-15 【例 5-4】控制程序

💡 **注意**: 与智能从站 DP 方式的通信不能用 PLCSIM 来仿真，只能用硬件来验证。

将通信双方的程序块、硬件及网络组态信息下载到各自的 PLC 中。用 PROFIBUS 电缆连接主站和从站的 MPI/DP 接口，接通主站和从站的电源。将 CPU 均切换到 "RUN" 模式，通过 PROFIBUS-DP 通信，便可实现用双方的 IB0 控制对方的 QB0。

码 5-2 S7-300 PLC 之间的 PROFIBUS - DP 通信

💡 **注意**: 完成上述操作后，请使用 PROFIBUS-DP 电缆（也可用 MPI 电缆）将通信双方的 PLC 进行硬件连接。

5.4 案例 11: 远程电动机运行状态的监控

5.4.1 目的

1）掌握 DP 通信网络组态的方法。

2）掌握主从通信程序的编写。

5.4.2 任务

使用 S7-300 PLC 的主从 DP 通信方式实现远程电动机运行状态的监控。控制要求如下：本地按钮控制本地电动机的起动和停止，本地电动机在运行过程中，若 10 min 内仍监测不到远程站电动机在运行，则远程电动机自行起动运行，或本地电动机停止 10 min 后，若远程电动机仍在运行则其自行停止（即本地电动机起停受操作者控制，而远程电动机的起停除受操作者控制外，还受本地电动机工作状态控制）。同时，系统要求两站点均能显示本站和远程站电动机的运行状态。

5.4.3 步骤

1. I/O 端口的连接

本案例的输入元器件为本地电动机的起动按钮和停止按钮、本地电动机过载保护的热继电器；输出元器件为接触器 KM、本地和远程电动机的工作状态指示灯。本案例的 I/O 地址分配如表 5-2 所示（本地和远程的 I/O 地址分配表相同，在此只给出本地的 I/O 地址分配表）。

表 5-2　远程电动机运行状态监控的主站 PLC 的 I/O 地址分配

输　　入		输　　出	
输入继电器	元器件	输出继电器	元器件
I0.0	本地起动按钮 SB1	Q0.0	接触器 KM
I0.1	本地停止按钮 SB2	Q0.1	本地工作指示灯 HL1
I0.2	热继电器 FR	Q0.2	远程工作指示灯 HL2

本案例的主电路为电动机的直接起动电路，同图 1-32，而且本地和远程控制主电路也相同。本案例中本地 PLC 的 I/O 端口连接如图 5-16 所示。

2. 创建项目与硬件组态

创建一个名称为"M_YCjiankong"的项目，生成两个 S7-300 工作站，分别取名为 DPM_1 和 DPS_2，均添加一个 CPU 314C-2 PN/DP 模块，并将它们的输入输出起始地址更改为 I0.0 和 Q0.0。

请读者参考 5.3.1 节和 5.3.2 节，将两站的 PRO-FIBUS 地址分别设为 2 和 3，通信速率均为 1.5 Mbit/s。增加两个数据区域，并将通信接口区都设置为 IB100 和 QB100，长度为 1，单位为 BYTE，智能从站的"传输区域"设置如图 5-17 所示。

硬件及网络组态完成后进行编译和保存，再将硬件及网络组态下载到各自的 CPU 中。

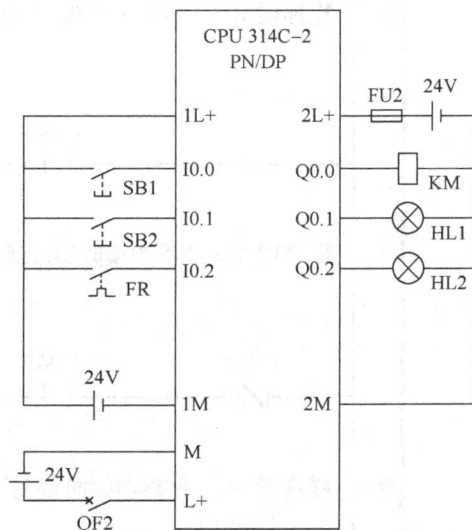

图 5-16　远程电动机运行状态监控的 I/O 接线图

图 5-17　"传输区域"设置

3. 编写程序

在本案例中将本地和远程站中所使用的存储器、定时器及其地址分配相同，本地和远程电动机的起停控制程序分别如图 5-18 和图 5-19 所示。

4. 调试程序

将两站中的硬件和网络组态及程序编译后下载到各自的 CPU 中，先断开主电路，只接通 CPU 电源。先按下本地站电动机的起动按钮，然后再按下远程站电动机的起动按钮（10 s 以内），观察两站 CPU 上的接触器 KM 是否吸合及两个指示灯是否点亮；停止两台电动机，再先按下本地站电动机的起动按钮，不要按下远程站电动机的起动按钮，观察 10 s 后远程 CPU 上的接触器 KM 是否吸合。

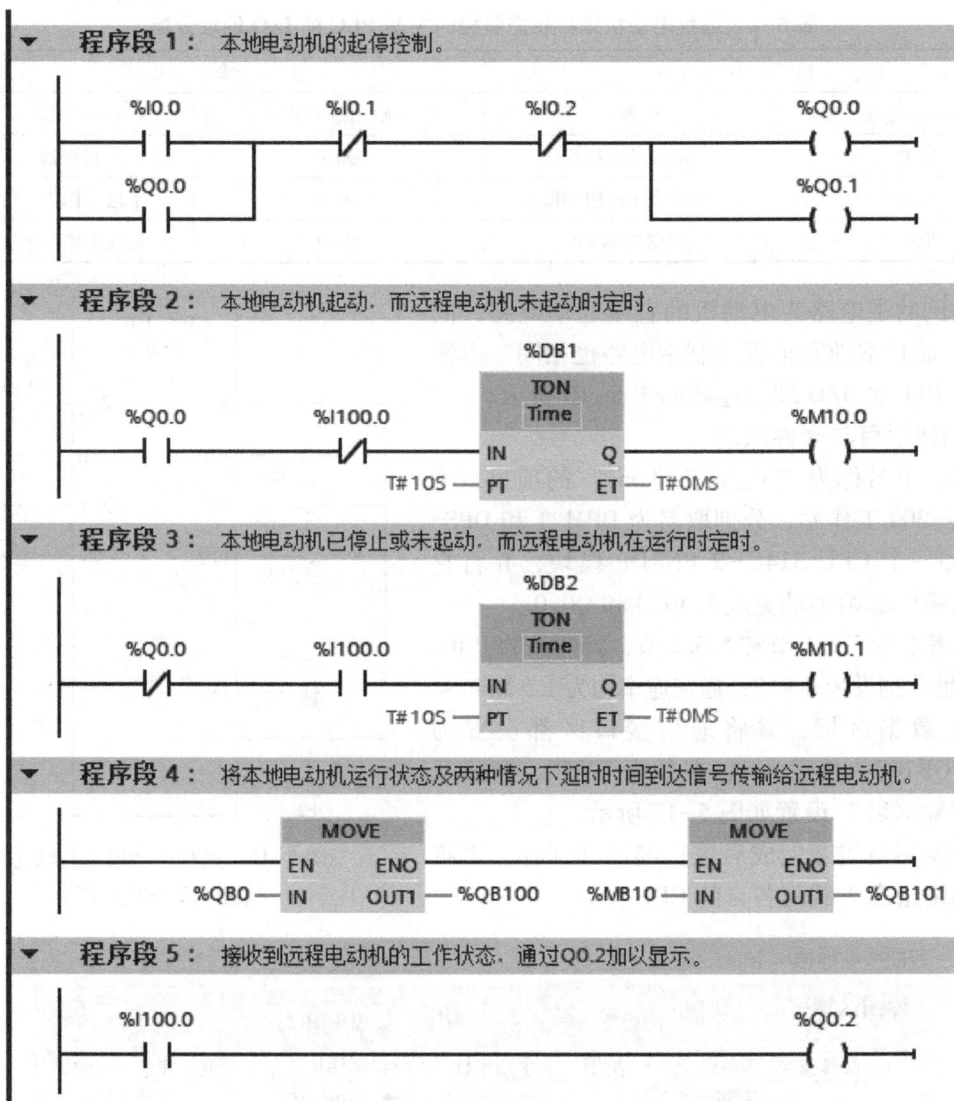

图 5-18 远程电动机运行状态的监控——本地控制程序

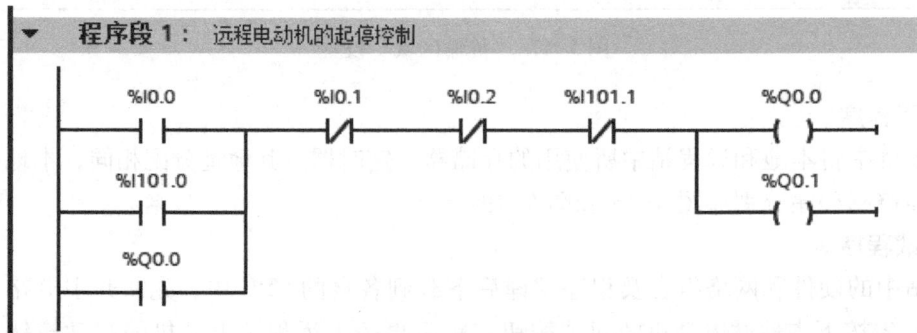

图 5-19 远程电动机运行状态的监控——远程控制程序

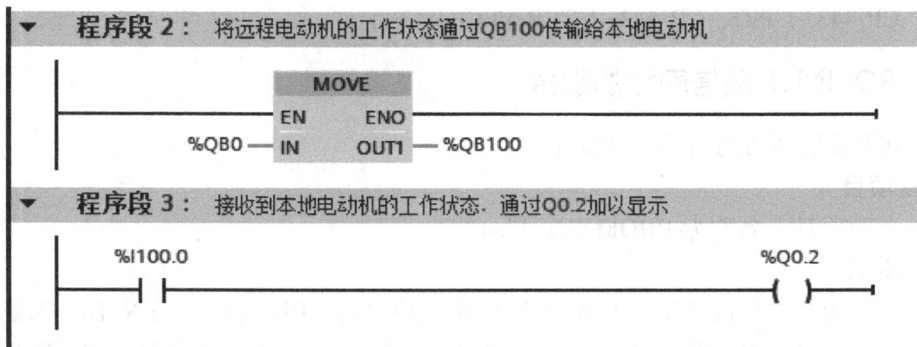

图 5-19 远程电动机运行状态的监控——远程控制程序（续）

先按下本地站和远程站的起动按钮，过一段时间再按下本地站的停止按钮，10 s 后观察远程站上 CPU 上的接触器是否自行断开，如果上述调试现象与任务要求一致，则说明网络组态、两站控制程序及 I/O 端口的线路连接正确。

若上述调试现象正确，再合上两站主电路上的电源，再按上述操作步骤操作一次，若两站电动机的起停现象与任务要求一致，则说明本案例功能实现。

5.4.4 训练

1）训练 1：两台电动机的异地监控：要求两台电动机相互监控，即有一台首先起动，另一台在 10 s 内若没有起动，则自行起动；有一台首先停止，另一台在 10 s 内若没有停止，则自行停止。

2）训练 2：3 个 S7-300 PLC 之间的 DP 主从通信。要求按下第一站的按钮 I0.0，第二站的 Q0.0 被点亮，按下第二站的 I1.0，第三站的 Q1.0 被点亮，按下第三站的 I0.0，第一站的 Q0.0 被点亮。

3）训练 3：使用 DP 通信方式实现案例 10 中任务。

5.5 PROFINET 通信

PROFINET 协议由 PROFIBUS 国际组织（PROFIBUS International，PI）推出的新一代基于工业以太网技术的自动化总线标准。使用 PROFINET 协议可以将分布式 I/O 设备直接连接到工业以太网，与 PLC 进行高速数据交换。PROFINET 协议可以用于运动控制等。对实时性要求很高的自动化解决方案。PROFINET 通过工业以太网，可以实现从公司管理层到现场层的直接、透明地访问，PROFINET 整合了自动化领域和 IT 领域。

工业以太网的组建需要工业以太网通信处理器（Communication Processor，CP），包括用在 S7 系列 PLC 站上的处理器 CP 243-1 系列、CP 343-1 系列和 CP 443-1 系列等。

CP 243-1 是为 S7-200 系列 PLC 设计的工业以太网通信处理器，通过 CP 243-1 模块，用户可以很方便地将 S7-200 系列 PLC 通过工业以太网进行连接，通过工业以太网对 S7-200 系列 PLC 进行远程组态、编程和诊断。同时，S7-200 系列 PLC 也可以同 S7-300、S7-400 系列 PLC 进行以太网的连接。

CP 343-1 是 S7-300 系列 PLC 工业以太网通信处理器，按所支持协议的不同，可以分为 CP 343-1、CP 343-1 ISO、CP 343-1 TCP、CP 343-1 IT 及 CP 343-1 PN。

CP 443-1 是 S7-400 系列 PLC 工业以太网通信处理器，按所支持协议的不同，可以分为

CP 443-1、CP 443-1 ISO、CP 443-1 TCP 和 CP 443-1 IT。

5.5.1 PROFINET 通信网络的组建

PROFINET 通信网络的组建步骤如下。

1. 创建项目

创建一个新项目,名称为 PROFINET_First。

2. 生成站点

生成需配置的节点数或站数,如两个站,在此均选择 CPU 314C-2 PN/DP 模块,CPU 型号中带有 "PN" 就是 CPU 模块集成有 PROFINET 通信接口,这种型号的 CPU 无需通过通信处理器就可以进行以太网通信。如果 CPU 模块未集成 PN 通信口,则需进行以太网通信就必须要增加相应的 CP 通信模块。

3. 配置网络

在新建项目的项目树中,双击项目名称下方的 "设备与网络",打开设备与网络的 "网络视图" 窗口(或双击项目树中的任意一个 PLC 文件夹中的 "设备组态",在打开的设备视图窗口中单击 "网络视图" 选项卡,也可打开此窗口),此时会看到已添加的 2 个 CPU 模块,如图 5-20 所示。

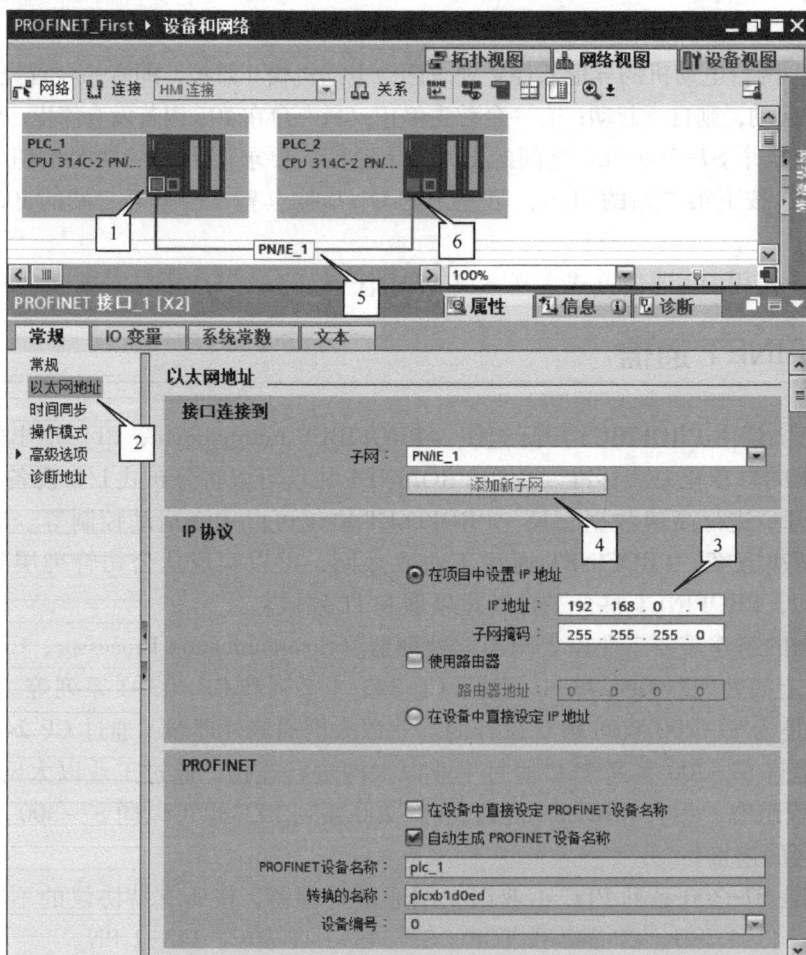

图 5-20 以太网接口属性设置

单击选中 PLC_1 的 CPU 模块上的 Ethernet 接口（绿色），在下方打开的巡视窗口中选择"常规"属性，选中"以太网地址"，在其右侧的"IP 协议"选项中，可以看到 CPU 模块的默认"IP 地址"为"192.168.0.1"（可以更改，最后一个字节地址可更改范围为 1~254），"子网掩码"为"255.255.255.0"。

单击"接口连接到"选项中的"添加新子网"按钮，这时将新建一条名称为"PN/IE_1"的新子网。同时，在"网络视图"窗口生成一条名称为"PN/IE_1"绿色网线，CPU 模块上的 Ethernet 接口也变成绿色背景填充。

在"网络视图"窗口中，在 PLC_2 的 Ethernet 接口处按住鼠标左键并拖拽至 PN/IE_1 网络线上后松开，此时 PLC_2 就连接到 PN/IE_1 子网络上（见图 5-20）。单击 PLC 上 Ethernet 接口，当此接口连接到 PN/IE_1 网络上的连接变为蓝色线时，可按下键盘上的〈Delete〉键将其已连接上的网络线删除。

选中 PLC_2 的 Ethernet 接口，在打开的巡视窗口中能看到它的 PROFINET 站 IP 地址为 192.168.0.2（插入 CPU 时 IP 地址默认为 192.168.0.1）。在连接 PROFINET 网络时，每增加一个 PROFINET 站点，其 IP 地址就会自动加 1（最后一个字节地址），当然也可以更改（最高地址为 254），但不能重叠。

4. 编译和保存

PROFINET 网络组建完成后，对其进行编译和保存。

5.5.2 采用 S7 通信协议的 PROFINET 通信

1. 双向通信

采用 S7 通信协议的双向 PROFINET 通信操作步骤如下。

（1）创建项目

创建一个名称为"S7 通信_NET"的项目。插入两个 S7-300 PLC 工作站，添加两个 CPU 模块，均为 CPU 314C-2 PN/DP。

（2）硬件组态

首先分别选中 PLC_1 和 PLC_2，将它们集成的 I/O 起始地址均更改为 0，按 5.5.1 节新建一条 PN/IE_1 子网络，并且将 PLC_2 连接到该子网络上（两站点的 IP 地址分别为 192.168.0.1 和 192.168.0.2）。

（3）组态 S7 连接

在项目的"网络视图"窗口，单击左上角的"连接"按钮，然后单击右侧"HMI 连接"选择框右侧的向下三角形按钮■，在出现的对话框中选择"S7 连接"，如图 5-21 所示。

在"网络视图"中选中 PLC_1 设备的 CPU 模块右击，然后选择"添加新连接"，弹出图 5-22 所示"添加新连接"对话框。

在图 5-22 中可以看到"本地 ID"为"1"，"主动建立连接"复选框已经勾选，"单向"复选框被禁止选中（该复选框为灰色），因此连接是双向的。

选中图 5-22 左侧的"PLC_2[CPU 314C-2 PN/DP]"，然后选中右侧窗口中的"PLC_2，PROFINET 接口_1[X2]"，单击右下角的"添加"按钮，然后在"信息"栏显示已添加的接口。新的连接添加完成后，"本地 ID"自动变为"2"。单击该对话框右下角的"关闭"按钮，将此对话框关闭。此时在"网络视图"窗口"PN/IE_1"网络线变为"S7_连接_1"网络线，如图 5-23 所示。

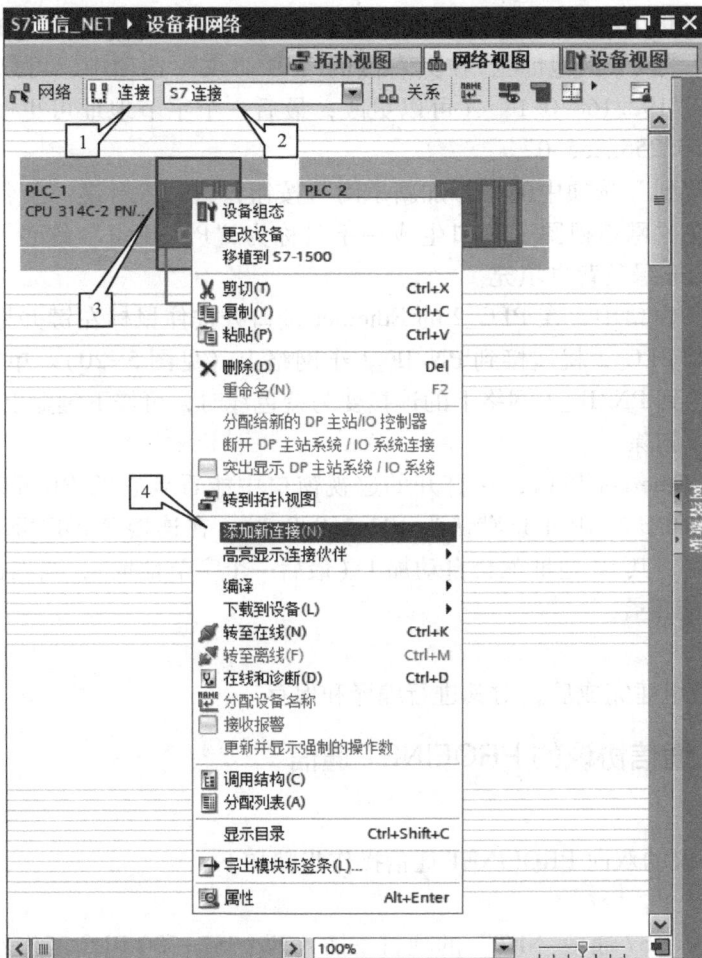

图 5-21 添加新连接的操作

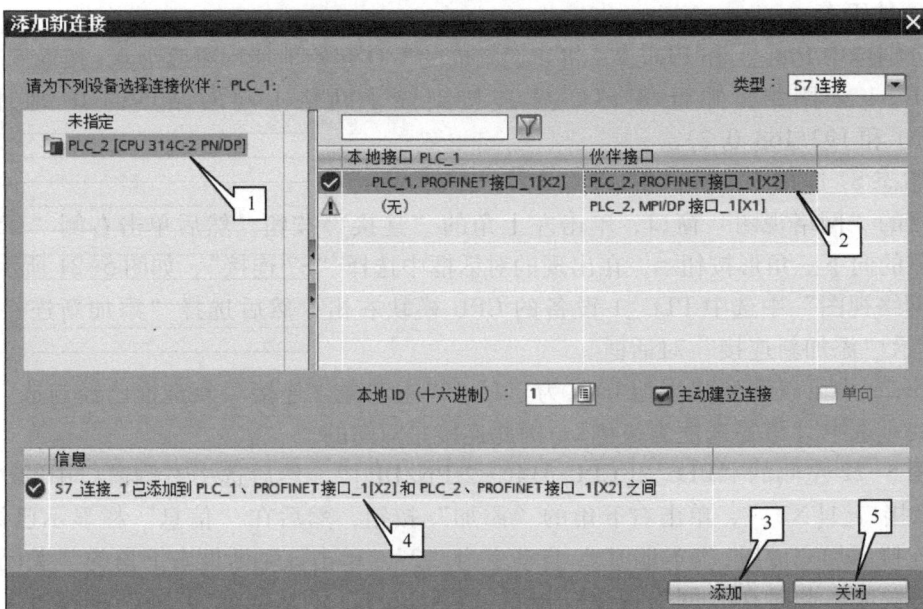

图 5-22 "添加新连接" 对话框

图 5-23　"S7_连接_1"属性对话框

在关闭"添加新连接"对话框的同时弹出"S7_连接_1[S7 连接]"属性对话框(或选中网络视图中的"S7_连接_1"网络线,打开其巡视窗口),如图 5-23 所示。

在图 5-23 中的"常规"属性的"常规"选项中,可以看到"连接路径"中本地和伙伴两站点的 PLC 设备名称(PLC_1 和 PLC_2)及其 CPU 的型号、它们的接口(PROFINET 接口_1[X2])、接口类型(以太网)、子网(PN/IE_1)、IP 地址(分别为 192.168.0.1 和192.168.0.2)等信息。

选中"常规"属性的"本地 ID"选项,可以看到"本地 ID"为 1(W#16#1)。

上述硬件及网络组态完成以后,需要对它们进行编译和保存,然后将硬件及网络组态分别下载到各自的 PLC 中。

(4)编程

由于事先选择了双向通信的方式(在 S7_连接_1 的"常规"属性中的"特殊连接属性"选项中可查看,默认为双向连接),故在编程时需要调用 BSEND(发送分段数据)和 BRCV(接收分段数据)指令,即通信双方均需要编程,一方发送,另一方必须接收才能完成通信。双方通信程序基本相同。为实现周期性的数据传输,用周期为 100 ms 的时钟存储器位 M0.0 为BSEND 指令提供发送请求信号 REQ。在组态硬件时,启用 CPU 的"时钟存储器",设置 MB0为时钟存储器。

BSEND 和 BRCV 指令在"指令"选项卡"通信"指令的"S7 通信"文件夹中。

首先在发送方调用指令 BSEND 发送数据，然后在接收方调用指令 BRCV 接收数据，双向通信发送和读取数据的程序如图 5-24 所示。

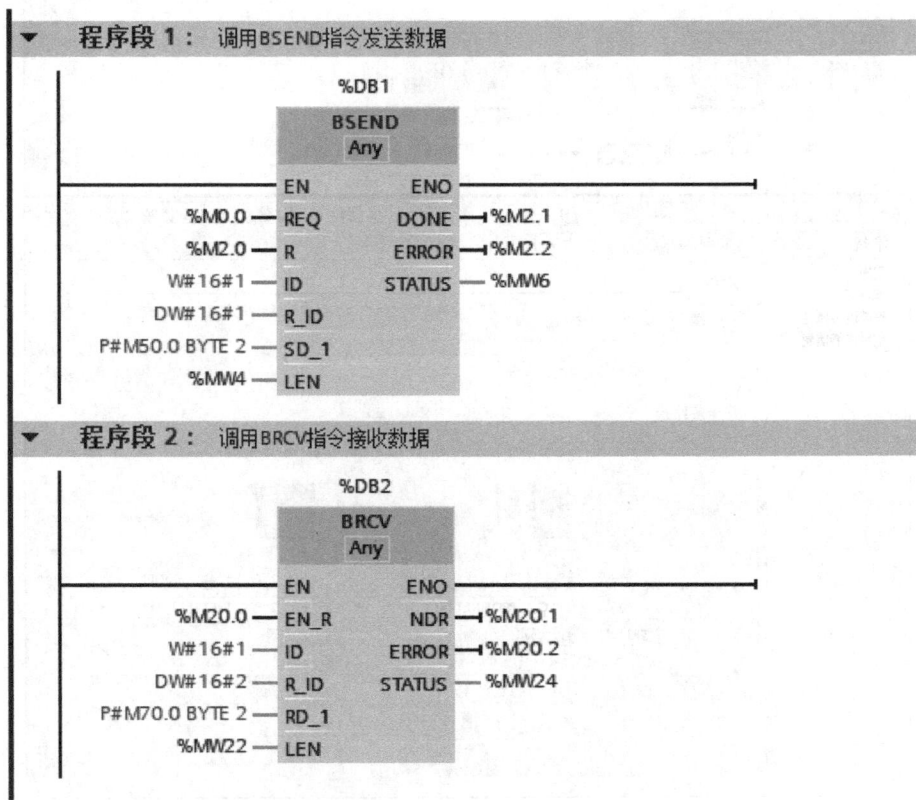

图 5-24　双向通信发送和读取数据的程序

指令中"ID"为网络参数，在网络组态时确定（在"S7_连接_1"网络的"常规"属性的"本地 ID"选项中可以看到，其值为 1（W#16#1）。参数"R_ID"用于区分同一连接中不同指令的调用，对于同一数据包，发送方和接收方的 R_ID 应相同，在编程时由用户自定义。BSEND 和 BRCV 指令的参数含义分别如表 5-3 和表 5-4 所示。

表 5-3　BSEND 指令的参数含义

参　数　名	数据类型	参　数　说　明
REQ	BOOL	上升沿触发工作
R	BOOL	上升沿时终止数据交换
ID	INT	连接 ID
R_ID	DWORD	连接号，相同连接号的功能块互相对应发送/接收数据
DONE	BOOL	为"1"时，发送完成
ERROR	BOOL	为"1"时，有故障发生
STATUS	WORD	故障代码
SD_1	ANY	发送数据区
LEN	WORD	发送数据的长度，不能使用常数，可使用传送指令将其赋值

表 5-4　BRCV 指令的参数含义

参 数 名	数 据 类 型	参 数 说 明
EN_R	BOOL	为"1"时，准备接收
ID	INT	连接 ID
R_ID	DWORD	连接号，相同连接号的功能块互相对应发送/接收数据
NDR	BOOL	为"1"时，接收完成
ERROR	BOOL	为"1"时，有故障发生
STATUS	WORD	故障代码
RD_1	ANY	接收数据区
LEN	WORD	接收到的数据长度，不能使用常数，可使用传送指令将其赋值

注：本地站调用的指令 BSEND 和 BRCV 中发送和接收数据包的 R_ID 分别为 1 和 2，则在通信伙伴站所调用的指令
BRCV 和 BSEND 中接收和发送数据包的 R_ID 应分别为 1 和 2。

注意：完成上述操作后，请使用以太网电缆将通信双方的 PLC 进行硬件连接。

2. 单向通信

单向通信时，两台 PLC 分别作为客户机和服务器，客户机调用
单向通信指令 GET（从远程 CPU 读取数据）和 PUT（向过程 CPU
写入数据），通过以太网 S7 通信，读写服务器的寄存器。服务器是
通信中的被动方，不需要编写通信程序，只需要设置正确的 IP 地址即可。

码 5-3　S7-300
PLC 之间的
PROFINET 通信

当单向通信时，只需在本地的 PLC 调用指令 GET 和 PUT。

GET 和 PUT 指令在"指令"选项卡"通信"指令的"S7 通信"文件夹中。

采用 S7 通信协议的单向 PROFINET 通信操作步骤如下。

（1）创建项目

创建一个名称为"S7 通信_NET_DX_1"的项目。插入两个 300 工作站，添加两个 CPU 模
块，均为 CPU 314C-2 PN/DP。

（2）硬件组态

首先分别选中 PLC_1 和 PLC_2，将它们集成的 I/O 起始地址均更改为 0，在 CPU 的属性
窗口将两站点的 IP 地址分别设置为 192.168.0.1 和 192.168.0.2。在 PLC_1 的 CPU 属性窗口，
选择"常规"属性中的"PROFINET 接口[X2]"，然后在右侧窗口"接口连接到"选项中单
击"添加新子网"生成一条名称为"PN/IE_1"的子网络，同时启用 PLC_1 中的时钟存储器，
地址为 MB0。

（3）调用指令并组态

打开设备 PLC_1 的主程序（PLC_1 为客户机），将"指令"选项卡"通信"指令的"S7
通信"文件夹中 GET 和 PUT 指令分别拖拽到程序段 1 和程序段 2，在生成该指令时会产生相
应指令的背景数据块，单击"确定"按钮，使用默认的背景数据块名称和编号。

单击 GET 指令右上角的"开始组态"按钮🔳（见图 5-28），打开 GET 指令属性对话框，
如图 5-25 所示。单击"组态"选项卡下的"连接参数"，在其右侧窗口将"伙伴"选择为
"未指定"（选择后在伙伴端点显示"未知"），在伙伴的地址栏输入"192.168.0.2"（见

图 5-25）。可以看到本地中的"子网名称"是"PN/IE_1"，"连接 ID"是"1"，"连接名称"是"S7_连接_1"，并且是"主动建立连接"。当组态完图 5-25 中内容时，GET 指令的输入参数"ID"自动变为"W#16#1"，"连接参数"右侧的红色叉符号❌变成了绿色勾符号✅。

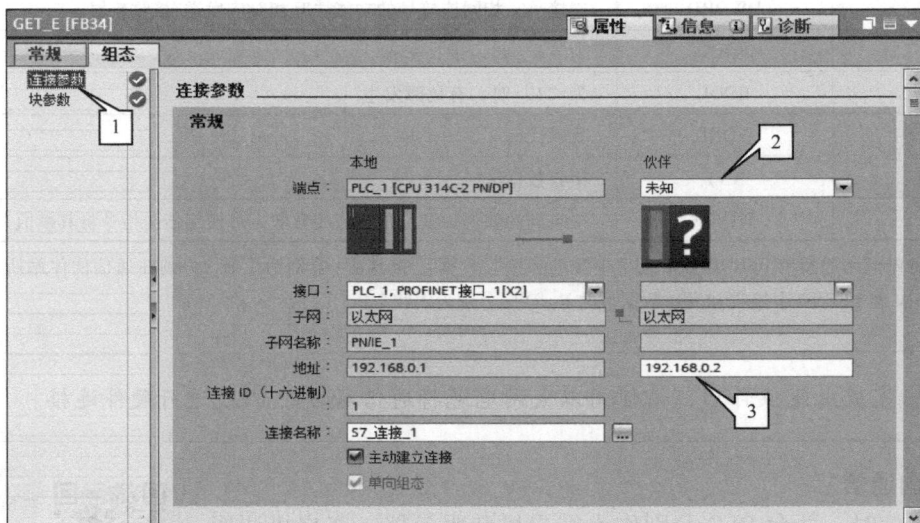

图 5-25　GET 指令属性对话框

图 5-25 中"块参数"选项未经组态时显示为绿色勾符号✅，表示此指令的"块参数"可以不用组态，直接在 GET 指令中手动填写输入和输出参数。若打开"块参数"属性对话框并且在此组态，则 GET 指令中输入和输出参数将会根据在"块参数"组态的地址信息自动添加上去。

"块参数"中进行组态的设置如图 5-26 所示。其中"REQ"是读取数据请求信号，在此输入 M0.0（周期为 100 ms 的方波脉冲信号，符号名为"Tag_1"）；读取伙伴 MB20 开始的连续 10 个字节（是以指针的形式寻址操作数的存储空间）；存储在本地 MB40 开始的连续 10 个字节；读取完成位 NDR 为 M2.0（符号名为"Tag_4"）；读取错误位 ERROR 为 M2.1（符号名为"Tag_5"）；错误信息 STATUS 为 MW4（符号名为"Tag_6"）。

单击 PUT 指令右上角的"开始组态"按钮▣，打开 PUT 指令属性对话框，如图 5-27 所示。单击"组态"选项卡下的"连接参数"，在其右侧窗口将"伙伴"选择为"未指定"（选择后在伙伴端点显示"未知"），然后伙伴的 IP 地址则自动添加到伙伴的地址栏。同时 PUT 指令的输入参数"ID"自动变为"W#16#1"，"连接参数"右侧的红色叉符号❌变成了绿色勾符号✅。

PUT 指令的"块参数"内容与 GET 指令"块参数"内容相似，在此，在 PUT 指令中手动填写如图 5-28 所示（M0.1 为周期 200 ms 的方波脉冲信号）信息。当 PUT 指令中输入和输出参数填写后，打开该 PUT 指令的"块参数"设置对话框，可以看到这些参数已经被填入到相应位置。

上述组态完后的单向通信发送和读取数据程序如图 5-28 所示。

GET 和 PUT 指令参数含义分别如表 5-5 和表 5-6 所示。

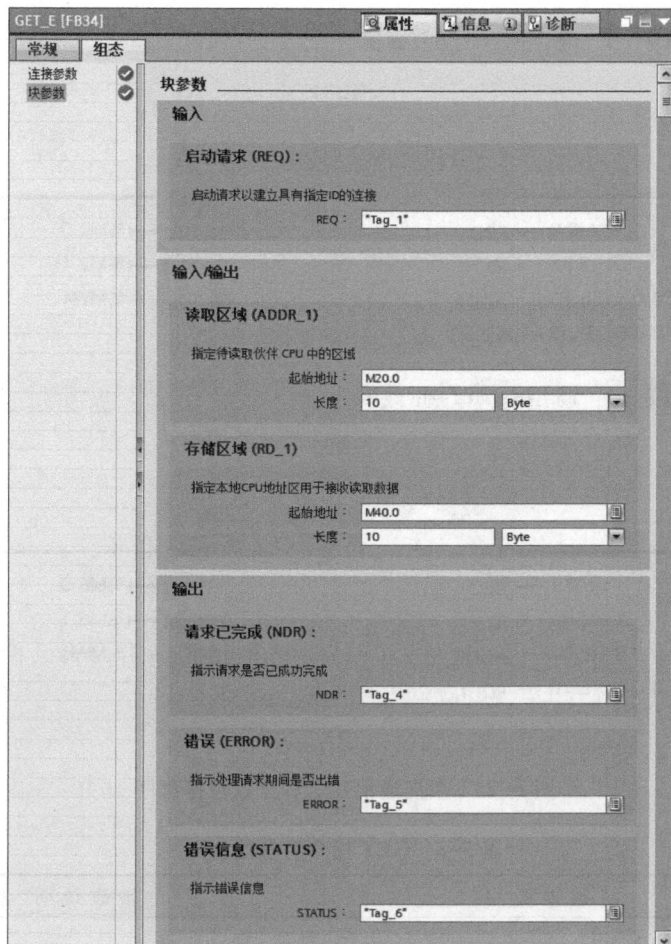

图 5-26　GET 指令"块参数"属性对话框

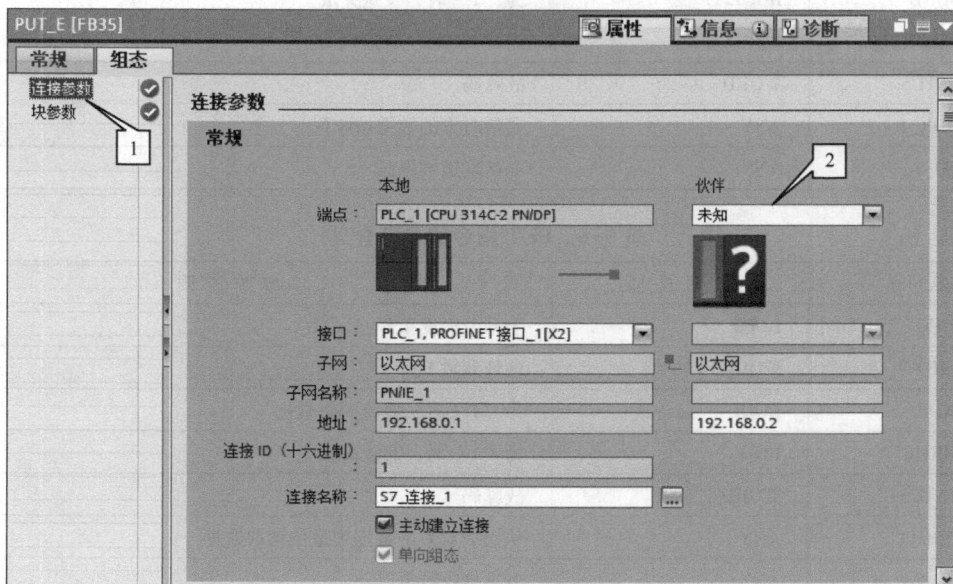

图 5-27　PUT 指令属性对话框

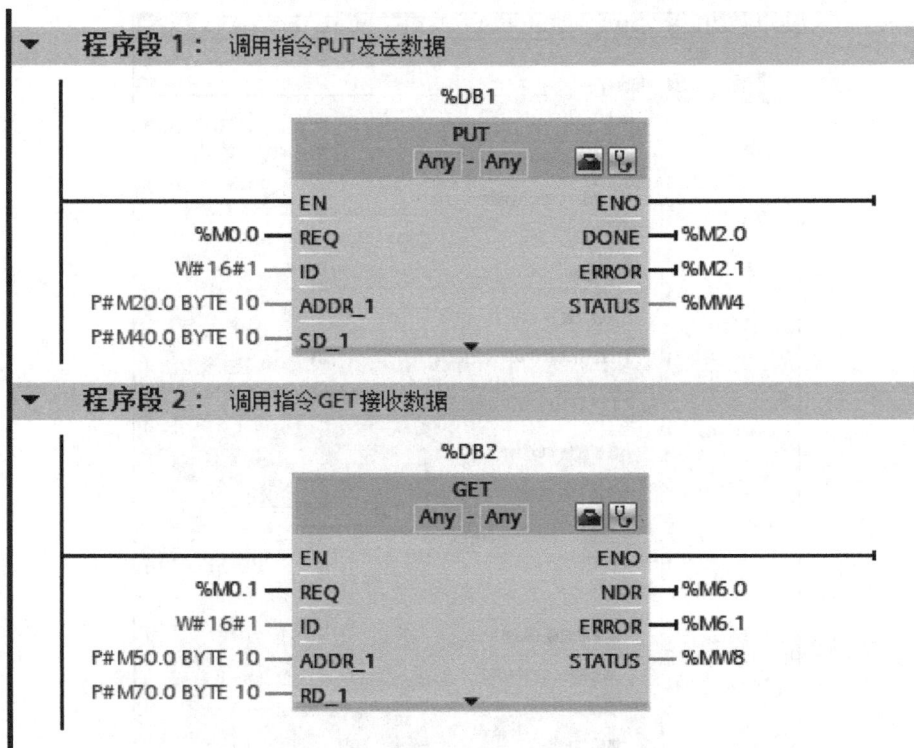

图 5-28　单向通信发送和读取数据程序

表 5-5　GET 指令的参数含义

参 数 名	数 据 类 型	参 数 说 明
REQ	BOOL	上升沿触发工作
ID	WORD	地址参数 ID
DONE	BOOL	为 "1" 时, 发送完成
ERROR	BOOL	为 "1" 时, 有故障发生
STATUS	WORD	故障码
ADDR_1	ANY	通信对方的数据接收区
SD_1	ANY	本站发送数据区

表 5-6　PUT 指令的参数含义

参 数 名	数 据 类 型	参 数 说 明
REQ	BOOL	上升沿触发工作
ID	WORD	地址参数 ID
NDR	BOOL	为 "1" 时, 接收到新数据
ERROR	BOOL	为 "1" 时, 有故障发生
STATUS	WORD	故障码
ADDR_1	ANY	从通信对方的数据地址中读取数据
SD_1	ANY	本地接收数据区

当两台 S7-300 PLC 之间通过 PN 端口进行基于 S7 通信的单向通信时，可用上述方法组态。若三台以上 S7-300 PLC 之间通过单向通信方式进行数据交换时（以其中的一台为客户机，其他都是服务器，服务器之间的数据交换通过客户机进行周转），可采用以下方法进行组态，在此，仍以两台 S7-300 PLC 为例介绍。

（1）创建项目

创建一个名称为"S7 通信_NET_DX_2"的项目。插入两个 S7-300 PLC 工作站，添加两个 CPU 模块，均为 CPU 314C-2 PN/DP。

（2）硬件组态

分别选中 PLC_1 和 PLC_2，将它们集成的 I/O 起始地址均更改为 0，启用 PLC_1 中的时钟存储器，地址为 MB0。在 PLC_1 的 CPU 属性窗口，选择"常规"属性中的"PROFINET 接口 [X2]"，然后在右侧窗口"接口连接到"选项中单击"添加新子网"生成一条名称为"PN/IE_1"的子网络。

在项目的"网络视图"窗口，按住 PLC_2 设备 CPU 上的 PN 接口拖拽到"PN/IE_1"的子网络上，PLC_2 设备的 IP 地址自动变成 192.168.0.2；或打开 PLC_2 设备 CPU 的属性窗口，选择"常规"属性中的"PROFINET 接口 [X2]"，在右侧窗口先将 IP 地址更改为192.168.0.2，然后在"接口连接到"选项中"子网"栏中选择"PN/IE_1"，此时两台 PLC之间通过"PN/IE_1"子网络相连接。

（3）调用指令及组态

打开设备 PLC_1 的主程序，生成 GET 和 PUT 指令。

单击 GET 指令右上角的"开始组态"按钮，打开 GET 指令属性对话框，如图 5-29 所示。单击"组态"选项卡下的"连接参数"，在其右侧窗口将"伙伴"选择为该指令读取数据的那台 PLC 设备（同一程序中，可以允许有多条 GET 和 PUT 指令，组态每一条指令时，应该选择相应的伙伴设备），在此选择"PLC_2 [CPU 314C-2 PN/DP]"，其他参数均为自动添加。

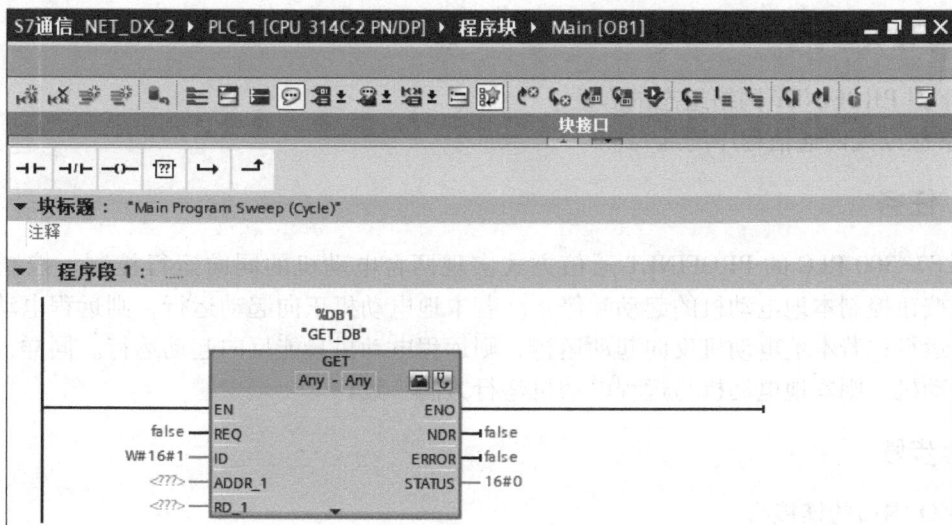

图 5-29　GET 指令属性对话框

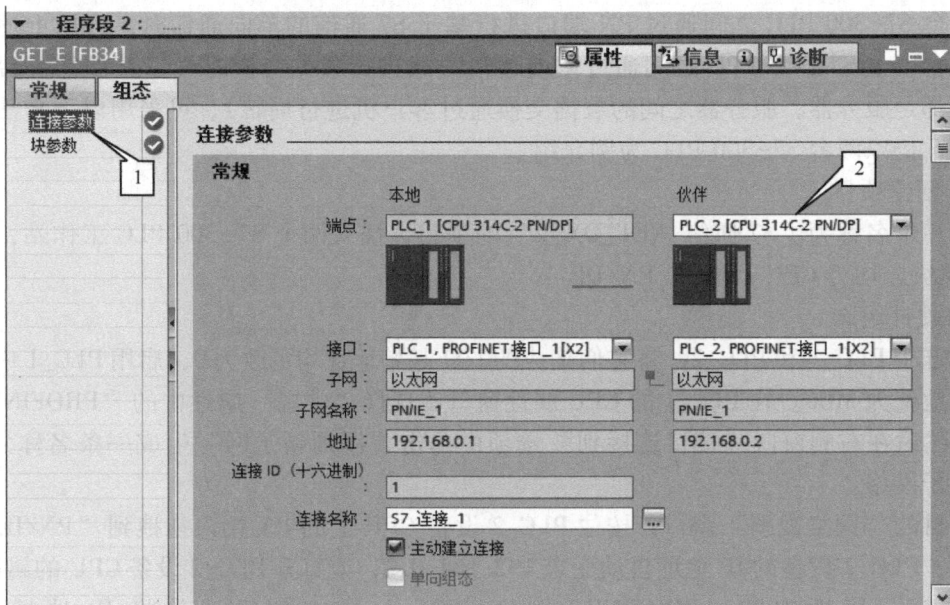

图 5-29 GET 指令属性对话框（续）

单击 PUT 指令右上角的"开始组态"按钮 ▣，打开 PUT 指令属性对话框。组态方法同 GET 指令，只需将伙伴的"端口"选择为"PLC_2[CPU 314C-2 PN/DP]"便可。

GET 和 PUT 指令的"块参数"组态方式与以上介绍相同，不再赘述。

注意：在创建的项目中所做的硬件组态、网络组态、指令组态都需要及时编译和保存。

5.6 案例 12：两台电动机的同向运行控制

5.6.1 目的

1）掌握 PROFINET 网络组态的方法。

2）掌握以太网通信程序的编写。

5.6.2 任务

使用 S7-300 PLC 的 PROFINET 通信方式实现两台电动机的同向运行控制。控制要求如下：本地按钮控制本地电动机的起动和停止。若本地电动机正向起动运行，则远程电动机只能正向起动运行；若本地电动机反向起动运行，则远程电动机只能反向起动运行。同样，若先起动远程电动机，则本地电动机与远程电动机运行方向一致。

5.6.3 步骤

1. I/O 端口的连接

本案例的输入元器件为本地电动机的正反向起动按钮和停止按钮、本地电动机过载保护的热继电器；输出元器件为正反向两个接触器 KM。本案例的 I/O 地址分配如表 5-7 所示（本地和远程的 I/O 地址分配相同，在此只给出本地的 I/O 地址分配表）。

表 5-7　两台电动机的同向运行控制本地 PLC 的 I/O 地址分配

输　入		输　出	
输入继电器	元器件	输出继电器	元器件
I0.0	正向起动按钮 SB1	Q0.0	正向运行接触器 KM1
I0.1	反向起动按钮 SB2	Q0.1	反向运行接触器 KM2
I0.2	停止按钮 SB3		
I0.3	热继电器 FR		

本案例的主电路为电动机正反向运行的直接起动电路，而且本地和远程站主电路相同，如图 5-30 所示。本案例中本地 PLC 的 I/O 端口连接如图 5-31 所示。

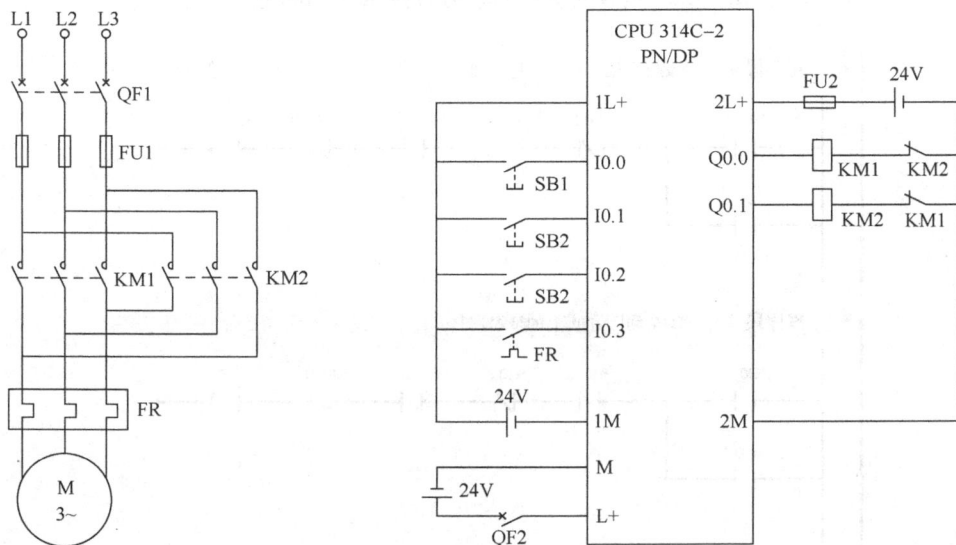

图 5-30　两台电动机的同向运行控制主电路　　图 5-31　两台电动机的同向运行控制 I/O 接线图

2. 创建项目与硬件组态

创建一个名称为"M_tongxiang"的项目，生成两个 S7-300 工作站，分别取名为 PN_300_1 和 PN_300_2，均添加一个 CPU 314C-2 PN/DP 模块，并将它们的输入输出起始地址更改为 I0.0 和 Q0.0。

请读者参考 5.5.2 节双向通信方式介绍的内容进行两个 CPU 模块的组态。

硬件及网络组态完成后进行编译和保存，再将硬件及网络组态程序下载到各自的 CPU 中。

3. 编写程序

本案例采用双向通信方式，故两站均需调用指令 BSEND 和 BRCV。将两站的存储器及其地址分配一致，则两站控制程序相同，在此，只给出本地站控制程序。

（1）OB100 程序

在 OB100 初始化组织块中，将发送数据长度 MW10 赋 1，两台电动机的同向运行控制 OB100 程序如图 5-32 所示。

（2）OB1 程序

两台电动机的同向运行控制 OB1 程序如图 5-33 所示。在程序中主要关注收发数据双方的连接号 R_ID，其中，本地发送数据的连接号（R_ID）和远程接收数据的连接号为 DW#16#1；本地接收数据的连接号和远程发送数据的连接号为 DW#16#1。在只有两站通信时，两站发送数据的连接号可以相同，也可以不同，但发送方和接收方的连接号必须相同。如图 5-24 中，可以将本地站接收数据的连接号和远程站发送数据的连接号设置为 DW#16#2。但在多站进行数据通信（或发送多条数据）时，一般情况下可能要使用多个连接号，这时用户必须明确何站为发送方，何站为接收方，保证发送和接收双方连接号一致即可。

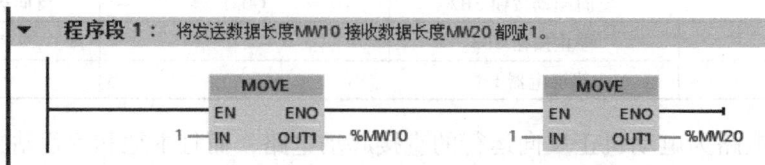

图 5-32　两台电动机的同向运行控制 OB100 程序

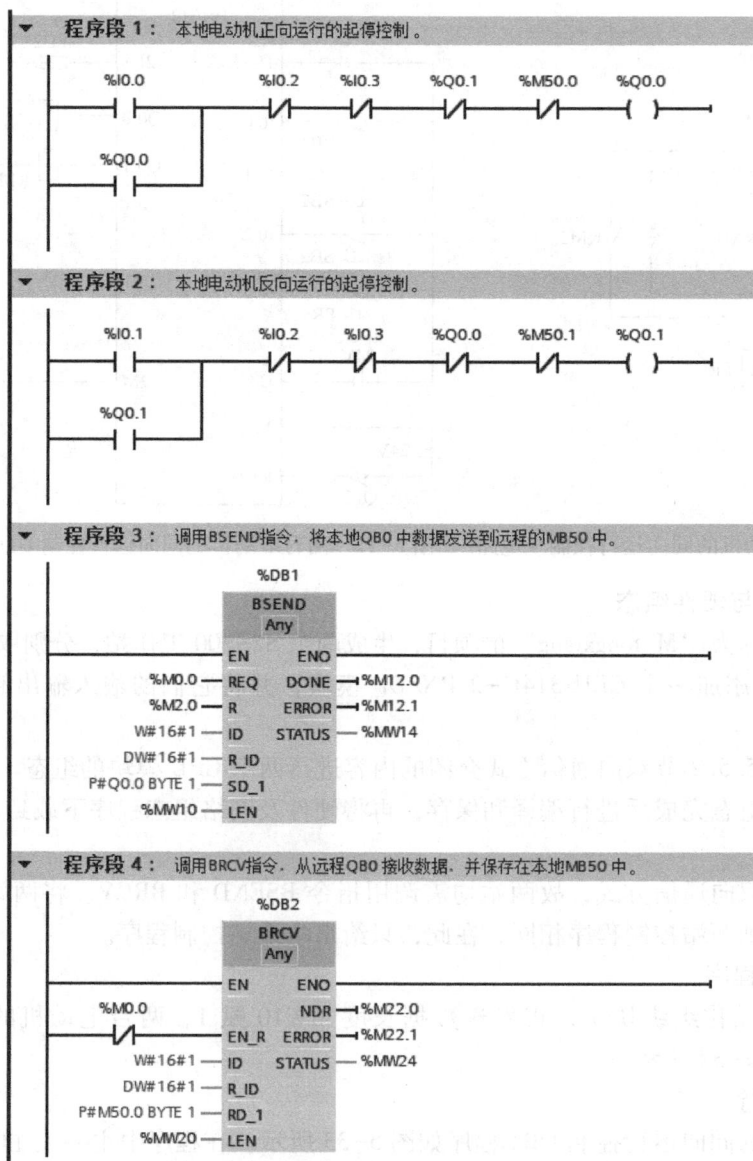

图 5-33　两台电动机的同向运行控制 OB1 程序

4. 调试程序

将两站中的硬件和网络组态程序编译后下载到各自的 CPU 中，先断开主电路，只接通 CPU 电源。先按下本地电动机的正向起动按钮，观察本地接触器 KM1 是否得电，然后再按下远程反向起动按钮，观察远程接触器 KM2 是否得电，若不能得电，再按下远程正向起动按钮，观察远程接触器 KM1 是否得电。

若调试现象与案例要求一致，按下本地和远程停止按钮后，再按下本地反向起动按钮，然后再按下远程正向和反向起动按钮，观察远程接触器 KM1 或 KM2 的吸合情况。

若调试现象与案例任务要求一致，按下本地和远程停止按钮，再先按下远程正向或反向起动按钮，再按下本地正向或反向起动按钮，观察两站接触器是否得电且为同一方向。若调试现象与案例任务要求一致，则说明硬件组态、网络组态、控制程序、I/O 端口的线路连接均正确。

接通两站点主电路的电源，再按上述步骤进行调试，观察两站点电动机是否只能同一方向运行，若调试现象与案例任务要求一致，则说明本案例功能实现。

5.6.4　训练

1）训练 1：用单向通信实现案例 12 中任务。

2）训练 2：用双向通信实现案例 11 中任务。

3）训练 3：3 个 S7-300 PLC 之间的以太网通信。要求按下第一站的按钮 I0.0，第二站和第三站的 Q0.0 被点亮，按下第二站的 I1.0，第一站和第三站的 Q1.0 被点亮，按下第三站的 I2.0，第一站和第二站的 Q2.0 被点亮。

5.7　习题与思考

1. S7-300 PLC 可实现哪些类型的网络通信？

2. S7-300 PLC 的 S7 通信指令有哪些？

3. 在数据通信中，何为服务器？何为客户机？

4. 如何组态 DP 主站和智能从站的通信？

5. 为了防止网络出现故障时 CPU 进入 "STOP" 模式，S7-300 PLC 分别需要生成和下载哪些组织块？

6. 用 MPI 无组态双边通信方式实现本地输入（如 IW0）控制远程输出（如 QW0），远程输入控制本地输出。

7. 用 DP 主从通信方式实现本地输入（如 IB0）控制远程输出（如 QB0），远程输入控制本地输出。

8. 用以太网双边通信方式实现本地输入（如 IB0）控制远程输出（如 QB0），远程输入控制本地输出。

在产品或零件的生产过程中，顺序控制系统的应用较为普遍。本章重点介绍使用起保停设计法和置位/复位指令设计法编写顺序控制系统的控制程序。同时，还介绍使用 S7-GRAPH 语言编写 S7-300 PLC 的顺序控制系统程序的方法。通过本章节学习可掌握顺控系统的程序设计方法。

6.1 顺序控制系统

在工业应用现场中诸多控制系统的加工工艺有一定的顺序性，它是按照生产工艺预先规定的顺序，在各个输入信号的作用下，根据内部状态和时间的顺序，在生产过程中各个执行机构自动地、有秩序地进行操作，这样的控制系统称为顺序控制系统。顺序控制设计法很容易被初学者接受，对于有经验的工程师，该设计法也会提高设计的效率，对程序的调试、修改和阅读也很方便。

图 6-1 为机械手搬运工件的动作过程：在初始状态下（步 S0）若在工作台 E 点处检测到有工件，则机械手下降（步 S1）至 D 点处，然后开始夹紧工件（步 S2），夹紧时间为 3 s，机械手上升（步 S3）至 C 点处，手臂向左伸出（步 S4）至 B 点处，然后机械手下降（步 S5）至 D 点处，释放工件（步 S6），释放时间为 3 s，将工件放在工作台的 F 点处，机械手上升（步 S7）至 C 点处，手臂向右缩回（步 S8）至 A 点处，一个工作循环结束。若再次检测到工作台 E 点处有工件，则又开始下一工作循环，周而复始。

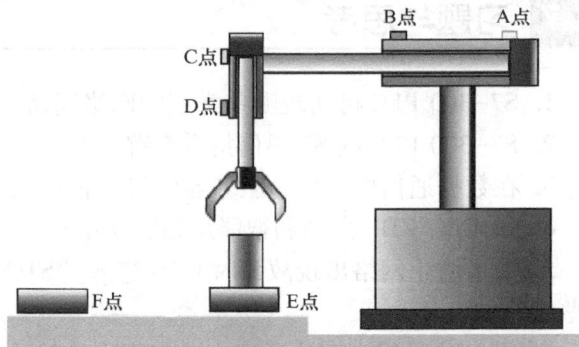

图 6-1 机械手动作过程——顺序动作示例

从以上描述可以看出，机械手搬运工件过程是由一系列步（S）或功能组成，这些步或功能按顺序由转换条件激活，这样的控制系统就是最为典型的顺序控制系统，或称之为步进系统。

6.2 顺序功能图

6.2.1 顺序控制设计法

1. 基本思想

将系统的一个工作周期划分为若干个顺序相连的阶段，这些阶段称为步（Step），用编程元件（如位存储器 M）来代表各步。在任何一步之内，输出量的状态保持不变，这样使步与输出量的逻辑关系变得十分简单。

2. 步的划分

根据输出量的状态来划分步,只要输出量的状态发生变化就在该处划出一步。图 6-1 可分为 8 步。

3. 步的转换

系统不能总停在一步内工作,从当前步进入到下一步称为步的转换,这种转换的信号称为转换条件。转换条件可以是外部输入信号,也可以是 PLC 内部信号或若干个信号的逻辑组合。顺序控制设计就是用转换条件去控制代表各步的编程元件,让它们按一定的顺序变化,然后用代表各步的元件去控制 PLC 的各输出位。

6.2.2 顺序功能图的结构

顺序功能图(Sequential Function Chart)是描述控制系统的控制过程、功能和特性的一种图形语言,也是设计 PLC 顺序控制程序的有力工具。它涉及所描述的控制功能的具体技术,是一种通用的技术语言。在 IEC 的 PLC 编程语言标准(IEC 61131-3)中,顺序功能图被确定为 PLC 位居首位的编程语言。现在还有相当多的 PLC(包括 S7-200 PLC)没有配备顺序功能图语言,但是可以用顺序功能图来描述系统的功能,根据它来设计梯形图程序。

顺序功能图主要由步、有向连线、转换、转换条件和动作(或命令)组成。

1. 步

步表示系统的某一工作状态,用矩形框表示,矩形框中可以用数字表示该步的编号,也可以用代表该步的编程元件的地址作为步的编号(如 M0.0),这样在根据顺序功能图设计梯形图时较为方便。

2. 初始步

初始步表示系统的初始工作状态,用双线框表示,初始状态一般是系统等待起动命令的相对静止状态。每一个顺序功能图至少应该有一个初始步。

3. 与步对应的动作或命令

与步对应的动作或命令用于在每一步内把状态为 ON 的输出位表示出来。可以将一个控制系统划分为被控系统和施控系统。对于被控系统,在某一步要完成某些"动作"(action);对于施控系统,在某一步要向被控系统发出某些"命令"(command)。

为了方便,以后将命令或动作统称为动作,也用矩形框中的文字或符号表示,该矩形框与对应的步相连表示在该步内的动作,并放置在步序框的右边。在每一步之内只标出状态为 ON 的输出位,一般用输出类指令(如输出、置位、复位等)。步相当于这些指令的子母线,这些动作命令平时不被执行,只有当对应的步被激活才被执行。

如果某一步有几个动作,可以用图 6-2 中的两种画法来表示,但是并不表示这些动作之间有任何顺序关系。

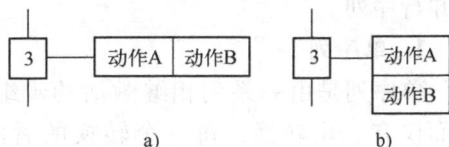

图 6-2 动作

4. 有向连线

有向连线把每一步按照它们成为活动步的先后顺序用直线连接起来。

5. 活动步

活动步是指系统正在执行的那一步。步处于活动状态时,相应的动作被执行,即该步内的元件为 ON 状态；处于不活动状态时，相应的非存储型动作被停止执行，即该步内的元件为 OFF 状态。有向连线的默认方向为由上至下，凡与此方向不同的连线均应标注箭头表示方向。

6. 转换

转换表示从一个状态到另一个状态的变化，即从一步到另一步的转移，用有向连线与有向连线垂直的短画线来表示，将相邻两步分隔开。步的活动状态的进展是由转换的实现来完成的，并与控制过程的发展相对应。

转换实现的条件：该转换所有的前级步都是活动步，且相应的转换条件得到满足。

转换实现后的结果：使该转换的后续步变为活动步，前级步变为不活动步。

7. 转换条件

使系统由当前步进入到下一步的信号称为转换条件。转换是一种条件，当条件成立时，称为转换使能。该转换如果能够使系统的状态发生转换，则称为触发。转换条件是指系统从一个状态向另一个状态转移的必要条件。

转换条件是与转换相关的逻辑命令，转换条件可以用文字语言、布尔代数表达式或图形符号标注在表示转换的短画线旁边，使用最多的是布尔代数表达式。

在顺序功能图中，只有当某一步的前级步是活动步时，该步才有可能变成活动步。如果用没有断电保持功能的编程元件代表各步，进入 RUN 工作方式时，它们均处于 0 状态，因此必须在开机时将初始步预置为活动步，否则因顺序功能图中没有活动步，系统将无法工作。

绘制顺序功能图应注意以下几点：

1）步与步不能直接相连，要用转换隔开。

2）转换也不能直接相连，要用步隔开。

3）初始步描述的是系统等待起动命令的初始状态，通常在这一步里没有任何动作。但是初始步是不可不画的，因为如果没有该步，系统的初始状态无法表示，系统也无法返回停止状态。

4）自动控制系统应能多次重复完成某一控制过程，要求系统可以循环执行某一程序，因此顺序功能图应是一个闭环，即在完成一次工艺过程的全部操作后，应从最后一步返回初始步，系统停留在初始状态（单周期操作）；在连续循环工作方式下，系统应从最后一步返回下一工作周期开始运行的第一步。

码 6-1 顺序功能图的构成和绘制

6.2.3 顺序功能图的类型

顺序功能图主要用 3 种类型：单序列、选择序列及并行序列。

1. 单序列

单序列是由一系列相继激活的步组成，每一步的后面仅有一个转换，每一个转换的后面只有一个步，如图 6-3a 所示。

2. 选择序列

选择序列的开始称为分支，转换符号只能标在水平连线之下，如图 6-3b 所示。步 5 后有两个转换 h 和 k 所引导的两个选择序列，如果步 5 为活动步并且转换 h 使能，则步 8 被触发；如果步 5 为活动步并且转换 k

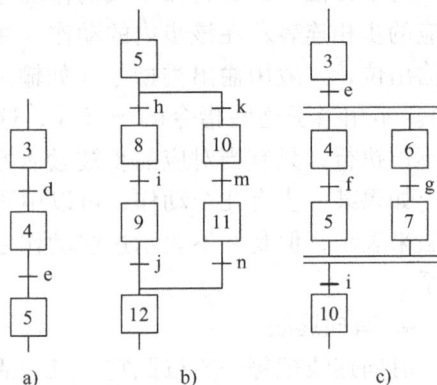

图 6-3 顺序功能图类型

a) 单序列 b) 选择序列 c) 并行序列

使能，则步 10 被触发。一般只允许选择一个序列。

选择序列的合并是指几个选择序列合并到一个公共序列。此时，用需要重新组合的序列相同数量的转换符号和水平连线来表示，转换符号只允许在水平连线之上。图 6-3b 中如果步 9 为活动步并且转换 j 使能，则步 12 被触发；如果步 11 为活动步并且转换 n 使能，则步 12 也被触发。

3. 并行序列

并行序列用来表示系统的几个独立部分同时工作的情况。并行序列的开始称为分支，如图 6-3c 所示。当转换的实现导致几个序列同时被激活时，这些序列称为并行序列。当步 3 是活动步并且转换 e 使能，步 4、步 6 这两步同时变为活动步，同时步 3 变为不活动步。为了强调转换的实现，水平连线用双线表示。步 4、步 6 被同时激活后，每个序列中活动步的进展是独立的。在表示同步的水平双线上，只允许有一个转换符号。并行序列的结束称为合并，在表示同步水平双线之下，只允许有一个转换符号。当直接连在双线上的所有前级步（步 5、步 7）都处于活动状态，并且转换 i 使能时，才会发生步 5、步 7 到步 10 的进展，步 5、步 7 同时变为不活动步，而步 10 变为活动步。

码 6-2　顺序功能图类型

6.3　顺序功能图的编程方法

根据控制系统的工艺要求画出系统的顺序功能图后，若 PLC 没有配备顺序功能图语言，则必须将顺序功能图转换成 PLC 可执行的梯形图程序，S7-300 PLC 配备有顺序功能图语言。将顺序功能图转换成梯形图程序的方法主要有两种，分别是采用起保停电路的设计方法和采用置位（S）与复位（R）指令的设计方法。

6.3.1　起保停电路设计法

起保停电路 PLC 控制系统编程时，仅仅使用与触点和线圈有关的指令，任何一种 PLC 的指令系统都有这一类指令，作为一种通用的编程方法，可以用于任意型号的 PLC。

图 6-4a 给出了自动小车运动的示意图。当按下起动按钮时，小车由原点 SQ0 处前进（Q0.0 动作）到 SQ1 处，停留 2 s 返回（Q0.1 动作）到原点，停留 3 s 后前进至 SQ2 处，停留 2 s 后返回到原点。当再次按下起动按钮时，重复上述动作。

设计起保停电路的关键是找出它的起动条件和停止条件。根据转换实现的基本规则，转换实现的条件是它的前级步为活动步，并且满足相应的转换条件。在起保停电路中，则应将代表前级步的存储器位 MX.X 的常开触点和代表转换条件的如 IX.X 的常开触点串联，作为控制下一位的起动电路。

图 6-4b 给出了自动小车运动顺序功能图，当 M2.1 和 SQ1 的常开触点均闭合时，步 M2.2 变为活动步，这时步 M2.1 应变为不活动步，因此可以将 M2.2 为 ON 状态作为使存储器位 M2.1 变为 OFF 的条件，即将 M2.2 的常闭触点与 M2.1 的线圈串联。上述的逻辑关系可以用逻辑代数式表示如下：

$$M2.1 = (M2.0 \cdot I0.0 + M2.1) \cdot \overline{M2.2}$$

根据上述的编程方法和顺序功能图，很容易画出梯形图，如图 6-4c 和图 6-4d 所示（在启动组织块 OB100 中将各步清 0，然后将初始步 M2.0 置位为活动步）。

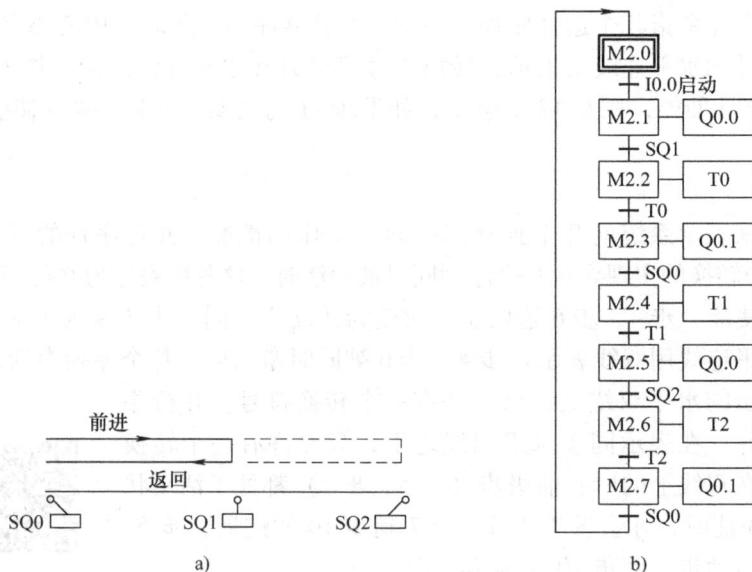

a) b)

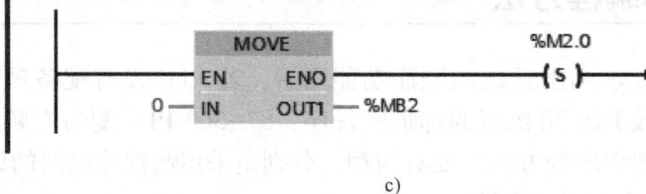

c)

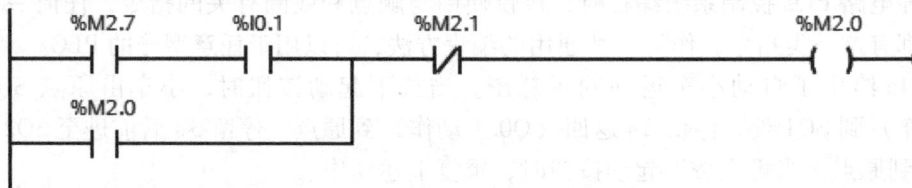

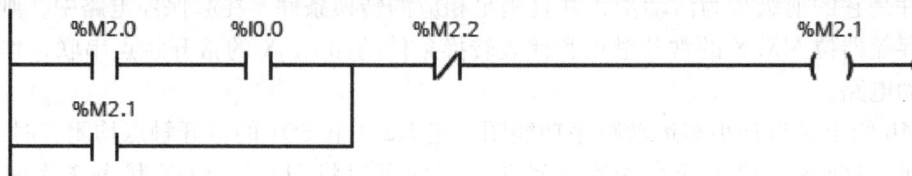

d)

图 6-4　自动小车运动 PLC 控制系统

a）自动小车运动示意图　b）自动小车运动顺序功能图　c）OB100 程序　d）小车运行 OB1 程序

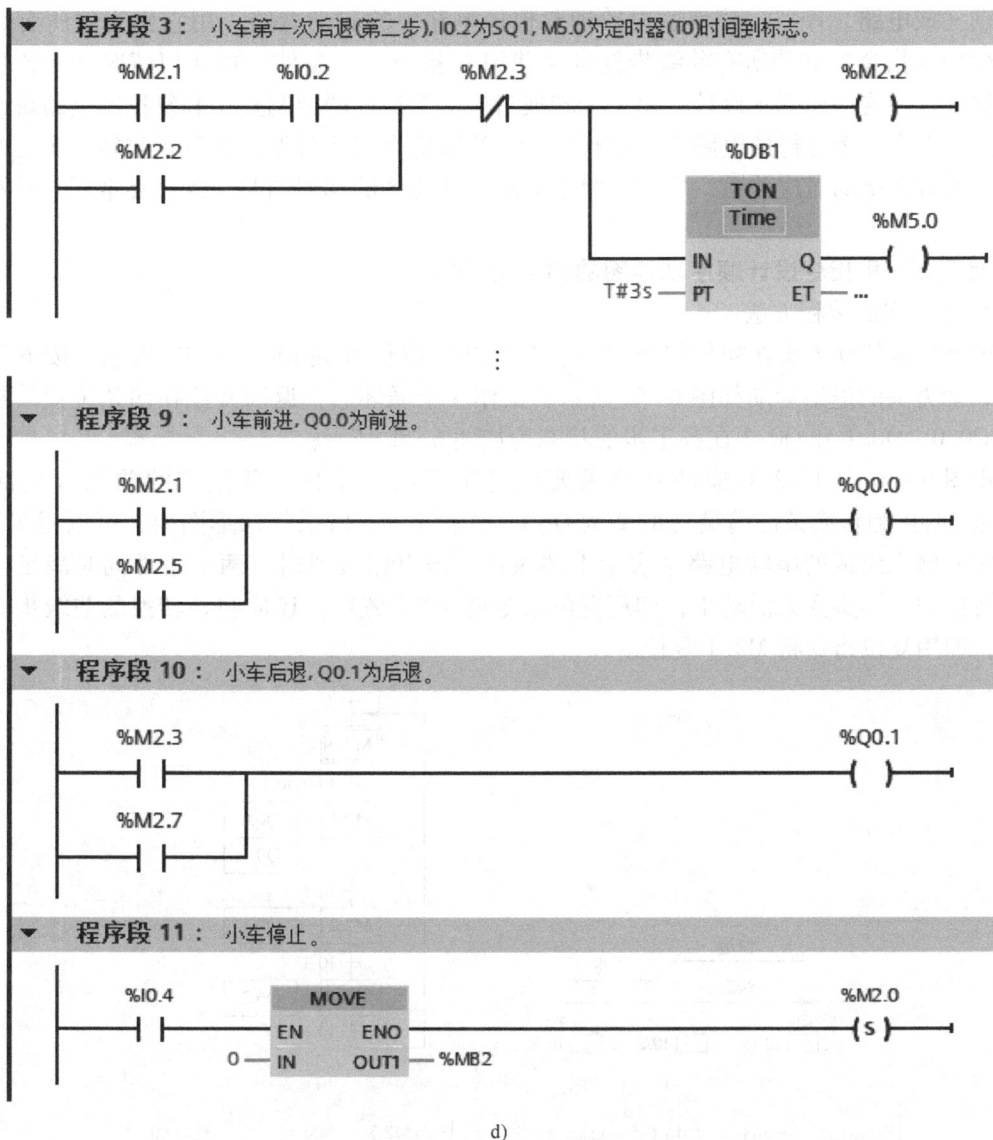

程序段 3： 小车第一次后退(第二步)，I0.2为SQ1，M5.0为定时器(T0)时间到标志。

```
  %M2.1        %I0.2         %M2.3                              %M2.2
───┤ ├─────────┤ ├───┬───────┤/├──────────────────────────────( )───
                     │
  %M2.2              │                        %DB1
───┤ ├───────────────┘                     ┌─────────┐
                                           │   TON   │
                                           │  Time   │          %M5.0
                                           │         │          ( )
                                     ───────┤IN     Q├────────────
                                   T#3s ────┤PT    ET├─ …
                                           └─────────┘
```

⋮

程序段 9： 小车前进，Q0.0为前进。

```
  %M2.1                                                         %Q0.0
───┤ ├───┬──────────────────────────────────────────────────────( )───
         │
  %M2.5  │
───┤ ├───┘
```

程序段 10： 小车后退，Q0.1为后退。

```
  %M2.3                                                         %Q0.1
───┤ ├───┬──────────────────────────────────────────────────────( )───
         │
  %M2.7  │
───┤ ├───┘
```

程序段 11： 小车停止。

```
  %I0.4        ┌─────────┐                                      %M2.0
───┤ ├─────────┤  MOVE   │──────────────────────────────────────(S)───
               │EN    ENO│
           0 ──┤IN   OUT1├─ %MB2
               └─────────┘
```

d)

图 6-4　自动小车运动 PLC 控制系统（续）

d）小车运行 OB1 程序

顺序控制梯形图输出电路部分的设计：由于步是根据输出变量的状态变化来划分的，它们之间的关系极为简单，可以分为两种情况来处理。其一，某输出量仅在某一步为 ON，则可以将它的原线圈与对应步的存储器位 M 的线圈相并联；其二，如果某输出在几步中都为 ON，应将使用各步的存储器位的常开触点并联后，驱动其输出的线圈，如图 6-4d 中程序段 9 和程序段 10 所示。

码 6-3　起保停顺控设计法

6.3.2　置位/复位指令设计法

1. 使用 S（置位）、R（复位）指令设计顺序控制程序的思路

在使用 S、R 指令设计顺序控制程序时，将各转换的所有前级步对应的常开触点与转换对应的触点（或电路）串联，该串联电路即起保停电路中的起动电路，用它作为使所有后续步置位（使用 S 指令）和使所有前级步复位（使用 R 指令）的条件。在任何情况下，各步的控制电路都可以用这一原则来设计，每一个转换对应一个这样的控制置位和复位的电路块，有多少个转换就有多少个这样的电路块。这种设计方法特别有规律可循，梯形图与转换实现的基本规则之间有着严格的对应关系，在设计复杂的顺序功能图的梯形图时，既容易掌握，又不容易出错。

2. 使用 S、R 指令设计顺序功能图的梯形图程序

（1）单序列的编程方法

某组合机床的动力头在初始状态时停在最左边，限位开关 I0.1 为 ON 状态。按下起动按钮 I0.0，动力头的进给运动如图 6-5a 所示，工作一个循环后，返回并停在初始位置，控制电磁阀的 Q0.0、Q0.1 和 Q0.2 在各工步的状态为如图 6-5b 所示。

实现图 6-5b 中 I0.2 对应的转换需要同时满足两个条件，即该步的前级步是活动步（M2.1 为 ON）和转换条件满足（I0.2 为 ON）。在图 6-5c 所示的梯形图中，可以用 M2.1 和 I0.2 的常开触点组成的串联电路来表示上述条件。该电路接通时，两个条件同时满足。此时应将该转换的后续步变为活动步，即用置位指令将 M2.2 置位；还应将该转换的前级步变为不活动步，即用复位指令将 M2.1 复位。

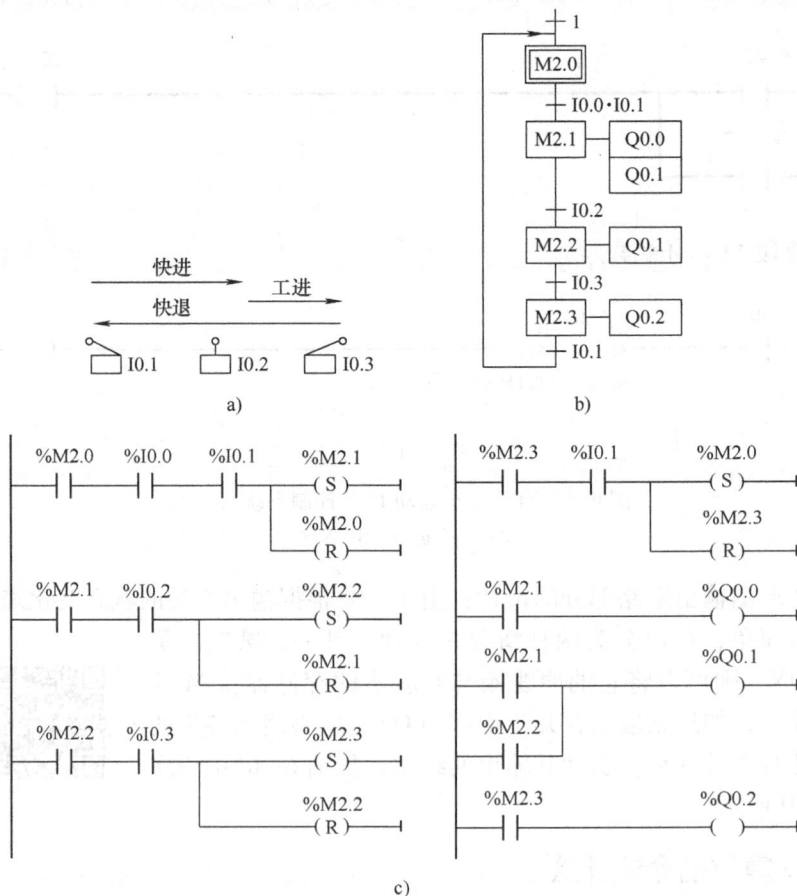

图 6-5　动力头 PLC 控制系统
a）进给运动图　b）顺序功能图　c）梯形图

使用这种编程方法时，不能将输出位的线圈与置位/复位指令并联，这是因为图 6-5 中控制置位/复位的串联电路接通的时间只有一个扫描周期，转换条件满足后前级步马上被复位，该串联电路断开，而输出位的线圈至少应该在某一步对应的全部时间内被接通。所以应根据顺序功能图，用代表步的存储器位的常开触点或它们的并联电路来驱动输出位的线圈。

（2）并行序列的编程方法

图 6-6 是一个并行序列的顺序功能图，采用 S、R 指令进行并行序列控制程序设计的梯形图如图 6-7 所示。

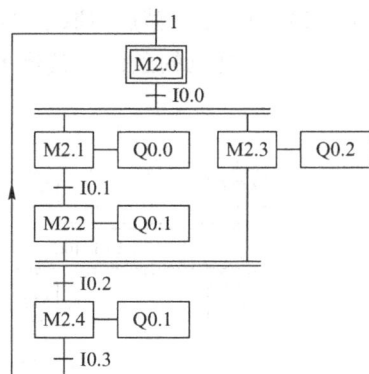

图 6-6　并行序列的顺序功能图

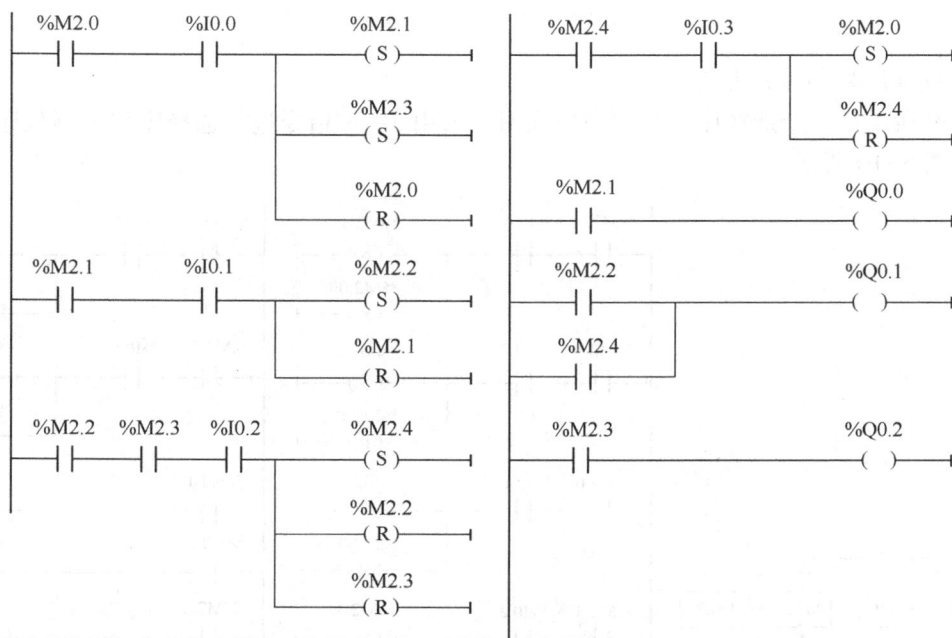

图 6-7　并行序列的梯形图

1）并行序列分支的编程。

在图 6-6 中，步 M2.0 之后有一个并行序列的分支。当 M2.0 是活动步，并且转换条件 I0.0 为 ON 时，步 M2.1 和步 M2.3 应同时变为活动步，这时用 M2.0 和 I0.0 的常开触点串联电路使 M2.1 和 M2.3 同时置位，用复位指令使步 M2.0 变为不活动步，如图 6-7 所示。

2）并行序列合并的编程。

在图 6-6 中，在转换条件 I0.2 之前有一个并行序列的合并。当所有的前级步 M2.2 和 M2.3 都是活动步，并且转换条件 I0.2 为 ON 时，实现并行序列的合并。用 M2.2、M2.3 和 I0.2 的常开触点串联电路使后续步 M2.4 置位，用复位指令使前级步 M2.2 和 M2.3 变为不活动步，如图 6-7 所示。

某些控制有时需要并行序列的合并和并行序列的分支由一个转换条件同步实现，如图 6-8a 所示。转换的上面是并行序列的合并，转换的下面是并行序列的分支，该转换实现的条件是所有的前级步 M2.0 和 M2.1 都是活动步且转换条件 I0.1 或 I0.3 为 ON。因此，应将 I0.1 的常开触点与 I0.3 的常开触点并联后再与 M2.0、M2.1 的常开触点串联，作为 M2.2、M2.3 置位和 M2.0、M2.1 复位的条件，其梯形图如图 6-8b 所示。

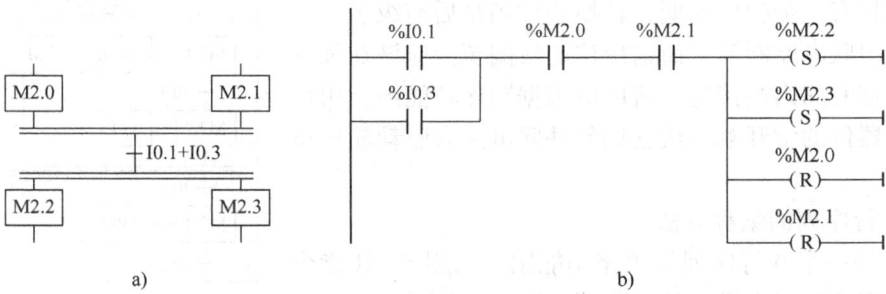

图 6-8 并行序列合并和并行序列的分支由一个转换条件同步实现
a）顺序功能图 b）梯形图

（3）选择序列的编程方法

图 6-9 所示是一个选择序列的顺序功能图，采用 S、R 指令进行选择序列控制程序设计的梯形图如图 6-10 所示。

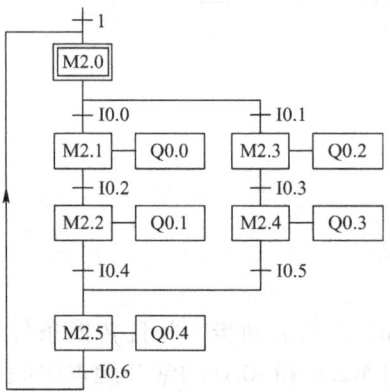

图 6-9 选择序列的顺序功能图

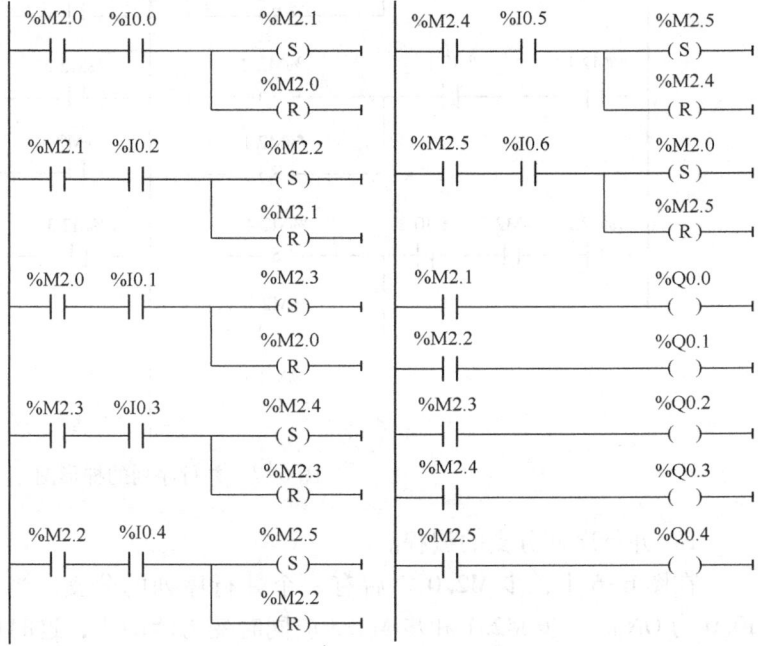

图 6-10 选择序列的梯形图

1）选择序列分支的编程。

在图 6-9 中，步 M2.0 之后有一个选择序列的分支。当 M2.0 为活动步时，可以有两种不同的选择，当转换条件 I0.0 满足时，后续步 M2.1 变为活动步，M2.0 变为不活动步；而当转换条件 I0.1 满足时，后续步 M2.3 变为活动步，M2.0 变为不活动步。

当 M2.0 被置为 1 时，后面有两个分支可以选择。若转换条件 I0.0 为 ON 时，执行程序段中置位 M2.1 指令，活动步将转换到步 M2.1，然后向下继续执行；若转换条件 I0.1 为 ON 时，执行程序段中置位 M2.3 指令后，将转换到步 M2.3，然后向下继续执行。

2）选择序列合并的编程。

在图 6-9 中，步 M2.5 之前有一个选择序列的合并，当步 M2.2 为活动步，并且转换条件 I0.4 满足，或者步 M2.4 为活动步，并且转换条件 I0.5 满足时，步 M2.5 应变为活动步。在步 M2.2 和步 M2.4 后续对应的程序段中，分别用 I0.4 和 I0.5 的常开触点驱动置位 M2.5 指令，就能实现选择序列的合并。

码 6-4　置位/复位顺控设计法

码 6-5　顺控序列仅有两步的闭环处理方法

6.4　案例 13：剪板机的 PLC 控制

6.4.1　目的

1）掌握顺序功能图的绘制。
2）掌握选择和并行序列的分支与合并。
3）使用起保停电路进行顺序控制系统的设计。

6.4.2　任务

使用 S7-300 PLC 实现剪板机系统的控制。图 6-11 是某剪板机的工作示意图，具体控制要求如下：开始时压钳和剪刀都在上限位，限位开关 I0.0 和 I0.1 都为 ON。按下压钳下行按钮 I0.5 后，首先板料右行（Q0.0 为 ON）至限位开关 I0.3，然后压钳下行（Q0.3 为 ON 并保持）压紧板料后，压力继电器 I0.4 为 ON，压钳保持压紧，剪刀开始下行（Q0.1 为 ON）。剪断板料后，剪刀限位开关 I0.2 变为 ON，Q0.1 和 Q0.3 为 OFF，延时 2 s 后，剪刀和压钳同时上行（Q0.2 和 Q0.4 为 ON），它们分别碰到限位开关 I0.0 和 I0.1 后，分别停止上行，直至再次按下压钳下行按钮，方才进行下一个周期的工作。

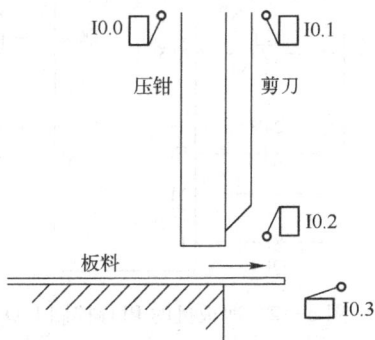

为简化程序工作量，在此液压泵及压钳驱动电动机相关控制已省略。

图 6-11　剪板机工作示意图

6.4.3　步骤

1. I/O 端口的连接

本案例的输入元器件为 4 个行程开关、1 个压力继电器、1 个按钮；3 个交流接触器、2 个电磁阀作为 PLC 的输出信号。本案例的 I/O 地址分配如表 6-1 所示。

表 6-1　剪板机系统的 PLC 控制 I/O 地址分配

输　　入		输　　出	
输入继电器	元器件	输出继电器	元器件
I0.0	压钳上限位 SQ1	Q0.0	板料右行 KM1
I0.1	剪刀上限位 SQ2	Q0.1	剪刀下行 KM2
I0.2	剪刀下限位 SQ3	Q0.2	剪刀上行 KM3
I0.3	板料右限位 SQ4	Q0.3	压钳下行 YV1
I0.4	压力继电器 KP	Q0.4	压钳上行 YV2
I0.5	压钳下行 SB		

根据表 6-1 中的 I/O 地址分配，本案例的 I/O 端口的连接如图 6-12 所示。

2. 创建项目与硬件组态

创建一个名称为"M_jianban"的项目，添加一个 CPU 314C-2 PN/DP 模块，将 CPU 的输入输出起始地址更改为 I0.0 和 Q0.0。

组态好上述硬件后，单击项目窗口工具栏上编译按钮对硬件组态进行编译。

3. 编写程序

根据工作过程要求，画出的顺序功能图如图 6-13 所示，使用置位/复位指令编写的剪板机控制程序如图 6-14 和图 6-15 所示。

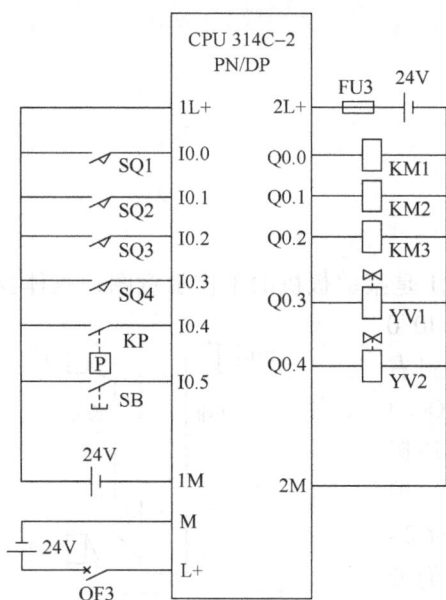

图 6-12　剪板机的 PLC 控制 I/O 接线图

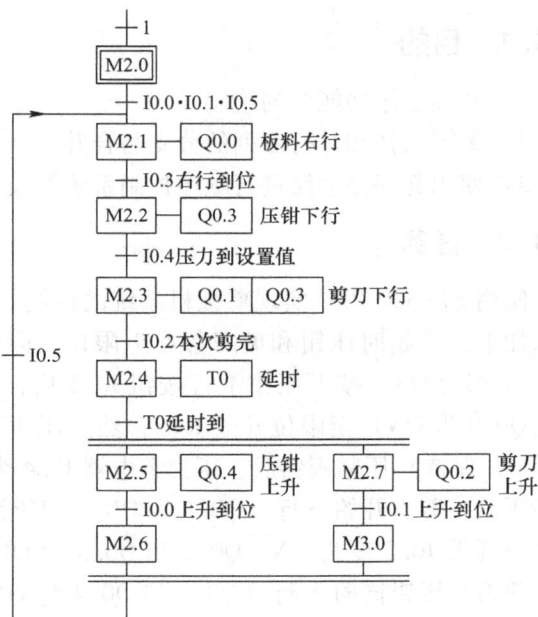

图 6-13　剪板机控制的顺序功能图

（1）启动组织块 OB100

在启动组织块中，主要先将各步清 0，然后激活初始步 M2.0，并对计数器赋初值 10。剪板机控制的起动程序如图 6-14 所示。

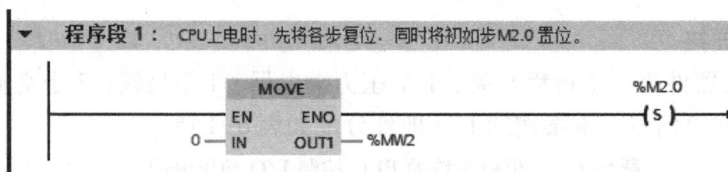

图 6-14　剪板机控制的起动程序——OB100 程序

（2）主循环组织块 OB1

根据顺序控制设计法，使用置位/复位指令编写剪板机控制主程序，具体程序如图 6-15 所示。

4. 调试程序

完成本案例的硬件组态及程序编译后，将程序下载到 CPU 中，先断开主电路，只接通 CPU 电源。启用程序监视状态，按任务要求逐步接通输入信号，观察每步执行情况。

若上述调试现象正确，再合上主电路电源，再按上述步骤操作一次，若剪板机的运行动作与任务要求一致，则说明本案例功能实现。

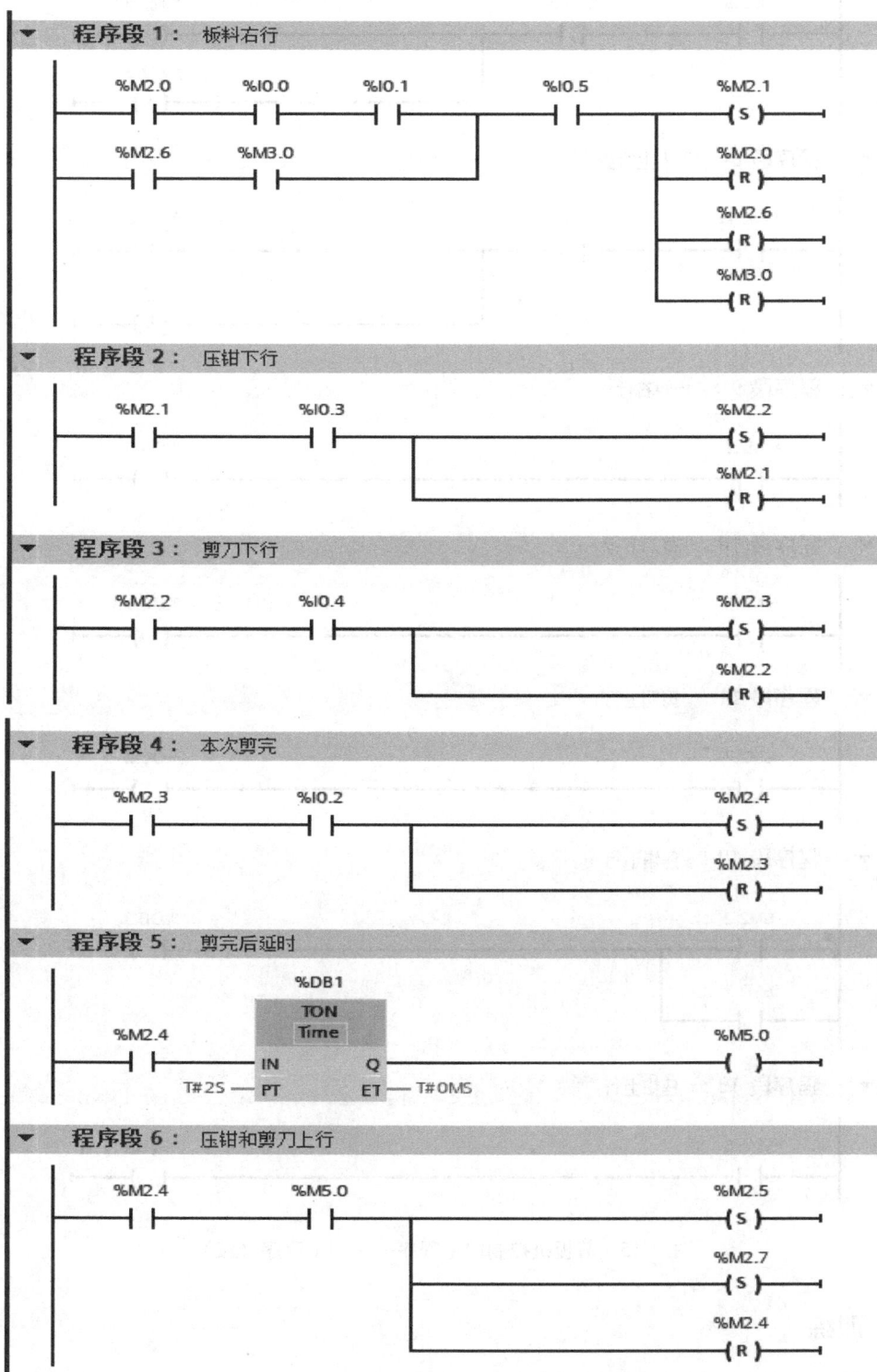

图 6-15　剪板机控制的主程序——OB1 程序

程序段 7： 压钳上升到位

```
    %M2.5        %I0.0                              %M2.6
 ───┤ ├─────────┤ ├───────┬──────────────────────( S )───
                          │                        %M2.5
                          └──────────────────────( R )───
```

程序段 8： 剪刀上行到位

```
    %M2.7        %I0.1                              %M3.0
 ───┤ ├─────────┤ ├───────┬──────────────────────( S )───
                          │                        %M2.7
                          └──────────────────────( R )───
```

程序段 9： 板料右行

```
    %M2.1                                           %Q0.0
 ───┤ ├────────────────────────────────────────────( )───
```

程序段 10： 剪刀下行

```
    %M2.3                                           %Q0.1
 ───┤ ├────────────────────────────────────────────( )───
```

程序段 11： 剪刀上行

```
    %M2.7                                           %Q0.2
 ───┤ ├────────────────────────────────────────────( )───
```

程序段 12： 压钳下行

```
    %M2.2                                           %Q0.3
 ───┤ ├───────┬────────────────────────────────────( )───
    %M2.3     │
 ───┤ ├───────┘
```

程序段 13： 压钳上行

```
    %M2.5                                           %Q0.4
 ───┤ ├────────────────────────────────────────────( )───
```

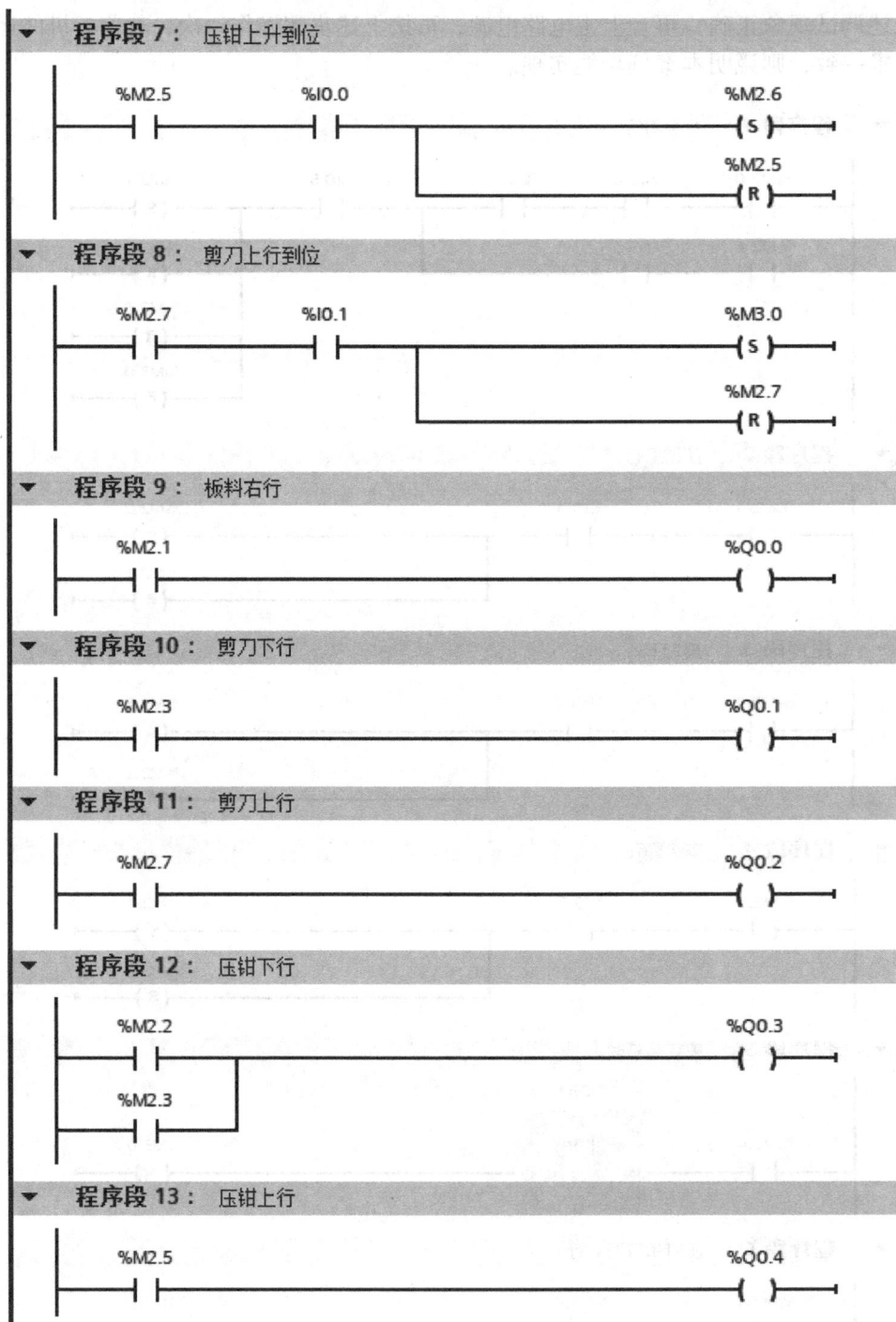

图 6-15 剪板机控制的主程序——OB1 程序（续）

6.4.4 训练

1）训练 1：用起保停设计法编写本案例的控制程序。

2）训练 2：控制要求同本案例，同时还要求按下压钳下行按钮连续剪完 10 块板料后压钳和剪刀停止在原位。

3）训练 3：使用起保停或置位/复位指令的顺序设计法实现交通灯的 PLC 控制。按下起动按钮后，东西方向：绿灯亮 15 s，再以 1 Hz 频率闪烁 3 次，黄灯亮 3 s，然后红灯亮 21 s；同时，南北方向：红灯亮 21 s，然后绿灯亮 15 s，再以 1 Hz 频率闪烁 3 次，黄灯亮 3 s。如此循环，直到按下停止按钮，四个方向交通灯全部熄灭。

6.5　顺序功能图语言 S7-GRAPH

S7-GRAPH 语言是 S7-300 PLC 用于顺序控制编程的顺序功能图语言，遵从 IEC 61131-3 标准中顺序功能图语言（Sequential Function Chart）的规定。

利用 S7-GRAPH 语言，可以快速组织并编写 S7-300 PLC 的顺序控制程序。一个 S7-GRAPH 的函数块（FB）最多可以编写 250 个"步"和 250 个"转换"，可以由多个 Sequencer（顺控器）组成，每个 Sequencer（顺控器）最多可以编写 256 个分支、249 个并行分支及 125 个选择分支，具体容量与 CPU 的型号有关。

6.5.1　S7-GRAPH 顺序功能图语言环境

安装 TIA Portal V16 软件后，系统自动安装 S7-GRAPH 语言，无需单独安装。

1. 创建并使用 S7-GRAPH 的函数块

首先打开 TIA Portal V16 软件，新创建一个项目，并命名为"交通灯控制_Graph"；其次进行硬件组态（将 I/O 的起始地址更改为 0），在此仍然选择 CPU 314C-2PN/DP；最后插入 S7-GRAPH 函数块（FB），具体步骤如下：

双击项目树中"程序块"中的"添加新块"按钮🔳，打开"添加新块"对话框，选中"函数块"，在"名称"栏出现默认的名称"块_1"，在此不更改。将"语言"栏选择为"GRAPH"（S7-300 PLC 的主程序不能使用 S7-GRAPH 编程语言），块的编号采用默认编号，然后单击右下角的"确定"按钮，便可完成函数块 FB1 的创建。

2. S7-GRAPH 编辑器

单击函数块 FB1 的"确定"按钮时，将自动打开 FB1 程序编辑窗口（因为在添加新块时，默认勾选"新增并打开"复选框），若未能打开其程序编辑窗口，可双击项目树中"程序块"中已添加需要打开待编辑的 FB 便可。

打开函数块 FB1 后，编辑器为 FB1 自动生成了第一步"S1 Step1"和第一个转换"T1 Trans1"，如图 6-16 所示。

S7-GRAPH 编辑器由生成和编辑程序的工作区、标准工具栏、视窗工具栏、顺控器工具栏、详细视图等组成。

（1）视窗工具栏

视窗工具栏上各按钮的作用如图 6-17 所示。

（2）顺控器工具栏

顺控器工具栏上各按钮的作用如图 6-18 所示。

（3）转换条件编辑工具栏

单击工作步左侧的转换条件按钮🔳，即可打开转换条件编辑工具栏，其各按钮的作用如图 6-19 所示。图 6-20 是转换条件功能块指令。

视窗工具栏   标准工具栏

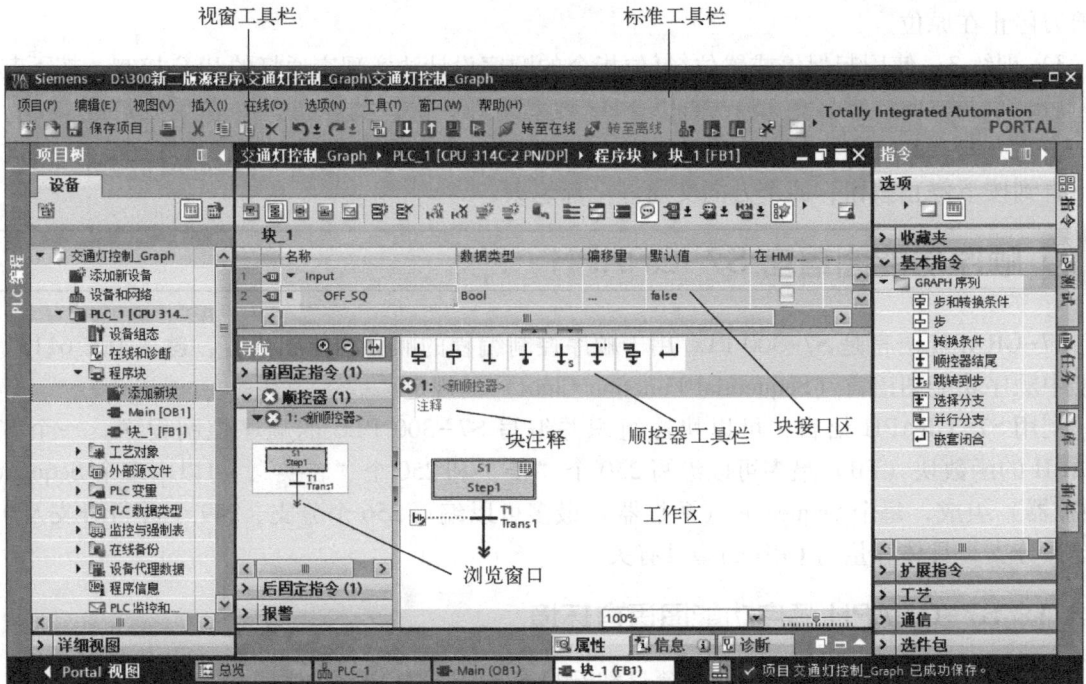

图 6-16   S7-GRAPH 编辑器

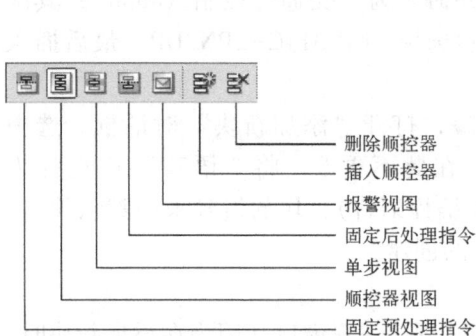

删除顺控器
插入顺控器
报警视图
固定后处理指令
单步视图
顺控器视图
固定预处理指令

图 6-17   视窗工具栏

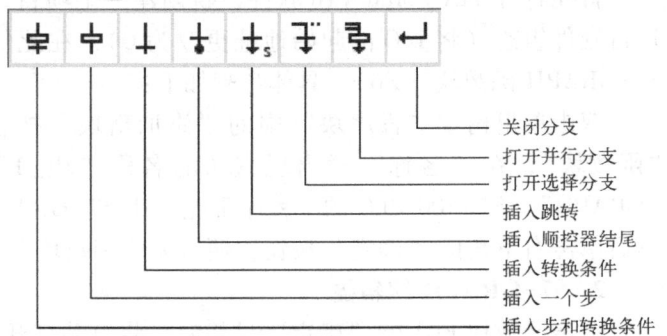

关闭分支
打开并行分支
打开选择分支
插入跳转
插入顺控器结尾
插入转换条件
插入一个步
插入步和转换条件

图 6-18   顺控器工具栏

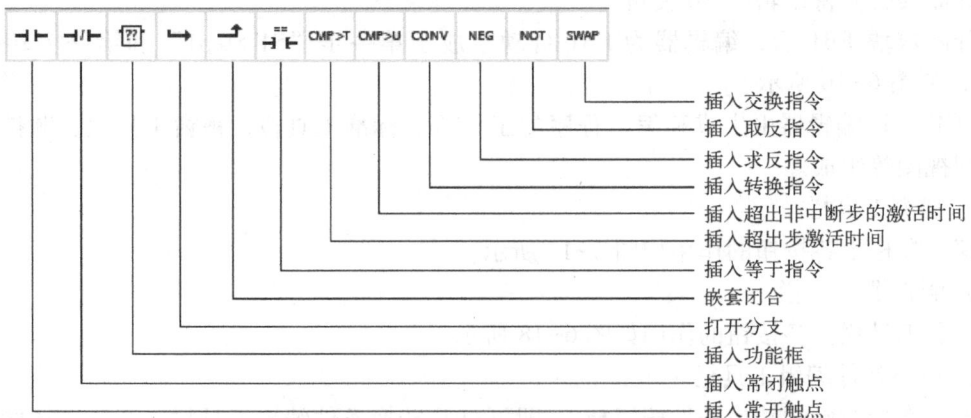

插入交换指令
插入取反指令
插入求反指令
插入转换指令
插入超出非中断步的激活时间
插入超出步激活时间
插入等于指令
嵌套闭合
打开分支
插入功能框
插入常闭触点
插入常开触点

图 6-19   转换条件编辑工具栏

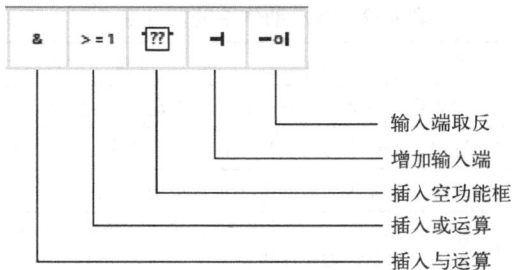

图 6-20　转换条件功能块指令

6.5.2　步与步的动作命令

顺控器的步由步序、步名、转换编号、转换名、转换条件和步的动作等几部分组成，如图 6-21a 所示。

如图 6-21b 所示，步的动作行由命令和地址组成，动作表中"动作"列为操作数地址，动作表中"限定符"列用来写入命令。动作分为标准动作和与事件有关的动作，动作中可以有定时器、计数器和算术运算。

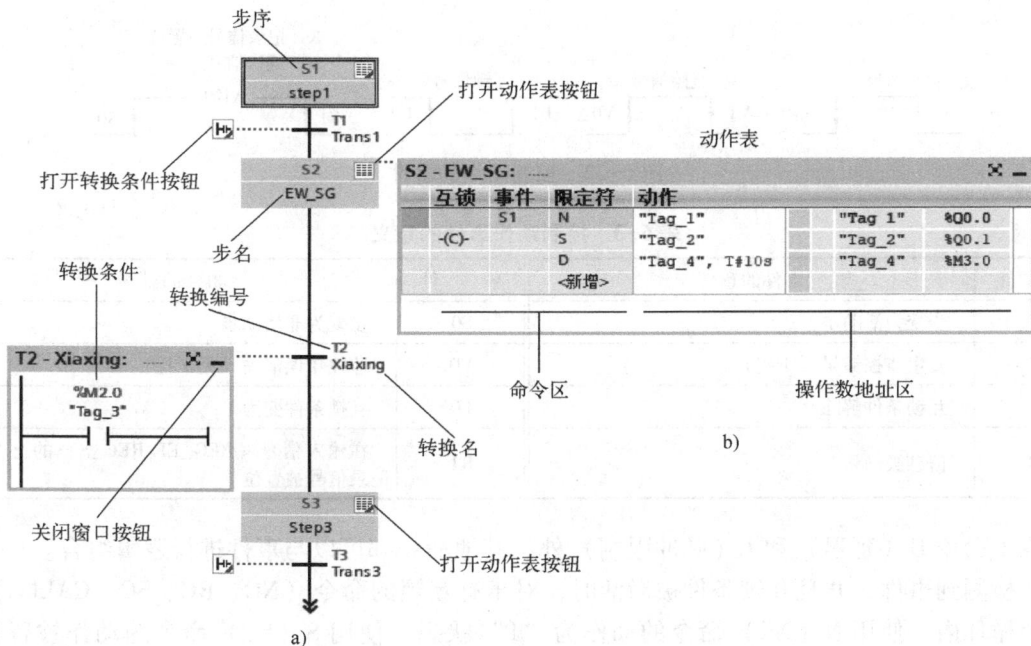

图 6-21　顺控器步的组成

a) 步的组成　b) 动作表

（1）标准动作

对标准动作可以设置互锁（在动作表的"互锁"列选择符号 -(C)-），仅在步处于活动状态和互锁条件满足时，有互锁的动作才被执行。没有互锁的动作（在动作表的"互锁"列选择"无条件"，选择无条件时在互锁行不显示）在步处于活动状态时就会被执行。标准动作中的部分命令（单击"限定符"列"新增"按钮，再单击出现的三角形按钮便可打开所有命令）见表 6-2。表中的 Q、I、M、D 均为位地址，括号中的内容用于有互锁的动作。

表 6-2　标准动作中的部分命令

命　　令	地址类型	说　　明
N（或 NC）	Q、I、M、D	只要步为活动步（且互锁条件满足），动作对应的地址为 1 状态，无锁存功能
S（或 SC）	Q、I、M、D	置位：只要步为活动步（且互锁条件满足），该地址为 1 并保持为 1 状态
R（或 RC）	Q、I、M、D	复位：只要步为活动步（且互锁条件满足），该地址为 0 并保持为 0 状态
D（或 DC）	Q、I、M、D	延时：（如果互锁条件满足）步变为活动步几秒后，如果步仍然是活动的，该地址被置为 1 状态，无锁存功能
	T # <常数>	有延迟的动作的下一行为时间常数
L（或 LC）	Q、I、M、D	脉冲限制：步为活动步（且互锁条件满足），该地址在几秒内为 1 状态，无锁存功能
	T # <常数>	有脉冲限制的动作的下一行为时间常数

（2）与事件有关的动作

动作可以与事件结合，事件（单击动作表中命令区"事件"列中限定符对应的行，便可显示所有事件）是指步、监控信号、互锁信号的状态变化、信息（Message）的确认（Acknowledgment）或记录（Registration）信号被置位，控制动作的事件如图 6-22 所示，事件的意义如表 6-3 所示。命令只能在事件发生的那个循环周期执行。

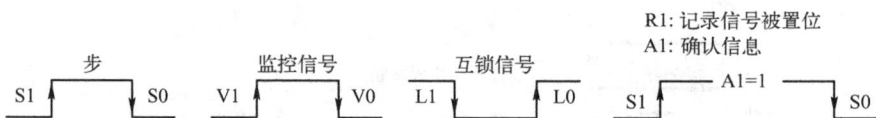

图 6-22　控制动作的事件

表 6-3　控制动作事件的意义

事　件	事件的意义	事　件	事件的意义
S1	步变为活动步	S0	步变为非活动步
V1	发生监控错误（干扰）	V0	监控错误消失（无干扰）
L1	互锁条件解除	L0	互锁条件变为 1
A1	信息被确认	R1	在输入信号（REG_EF/REG_S）的上升沿，记录信号被置位

除了命令 D（延迟）和 L（脉冲限制）外，其他命令都可以与事件进行逻辑组合。

在检测到事件，并且互锁条件被激活时，对于有互锁的命令（NC、RC、SC、CALLC）在下一个循环内，使用 N（NC）命令的动作为"1"状态，使用 S（SC）命令的动作被置位一次，使用 R（RC）命令的动作被复位一次。

（3）ON 命令与 OFF 命令

用 ON 命令或 OFF 命令可以使命令所在步之外的其他步变为活动步或非活动步。

ON 和 OFF 命令取决于"步"事件，即该事件决定了该步变为活动步或非活动步的时间，这两命令可以与互锁条件组合，即可以使用命令 ONC 和 OFFC。

指定的事件发生时，可以将指定的步变为活动步或非活动步。如果命令 OFF 的地址标识符为 S_ALL，将除了命令"S1（V1、L1）OFF"所在的步之外其他的步变为非活动步。

图 6-23 中步 S3 变为活动步后，各动作按下述方式执行：

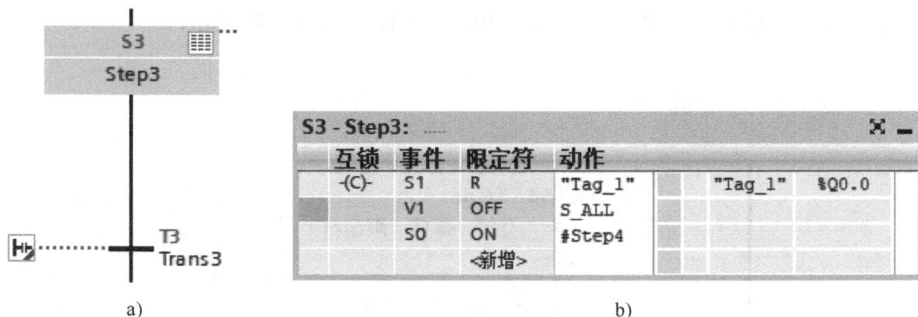

图 6-23　步的动作 1

a）顺序功能图　b）动作表

1）一旦 S3 变为活动步且互锁条件满足，命令"S1 RC"使输出 Q0.0 复位为"0"，并保持为"0"。

2）一旦监控错误发生（出现 V1 事件），除了动作中的命令"V1 OFF"所在步 S3 外，其他的活动步都变为非活动步。

3）S3 变为非活动步时（出现 S0 事件），步 S4 变为活动步。

（4）动作中的计数器

动作中的计数器的执行与指定的事件有关。互锁功能可以用于计数器，对于有互锁功能的计数器，只有在互锁条件满足和指定的事件出现时，动作中的计数器才会计数。计数值为 0 时计数器位为"0"，计数值非 0 时计数器位为"1"。

事件发生时，计数器指令 CS 将初值装入计数器。CS 指令下面一行是要装入计数器的初值，它可以由 IW、QW、MW、LW、DBW 和 DIW 来提供，或用常数 C#0～C#999 的形式给出。

事件发生时，CU、CD、CR 指令使计数值分别加 1、减 1 或将计数值复位为 0。计数器命令与互锁组合时，"互锁"列要选择"C"。

（5）动作中的定时器

动作中定时器与计数器的使用方法类似，事件出现时定时器被执行。互锁功能也可以用于定时器。

1）TL 命令。TL 为扩展的脉冲定时器命令，该命令下面一行是定时器的定时时间"time"，定时器位没有闭锁功能。定时器的定时时间可以由 IW、QW、MW、LW、DBW 和 DIW 来提供，或用 S5T#time 的形式给出，"#"后面是时间常数值。

一旦事件发生定时器即被起动，起动后将继续定时，而与互锁条件和步是否为活动步无关。在"time"指定的时间内，定时器位为"1"，此后变为"0"。正在定时的定时器可以被新发生的事件重新起动，重新起动后，在"time"指定的时间内，定时器位为"1"。

2）TD 命令。TD 命令用来实现定时器位有闭锁功能的延迟。一旦事件发生定时器即被起动。互锁条件 C 仅仅在定时器被起动的那一时刻起作用。定时器被起动后将继续定时，而与互锁条件和步的活动性无关。在"time"指定的时间内，定时器位为"0"。正在定时的定时器可以被新生的事件重新起动，重新起动后，在"time"指定的时间内，定时器位为"0"，定时时间到时，定时器位变为"1"。

3）TR 命令。TR 是复位定时器命令，一旦事件发生，定时器立即停止定时，定时器位与定时值被复位为"0"。

当图 6-24 中的步 S8 变为活动步时，事件 S1 使计数器 C4 的值加 1。C4 可以用来计步 S8

变为活动步的次数。只要步 S8 变为活动步，事件 S1 使 MW10 的值加 1。

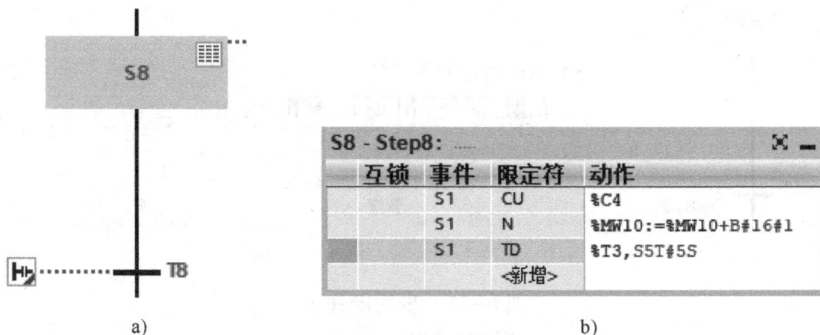

图 6-24　步的动作 2
a）顺序功能图　b）动作表

S8 变为活动步后 T3 开始定时，T3 的定时器位为"0"状态。5 s 后 T3 的定时器位变为"1"状态。

6.5.3　编辑 S7-GRAPH 函数块

1. 设计顺序功能图

（1）插入"步及步的转换"

在 S7-GRAPH 编辑器内，用鼠标左键选中 S1 的转换（S1 下面的十字），在它的周围会出现虚线框，然后连续单击 4 次"步和转换"的插入工具栏图标 ，插入过程中系统会自动为新插入的步及转换分配连续序号（S2~S5、T2~T5）。或选择步下面的双箭头，也可以插入步及转换条件。

注意：T1~T5 等不是定时器的编号，而是转换 Trans1~Trans5 的缩写。

（2）插入"跳转"

在插入前 4 步时，T5 被自动选中，若光标不在 T5 的转换位置，则用光标选中 S5 的转换（S5 下面的十字），然后单击步的"跳转"工具栏图标 ，此时在 T5 的下面会出现一个向下的箭头，并显示"S 编号输入栏"和"选择表"，如图 6-25a 所示。

在"S 编号输入栏"内可以直接输入要跳转的目标步的编号，如要跳转 S2 步，则可输入数字"2"，然后按下〈Enter〉键，如图 6-25b 所示。也可以将鼠标直接指向目标步的框线，单击鼠标完成跳转设置。设置完成系统会自动在目标步的上面添加一个左向箭头，箭头的尾部标有起始跳转位置的转换。至此步 S2~S5 形成了一个闭环。

2. 编辑步的名称

表示步的方框内有步的编号（如 S1）和步的名称（名 Step1），单击相应项可以进行修改（右击选择"重命名"选项，或单击两次），不能用汉字作步和转换的名称。用同样的方法，可以修改转换的编号和名称。单击步的编号和名称之外的其他部分，表示步的方框整体变色，称为选中了该步。

3. 编辑步的动作

单击图 6-21a 中的 S2 步右上角"打开动作表"按钮，在出现的"动作表"（图 6-21b）

中新增行后选择限定符（如 N、S、R 等）、互锁和事件，在动作行的操作数地址区输入或选择相应的操作数地址，如图 6-21b 所示。

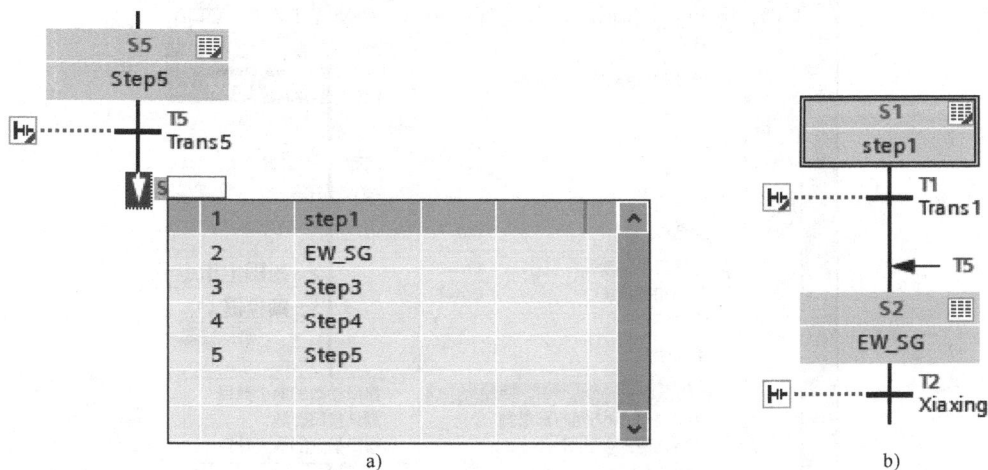

图 6-25　生成"跳转"

a）产生跳转符号　b）确定跳转目标

如果项目定义了符号名，当输入完绝对地址后，系统默认用绝对+符号地址形式显示。单击工具栏按钮 ，可在绝对地址和符号地址及两种都显示之间切换。

4. 编辑转换条件

执行菜单命令"选项"→"设置"→"PLC 编程"→"GRAPH"，将"程序段中所用语言"选择为"FBD"（功能图块），其指令如图 6-20 所示。此时便可以用功能图块为转换条件进行 FB1 的编程（国内用户比较习惯使用梯形图指令）。

单击图 6-21a 中 S1 步下面转换条件左边的"打开转换条件"按钮，便会出现一条程序行，在此行中添加转换条件，或插入空功能框，然后单击右上角出现的橙色斜三角形，可进行转换指令的选择。

最后单击项目窗口工具栏上的编译按钮 进行编译，同时进行项目的保存操作。如果在编辑过程中出现错误，如"输入参数 ACK_EF 未在接口中声明"，说明在接口中缺失干扰确认所需的对输入参数 ACK_EF 的声明。解决方法：在 FB1 的接口区"Input"部分声明输入参数 ACK_EF，或取消激活块属性中的"出现监控条件错误时必须确认"选项（在 FB1 的"常规"属性中去掉"监控错误需要确认"选项前复选框中的勾），再次编译则没有错误。

5. 对象的删除

若设计和编辑功能图过程中，需要删除某些对象（如步、动作等），首先选中相应对象，待被选对象变为浅紫色时，按下〈Delete〉键即可删除。

6.5.4　S7-GRAPH 函数块的参数集设置

在 S7-GRAPH 编辑器中执行菜单命令"编辑"→"接口参数"，选择 S7-GRAPH 函数块的接口参数，设置 FB 参数集如图 6-26 所示。

最小数目的接口参数集和默认接口参数集如图 6-27 所示。

不同的参数集所对应的函数块图形符号不同，S7-GRAPH 函数块 FB 的输入和输出参数分别如表 6-4 和表 6-5 所示。

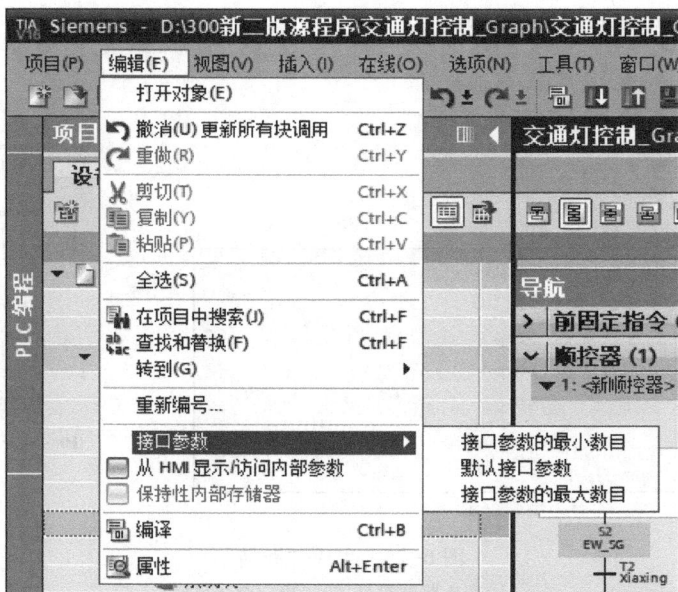

图 6-26 选择 FB 接口参数集

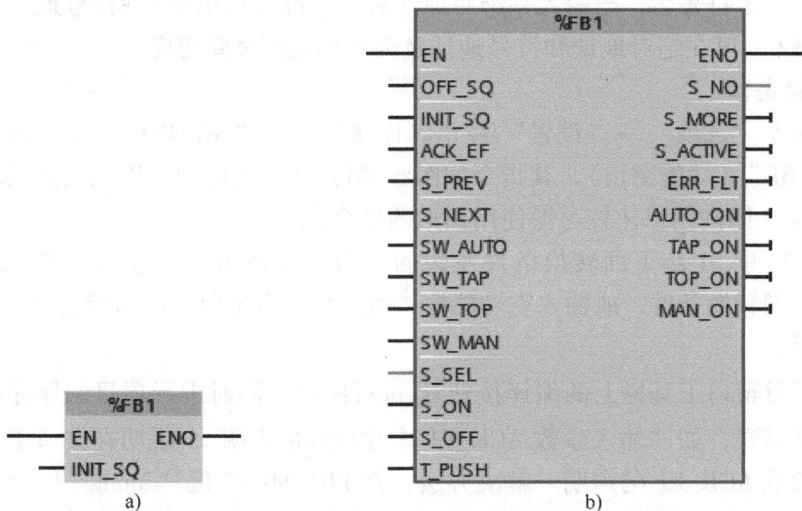

a)   b)

图 6-27 S7-GRAPH 函数块的最小参数集和默认参数集

a）最小参数集 b）默认参数集

表 6-4 S7-GRAPH 功能块（FB）的输入参数

名　称	数据类型	参数说明	最小	默认	最大
EN	BOOL	使能输入，控制 FB 的执行，如果直接连接 EN，将一直执行 FB	√	√	√
OFF_SQ	BOOL	OFF_SEQUENCE：关闭顺控器，使所有的步变为非活动步		√	√
INIT_SQ	BOOL	INIT_SEQUENCE：激活初始步，复位顺序控制器	√	√	√
ACK_EF	BOOL	ACKNM_ERROR_FAUL：确认错误和故障，强制切换到下一步		√	√
REG_EF	BOOL	REGISISTRATE_ERROR_FARL：记录所有的错误和故障			√
ACK_S	BOOL	ACKNOWLEDGE_STEP：确认在 S_NO 参数中指明的步			√

（续）

名 称	数据类型	参 数 说 明	最小	默认	最大
REG_S	BOOL	REGISISRATE_STEP：记录在 S_NO 参数中指明的步			√
HALT_SQ	BOOL	HALT_SEQUENCE：暂停/重新激活顺控器			√
HALT_TM	BOOL	HALT_TIMES：暂停/重新激活所有步的活动时间和顺控器与时间有关的命令（L 和 D）			√
ZERO_OP	BOOL	ZERO_OPERANDS：将活动步中 L、N、D 命令的地址复位为 0，并且不执行动作/重新激活的地址和 CALL 指令			√
EN_IL	BOOL	ENABLE_INTERLOCKS：禁止/重新激活互锁（顺控器就像互锁条件没有满足一样）			√
EN_SV	BOOL	ENABLE_SUPERVISIONS：禁止/重新激活监控（顺控器就像监控条件没有满足一样）			√
EN_ACKREQ	BOOL	ENABLE_ACKNOWLEDGE_REQUIRED：激活强制的确认请求			√
EDN_SSKIP	BOOL	ENABLE_STEP_SKIPPING：启用路过步			√
DISP_SACT	BOOL	DISPLAY_ACTIVE_STEPS：只显示活动步			√
DISP_SEF	BOOL	DISPLAY_STEPS_WITH_ERROR_OR_FAULT：只显示有错误的步和被中断的步			√
DISP_SALL	BOOL	DISPLAY_ALL_STEPS：显示所有步			√
S_PREV	BOOL	PREVIOUS_STEP：自动模式下从当前活动步后退一步，步序号在 S_ON 中显示，手动模式在 S_NO 参数中指明序号较低的前一步		√	√
S_NEXT	BOOL	NEXT_STEP：自动模式下从当前活动步前进一步，步序号在 S_ON 中显示，手动模式在 S_NO 参数中显示下一步（下一步序号较高的一步）		√	√
SW_AUTO	BOOL	SWITCH_MODE_AUTOMATIC：切换到自动模式		√	√
SW_TAP	BOOL	SWITCH_MODE_TRANSITION_AND_PUSH：切换到半自动模式		√	√
SW_TOP	BOOL	SWITCH_MODE_TRANSITION_OR_PUSH：切换到自动或转向下一步模式		√	√
SW_MAN	BOOL	SWITCH_MODE_MANUAL：切换到手动模式，不启动单独的顺序		√	√
S_SEL	INT	STEP_SELECT：选择用于输出参数 S_ON 的指定的步，手动模式用 S_ON 和 S_OFF 激活或禁止步		√	√
S_SELOK	BOOL	STEP_SELECT_OK：将 S_SEL 中的数值用于 S_ON			√
S_ON	BOOL	STEP_ON：在手动模式激活所显示的步		√	√
S_OFF	BOOL	STEP_OFF：在手动模式使显示的步变为非活动步		√	√
T_PREV	BOOL	PREVIOUS_TRANSITION：在 T_NO 参数中显示前一个有效的转换			√
T_NEXT	BOOL	NEXT_TRANSITION：在 T_NO 参数中显示下一个有效的转换			√
T_PUSH	BOOL	PUSH_TRANSITION：在自动模式或手动模式下，如果满足条件且"T_PUSH（边沿）"，则转换条件切换到下一步	√	√	√

表 6-5 S7-GRAPH 功能块（FB）的输出参数

名 称	数据类型	参 数 说 明	最小	默认	最大
ENO	BOOL	Enable output：使能输出，FB 被执行且没有出错，ENO 为 1，否则为 0	√	√	√
S_NO	INT	STEP_NUMBER：显示步的编号		√	√
S_MORE	BOOL	MORE_STEPS：有其他步是活动步		√	√

（续）

名　　称	数据类型	参 数 说 明	最小	默认	最大
S_ACTIVE	BOOL	STEP_ACTIVE：被显示的步是活动步		√	√
S_TIME	TIME	STEP_TIME：步变为活动步的时间			√
S_TIMEOK	TIME	STEP_TIME_OK：在步的活动期内没有错误发生			√
S_CRITLOC	DWORD	STEP_CRITERIA：互锁标准位			√
S_CRITLOCERR	DWORD	S_CRITERIA_IL_LAST_ERROR：用于 L1 事件的互锁标准位			√
S_CRITSUP	DWORD	STEP_CRITERIA：监控标准位			√
S_STATE	WORD	STEP_STATE：步的状态位			√
T_NO	INT	TRANSITION_NUMBER：有效的转换编号			√
T_MODE	BOOL	MORE_TRANSITIONS：其他用于显示的有效转换			√
T_CRIT	DWORD	TRANSITION_CRITERIA：转换的标准位			√
T_CRITOLD	DWORD	T_CRITERIA_LAST_CYCLE：前一周期的转换标准位			√
T_CRITFLT	DWORD	T_CRITERIA_LAST_FAULT：事件 V1 的转换标准位			√
ERROR	BOOL	INTERLOCK_ERROR：任何一步的互锁错误			√
FAULT	BOOL	SUPERVISIOV_FAULT：任何一步的监控错误			√
ERR_FLT	BOOL	IL_ERROR_OR_SV_FAULT：组故障		√	√
SQ_ISOFF	BOOL	SEQUENCE_IS_OFF：顺控器完全停止（没有活动步）			√
SQ_HALTED	BOOL	SEQUENCE_IS_HALTER：顺控器暂停			√
TM_HALTED	BOOL	TIMES_ARE_HALTED：定时器停止			√
OP_ZEROED	BOOL	OPERANDS_ARE_ZEROED：地址被复位			√
IL_ENABLED	BOOL	INTERLOCK_IS_ENABLED：互锁被使能			√
SV_ENABLED	BOOL	SUPERVISION_IS_ENABLED：监控被使能			√
ACKREQ_ENABLED	BOOL	ACKNOWLEDGE_REQUIRED_IS_ENABLED：强制的确认被激活			√
SSKIP_ENABLED	BOOL	STEP_SKIPPING_IS_ENABLED：跳步被激活			√
SACT_DISP	BOOL	ACTIVE_STEPS_WEREDISPLAYED：只显示 S_NO 中的活动步			√
SEF_DISP	BOOL	STEPS_WITH_ERROR_FAULT_WERE_DISPLAYED：在 S_NO 参数中只显示出错的步和有故障的步			√
SALL_DISP	BOOL	ALL_STEPS_WERE_DISPLAYED：在 S_NO 参数中显示所有的步			√
AUTO_ON	BOOL	AUTOMATIC_IS_ON：显示自动模式		√	√
TAP_ON	BOOL	T_AND_PUSH_IS_ON：显示单步自动模式		√	√
TOP_ON	BOOL	T_OR_PUSH_IS_ON：显示 SW_TOP 模式		√	√
MAN_ON	BOOL	MANUAL_IS_ON：显示手动模式		√	√

6.5.5　调用 S7-GRAPH 函数块

用鼠标双击 OB1，设置编程语言为梯形图。将项目树"程序块"文件夹中的 FB1 拖放到程序段上（或用鼠标双击函数块 FB1）。在 OB1 中调用 S7-GRAPH 函数块 FB1，如图 6-28 所示。

在调用 FB1 时会产生其背景数据块，单击"确定"按钮即可。在"调用选项"对话框中可以更改背景数据块的名称。FB1 的形参 INIT_SQ 为 1 时，顺控器被初始化，仅初始步为活动步。

使用 S7-PLCSIM 仿真软件可以调试 S7-GRAPH 程序。刚开始时只有初始步 S1 为绿色，表示 S1 为活动步（若需手动将 S1 步变为非活动

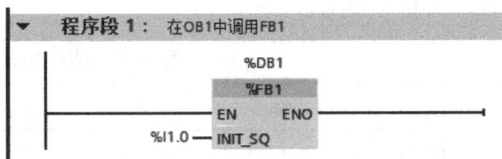

图 6-28　在 OB1 中调用 S7-GRAPH 函数块 FB1

步，则需将 S7-GRAPH 函数块 FB1 的参数集选为标准参数集或最大参数集，再通过形参 OFF_SQ，让其为 1 时关闭顺控器，即让所有步都变为非活动步，可再次通过形参 INIT_SQ 激活初始步，来实现循环工作的准备）。该步的动作框上面的两个监控定时器开始定时。它们用来记录非中断步的激活时间（U）和当前步被激活的时间（T），其中定时器 U 不包括有干扰的时间。

请读者根据上述所讲内容，完成"交通灯控制_Graph"项目 S7-GRAPH 顺序功能图的绘制，进行相关参数的设置及程序编写和仿真调试。其控制要求：系统起动后东西方向绿灯常亮 15 s，再以 1 Hz 闪烁 3 次，黄灯亮 3 s，红灯亮 21 s；同时南北方向的红灯亮 21 s，绿灯常亮 15 s，再以 1 Hz 闪烁 3 次，黄灯亮 3 s。

6.6　案例 14：钻孔机的 PLC 控制

6.6.1　目的

1）掌握 S7-GRAPH 顺序功能图的组成。
2）掌握 S7-GRAPH 顺序功能图的绘制。
3）使用 S7-GRAPH 语言进行程序的编写及仿真调试。

6.6.2　任务

使用 S7-300 PLC 实现钻孔机的控制。此钻孔机用来加工某零件上大小两个孔，如图 6-29 所示。开始时两个钻头均停在工件上方位置，限位开关 I0.3 和 I0.5 均为 ON。操作人员放好工件后，按下起动按钮 I0.0，Q0.0 变为 ON，工件被夹紧，夹紧后压力继电器 I0.7 为 ON，Q0.1 和 Q0.3 使两只钻头同时开始工作，分别钻到由限位开关 I0.2 和 I0.4 设定的深度时，Q0.2 和 Q0.4 使两只钻头分别上行，升到由限位开关 I0.3 和 I0.5 设定的起始位置时，分别停止上行，Q0.5 动作使工件松开，松开到位时，限位开关 I0.6 为 ON，系统返回初始状态。无论何时按下停止按钮 I0.1，大小钻头均停止运行。

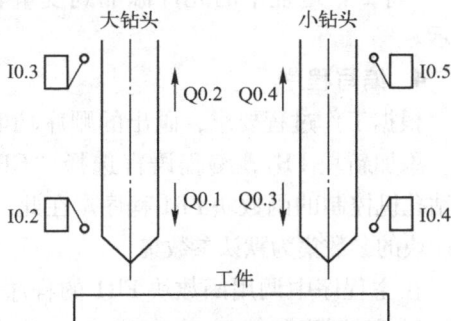

图 6-29　专用钻孔机工作示意图

6.6.3　步骤

1. I/O 端口的连接

本案例的输入元器件为 2 个按钮、5 个行程（位置检测）开关和 1 个压力传感器；输出元

器件为 2 个用于工件夹紧和松开的电磁阀,4 个大小钻头上下行的电磁阀。本案例的 I/O 地址分配如表 6-6 所示。

表 6-6 钻孔机的 PLC 控制 I/O 地址分配

输 入		输 出	
输入继电器	元器件	输出继电器	元器件
I0.0	起动按钮 SB1	Q0.0	夹紧工件电磁阀 YV1
I0.1	停止按钮 SB2	Q0.1	大钻头下行电磁阀 YV2
I0.2	行程开关 SQ1	Q0.2	大钻头上行电磁阀 YV3
I0.3	行程开关 SQ2	Q0.3	小钻头下行电磁阀 YV4
I0.4	行程开关 SQ3	Q0.4	小钻头上行电磁阀 YV5
I0.5	行程开关 SQ4	Q0.5	松开工件电磁阀 YV6
I0.6	行程开关 SQ5		
I0.7	压力继电器 KP		

根据表 6-6 中的 I/O 地址分配,本案例的 I/O 端口的连接如图 6-30 所示。

2. 创建项目与硬件组态

创建一个名称为 "M_zuankong" 的项目,添加一个 CPU 314C-2 PN/DP 模块,将 CPU 的输入输出起始地址更改为 I0.0 和 Q0.0。

组态好上述硬件后,单击项目窗口工具栏上 "编译" 按钮对硬件组态进行编译。

3. 编辑变量表

双击项目树中 "PLC 变量表" 文件夹中 "默认变量表",将 I/O 地址中的元件添加到变量表中,如图 6-31 所示。

4. 编写程序

根据工作过程要求,画出的顺序功能图如图 6-32 所示。添加新块 FB1,编程语言选择 "GRAPH",图 6-33 为钻孔机控制的函数块 FB1 程序。在此,设置 S7-GRAPH 功能块的参数集为默认参数集。

在主程序中调用函数块 FB1 的程序如图 6-34 所示。

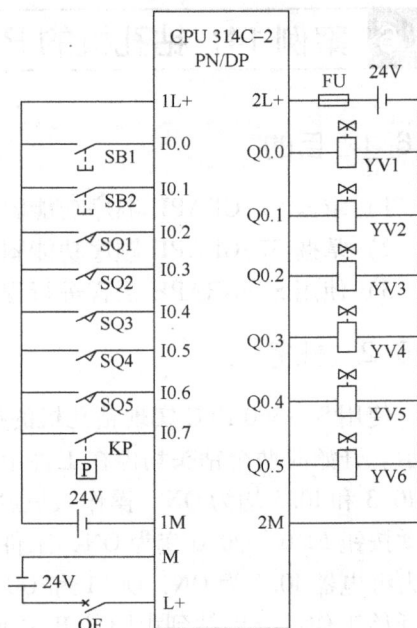

图 6-30 钻孔机控制的 I/O 接线图

5. 程序调试

先断开钻孔机主电路电源,将编译后的项目下载到 CPU 中,打开 S7-GRAPH 函数块 FB1,起动程序状态监视功能。依次进行相应操作,观察每个电磁阀的动作情况,若符合案例任务要求,再接通钻孔机电源,再按任务要求调试一次,若调试现象与控制要求一致,则说明本案例功能实现。

图 6-31　钻孔机控制的变量表

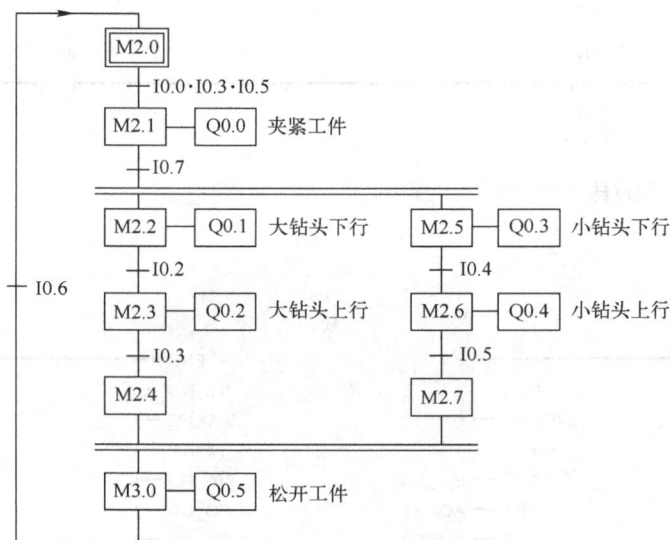

图 6-32　钻孔机控制的顺序功能图

6.6.4　训练

1) 训练 1：使用 S7-GRAPH 语言编写案例 13 的控制程序。

2) 训练 2：任务同本案例，同时还要求按下起动按钮后，连续钻完 3 次孔后停止在上限位，即原位待命（每钻完一次孔自动回到上限位，操作者人为旋转工件，工件共需钻 3 个大孔和 3 个小孔）。

3) 训练 3：使用起保停编程方式或置位/复位指令方法编写本案例的控制程序。

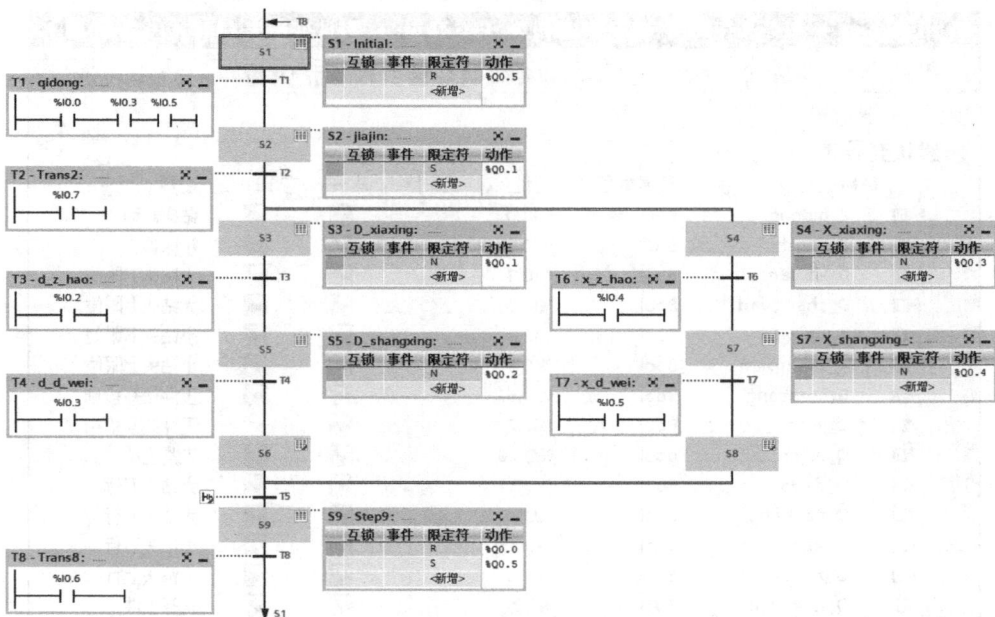

图 6-33 钻孔机控制的 FB1 程序

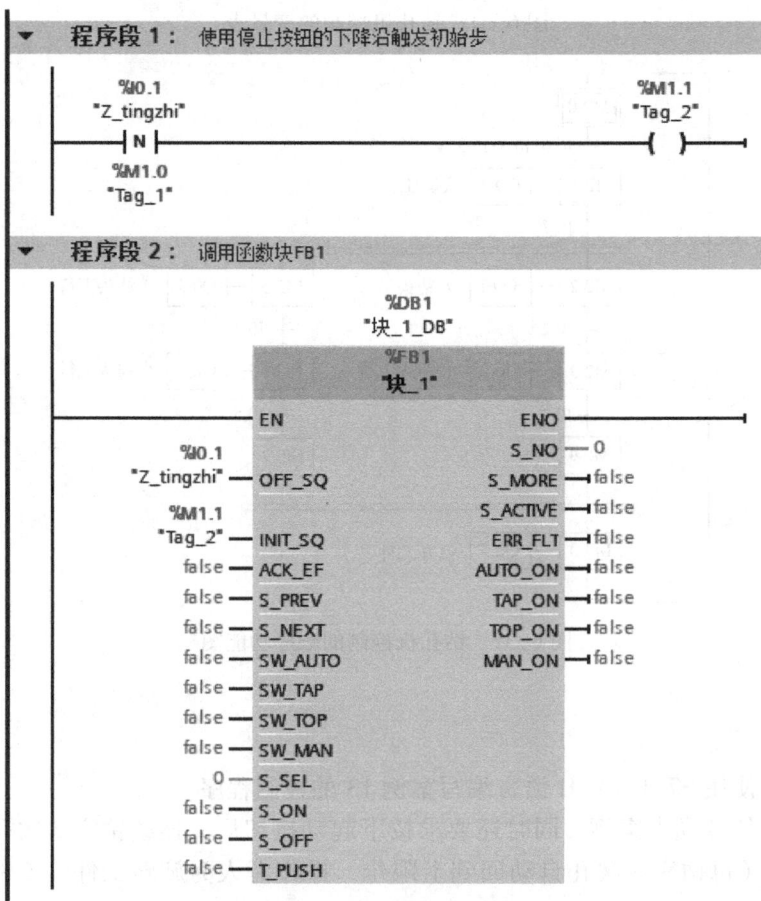

图 6-34 在 OB1 中调用函数块 FB1 程序

6.7 习题与思考

1. 简述划分步的原则。

2. 简述转换实现的条件和转换实现时应完成的操作。

3. 有 3 条传送带顺序相连，按下起动按钮，3 号传送带开始工作，5 s 后 2 号传送带自动起动，再过 5 s 后 1 号传送带自动起动。停机的顺序与起动的顺序相反，间隔仍然为 5 s。使用起保停编程方法实现上述功能。

4. 使用 S7-GRAPH 语言实现第 3 题的控制功能。

5. 一台间歇润滑用油泵，由一台三相交流异步电动机拖动，其工作情况为：按下起动按钮，油泵开始工作 30 s 停止 20 s，如此循环 20 次后停泵 60 s，再次起动油泵，仍按前述过程循环工作，直至按下停止按钮。使用置位和复位指令实现上述功能。

6. 使用 S7-GRAPH 语言实现第 5 题的控制功能。

第7章 S7-300 PLC 与 G120 变频器的连接与应用

变频器在生产设备中作为调速装置已得到广泛应用，本章节主要介绍西门子 G120 变频器在数字量、模拟量及 PROFINET 通信方面应用时相关参数的设置、硬件电路的连接及使用 Startdrive 调试软件进行参数设置和在线操作，通过本章节学习可掌握 G120 变频器在工程中的典型应用。

7.1 西门子 G120 变频器简介

变频器（Variable-frequency Drive，VFD）是应用变频技术与微电子技术，通过改变电动机工作电源频率的方式，来控制交流电动机的电力控制设备。简单地说，变频器是利用电力半导体器件的通断作用，把电压和频率固定不变的交流电变换为电压或频率可变的交流电的装置。几款常用变频器的外形如图 7-1 所示。

图 7-1　几款常用变频器的外形

7.1.1　G120 变频器的接线端子

本教材主要以西门子公司生产的 SINAMICS G120 系列变频器为介绍对象，它是西门子公司前期 MM4 系列变频器的升级替代产品，两者有着诸多相同之处。

目前，SINAMICS G120 系列变频器主要包括 G120、G120C、G120D、G120P 等系列产品，其中 G120C 为紧凑型整体式变频器，其他型号的 G120（包括 G120D、G120P）变频器都是由多种不同功能单元组成的模块化变频器。构成变频器的两个必需的主要模块为控制单元（Control Unit，CU）和功率模块（Power Module，PM），再加上接口单元（操作面板）可构成完整的变频器（通过软件进行变频器的参数设置及运行控制时，操作面板可不选用），如图 7-2 所示。

如果要正确使用变频器，必须先了解控制单元上各端子的定义及其与外围元件的线路连接。不同型号的 G120 变频器的接线有所不同，现在以 G120 变频器的控制单元 CU240B/E-2 为例介绍外围线路的连接，其控制端子的定义如表 7-1 所示。图 7-3 为控制单元 CU240B/E-2

的接口、连接器、开关、端子排和 LED。图 7-4 为 CU240E-2 控制单元接线图。

图 7-2　G120 系列变频器的功率模块（左）、控制单元（中）和操作面板（右）

表 7-1　G120 控制单元 CU240B/E-2 端子排的定义

端子序号	端子名称	功能描述	端子序号	端子名称	功能描述
1	+10 V OUT	输出+10 V	17	DI5	数字量输入 5
2	GND	输出 0 V/GND	18	DO0 NC	数字量输出 0/常闭触点
3	AI0+	模拟量输入 0（+）	19	DO0 NO	数字量输出 0/常开触点
4	AI0-	模拟量输入 0（-）	20	DO0 COM	数字量输出 0/公共触点
5	DI0	数字量输入 0	21	DO1 POS	数字量输出 1+
6	DI1	数字量输入 1	22	DO1 NEG	数字量输出 1-
7	DI2	数字量输入 2	23	DO2 NC	数字量输出 2/常闭触点
8	DI3	数字量输入 3	24	DO2 NO	数字量输出 2/常开触点
9	+24 V OUT	隔离输出+24 V OUT	25	DO2 COM	数字量输出 2/公共触点
10	AI1+	模拟量输入 1（+）	26	AI1+	模拟量输出 1（+）
11	AI1-	模拟量输入 1（-）	27	AI1-	模拟量输出 1（-）
12	AO0+	模拟量输出 0（+）	28	GND	GND/max. 100 mA
13	AO0-	模拟量输出 0（-）	31	+24 V IN	外部电源+
14	T1 MOTOR	连接 PTC/KTY84	32	GND IN	外部电源-
15	T1 MOTOR	连接 PTC/KTY84	34	DI COM2	公共端子 2
16	DI4	数字量输入 4	69	DI COM1	公共端子 1

注：不同型号的 G120 变频器控制单元的端子数量不同，如 CU240B-2 无 16、17 号端子，但 CU240E-2 有此端子。

CU240E-2 控制单元各组成部分的连接介绍如下。

（1）电源端子的连接

端子 1、2 是变频器为用户提供一个高精度的 10 V 直流电源。端子 9、28 是变频器内部 24 V 直流电源，可供数字量输入端子使用。端子 31、32 是外部接入的 24 V 直流电源，用户为变频器的控制单元提供 24 V 直流电源。

（2）公共端子的连接

端子 34、69 为数字量公共端子，在使用数字量输入时，必须将对应的公共端子与 24 V 电源的负极性端相连。

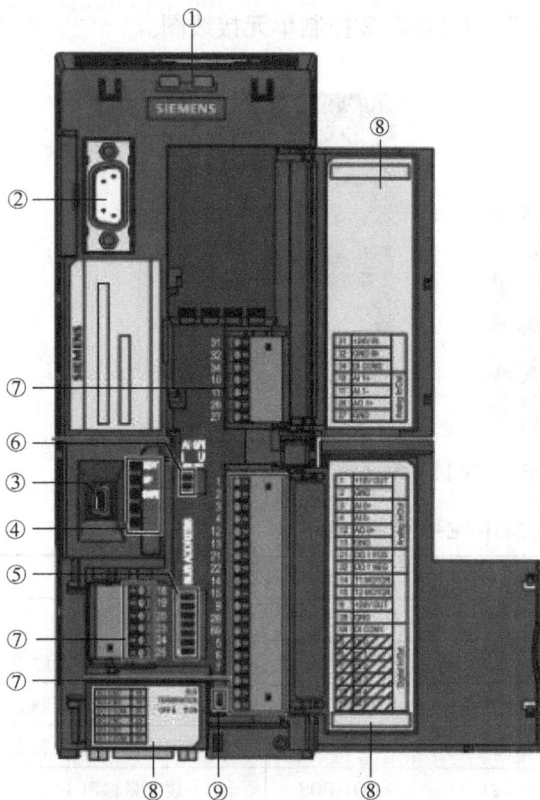

① 存储卡插槽（MMC卡或SD卡）

② 操作面板（IOP或BOP-2）接口

③ 用于连接STARTER的USB接口

④ 状态LED　　RDY
　　　　　　　　BF
　　　　　　　　SAFE

⑤ 用于设置现场总线地址的DIP开关

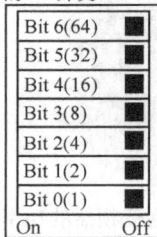

Bit 6(64)	■
Bit 5(32)	■
Bit 4(16)	■
Bit 3(8)	■
Bit 2(4)	■
Bit 1(2)	■
Bit 0(1)	■
On	Off

示例：
地址=10
（=2+8）

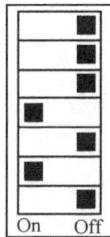

| On | Off |

⑥ 用于设置AI0和AI1（端子3/4和10/11）的DIP开关

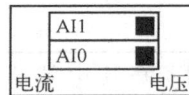

AI1	■
AI0	■
电流	电压

⑦ 端子排

⑧ 端子名称

⑨ 取决于现场总线：
CU240B-2, CU240E-2, CU240E-2 F 总线接口
CU240B-2 DP, CU240E-2 DP, CU240E-2 DP-F 无功能

| ON | |
| OFF | ■ |

a)

（CU240B-2, CU240E-2, CU240E-2 F）

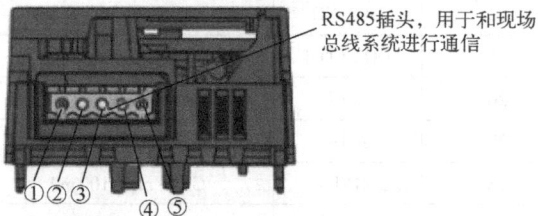

RS485插头，用于和现场总线系统进行通信

（CU240B-2 DP, CU240E-2 DP, CU240E-2 DP-F）

SUB-D插座，用于PROFIBUS DP通信

触点　名称
① 0V参考电位
② RS485P，接收和发送(+)
③ RS485N，接收和发送(−)
④ 电缆屏蔽
⑤ 未连接

b)　　　　　　　　　　　　　　　　　　　c)

图 7-3　控制单元 CU240B/E-2 组成
a) 接口　b) 插头　c) 插座

（3）数字量输入 DI 的连接

数字量输入 DI 的接线有两种方式。第一种方式是使用控制单元的内部 24 V 电源，必须使用 9 号端子（+24 V），同时需要将公共端子 34 和 69 与 28 号端子（0 V）短接。第二种方式是使用外部 24 V 电源，不使用 9 号端子（+24 V），但 34 和 69 号公共端子要与外部 24 V 电源的 0 V 短接。

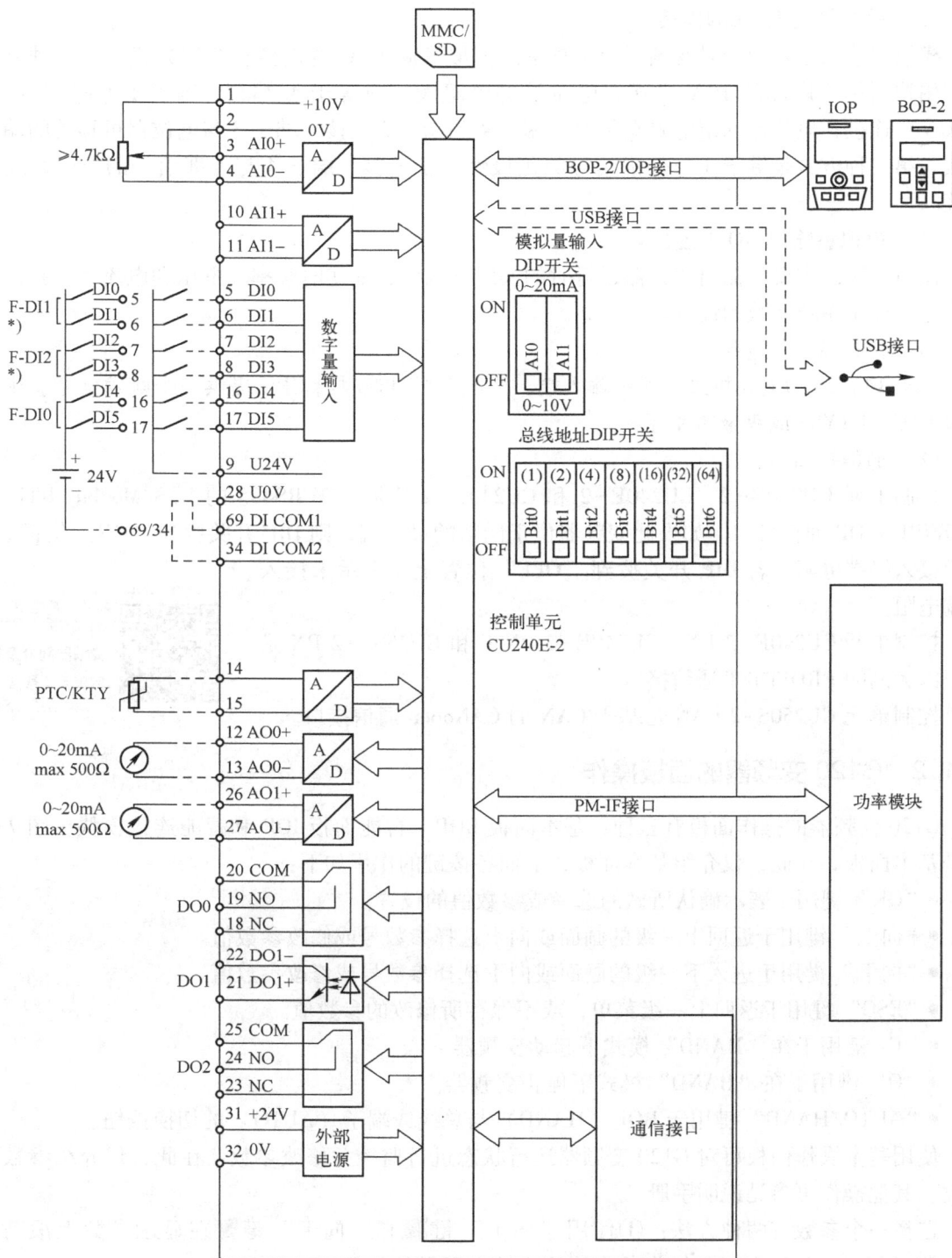

图 7-4　CU240E-2 控制单元接线图

（4）数字量输出 DO 的连接

数字量输出 DO 的接线有两种方式，分别为继电器型输出（数字量输出 0 和 2）和晶体管型输出（数字量输出 1）。数字量输出 DO 的信号与相应的参数设置有关，可将 DO 设置为系统发生故障、报警、运行正常等信号输出。

(5) 模拟量输入 AI 的连接

模拟量输入主要用于对变频器给定频率。模拟量输入 AI 的连接有两种方式。第一种方式是使用控制单元内部的 10 V 电源,电位器的电阻大于或等于 4.7 kΩ,端子 1 (+10 V) 和 2 (0 V) 连接在电位器固定电阻端子上,端子 4 和端子 2 短接,端子 3 与电位器可移动的端子连接。第二种方式是端子 3 与外部信号的正极性端子连接,端子 4 与外部信号的负极性端子连接。

(6) 模拟量输出 AO 的连接

模拟量输出主要是输出变频器运行时的实际参数值,如实时频率、电压和电流等,具体输出信号取决于系统参数的设置。

(7) 保护端子的连接

端子 14、15 为电动机过热保护输入端,当电动机过热时给 CPU 提供一个触发信号。用于连接 PTC、KTY84 或双金属片等。

(8) 通信接口

控制单元 CU240B-2、CU240E-2 和 CU240E-2 F 是基于 RS485 的 USS/Modbus RTU 或 PROFIBUS-DP 通信接口。如果此变频器位于网络的最末端,则 DIP 开关拨到 "ON" 位置上,表示接入终端电阻;若 DIP 开关拨到 "OFF" 位置上,表示未接入终端电阻。

控制单元 CU240E-2 PN、CU240E-2 PN F 和 CU250S-2 PN 是基于以太网的 PROFINET 通信接口。

控制单元 CU250S-2 CAN 是基于 CAN 的 CANopen 通信接口。

码 7-1 G120 变频器简介及控制单元型号含义

7.1.2 G120 变频器的面板操作

G120 变频器的操作面板有三种:基本面板 BOP、智能面板 IOP 和智能连接模块。图 7-2 中是基本面板,在此,仅介绍基本面板,上面各按键的作用如下:

- "OK" 键用于表示确认所做的选择或参数值的设置。
- "向上" 键用于返回上一级的画面或向上选择参数号或修改参数值。
- "向下" 键用于进入下一级的画面或向下选择参数号或修改参数值。
- "ESC" 键用于返回上一级菜单,或不保存所修改的参数值。
- "I" 键用于在 "HAND" 模式下起动变频器。
- "O" 键用于在 "HAND" 模式下停止变频器。
- "AUTO/HAND" 键用于 BOP (HAND) 与总线或端子 (AUTO) 的切换按钮。

使用基本操作面板可对 G120 变频器运行状态进行监控并修改参数,在此,仅介绍参数的修改。其他操作可参见说明手册。

选择一个参数有两种方法:①使用 "向上" 键▲和 "向下" 键▼在显示参数上滚动;②长按 (超过 3 秒) "OK" 键_{OK}将允许用户输入所需的参数。

使用以上任何一种方法,按一次 "OK" 键将显示所需的参数和参数的当前值。在此期间的任何时候按下 "ESC" 键_{ESC}超过 3 秒,BOP-2 将返回到顶层监控菜单。短暂按 "ESC" 键_{ESC}将返回上一页。不会保存任何更改。

修改参数有两种方法:单位数编辑或滚动,在此,仅介绍单位数编辑方法,如表 7-2 所示。

表 7-2　使用单位数编辑方法修改参数步骤

操　作	屏幕显示内容
1. 使用"向上"键和"向下"键导航到"参数（PARAMETER）"菜单，并按"OK"键确认（如果屏幕显示内容是监控界面下，可按"ESC"键退出监控状态）	MONITORING　CONTROL　DIAGNOSTICS **PARAMS** PARAMETER　SETUP　EXTRAS
2. 使用"向上"键和"向下"键选择所需要的过滤器（分标准参数和专家参数两种），并按"OK"键确认参数过滤器的选择	MONITORING　CONTROL　DIAGNOSTICS **STANDARD FILTEr** PARAMETER　SETUP　EXTRAS MONITORING　CONTROL　DIAGNOSTICS **EXPERT FILTEr** PARAMETER　SETUP　EXTRAS
3. 使用"向上"键和"向下"键选择需要编辑的参数号（如 p0327）	MONITORING　CONTROL　DIAGNOSTICS **P327** **90.0** PARAMETER　SETUP　EXTRAS
4. 按住"OK"键直至参数号的第一个数字闪烁，再使用"向上"键和"向下"键修改第一个数字值，此处为 0	MONITORING　CONTROL　DIAGNOSTICS **P_0327** PARAMETER　SETUP　EXTRAS
5. 按"OK"键确认修改值，此时序列中的下一个（第 2 个）数字开始闪烁	MONITORING　CONTROL　DIAGNOSTICS **PO_327** PARAMETER　SETUP　EXTRAS
6. 使用"向上"键和"向下"键修改当前数字值（第 2 个数字值），将其修改为 1，然后按"OK"键确认修改值，此时序列中的下一个（第 3 个）数字开始闪烁	MONITORING　CONTROL　DIAGNOSTICS **PO1_27** PARAMETER　SETUP　EXTRAS
7. 使用"向上"键和"向下"键修改当前数字值（第 3 个数字值），将其修改为 2，然后按"OK"键确认修改值，此时序列中的下一个（第 4 个）数字开始闪烁	MONITORING　CONTROL　DIAGNOSTICS **PO12_7** PARAMETER　SETUP　EXTRAS

（续）

操　作	屏幕显示内容
8. 使用"向上"键和"向下"键修改当前数字值（第 4 个数字值），将其修改为 1，然后按"OK"键确认修改值，此时序列中的下一个（第 7 个）数字开始闪烁	MONITORING　　CONTROL　　DIAGNOSTICS P0121_ PARAMETER　　SETUP　　EXTRAS
9. 使用"向上"键和"向下"键修改当前数字值（第 5 个数字值），将其修改为 1，然后按"OK"键确认修改值。按上述方法修改参数号直到序列的所有数字都被修改为所需的数字。最后按"OK"键，显示参数或与输入参数值最接近的参数值，如此处的参数号为 p1211	MONITORING　　CONTROL　　DIAGNOSTICS P01211 PARAMETER　　SETUP　　EXTRAS
10. 按"OK"键编辑显示的参数值 按住"OK"键直至参数值闪烁，使用"向上"键和"向下"键修改第一个数字值，按"OK"键确认修改值，序列中的下一个数字开始闪烁，按上述方法继续修改，直到序列的所有数字都被修改为所需的数字。最后按"OK"键确认修改值。修改好所有所需参数后，按"ESC"键返回到上一页或长按该键返回到顶层监控菜单	MONITORING　　CONTROL　　DIAGNOSTICS P01211 10 PARAMETER　　SETUP　　EXTRAS

注：在单位数输入时按一次"ESC"键，重新开始单位数输入。也就是说，如果在编辑第五位数时按"ESC"键，则将返回到第一位数。在单位数输入时按两次"ESC"键，退出单位数输入模式。

7.1.3　G120 变频器的快速调试

码 7-2　使用 BOP-2 面板修改参数

变频器的快速调试用于将电动机的额定参数（铭牌数据）和一些典型的控制参数输入到变频器。可以使用变频器的面板操作或调试软件两种方法。

一般在快速调试之前都会将变频器恢复到出厂设置，G120 变频器恢复出厂设置的步骤为：将参数 p0010 设为 1，将 p0970 设为 30 便可。

快速调试涉及的变频器参数有：p0010（驱动调试参数筛选）、p0015（接口宏）、p0304（电动机额定电压）、p0305（电动机额定电流）、p0307（电动机额定功率）、p0310（电动机额定频率）、p0311（电动机额定转速）、p0335（电动机冷却类型）、p0640（电流限制）、p1080（最小转速）、p1082（最大转速）、p1120（上升时间）、p1121（下降时间）、p3900（快速调试结束）等。

G120 变频器常用调试软件有两种：STARTER 和 Startdrive。本教材仅介绍 Startdrive 调试软件。

1. Startdrive 调试软件

SINAMICS Startdrive 软件是西门子公司研发的新一代驱动产品调试软件。它可以作为西门子全集成自动化工程软件 TIA Portal（博途）的一个组件，也可以独立运行，完成变频器的配置、调试和诊断。

Startdrive 调试软件为免费软件，无需授权即可使用，本教材使用的是 Startdrive V16。目前，Startdrive V16 软件支持以下变频器和伺服驱动器的组态和调试：SINAMICS G110M、G120、G120C、G120D、G120P、G130、G150、MV、S120、S120 Integrated、S150 和 S210 等。

Startdrive 调试软件必须和相同版本的博途软件及其组件安装在同一台 PG/PC 上，安装完

成后 Startdrive 自动嵌入到博途软件中。Startdrive V16 可以和 Startdrive V15 以及 STARTER 软件安装在同一台 PG/PC 上。它的操作界面与 TIA Portal 类似，在此不再赘述。

2. 使用 Startdrive V16 调试软件离线创建项目

（1）打开软件

双击桌面上 TIA Portal V16 软件的图标，在启动窗口中选择"创建新项目"选项，新建一个名称为"G120_Startdrive_1"的项目，单击"创建"按钮后，进入"新手上路"对话框，单击"组态设备"选项，弹出"添加新设备"对话框，如图 7-5 所示。

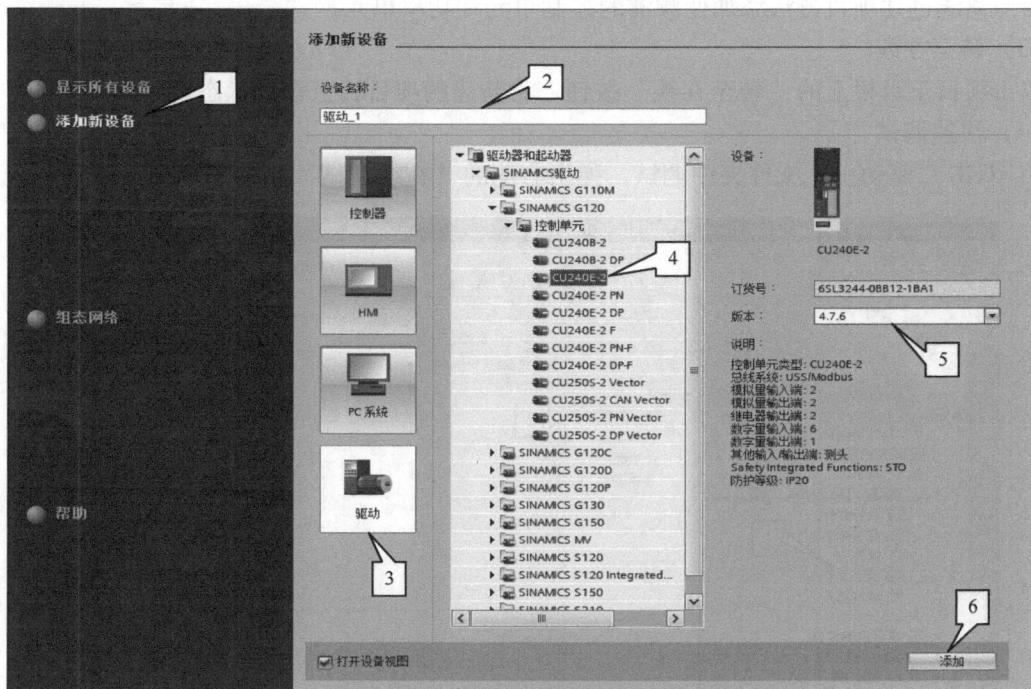

图 7-5　"添加新设备"对话框

（2）插入控制单元

① 在图 7-5 中单击"添加新设备"选项，在右侧弹出"添加新设备"窗口。

② 在右侧的"添加新设备"窗口选中"驱动"选项。

③ 在"设备名称"栏中可以输入新的设备名称，也可以采用系统默认名称（驱动_1）。

④ 逐级打开"驱动器和起动器→SINAMICS G120→控制单元"文件夹，选中控制单元 CU240E-2。

⑤ 在右侧的"版本"栏中选择控制单元的版本号，如 4.7.6。

⑥ 单击右下角的"添加"按钮，或双击选中的控制单元，打开项目的编辑视窗。

（3）插入功率单元

单击项目编辑视窗右侧的"硬件目录"选项卡，逐级打开"功率单元→PM240-2→1AC/3AC 2-240 V→FSA"文件夹，选中 IP20 U 1AC/3AC 200 V 0.55 kW 的功率单元，其订货号为 6SL3210-1PB13-0ULx，按住后将其拖拽到设备视图中控制单元右侧后放开，此时功率单元被添加到变频器中。至此，使用 Startdrive 调试软件创建项目完成。

在此，使用 Startdrive V16 调试软件离线创建项目完成。当然，使用该调试软件还可以在线创建项目。

3. 使用 Startdrive 调试软件进行快速调试

在此，主要介绍使用 Startdrive 调试软件中"调试向导"方法进行变频器的快速调试操作，其步骤如下。

（1）打开调试软件

打开 Startdrive 调试软件，创建一个新项目，如"G120_Startdrive_tiaoshi"。

（2）添加控制单元和功率单元

参照离线创建项目方法添加变频器的控制单元和功率单元。

（3）转至在线

单击项目工具栏上的"转至在线"按钮，将新建的项目转至在线状态。

（4）快速调试

1）双击"驱动_1"文件夹中调试，弹出右侧的"在线调试"窗口，如图 7-6 所示。

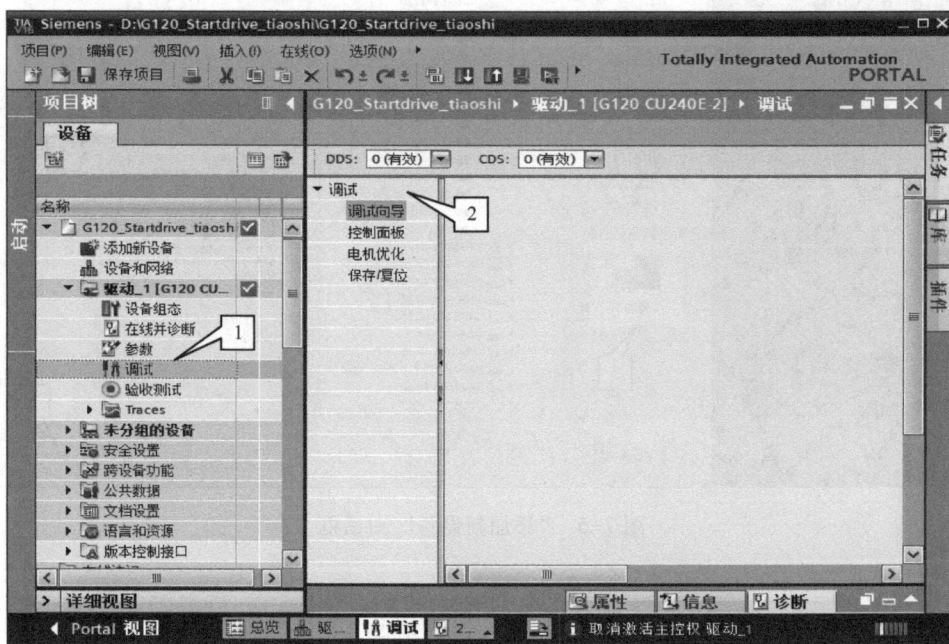

图 7-6　"在线调试"窗口

2）单击"调试"操作中的"调试向导"选项，弹出"调试向导-（在线）"的应用等级设置对话框，如图 7-7 所示。

3）在"应用等级"栏选择"[1]Standard Drive Control（SDC）"，即标准驱动控制，然后单击"下一页"按钮，弹出"设定值/指令源的默认值"设置对话框，如图 7-8 所示。

4）在"选择 I/O 的默认配置"栏选择所使用的宏指令，在此选择"[1]输送技术，有 2 个固定设定值"，即宏参数 p15 为 1，然后单击"下一页"按钮，弹出"驱动设置"对话框，如图 7-9 所示。

5）在图 7-9 中设置所使用电动机的标准，在此选择"[0]IEC 电机（50 Hz. SI 单位）"，设备输入电压为 220 V（根据功率单元的输入电压确定），然后单击"下一页"按钮，弹出"驱动选件"设置对话框，如图 7-10 所示。

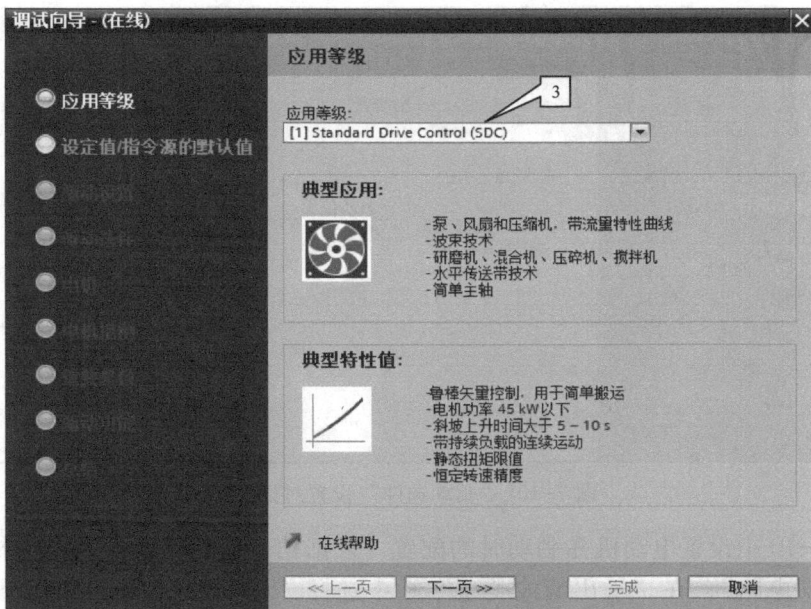

图 7-7　"应用等级"对话框

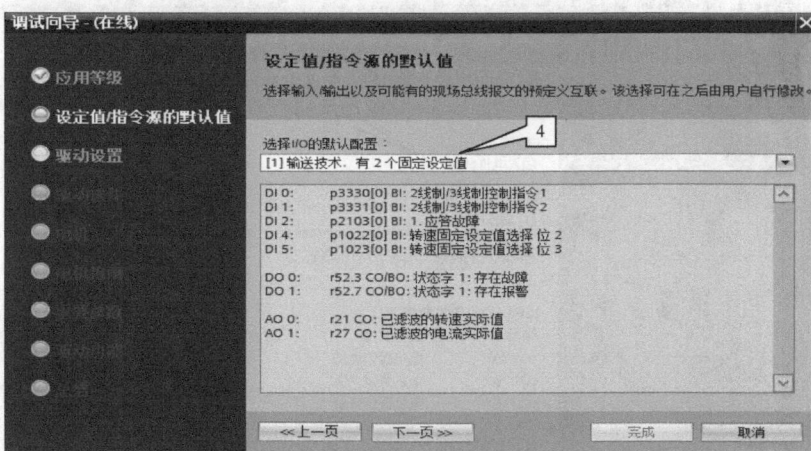

图 7-8　"设定值/指令源的默认值"对话框

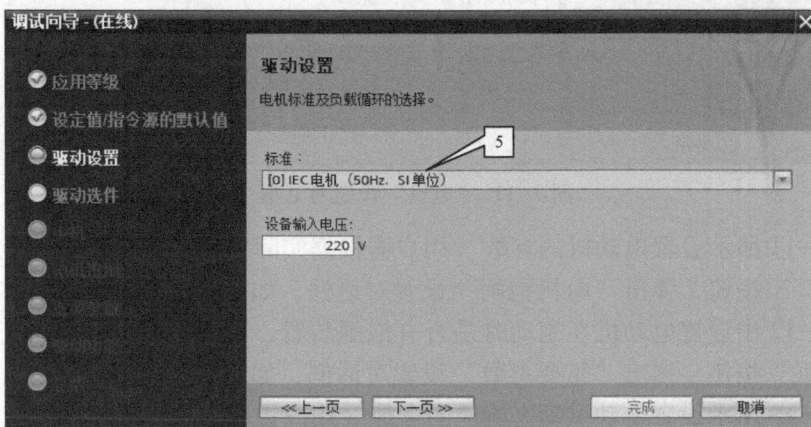

图 7-9　"驱动设置"设置对话框

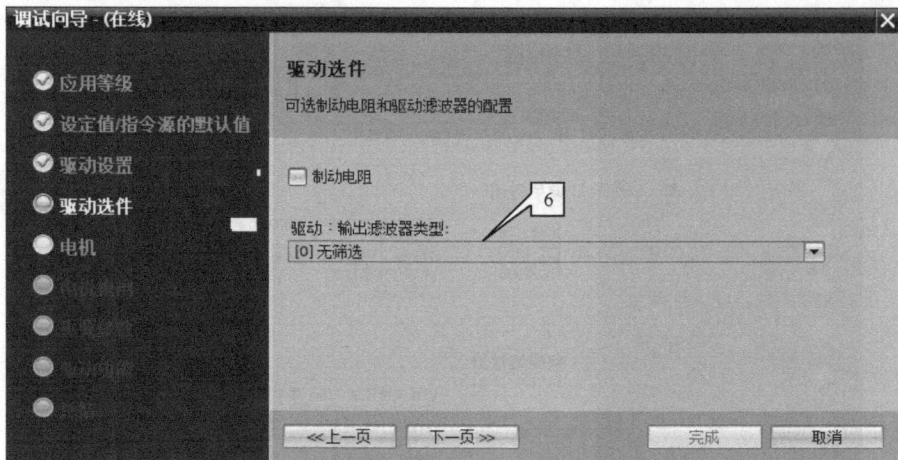

图 7-10　"驱动选件"设置对话框

6）在图 7-10 中设置电动机在制动时的配置，根据功率单元及所驱动电动机的功率确定是否选择"制动电阻"，在"输出滤波类型"栏中选择"[0]无筛选"，然后单击"下一页"按钮，弹出"电机"设置对话框，如图 7-11 所示。

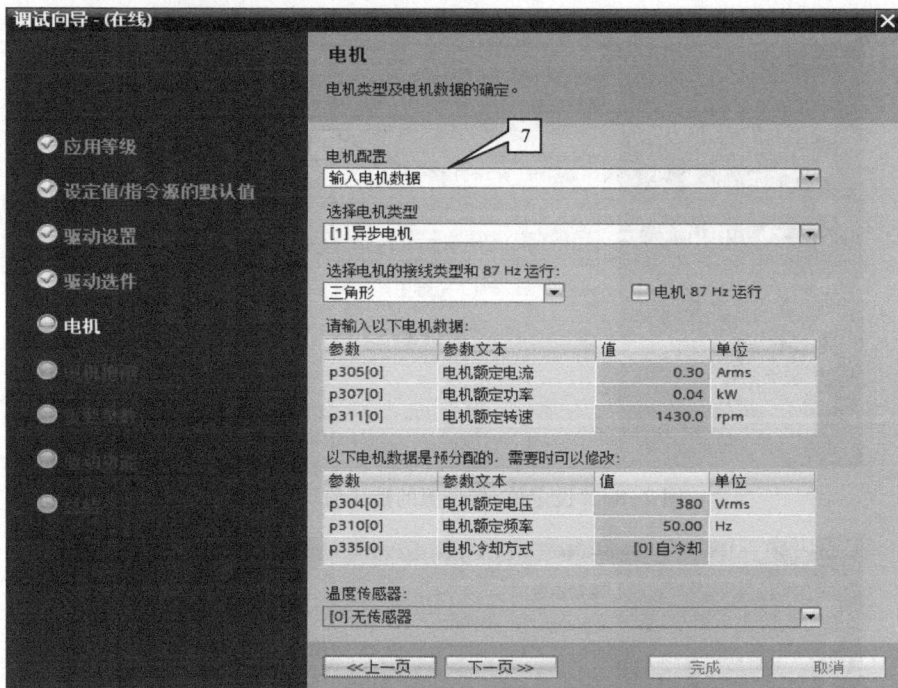

图 7-11　"电机"设置对话框

7）按图 7-11 所示设置电动机的参数（用户需根据实际使用的电动机设置上述参数），然后单击"下一页"按钮，弹出"电机抱闸"设置对话框，如图 7-12 所示。

8）在图 7-12 中设置电动机在制动时是否有抱闸装置，在此选择"[0]无电机抱闸"，然后单击"下一页"按钮，弹出"重要参数"设置对话框，如图 7-13 所示。

9）按图 7-13 所示设置电动机动态响应的参数（用户需根据实际情况设置上述参数），然后单击"下一页"按钮，弹出"驱动功能"设置对话框，如图 7-14 所示。

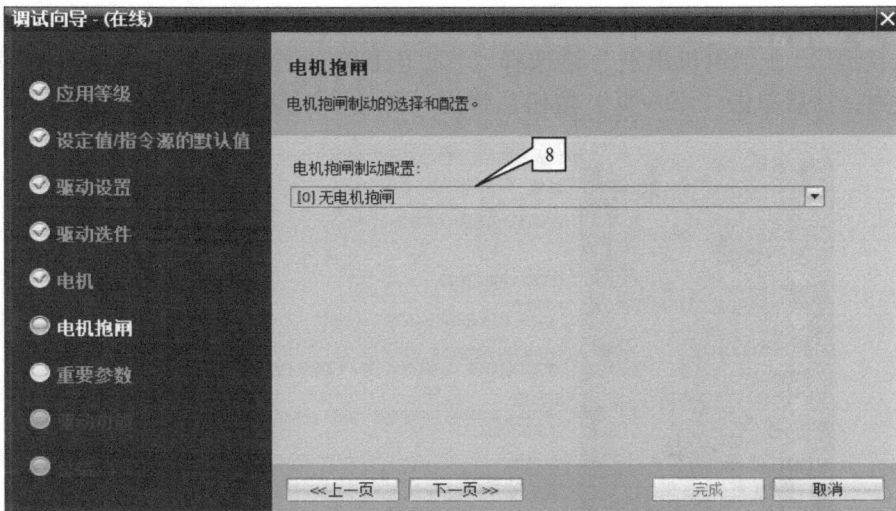

图 7-12　"电机抱闸"设置对话框

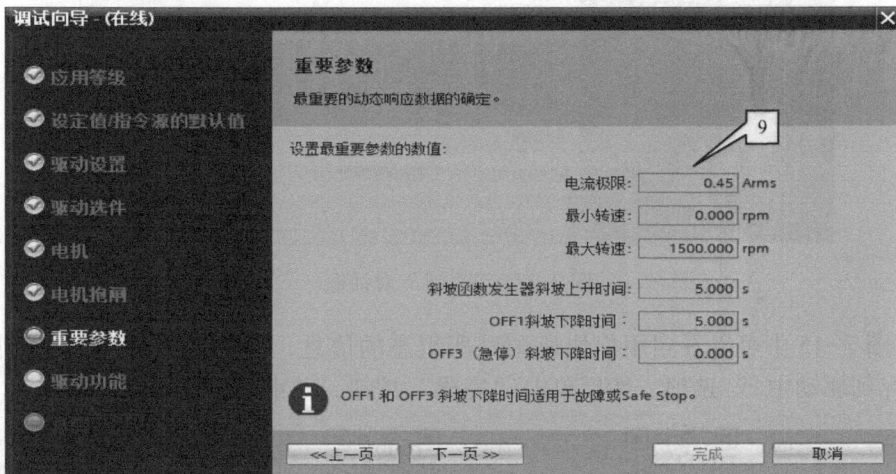

图 7-13　"重要参数"设置对话框

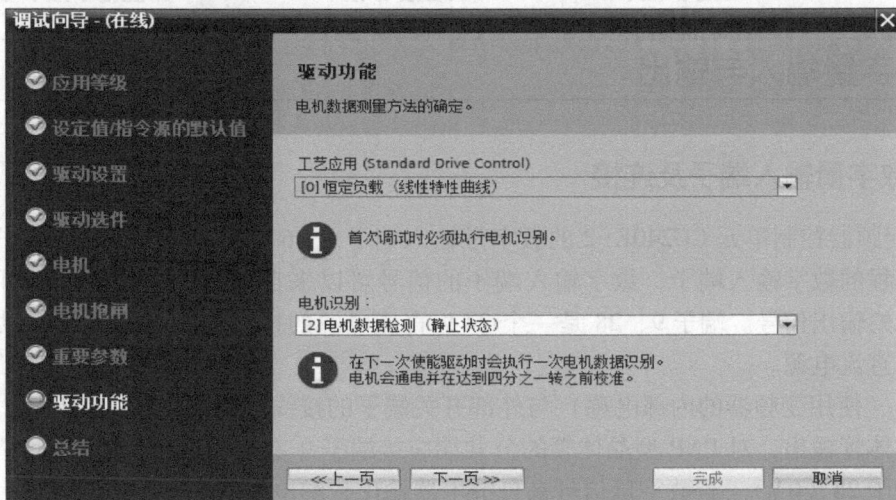

图 7-14　"驱动功能"设置对话框

10）在图 7-14 中设置电动机驱动功能的参数，在"工艺应用"栏选择"［0］恒定负载（线性特性曲线）"，在"电机识别"栏选择"［2］电机数据检测（静止状态）"，即不进行电动机数据检测，然后单击"下一页"按钮，弹出"总结"对话框，如图 7-15 所示。

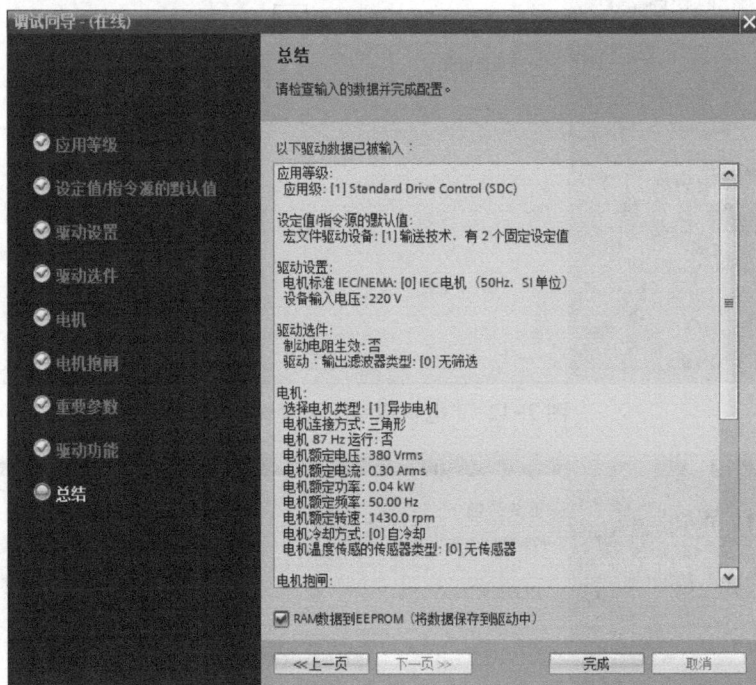

图 7-15　"总结"对话框

11）在图 7-15 中可以看到用户快速调试所组态的信息，可勾选"RAM 数据到 EEPROM（将数据保存到驱动中）"选项，然后单击"完成"按钮，结束项目快速调试操作。

码 7-3　G120 变频器调试软件 Startdrive

码 7-4　使用 Startdrive 调试软件修改参数

码 7-5　使用 Startdrive 调试软件复位

码 7-6　使用 Startdrive 调试软件进行快速调试

7.2　数字量输入与输出

7.2.1　数字量输入端子及连接

G120 变频器控制单元 CU240E-2 的数字量输入端子 5、6、7、8、16、17 为用户提供了 6 个完全可编程的数字输入端子，数字输入端子的信号可以来自外部的开关量，也可来自晶体管、继电器的输出信号。端子 9、28 是一个 24 V 直流电源的接线端子，给用户提供数字量输入所需要的直流电源。

数字量（使用变频器的内部电源）与外部开关端子的接线方法如图 7-16 所示。若数字量信号来自晶体管输出，对 PNP 型晶体管的公共端应接端子 9（+24 V），对 NPN 型晶体管的公共端应接端子 28（0 V）。若数字量信号来自继电器输出，继电器的公共端应接 9（+24 V）。若使用外部 24 V 直流电源，则外部开关量的公共端子与外部直流 24 V 电源的正极性端相连，直流 24 V 电源的负极性端与 69 和 34 号端子相连。

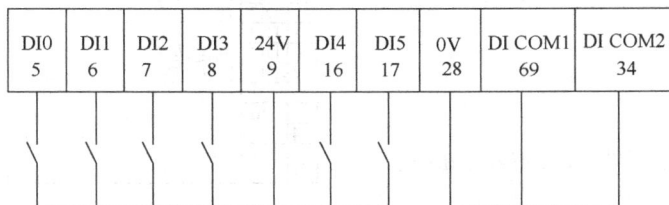

图 7-16　数字量与外部开关端子的接线图

表 7-3 列出了数字量输入 DI 与所对应的状态位关系。

表 7-3　数字量输入 DI 状态位

数字量输入编号	端　子　号	数字量输入状态位
数字量输入 0，DI0	5	r722.0
数字量输入 1，DI1	6	r722.1
数字量输入 2，DI2	7	r722.2
数字量输入 3，DI3	8	r722.3
数字量输入 4，DI4	16	r722.4
数字量输入 5，DI5	17	r722.5
数字量输入 11，DI11	3、4	r722.11
数字量输入 12，DI12	10、11	r722.12

若要灵活应用好 G120 变频器的数字量输入端子，还必须掌握 G120 变频器的 BICO 功能和接口宏的定义。

码 7-7　G120 变频器的端子配置

7.2.2　预定义接口宏

G120 变频器为满足不同的接口使用而定义提供了多种定义接口宏，利用预定义接口宏可以方便地设置变频器的命令源和设定值源。可以通过参数 p0015 修改宏。每种宏定义的接口方式如图 7-17 所示。

图 7-17　宏定义的接口方式

宏程序3：单方向4个固定转速

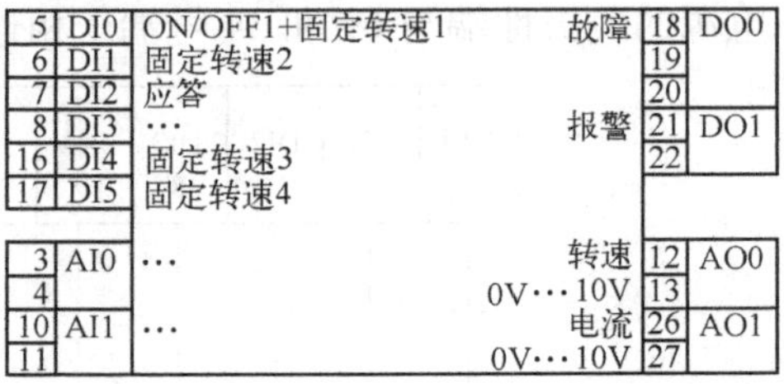

P1001 = 固定转速1
P1002 = 固定转速2
P1003 = 固定转速3
P1004 = 固定转速4
多个DI同时接通变频器将多个固定转速加在一起

5	DI0	ON/OFF1+固定转速1	故障	18	DO0
6	DI1	固定转速2		19	
7	DI2	应答		20	
8	DI3	…	报警	21	DO1
16	DI4	固定转速3		22	
17	DI5	固定转速4			

3	AI0	…	转速	12	AO0
4			0V…10V	13	
10	AI1	…	电流	26	AO1
11			0V…10V	27	

宏程序4：现场总线PROFIBUS

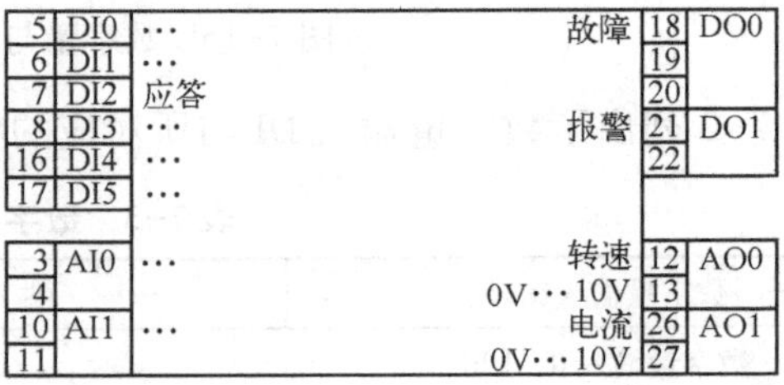

P0922 = 352
变频器采用352报文结构

5	DI0	…	故障	18	DO0
6	DI1	…		19	
7	DI2	应答		20	
8	DI3	…	报警	21	DO1
16	DI4	…		22	
17	DI5	…			

3	AI0	…	转速	12	AO0
4			0V…10V	13	
10	AI1	…	电流	26	AO1
11			0V…10V	27	

宏程序5：现场总线PROFIBUS，带安全功能

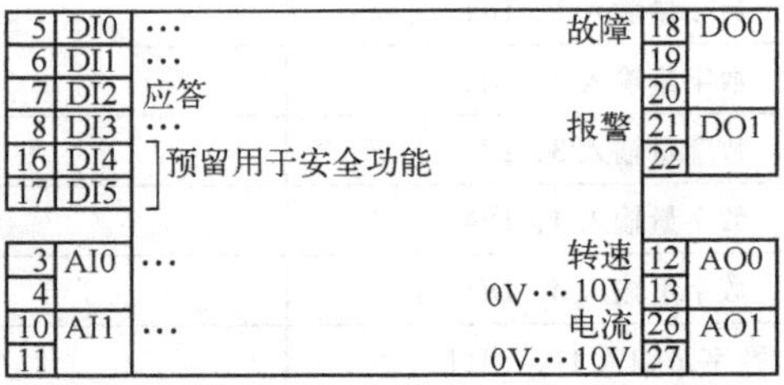

P0922 = 352
变频器采用352报文结构

5	DI0	…	故障	18	DO0
6	DI1	…		19	
7	DI2	应答		20	
8	DI3	…	报警	21	DO1
16	DI4	预留用于安全功能		22	
17	DI5				

3	AI0	…	转速	12	AO0
4			0V…10V	13	
10	AI1	…	电流	26	AO1
11			0V…10V	27	

宏程序6：现场总线PROFIBUS，带2项安全功能

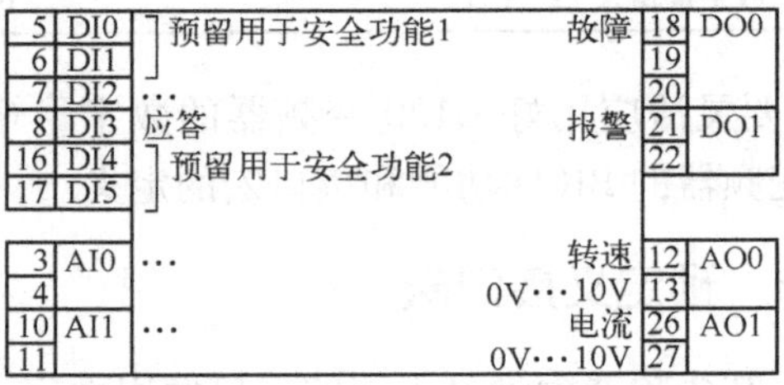

P0922 = 1
变频器采用标准报文1结构

5	DI0	预留用于安全功能1	故障	18	DO0
6	DI1			19	
7	DI2	…		20	
8	DI3	应答	报警	21	DO1
16	DI4	预留用于安全功能2		22	
17	DI5				

3	AI0	…	转速	12	AO0
4			0V…10V	13	
10	AI1	…	电流	26	AO1
11			0V…10V	27	

宏程序7：现场总线PROFIBUS和点动之间切换

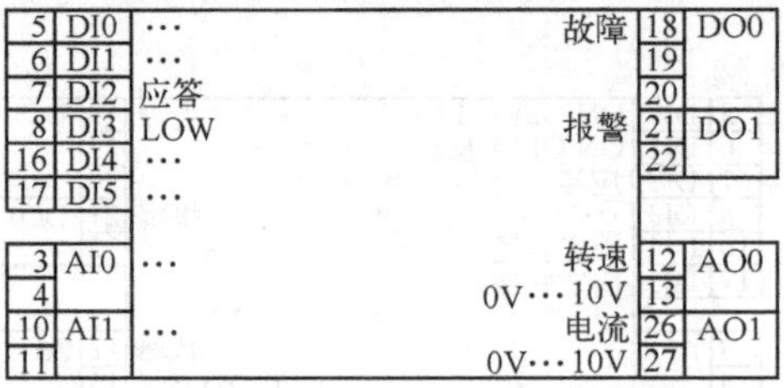

5	DI0	…	故障	18	DO0
6	DI1	…		19	
7	DI2	应答		20	
8	DI3	LOW	报警	21	DO1
16	DI4	…		22	
17	DI5	…			

3	AI0	…	转速	12	AO0
4			0V…10V	13	
10	AI1	…	电流	26	AO1
11			0V…10V	27	

DI3断开时选择PROFIBUS控制方式

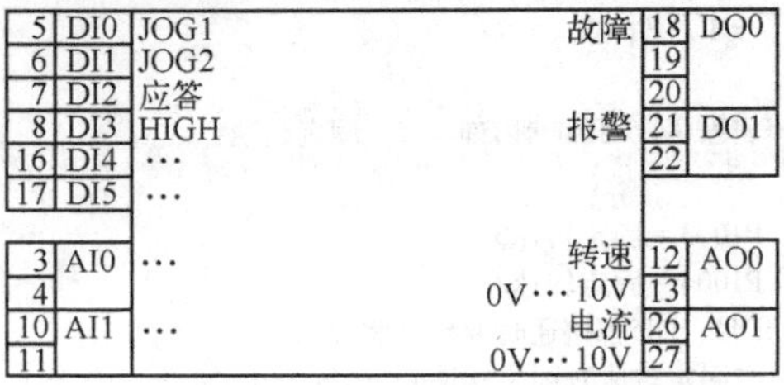

5	DI0	JOG1	故障	18	DO0
6	DI1	JOG2		19	
7	DI2	应答		20	
8	DI3	HIGH	报警	21	DO1
16	DI4	…		22	
17	DI5	…			

3	AI0	…	转速	12	AO0
4			0V…10V	13	
10	AI1	…	电流	26	AO1
11			0V…10V	27	

DI3接通时选择点动控制方式

宏程序8：电动电位器（MOP），带安全功能

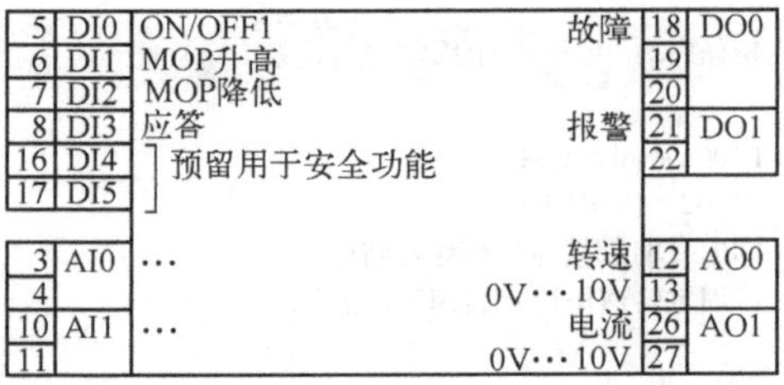

DI1 = MOP升速
DI2 = MOP降速

5	DI0	ON/OFF1	故障	18	DO0
6	DI1	MOP升高		19	
7	DI2	MOP降低		20	
8	DI3	应答	报警	21	DO1
16	DI4	预留用于安全功能		22	
17	DI5				

3	AI0	…	转速	12	AO0
4			0V…10V	13	
10	AI1	…	电流	26	AO1
11			0V…10V	27	

图 7-17　宏定义的接口方式（续）

宏程序9：电动电位器（MOP）

DI1 = MOP升速
DI2 = MOP降速

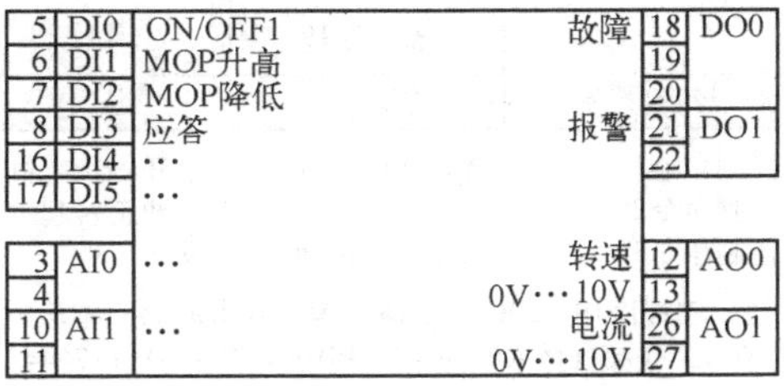

5	DI0	ON/OFF1	故障	18 DO0
6	DI1	MOP升高		19
7	DI2	MOP降低		20
8	DI3	应答	报警	21 DO1
16	DI4	…		22
17	DI5	…		
3	AI0	…	转速	12 AO0
4			0V…10V	13
10	AI1		电流	26 AO1
11			0V…10V	27

宏程序13：端子起动模拟量给定，带安全功能

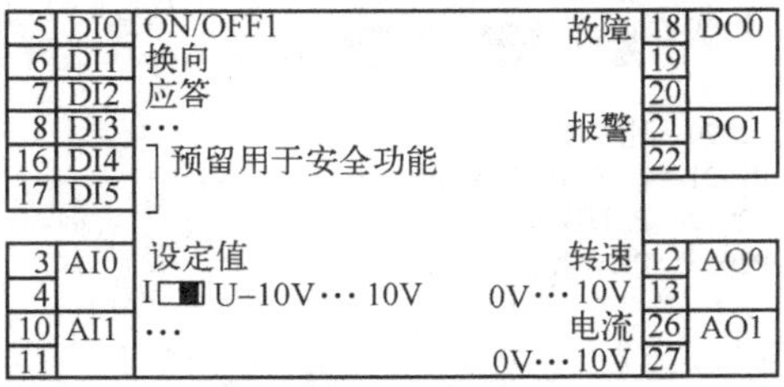

5	DI0	ON/OFF1	故障	18 DO0
6	DI1	换向		19
7	DI2	应答		20
8	DI3	…	报警	21 DO1
16	DI4	预留用于安全功能		22
17	DI5			
3	AI0	设定值	转速	12 AO0
4		I▢U−10V…10V	0V…10V	13
10	AI1	…	电流	26 AO1
11			0V…10V	27

宏程序14：现场总线PROFIBUS和电动电位器（MOP）切换

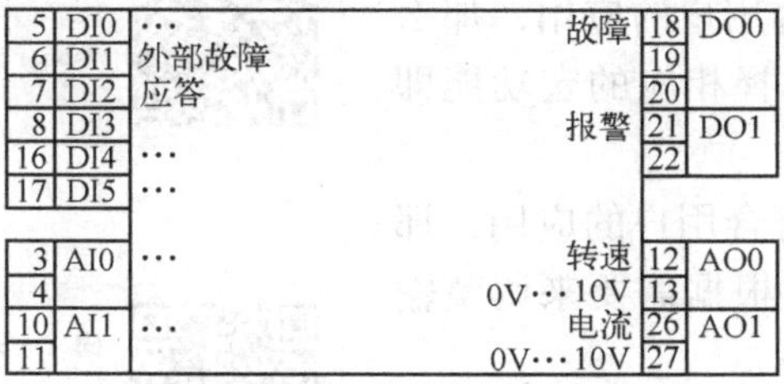

5	DI0	…	故障	18 DO0
6	DI1	外部故障		19
7	DI2	应答		20
8	DI3	…	报警	21 DO1
16	DI4	…		22
17	DI5	…		
3	AI0	…	转速	12 AO0
4			0V…10V	13
10	AI1	…	电流	26 AO1
11			0V…10V	27

PROFIBUS控制字1第15位为0时
选择PROFIBUS控制方式
P0922＝20变频器采用20报文结构

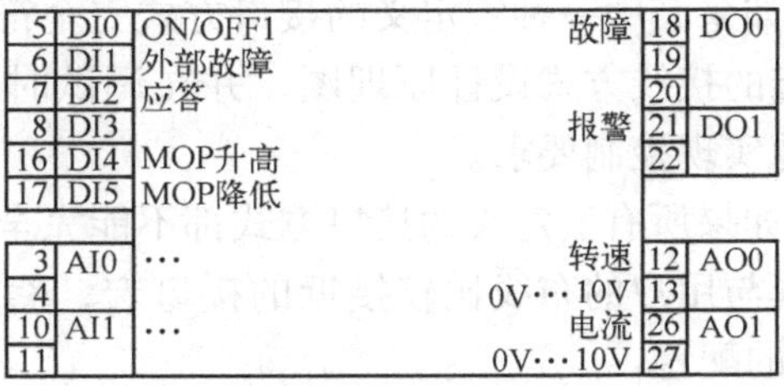

5	DI0	ON/OFF1	故障	18 DO0
6	DI1	外部故障		19
7	DI2	应答		20
8	DI3	…	报警	21 DO1
16	DI4	MOP升高		22
17	DI5	MOP降低		
3	AI0	…	转速	12 AO0
4			0V…10V	13
10	AI1	…	电流	26 AO1
11			0V…10V	27

PROFIBUS控制字1第15位为1时
选择点动控制方式

宏程序15：模拟给定和电动电位器（MOP）切换

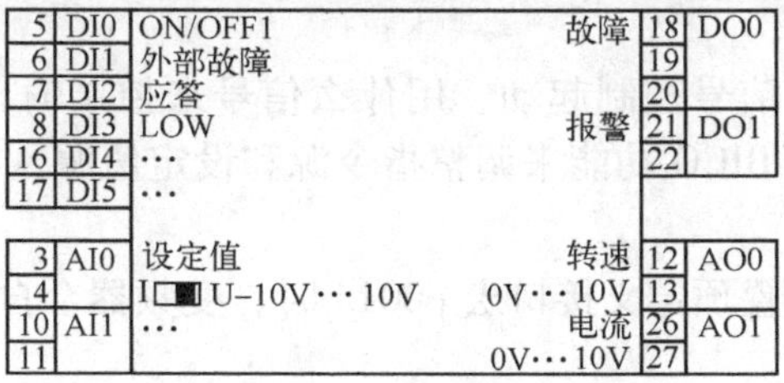

5	DI0	ON/OFF1	故障	18 DO0
6	DI1	外部故障		19
7	DI2	应答		20
8	DI3	LOW	报警	21 DO1
16	DI4	…		22
17	DI5	…		
3	AI0	设定值	转速	12 AO0
4		I▢U−10V…10V	0V…10V	13
10	AI1	…	电流	26 AO1
11			0V…10V	27

DI3断开时选择模拟量设定方式

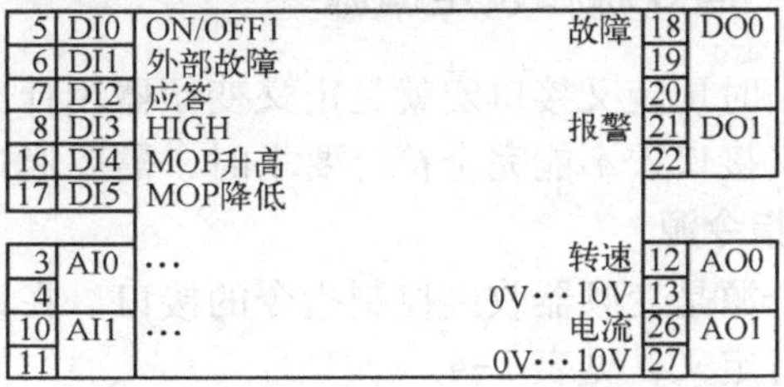

5	DI0	ON/OFF1	故障	18 DO0
6	DI1	外部故障		19
7	DI2	应答		20
8	DI3	HIGH	报警	21 DO1
16	DI4	MOP升高		22
17	DI5	MOP降低		
3	AI0	…	转速	12 AO0
4			0V…10V	13
10	AI1	…	电流	26 AO1
11			0V…10V	27

DI3接通时选择电动电位器（MOP）设定方式

双线制控制	宏程序12 方法1	宏程序17 方法2	宏程序18 方法3
控制命令1	正转起动	正转起动	正转起动
控制命令2	反向	反转起动	反转起动

注：宏程序12、17、18的区别请参考本作者的另一本
教材《G120变频器技术及应用》(ISBN：978-7-111-
76445-8)中3.1.6节"变频器2/3线控制"的内容。

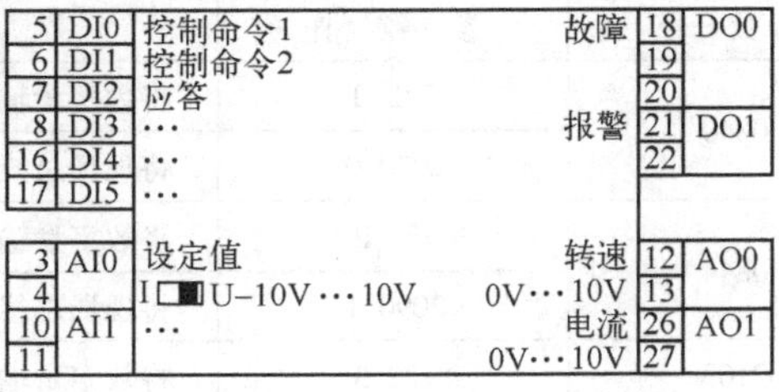

5	DI0	控制命令1	故障	18 DO0
6	DI1	控制命令2		19
7	DI2	应答		20
8	DI3	…	报警	21 DO1
16	DI4	…		22
17	DI5	…		
3	AI0	设定值	转速	12 AO0
4		I▢U−10V…10V	0V…10V	13
10	AI1	…	电流	26 AO1
11			0V…10V	27

图 7-17　宏定义的接口方式（续）

	宏程序19	宏程序20
三线制控制	方法1	方法2
控制命令1	断开停止电机	断开停止电机
控制命令2	脉冲正转起动	脉冲正转起动
控制命令3	脉冲反转起动	反向

注：宏程序19、20的区别请参考本作者的另一本教材《G120变频器技术及应用》(ISBN：978-7-111-76445-8)中3.1.6节"变频器2/3线控制"的内容。

5	DI0	控制命令1	故障	18	DO0
6	DI1	控制命令2		19	
7	DI2	控制命令3		20	
8	DI3	应答	报警	21	DO1
16	DI4	…		22	
17	DI5	…			

3	AI0	设定值	转速	12	AO0
4		U−10V…10V	0V…10V	13	
10	AI1		电流	26	AO1
11			0V…10V	27	

宏程序21：现场总线USS通信

P2020 = 比特率
P2021 = USS通信站地址
P2022 = PZD数量
P2023 = PKW数量

5	DI0	…	故障	18	DO0
6	DI1	…		19	
7	DI2	应答		20	
8	DI3	…	报警	21	DO1
16	DI4	…		22	
17	DI5	…			

3	AI0	…	转速	12	AO0
4			0V…10V	13	
10	AI1	…	电流	26	AO1
11			0V…10V	27	

图 7-17　宏定义的接口方式（续）

在工程项目中，选用宏功能时需注意以下两点：

1）如果其中一种宏定义的接口方式完全符合用户的应用，那么按照该宏的接线方式设计原理图，并在调试时选择相应的宏功能即可方便地实现控制要求。

2）如果所有宏定义的接口方式都不能完全符合用户的应用，那么就选择与用户的布线比较接近的接口宏，然后根据需要来调整输入/输出的配置。

码 7-8　G120 宏的认知

码 7-9　G120 宏对应数字量输入接口的配置

💡 **注意**：修改宏参数 p0015 时，只有 p0010 = 1 时才能更改。

7.2.3　指令源和设定值源

通信时预定义接口宏就是定义变频器用什么信号控制起动、用什么信号来控制输出频率，在预定义接口宏不能完全符合要求时，需要通过 BICO 功能来调整指令源和设定值源。

1. 指令源

指令源是变频器收到控制指令的接口。在设置预定义接口宏 p0015 时，变频器会自动对指令源进行定义，见表 7-4。

表 7-4　控制单元 CU240E-2PN-F 定义的指令源

参 数 号	参 数 值	说 明
p0840	722.0	将数字量输入 DI0 定义为起动命令
	2090.0	将现场总线控制字 1 的第 0 位定义为起动命令
p0844	722.2	将数字量输入 DI2 定义为 OFF2（自由停止车）命令
	2090.1	将现场总线控制字 1 的第 1 位定义为 OFF2 命令
p2103	722.3	将数字量输入 DI3 定义为故障复位

2. 设定值源

设定值源是变频器收到设定值的接口。在设置预定义接口宏 p0015 时，变频器会自动对设定值源进行定义，见表 7-5。

表 7-5　控制单元 CU240E-2 定义的设定值源

参　数　号	参　数　值	说　　明
p1070	1024	将固定转速作为主设定值
	1050	将电动电位器作为主设定值
	755.0	将模拟量输入 AI0 作为主设定值
	755.1	将模拟量输入 AI1 作为主设定值
	2050.1	将现场总线作为主设定值

7.2.4　固定频率运行

固定频率运行，又称多段速运行，就是设置 p1000（频率控制源）=3 的条件下，用数字量端子选择固定设定值的组合，实现电动机的多段速固定频率运行。固定频率运行有两种固定设定值模式：直接选择和二进制选择。在此仅介绍直接选择模式。

使用固定频率运行时，宏参数 p0015 必须为 1、2 或 3，对应功能如图 7-17 所示。

一个数字量输入选择一个固定设定值。多个数字量输入同时激活时，选定的设定值是对应固定设定值的叠加。最多可以设置 4 个数字量输入信号。采用直接选择模式需要设置参数 p1016=1。

其中，参数 p1020～p1023 为固定设定值的选择信号。其对应关系如表 7-6 所示。

表 7-6　固定设定值的选择信号

参　数　号	说　　明	参　数　号	说　　明
p1020	固定设定值 1 的选择信号	p1001	固定设定值 1
p1021	固定设定值 2 的选择信号	p1002	固定设定值 2
p1022	固定设定值 3 的选择信号	p1003	固定设定值 3
p1023	固定设定值 4 的选择信号	p1004	固定设定值 4

【例 7-1】通过外部开关量实现电动机的两个固定转速，分别为 500 r/min 和 1000 r/min，数字量输入端子接线图如图 7-18 所示（图中 S1、S2 和 S3 为三个开关，后续章节相同）。

因要求中未指定具体使用哪个数字量输入作为起动信号端和固定频率控制端，故可选择宏参数为 1。因没有运行频率信号，还需要设 p1003=500，p1004=1000 两个参数，如表 7-7 所示。

在图 7-18 中，端子 5 为数字量输入 DI0，端子 16 为数字量输入 DI4，端子 17 为数字量输入 DI5，端子 9 为变频器内部直流 24 V 正极性端，端子 28 为变频器内部直流 24 V 电源的负极性端，端子 34 为数字量输入公共端 DICOM2，端子 69 为数字量输入公共端 DICOM1。用户在接线时，请注意变频器的功

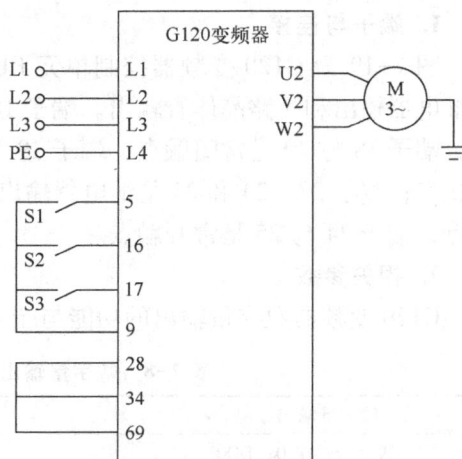

图 7-18　【例 7-1】变频器控制端子线路连接

率单元输入电压的相数，有单相 220 V 和三相 380 V 之分。

表 7-7 【例 7-1】变频器控制的参数设置

参 数 号	参 数 值	功 能	备 注
p0015	1	预定义宏参数选择固定转速，双线制控制，两个固定频率	需设置
p0840	722.0	将 DI0 作为起动信号，r722.0 为 DI0 状态的参数	默认值
p1000	3	固定频率运行	
p1016	1	固定转速模式采用直接选择方式	
p1022	722.4	将 DI4 作为固定设定值 3 的选择信号，r722.4 为 DI4 状态的参数	
p1023	722.5	将 DI5 作为固定设定值 4 的选择信号，r722.5 为 DI5 状态的参数	
p1003	500	定义固定设定值 3，单位 r/min	需设置
p1004	1000	定义固定设定值 4，单位 r/min	
p1070	1024	定义固定设定值作为主设定值	默认值
p0304	400	电动机的额定电压，单位 V	需设置
p0305	0.30	电动机的额定电流，单位 A	
p0307	0.04	电动机的额定功率，单位 kW	
p0310	50.00	电动机的额定频率，单位 Hz	
p0311	1430	电动机的额定转速，单位 r/min	
p1082	1500	电动机的最大转速，单位 r/min	

码 7-10 G120 固定转速选择功能

码 7-11 G120 数字量输入端子起停控制功能

码 7-12 G120 数字量输入端子功能应用——三段速的控制

码 7-13 G120 数字量输入端子功能应用——正反转运行控制

码 7-14 使用 Startdrive 调试软件设置固定速度运行功能

7.2.5 数字量输出端子及连接

1. 端子与连接

图 7-19 为 G120 变频器控制单元 CU240E-2 接线端子示意图，该控制单元为用户提供 2 路继电器输出和 1 路晶体管输出。端子 18、19 和 20 是继电器输出 DO0，其中端子 20 是公共端，端子 18 与 20 是常闭触点，端子 19 与 20 是常开触点；21 和 22 是晶体管输出 DO1，为断开状态；端子 23、24 和 25 是继电器输出 DO2，其中端子 25 是公共端，端子 23 与 25 是常闭触点，端子 24 与 25 是常开触点。

2. 相关参数

G120 变频器数字量输出的功能与端子号及参数号对应关系见表 7-8。

表 7-8 数字量输出的功能与端子号及参数号对应关系

数字量输出编号	端 子 号	对应参数号
数字量输出 0，DO0	18、19、20	p0730
数字量输出 1，DO1	21、22	p0731
数字量输出 2，DO2	23、24、25	p0732

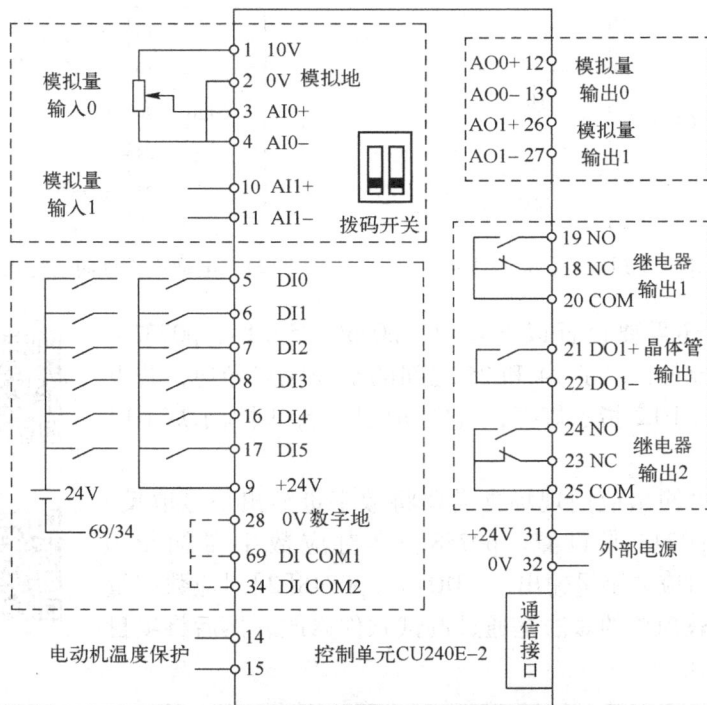

图 7-19　控制单元 CU240E-2 接线端子

3 路数字量输出的功能相同，在此以数字量输出 DO0 为例，常用的输出功能设置如表 7-9 所示。DO0 默认为故障输出，DO1 默认为报警输出。

表 7-9　数字输出 DO0 的常用功能

参　数　号	参　数　值	功　　能
p0730	0	禁用数字量输出
	52.0	变频器接通就绪
	52.1	变频器运行就绪
	52.2	变频器运行使能
	52.3	存在故障
	52.7	存在报警
	52.10	达到最大转速
	52.11	达到 I、M、P 极限
	52.14	电动机正向旋转
	52.15	变频器过载报警

3. 数字量输出应用

常用变频器的数字量输出端子用于指示变频器所驱动电动机是否处于运行状态，这时需设置参数 p0730 = 52.1（以 DO0 为例），同时，在输出端子 19 和 20 之间接一个电源的指示灯即可，如图 7-20 所示。

【例 7-2】利用变频器的数字量输出端子来指示变频器所驱动电动机的运行方向。

首先要判断电动机是否运行，运行后再判断电动机的运行方向，因此需使用两路数字量输出来实现此要求，线路连接如图 7-21 所示。

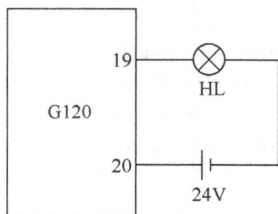

图 7-20 变频器运行状态指示

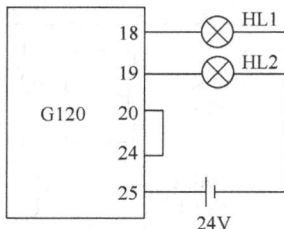

图 7-21 电动机正反向运行状态指示

除硬件连接外还需要设置以下参数：p0730 = 52.14、p0732 = 52.1。即变频器运行时，端子 24 和 25 之间的常开触点导通，若电动机正转，则指示灯 HL2 指示灯亮；若电动机反转，则指示灯 HL1 指示灯亮。

码 7-15 G120 数字量输出功能设置

在变频器数字量输出应用现场常需要将数字量输出信号取反，这时可通过参数 p0748 来设置。p0748 [0] 对应数字量输出 0 (DO0)、p0748 [1] 对应数字量输出 1 (DO1)、p0748 [2] 对应数字量输出 2 (DO2)，比较简单的做法是通过调试软件修改，然后将项目程序下载到变频器中。

码 7-16 使用 Startdrive 调试软件修改数字量输出参数

7.3 案例 15：电动机的多段速运行控制

7.3.1 目的

1）掌握 G120 变频器的面板操作。
2）掌握 G120 变频器调试软件的使用。
3）掌握 G120 变频器数字量输入与输出的应用。

7.3.2 任务

使用 G120 变频器通过转换开关和 PLC 分别实现电动机的七段速运行控制，具体运行转速分别为 300 r/min、400 r/min、500 r/min、700 r/min、800 r/min、900 r/min、1200 r/min。

7.3.3 步骤

1. 参数设置

是否需要复位及快速调试，用户根据实际情况进行设置。

通过面板或调试软件 Startdrive 进行参数设置，本案例中设置 DI0 为起停控制端、DI1 为固定转速 1，DI2 为固定转速 2，DI3 为固定转速 3，通过 DI2、DI3 及 DI4 相互叠加实现其他转速。参数具体设置如表 7-10 所示（电动机的额定参数请读者根据实际使用的电动机参数进行设置）。

表 7-10 电动机七段速运行的参数设置

参 数 号	参 数 值	说 明
p0015	1	预定义宏参数选择固定转速，双线制控制，两个固定频率
p1016	1	固定转速模式采用直接选择方式（默认值）

（续）

参 数 号	参 数 值	说 明
p1020	722.1	将 DI1 作为固定设定值 1 的选择信号，r722.1 为 DI1 状态的参数
p1021	722.2	将 DI2 作为固定设定值 2 的选择信号，r722.2 为 DI2 状态的参数
p1022	722.3	将 DI3 作为固定设定值 3 的选择信号，r722.3 为 DI3 状态的参数
p1001	300	定义固定设定值 1，单位为 r/min
p1002	400	定义固定设定值 2，单位为 r/min
p1003	500	定义固定设定值 3，单位为 r/min
p1082	1200	变频器运行频率上限，单位为 r/min

利用开关的不同组合可实现第四、五、六和第七段速，其中第七段速度利用频率上限实现。

2. 线路连接

（1）使用开关直接控制

若使用开关直接实现七段速控制，则外部开关的连接如图 7-22 所示（注意：端子 28 应与 34 及端子 69 相连接）。开关 S1 作为起停信号；开关 S2 作为第一固定转速；开关 S3 作为第二固定转速；开关 S4 作为第三固定转速。

（2）使用 PLC 控制

若使用 PLC（若无特殊说明本教材所使用的 PLC 均为 S7-300 PLC）控制变频器的多段速时，如果 PLC 使用继电器输出型 CPU，只需将 PLC 输出模块的公共端与变频器的端子 9 相连接，端子 28 应与端子 34 及 69 相连接，PLC 输出模块的输出端与变频器的数字量输入端相连，如图 7-23 所示；如果 PLC 使用晶体管输出型 CPU（S7-300 PLC 为 PNP 型输出，G120 变频器默认为 PNP 型输入），本案例的 PLC 与变频器的连接可使用图 7-24（使用变频器的内部提供直流 24 V 电源）和图 7-25（使用外部提供的直流 24 V 电源）所示方法进行连接。

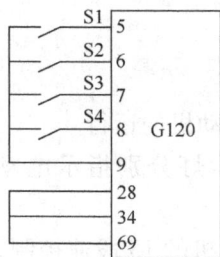

图 7-22　使用开关直接控制七段速接线方式

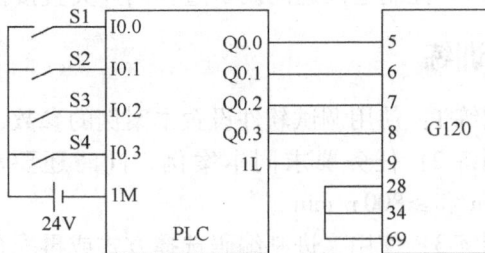

图 7-23　使用 PLC 控制七段速连接方式 1

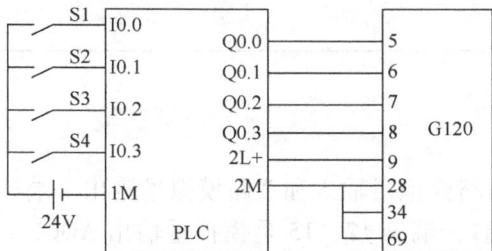

图 7-24　使用 PLC 控制七段速连接方式 2

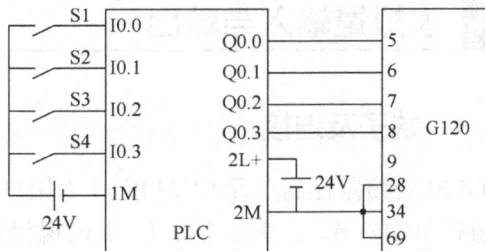

图 7-25　使用 PLC 控制七段速连接方式 3

当然，在使用 PLC 控制变频器的多段速运行时，也可以采用下述方法：PLC 输出驱动多个线圈额定电压为直流 24 V 的中间继电器，然后将中间继电器的常开触点直接与变频器的输入端子相连接。

3. 使用开关直接控制电路的调试

首先合上开关 S1，给变频器一个起动信号，观察变频器是否能起动，转速是否为 0。如果变频器已起动，则保持开关 S1 一直处于闭合状态，然后再合其他开关，具体操作见表 7-11 所示。

表 7-11　电动机七段速运行控制的调试

S1	S2	S3	S4	电动机转速（r/min）
√				0
√	√			300
√		√		400
√			√	500
√	√	√		700
√	√		√	800
√		√	√	900
√	√	√	√	1200

注：√表示相应开关接通。

如果按上述调试方法电动机的转速与控制要求一致，则说明变频器的参数设置正确。

4. 使用 PLC 控制的程序编写与调试

由于 PLC 的输入端子连接的是开关，所以只需编写点动程序即可，请读者自行编写控制程序。

使用 PLC 控制七段速的调试过程同开关直接控制电路的调试。

7.3.4　训练

1）训练1：使用调试软件设置本案例的参数，并在线调试电动机的运行。

2）训练2：任务要求同本案例，同时还要求使用两个指示灯分别指示电动机转速在 ≤700 r/min 和 ≥800 r/min。

3）训练3：使用二进制编码选择方式或再配合 PLC 实现电动机的 15 段速控制，电动机运行的速度由读者自行设定。

7.4　模拟量输入与输出

7.4.1　端子及连接

G120 变频器控制单元 CU240E-2 为用户提供 2 路模拟量输入和 2 路模拟量输出。端子 3、4 是模拟量输入 AI0，端子 10、11 是模拟量输入 AI1；端子 12、13 是模拟量输出 AO0，端子 26、27 是模拟量输出 AO1，如图 7-26 所示。

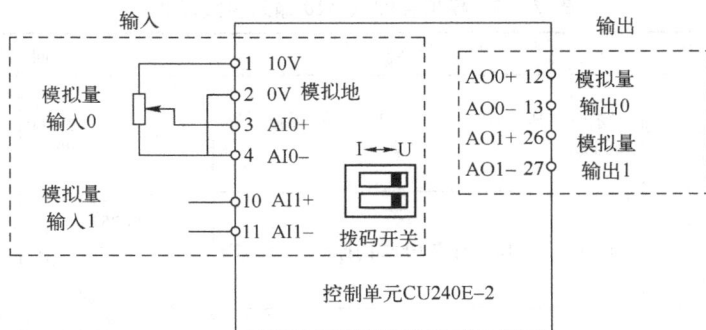

图 7-26　控制单元 CU240E-2 模拟量接线端子

7.4.2　相关参数

1. 模拟量输入

2 路模拟量输入的控制参数相同，其 AI0、AI1 相关参数分别在参数号的 [0]、[1] 中设置。若使用模拟量输入通道 0 时，参数 p1000 应设置为 2（系统默认设置）；若使用模拟量输入通道 1 时，参数 p1000 应设置为 7。G120 变频器提供多种模拟量输入模式，可以使用参数 p0756 进行选择，具体如表 7-12 所示。

表 7-12　模拟量输入参数 p0756 功能

参　数　号	CU 上端子号	模　拟　量	设定值及含义说明
p0756[0]	3、4	AI0	0：单极性电压输入（0~10 V） 1：单极性电压输入，带监控（2~10 V） 2：单极性电流输入（0~20 mA）
p0756[1]	10、11	AI1	3：单极性电流输入，带监控（4~20 mA） 4：双极性电压输入（-10~+10 V），出厂设置 8：未连接传感器

说明："带监控"是指模拟量输入通道具有监控功能，能够检测断线。

> **注意：** 必须正确设置模拟量输入通道对应 DIP 拨码开关的位置。该开关位于控制单元正面保护盖的后面，上面拨码开关为模拟量通道 AI1，下面拨码开关为模拟量通道 AI0。

- 电压输入：当模拟量输入通道对应的 DIP 拨码开关处在右侧"U"位置（出厂设置）。
- 电流输入：当模拟量输入通道对应的 DIP 拨码开关处在左侧"I"位置。

CU240B-2 和 G120C 只有一个模拟量输入，AI 拨码开关无效。

用参数 p0756 修改了模拟量输入的类型后，变频器会自动调整模拟量输入的标定。线性标定曲线由两个点（x1，y1）和（x2，y2）确定，对应参数为（p0757，p0758）和（p0759，p0760），也可以根据需要调整标定。

以模拟量输入 AI0 标定为例，p0756[0]=4 时，其输入参数具体设置如表 7-13 所示。

表 7-13　模拟量输入 AI0 输入参数设置

参 数 号	设定值	说　明	曲 线 图
p0757[0]	-10	输入电压 -10 V 对应 -100% 的标度，即 -50 Hz	
p0758[0]	-100		
p0759[0]	10	输入电压 +10 V 对应 100% 的标度，即 50 Hz	
p0760[0]	100		
p0761[0]	0	死区宽度	

2. 模拟量输出

2 路模拟量输出的控制参数相同，其模拟量输出通道 AO0、AO1 相关参数分别在参数号 [0]、[1] 中设置。G120 变频器提供多种模拟量输出模式，可以使用参数 p0776 进行选择，具体如表 7-14 所示。

表 7-14　模拟量输出参数 p0776 功能

参 数 号	设 定 值	功　能	说　明
p0776	0	电流输出（出厂设置）0~20 mA	模拟量输出信号与所设置的物理量呈线性关系
	1	电压输出 0~10 V	
	2	电流输出 4~20 mA	

用参数 p0776 修改了模拟量输出的类型后，变频器会自动调整模拟量输出的标定。线性标定曲线由两个点（p0777，p0778）和（p0779，p0780）确定，也可以根据需要调整标定。

以模拟量输出通道 AO0 标定为例，p0776[0]=2 时，其输出参数具体设置如表 7-15 所示。

表 7-15　模拟量输出 AO0 输出参数设置

参 数 号	设 定 值	说　明	曲 线 图
p0777[0]	0	0% 对应输出电流 4 mA	
p0778[0]	4		
p0779[0]	100	100% 对应输出电流 20 mA	
p0780[0]	20		
p0781[0]	0	死区宽度	

模拟量输出的功能在表 7-16 的相应参数中设置。

表 7-16　模拟量输出功能的参数设置

模拟量输出编号	端 子 号	对 应 参 数
模拟输出 0，AO0	12、13	p0771[0]
模拟输出 1，AO1	26、27	p0771[1]

以模拟量输出 AO0 为例，常用的输出功能参数设置如表 7-17 所示。

表 7-17　模拟量输出常用功能参数设置

参 数 号	参 数 值	说 明
p0771[0]	21	电动机转速（同时设置 p0775＝1，否则电机反转时无模拟量输出）
	24	变频器实际输出频率
	25	变频器实际输出电压
	26	变频器直流回路电压
	27	变频器实际输出电流

注意：在任意宏程序下，模拟量均有输出。模拟量输出通道 AO0 默认是根据电动机运行转速的变化输出 0~10 V 范围内变化的电压信号；模拟量输出通道 AO1 默认是根据变频器实际输出电流的变化输出 0~10 V 范围内变化的电压信号。

3. 预定义宏

G120 变频器为用户提供模拟量输入电动机运行速度控制的多种接口宏（模拟量输出不需要接口宏参数的设置），如表 7-18。

表 7-18　模拟量输入预定义宏程序说明

宏程序 12：端子起动模拟量给定设定值 宏程序 13：端子起动模拟量给定设定值，带安全功能	宏程序 15：模拟给定设定值和电动电位器（MOP）切换，DI3 断开时选择模拟量设定方式；DI3 接通时选择电动电位器（MOP）设定方式	
5 DI0 ON/OFF1 6 DI1 换向 7 DI2 应答 8 DI3 … 16 DI4 预留用于 17 DI5 安全功能 3 AI0 设定值 4 I□U–10V···10V 10 AI1 … 11 18 19 DO0 故障 20 21 DO1 报警 22 12 AO0 转速 13 0V~10V 26 AO1 电流 27 0V~10V	5 DI0 ON/OFF1 6 DI1 外部故障 7 DI2 应答 8 DI3 LOW 16 DI4 … 17 DI5 3 AI0 设定值 4 I□U–10V···10V 10 AI1 … 11 18 19 DO0 故障 20 21 DO1 报警 22 12 AO0 转速 13 0V~10V 26 AO1 电流 27 0V~10V	5 DI0 ON/OFF1 6 DI1 外部故障 7 DI2 应答 8 DI3 HIGH 16 DI4 MOP升高 17 DI5 MOP降低 3 AI0 … 4 10 AI1 … 11 18 19 DO0 故障 20 21 DO1 报警 22 12 AO0 转速 13 0V~10V 26 AO1 电流 27 0V~10V

（续）

宏程序 17：双线制控制，方法 2 宏程序 18：双线制控制，方法 3	宏程序 19：三线制控制，方法 1	宏程序 20：三线制控制，方法 2
5 DI0 ON/OFF1/正转 6 DI1 ON/OFF1/反转 7 DI2 应答 8 DI3 … 16 DI4 … 17 DI5 … 3 AI0 设定值 4 I□U–10V…10V 10 AI1 … 11 18 19 DO0 故障 20 21 DO1 报警 22 12 AO0 转速 13 0V~10V 26 AO1 电流 27 0V~10V	5 DI0 使能/OFF1 6 DI1 ON/正转 7 DI2 ON/反转 8 DI3 … 16 DI4 … 17 DI5 … 3 AI0 设定值 4 I□U–10V…10V 10 AI1 … 11 18 19 DO0 故障 20 21 DO1 报警 22 12 AO0 转速 13 0V~10V 26 AO1 电流 27 0V~10V	5 DI0 使能/OFF1 6 DI1 ON 7 DI2 换向 8 DI3 应答 16 DI4 … 17 DI5 … 3 AI0 设定值 4 I□U–10V…10V 10 AI1 … 11 18 19 DO0 故障 20 21 DO1 报警 22 12 AO0 转速 13 0V~10V 26 AO1 电流 27 0V~10V

注：1. 方法 1~3 可参阅相关手册。

2. 方法 2：只能在电动机停止后接受新的控制指令，如果端子 5 和 6 同时接通，电动机按照以前的方向旋转。

3. 方法 3：电动机可以在任何时候接受新的控制指令，如果端子 5 和 6 同时接通，电动机将按照 OFF1 斜坡停车。

【例 7-3】通过外部端子控制变频器的起停，电动机的运行速度由连接在变频器模拟量输入通道 0 上的电位器进行调节，当输入电压为 0 时，电动机运行速度为 0；当输入电压为 10 V 时，电动机运行速度为额定转速（如 1430 r/min）。

根据题意可知，使用接口宏程序 12 便可实现，其变频器的端子接线图如图 7-27 所示。

【例 7-4】通过外部端子控制变频器的起停，电动机的运行速度由连接在变频器模拟量输入通道 0 上的电位器进行调节，当输入电压为 1 V 时，电动机运行频率为 10 Hz；当输入电压为 10 V 时，电动机运行频率为 50 Hz。

根据题意可知，使用接口宏程序 12 便可实现，其变频器的端子接线图如图 7-27 所示，其参数设置如表 7-19（用户应根据实际使用电动机的铭牌数据设置电动机额定参数）。

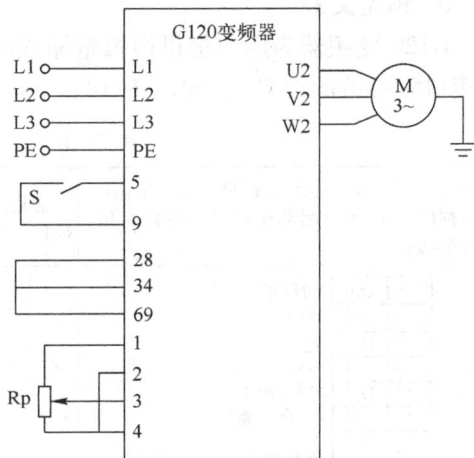

图 7-27 【例 7-3】变频器控制端子线路连接

表 7-19 【例 7-4】变频器参数设置

参数号	参数值	功　能
p0015	12	端子起动模拟量给定设定值
p0840	722.0	将 DI0 作为起动信号，r722.0 为 DI0 状态的参数
p1000	2	模拟量给定运行（选择接口宏程序为 12 时参数 p1000 自动修改为 2）

（续）

参数号	参数值	功　能
p0756	0	单极性电压输入（0~10 V）
p0757	1	输入电压 1 V 对应 20% 的标度，即 0 Hz
p0758	20	
p0759	10	输入电压 +10 V 对应 100% 的标度，即 50 Hz
p0760	100	
p1080	0	电动机的最小运行速度
p0304	400	电动机的额定电压，单位为 V
p0305	0.30	电动机的额定电流，单位为 A
p0307	0.04	电动机的额定功率，单位为 kW
p0310	50.00	电动机的额定频率，单位为 Hz
p0311	1430	电动机的额定转速，单位为 r/min
p1082	1500	电动机的最大转速，单位为 r/min

　　请读者根据表 7-19 中参数设置自行绘制频率给定线（由模拟量输入控制电动机的运行频率时，称模拟量频率给定，变频器的给定信号 x 与对应的给定频率 f 之间的关系曲线，称为频率给定线），试问如果变频器的给定电压为 0.5 V，则变频器输出频率（电动机工作频率）为多少？

　　【例 7-5】通过烟雾传感器的检测信号控制排风机的运行速度，要求烟雾传感器输出 4~20 mA 电流信号，排风机运行频率为 0~50 Hz。

　　根据题意可知，使用接口宏程序 12 便可实现，其变频器的端子接线图如图 7-28 所示（注意：必须将模拟量输入通道 AI0 的拨码开关拨至左侧 "I" 处），其参数设置如表 7-20 所示，用户应根据实际使用电动机的铭牌数据设置电动机额定参数，在此省略。

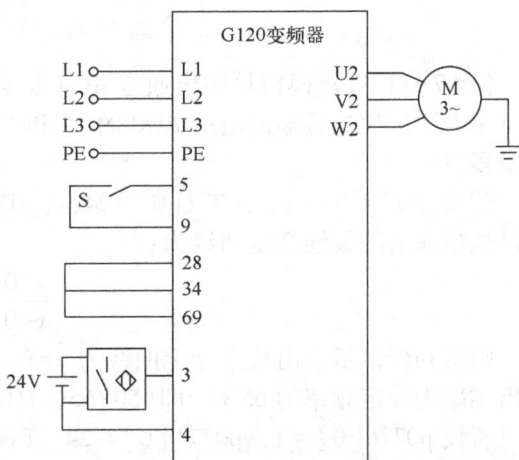

图 7-28　【例 7-4】变频器控制端子线路连接

表 7-20　【例 7-5】变频器参数设置

参数号	参数值	功　能
p0015	12	端子起动模拟量给定设定值
p0840	722.0	将 DI0 作为起动信号，r722.0 为 DI0 状态的参数（默认值）
p1000	2	模拟量给定运行（选择接口宏 12 时参数 p1000 自动修改为 2）
p0756	2	单极性电流输入 0~20 mA
p0757	4	输入电流 4 mA 对应 0% 的标度，即 0 Hz
p0758	0	
p0759	20	输入电流 20 mA 对应 100% 的标度，即 50 Hz
p0760	100	

【例 7-6】 已知模拟量输出线性标定曲线，即已知模拟量输出线性标定曲线的两个点（p0777、p0778）和（p0779、p0780），求变频器在某一运行状态下的模拟量输出值。

模拟量输出的线性特性用 2 组坐标来描述，描述的依据是如下的方程式：

$$\frac{y-p0778}{x-p0777}=\frac{p0780-p0778}{p0779-p0777}$$

在计算时，可采用点-斜率的形式（用偏移和斜率来描述）：

$$y=m\cdot x+y_0$$

这两种描述形式转换得到：

$$m=\frac{p0780-p0778}{p0779-p0777},\quad y_0=\frac{p0778\cdot p0779-p0777\cdot p0780}{p0779-p0777}$$

根据上面两种计算方法，已知模拟量输出线性标定曲线，还已知变频器某一运行参数 x，便可求出变频器的模拟量输出 y。

为了对输出进行标定，必须确定 y_max 和 x_min 的数值。以图 7-29 为例，它们的数值由下式计算：

$$x_{min}=\frac{p0780\cdot p0777-p0778\cdot p0779}{p0780-p0778}$$

$$y_{max}=(x_{max}-x_{min})\cdot\frac{p0780-p0778}{p0779-p0777}$$

【例 7-7】 要求模拟量输出通道 AO0 根据变频器实际输出的频率输出 0~10 V 电压，若使用万用表测出模拟量输出通道 AO0 的 12 和 13 端子上的电压为 6.5 V，则变频器的实际输出频率是多少？

若设 p0776[0]=1，p0771[0]=24，（p0777,p0778）=（0,0），（p0779,p0780）=（100,10），则模拟量输出的线性标定曲线为：

$$\frac{y-0}{x-0}=\frac{10-0}{100-0}$$

则得到模拟量输出线性标定曲线为 $y=0.1x$，当 $y=6.5$ V 时，$x=65\%$，此时变频器的实际输出频率为额定频率的 65%，即（50×65%）Hz=32.5 Hz。

若设 p0776[0]=1，p0771[0]=24，（p0777,p0778）=（10,0），（p0779,p0780）=（100,10），则模拟量输出的线性标定曲线为：$y=1/9(x-10)$，如图 7-30 所示。

当 $y=6.5$ 时，则 $x=68.5\%$，即此时变频器的实际输出频率为 34.25 Hz。

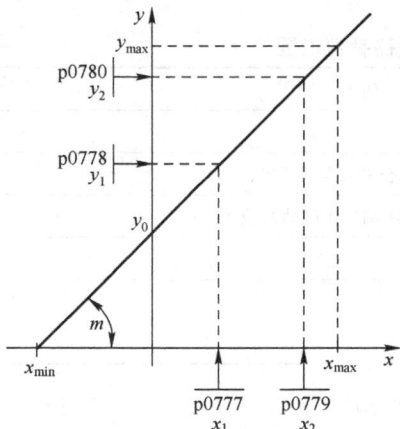

图 7-29 【例 7-6】模拟量输出的线性标定曲线　　图 7-30 【例 7-7】模拟量输出的线性标定曲线

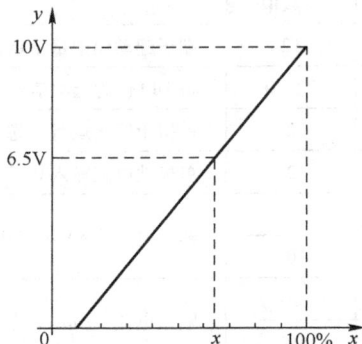

码 7-17 G120 模拟量输入功能设置	码 7-18 G120 模拟量输出功能设置	码 7-19 使用 Startdrive 调试软件实现模拟值给定运行	码 7-20 使用 Startdrive 调试软件修改模拟量输出参数

7.5　案例 16：电位器调速的电动机运行控制

7.5.1　目的

1）掌握 G120 变频器的模拟量输入的应用。
2）掌握 G120 变频器的模拟量输出的应用。
3）掌握使用调试软件设置模拟量输入输出参数及模拟运行的方法。

7.5.2　任务

使用 G120 变频器通过外部电位器实现电动机运行速度的实时调节控制，要求电动机可正反向运行，而且最低运行速度为 200 r/min，最高运行速度为 1200 r/min。

7.5.3　步骤

1. 电动机运行速度控制接线图

根据案例控制要求可知，G120 变频器的模拟量信号来自于外部电位器，电位器两端的直流电压可取自外部直流 10 V 电源（可由直流 24 V 经分压获得），或取自 G120 变频器内部 10 V 电源，在此，本案例使用 G120 变频器的内部 10 V 电源，如图 7-31 所示。本案例选用电压信号输入，故需将模拟量输入通道 0 的拨码开关拨向"U"位置。

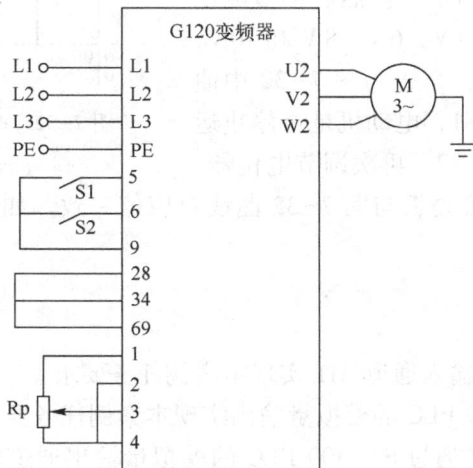

图 7-31　电位器调速的电动机运行控制接线图

2. 参数设置

本案例中设置 DI0 为变频器的起停信号，模拟量信号从 AI0 通道输入，参数具体设置如表 7-21，设电动机额定速度为 1450 r/min。

表 7-21 电位器调速的电动机运行控制的变频器参数设置

参数号	参数值	说　明
p0015	12	预定义宏参数选择端子起动模拟量输入的给定设定值
p1000	2	模拟量通道 AI0 给定（默认值）
p3330	r722.0	正向起停控制端，对应于数字量输入端子 DI0（默认值）
p3331	r722.1	反向起停控制端，对应于数字量输入端子 DI1
p0756	0	单极性电压输入 0~10 V
p0757	0	0 V 对应频率为 0 Hz，即 0 r/min
p0758	0	
p0759	10	10 V 对应频率为 50 Hz，即 1450 r/min
p0760	100	
p0761	1.38	1.38 V 对应最小速度为 200 r/min
p1082	1200	最大速度为 1200 r/min

注：相关参数必须分别在参数号［0］中设置。

根据表 7-21 所设置的参数，可确定电动机的运行曲线如图 7-32 所示。

3. 硬件连接

请读者参照图 7-31 进行电位器调速的电动机运行控制的线路连接，连接后经检查或测量确认连接无误后方可进入系统调试环节。

4. 系统调试

硬件连接和参数设置好后，合上开关 S1，将电位器调节到最小值，即输入电压为 0 V，观察电动机是否运行，若运行速度值为多少。然后调节电位器，使输入电压分别为 2 V、4 V、6 V、8 V 和 10 V，分别观察电动机的运行速度，是否与图 7-32 中曲线对应值一致。如断开开关 S1，电动机是否停止运行。断开开关 S1 后合上开关 S2，再次调节电位器，

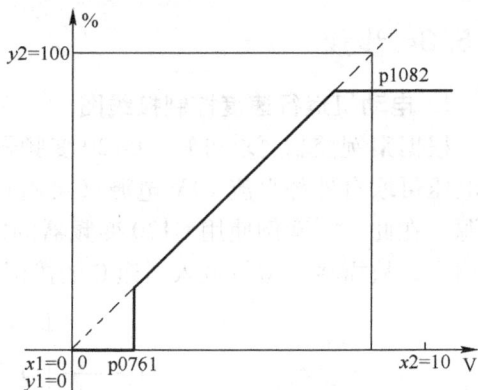

图 7-32 电位器调速的电动机运行控制速度曲线

观察电动机的运行方向及速度是否与图 7-32 曲线对应值一致。如调试现象与案例要求一致，则本案例功能实现。

7.5.4 训练

1）训练 1：使用模拟量输入通道 AI1 实现本案例任务要求。

2）训练 2：使用 S7-300 PLC 的模拟量输出实现本案例任务要求（提示：电位器接到 S7-300 PLC 的模拟量输入通道，通过 S7-300 PLC 的模拟量输出通道输出给 G120 变频器模拟量输入通道）。

3）训练 3：使用调试软件设置 G120 变频器的模拟量输入参数，模拟信号输入驱动变频器的运行。

7.6　S7-300 PLC 与 G120 变频器的 PROFINET 网络通信

7.6.1　PROFINET 通信简介

1. PROFIdrive 行规

PROFIdrive 是基于 PROFIBUS 和 PROFINET 通信的应用于自动化控制的一种协议框架，也称作"行规"，PROFIdrive 使用户更快捷、方便地实现对产品的控制，以及方便实现不同厂商产品的替换。PROFIdrive 主要由以下三个部分组成。

1）控制器（Controller），包括一类 PROFIBUS 主站与 PROFINET I/O 控制器。

2）监控器（Supervisor），包括二类 PROFIBUS 主站与 PROFINET I/O 管理器。

3）执行器（Drive Unit），包括 PROFIBUS 从站与 PROFINET I/O 装置。

PROFIdrive 定义了基于 PROFIBUS 与 PROFINET 的功能，具体如下所示：

1）周期数据交换。

2）非周期数据交换。

3）报警机制。

4）时钟同步操作。

2. 周期性通信

周期性通信使用一定长度的 I/O 数据（控制器组态时确定 I/O 数据长度）在保留的总线周期内进行传输。通过周期性通信，有严格时间要求的 I/O 数据在控制器和设备之间或者设备间交换，这些典型数据包含设定值和实际值、控制信息和状态信息等。

周期性通信提供三种功能：

1）过程通信（使用 PZD 通道）：使用该通道可以控制变频器的起停、调速、读取实际值、读取状态信息等功能，PZD 通道的数据长度由上位控制器组态的报文类型决定。

2）参数访问（使用 PKW 通道）：使用该通道主站可以读写 SINAMISC G120 变频器参数，每次只能读或写一个参数，PKW 通道的长度固定为 4 个字。

3）从站之间直接数据交换：包括 Slave-to-Slave 通信和直接数据交换 Direct date exchange（DX 通信）两种方式。第二种方式可以在主站不直接参与的情况下，在变频器之间进行快速的数据交换，如将一台变频器的实际值指定为其他变频器的设定值。注意：只有 PROFIBUS 通信具有该功能。

周期通信必须在主站中组态通信报文后才能使用，根据控制单元型号，有多种类型的报文用于 PROFIBUS DP 或 PROFINET IO 通信。

3. SINAMICS 通信标准报文

（1）SINAMICS 通信标准报文

具有 PN 接口的变频器都可以与具有 PN 接口的 S7-300 PLC 进行 PROFINET 网络通信。SINAMICS G120 系列变频器定义了多种报文类型供客户使用，其中标准报文如表 7-22。

表 7-22　标准报文

报文名称	描　述	应用范围
标准报文 1	16 位转速设定值	基本速度控制
标准报文 2	32 位转速设定值	基本速度控制

（续）

报文名称	描述	应用范围
标准报文 3	32 位转速设定值，1 个位置编码器	支持等时模式的速度或位置控制
标准报文 4	32 位转速设定值，2 个位置编码器	支持等时模式的速度或位置控制，双编码器
标准报文 5	32 位转速设定值，1 个位置编码器和 DSC	支持等时模式的位置控制
标准报文 6	32 位转速设定值，2 个位置编码器和 DSC	支持等时模式的速度或位置控制，双编码器
标准报文 7	基本定位器功能	仅有程序块选择（EPOS）
标准报文 9	直接给定基本定位器功能	简化功能的 EPOS 报文（减少使用）
标准报文 20	16 位转速设定值，状态信息和附加信息符合 VIK-NAMUR 标准定义	VIK-NAMUR 标准定义
标准报文 81	1 个编码器通道	编码器报文
标准报文 82	1 个编码器通道+16 位转速设定值	扩展编码器报文
标准报文 83	1 个编码器通道+32 位转速设定值	扩展编码器报文

表 7-22 中常用的报文是标准报文 1、标准报文 2、标准报文 3、标准报文 5、标准报文 81 和、标准报文 83。

（2）SINAMICS 通信标准报文结构

常用的标准报文结构如表 7-23。

表 7-23　常用的标准报文结构

报文类型 p0922		PZD1	PZD2	PZD3	PZD4	PZD5	PZD6	PZD7	PZD8	PZD9
1 PZD-2/2	16 位转速设定值	STW1	NSOLL	→把报文发送到总线上						
		ZSW1	NIST	←接收来自总线上的报文						
2 PZD-3/3	32 位转速设定值	STW1	NSOLL		STW2					
		ZSW1	NIST		ZSW2					
3 PZD-4/6	32 位转速设定值，1 个位置编码器	STW1	NSOLL		STW2	G1_STW				
		ZSW1	NIST		ZSW2	G1_ZSW	G1_XIST1		G1_XIST2	
5 PZD-6/6	32 位转速设定值，1 个位置编码器和 DSC	STW1	NSOLL		STW2	G1_STW	XERR		KPC	
		ZSW1	NIST		ZSW2	G1_ZSW	G1_XIST1		G1_XIST2	

注：表格中的关键字的含义如下。
- STW1：控制字 1；
- STW2：控制字；
- G1_STW：编码器控制器；
- NSOLL：速度设定值；
- ZSW1：状态字；
- G1_ZSW：编码器状态字；
- ZSW2：状态字 2；
- XERR：位置差；
- G1_XIST1：编码器实际值 1；
- NIST：实际速度；
- KPC：位置闭环增益；
- G1_XIST2：编码器实际值 2。

标准报文适用于 SINAMICS、MICROMASTER 和 SIMODRIVE 611 系列变频器的速度控制。标准报文只有 2 个字，写报文时，第一个字是控制字（STW1），第二个字是主设定值；读报文时，第一个字是状态字（ZSW1），第二个字是主监控值。

7.6.2　控制字、主设定值与状态字

1. 控制字

当参数 p2038=0 时，STW1 的内容符合 SINAMICS 和 MICROMASTER 系列变频器，当参数 p2038 等于 1 时，STW1 的内容符合 SIMODRIVE 611 系列变频器的标准。

当参数 p2038＝0 时，标准报文控制字（STW1）的各位含义如表 7-24。

表 7-24　标准报文控制字（STW1）的各位含义

控制字位	含　义	关联参数	说　明
STW1.0	上升沿: ON（使能） 0: OFF1（停机）	p0840[0]＝r2090.0	设置指令 "ON/OFF（OFF1）"的信号
STW1.1	0: OFF2 1: NO OFF2	p0844[0]＝r2090.1	缓慢停机/无缓慢停机
STW1.2	0: OFF3（快速停机） 1: NO OFF3（无快速停机）	p0848[0]＝r2090.2	快速停机/无快速停机
STW1.3	0: 禁止运行 1: 使能运行	p0852[0]＝r2090.3	使能运行/禁止运行
STW1.4	0: 禁止斜坡函数发生器 1: 使能斜坡函数发生器	p1140[0]＝r2090.4	使能斜坡函数发生器/禁止斜坡函数发生器
STW1.5	0: 禁止继续斜坡函数发生器 1: 使能继续斜坡函数发生器	p1141[0]＝r2090.5	继续斜坡函数发生器/冻结斜坡函数发生器
STW1.6	0: 禁止设定值 1: 使能设定值	p1142[0]＝r2090.6	使能设定值/禁止设定值
STW1.7	上升沿确认故障	p2103[0]＝r2090.7	应答故障
STW1.8	保留	—	
STW1.9	保留	—	
STW1.10	1: 通过 PLC 控制	p0854[0]＝r2090.10	通过 PLC 控制/不通过 PLC 控制
STW1.11	1: 设定值取反	p1113[0]＝r2090.11	设置设定值取反的信号源
STW1.12	保留	—	
STW1.13	1: 设定使能零脉冲	p1035[0]＝r2090.13	设置使能零脉冲的信号源
STW1.14	1: 设定持续降低电动电位器设定值	p1036[0]＝r2090.14	设置持续降低电动电位器设定值的信号源
STW1.15	CDS 位 0	p0810[0]＝r2090.15	命令参数组的第 0 位

表 7-24 中的参数设置对于用户非常重要，直接关系到变频器能否正常起停与运行，控制字的第 0 位 STW1.0 与起停参数 p0840 相关联，且为上升沿有效，请读者注意。当控制字 STW1 由 16#047E 变为 16#047F（上升沿信号）时，向变频器发出正转启动信号；当控制字 STW1 由 16#047E 变为 16#0C7F（上升沿信号）时，向变频器发出反转启动信号；当控制字 STW1 变为 16#047E 时，向变频器发出停止信号。

2. 主设定值

主设定值是一个字，用十六进制格式表示，最大数值为 16#4000，对应电动机的额定运行频率或额定转速。

【例 7-8】 设电动机的额定转速为 1500 r/min，当变频器通过通信方式控制其电动机速度时，若需要电动机运行的速度为 900 r/min，则主设定值应设置为多少？

变频器通过通信方式控制其电动机速度时，其最大主设定值 16#4000 对应电动机的额定转速 1500 r/min，现需要转速为 900 r/min，主设定值应为最大主设定值 0.6，则主设定值应设为 16384×0.6＝9830（16#4000 对应于十进制的 16384），即为 16#2666（十进制的 9830 对应于十六进制的 16#2666）。

3. 状态字

变频器发送给控制器的状态字信息能有效地判别变频器和电动机的实时工作状态，包括故障信息等，这样有助于用户了解变频器和电动机的实际当前工作状况。状态字（ZSW1）各位的含义如表 7-25。

表 7-25 状态字（ZSW1）的各位含义

状态字的位	含 义	关 联 参 数
ZSW1.0	接通就绪	r899.0
ZSW1.1	运行就绪	r899.1
ZSW1.2	运行使能	r899.2
ZSW1.3	故障	r2139.3
ZSW1.4	OFF2 激活	r899.4
ZSW1.5	OFF3 激活	r899.5
ZSW1.6	禁止合闸	r899.6
ZSW1.7	报警	r2139.7
ZSW1.8	转速差在公差范围内	r2197.7
ZSW1.9	控制请求	r899.9
ZSW1.10	达到或超出比较速度	r2199.1
ZSW1.11	I、P、M 比较	r1407.7
ZSW1.12	打开抱闸装置	r899.12
ZSW1.13	电动机过热报警	r2135.14
ZSW1.14	正反转	r2197.3
ZSW1.15	CDS	r836.0

7.6.3 硬件及网络组态

1. 硬件组态

（1）创建工程项目

打开 TIA Portal V16 软件，在 Portal 视图中选择"创建新项目"，输入项目名称"M_yitai"，选择项目保存路径，然后单击"创建"按钮完成项目创建。

（2）硬件组态

在项目视图的项目树中双击"添加新设备" ▓，添加设备名称为 PLC_1 的设备 CPU 314C-2 PN/DP（CPU 的型号应与实物相同），将 CPU 的 I/O 起始地址均更改为 0。单击"网络视图"选项卡，然后打开"硬件目录"下的"其它现场设备"，选择"PROFINET IO"→ "Drives"→ "SIEMENS AG"→ "SINAMICS"→ "SINAMICS G120 CU240E-2 PN（-F） V4.6"，拖拽"SINAMICS G120 CU240E-2 PN（-F） V4.6"到设备 PLC_1 右侧（见图 7-33）。单击设备视图中变频器上的"未分配"后，再单击出现的"PLC_1. PROFINET 接口_1"，完成"选择 IO 控制器"的连接，即 PLC 与变频器之间建立一条绿色以太网连接（或选中 PLC 上的以太网接口，按住鼠标拖拽至变频器上的以太网接口）。

（3）组态 S7-300 PLC 的名称及分配 IP 地址

单击 S7-300 PLC 的以太网接口，打开其巡视窗口，可以看到组态的 PLC_1 设备 IP 地址

图 7-33 添加控制单元及网络连接

为 192.168.0.1，名称为"plc_1"，已添加的 PLC 设备名称或 IP 地址都可更改，在此，不做改动。

（4）组态 G120 变频器的名称及分配 IP 地址

单击 G120 变频器的以太网接口，打开其巡视窗口，可以看到组态的 G120 变频器设备 IP 地址为 192.168.0.3，名称为"sinamics-g120-cu240e-2pn"，在此变频器的 IP 地址不作改动，将名称改为"g120_1"（取消"自动生成 PROFINET 设备名称"前的勾）。

（5）组态 G120 变频器的报文

双击设备视图中 G120 变频器，选择"硬件目录"下的"子模块"，将"标准报文 1，PZD-2/2"拖拽到"设备概览"的插槽 13 中（见图 7-34），可以看到系统自动分配的 IO 地址为 IB256~259，QB256~259。

对以上硬件组态程序进行保存和编译后，下载到 CPU 中。

2. 配置 G120 变频器名称和 IP 地址

单击项目树中"在线访问"下的计算机网卡（Realtek PCIe GbE Family Controller），双击"更新可访问的设备"，在搜索到的 g120[192.168.0.3]文件夹中双击"在线并诊断"，打开"在线并诊断"窗口，单击"功能"下"命名"选项，在"PROFINET 设备名称"栏更改 G120 的名称为 g120_1（注意：要与硬件组态时的名称一致）。然后单击右下角的"分配名称"按钮，在巡视窗口的"信息"中能看到设备名称已成功分配；单击"功能"下"分配 IP 地址"选项，在"IP"栏更改 G120 的 IP 的地址 192.168.0.3（注意：要与硬件组态时的 IP 地址一致），单击下面的"分配 IP 地址"按钮，更改完成（在巡视窗口的"信息"中能看到"参数已成功传送"）。更改的名称或 IP 地址在变频器重新启动后生效。

3. 修改 G120 变频器参数

双击项目树中"在线访问"下的计算机网卡中变频器 g120_1 的"参数"，选中"参数视图"，根据实际需要进行复位和快速调试。单击"通讯"下的"配置"，将宏参数 p0015 改为 7（现场总线，带有数据组转换），报文参数 p0922 系统默认为"[1]标准报文 1，PZD-2/2"，无需更改，见图 7-35）。现场总线控制的宏程序如图 7-17 所示。

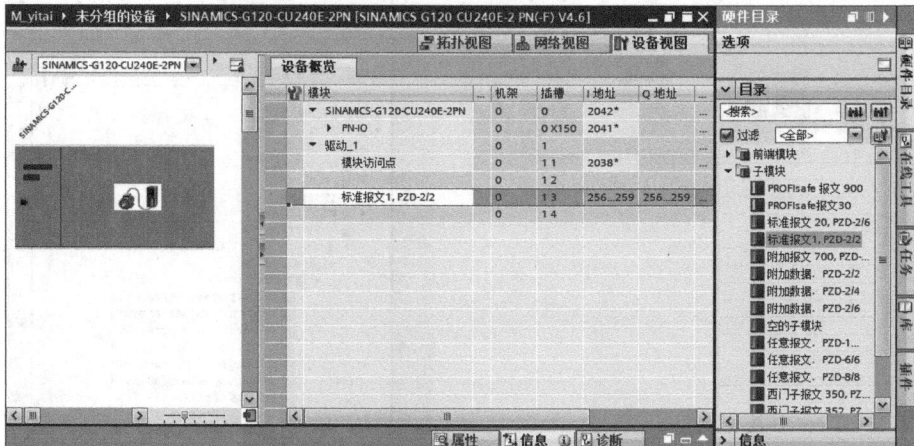

图 7-34 添加"报文"及名称

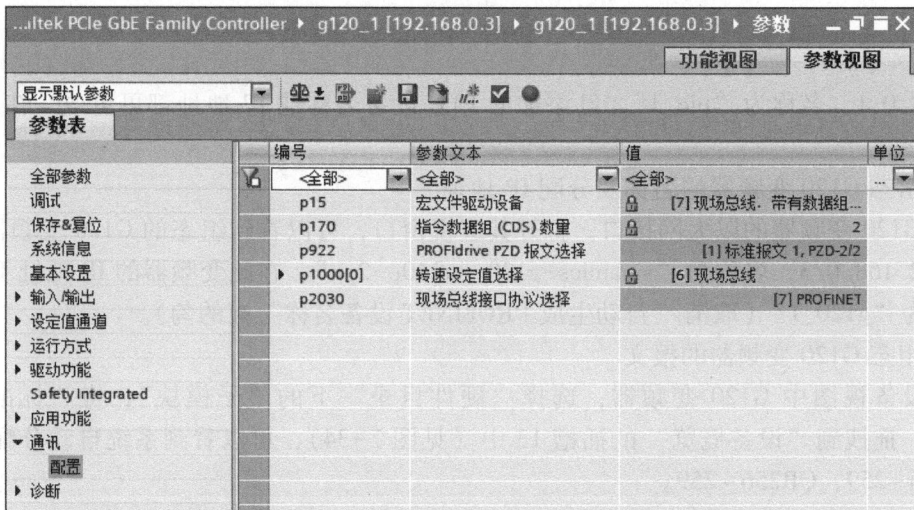

图 7-35 修改"报文"参数 p0922 及名称

4. 控制字地址

从变频器的"设备视图"中"设备概览"窗口可以看到变频器的相关信息，在输入和输出地址列中可以看到控制单元作为 S7-300 PLC 以太网外部设备的输入/输出地址。QW256 为变频器的命令控制字，QW258 为变频器的运行频率控制字；IW256 为变频器的运行状态反馈字，IW258 为变频器实际运行速度反馈字。变频器的命令控制字（STW1）中 0~15 位的含义见表 7-24。

7.7 案例 17：基于 PROFINET 通信的电动机运行控制

7.7.1 目的

1）掌握 G120 变频器与 S7-300 PLC 的硬件及网络组态。

2）掌握 G120 变频器的 PROFINET 通信应用。

7.7.2　任务

使用 S7-300 PLC 和 G120 变频器通过 PROFINET 网络通信实现电动机的运行控制，要求若按下正向起动按钮，由 G120 变频器驱动的电动机正向运行且正向运行指示灯亮，运行速度为额定转速 1430 r/min；若按下反向起动按钮，电动机反向运行且反向运行指示灯亮，运行速度为 700 r/min。按下停止按钮时，电动机停止。

7.7.3　步骤

1. 变频器及 I/O 端口的连接

本案例的输入元器件为 3 个按钮；输出为 2 个电动机的正反向运行指示灯。本案例的 I/O 地址分配如表 7-26 所示。

表 7-26　基于 PROFINET 通信的电动机运行控制 I/O 地址分配

输　　入		输　　出	
输入继电器	元器件	输出继电器	元器件
I0.0	电动机正向起动 SB1	Q0.0	正向运行指示灯 HL1
I0.1	电动机反向起动 SB2	Q0.1	反向运行指示灯 HL2
I0.2	电动机停止按钮 SB3		

根据表 7-26 中的 I/O 地址分配，本案例的 I/O 端口的连接、以及与变频器的连接如图 7-36 所示。

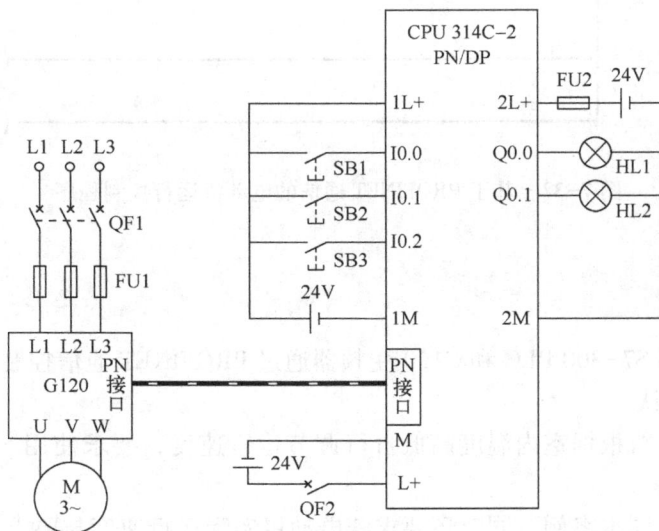

图 7-36　变频器与 I/O 端口的连接

2. 参数设置

本案例使用 PROFINET 网络通信控制电动机的运行，在此选择预定义宏参数 p0015 为 7，电动机的相关参数务必与电动机的铭牌数据一致。

3. 硬件组态

新建一个基于 PROFINET 网络的电动机运行控制项目，打开编程软件，添加 S7-300 PLC 的 CPU 314C-2 PN/DP 模块。硬件及网络组态可参考 7.6.3 节进行。

4. 软件编程

基于 PROFINET 通信的电动机运行控制程序如图 7-37 所示。由于 16#4000 对应电动机额定转速 1430 r/min，则电动机运行速度为 700 r/min 时，其输出控制字在 16#2000 左右。

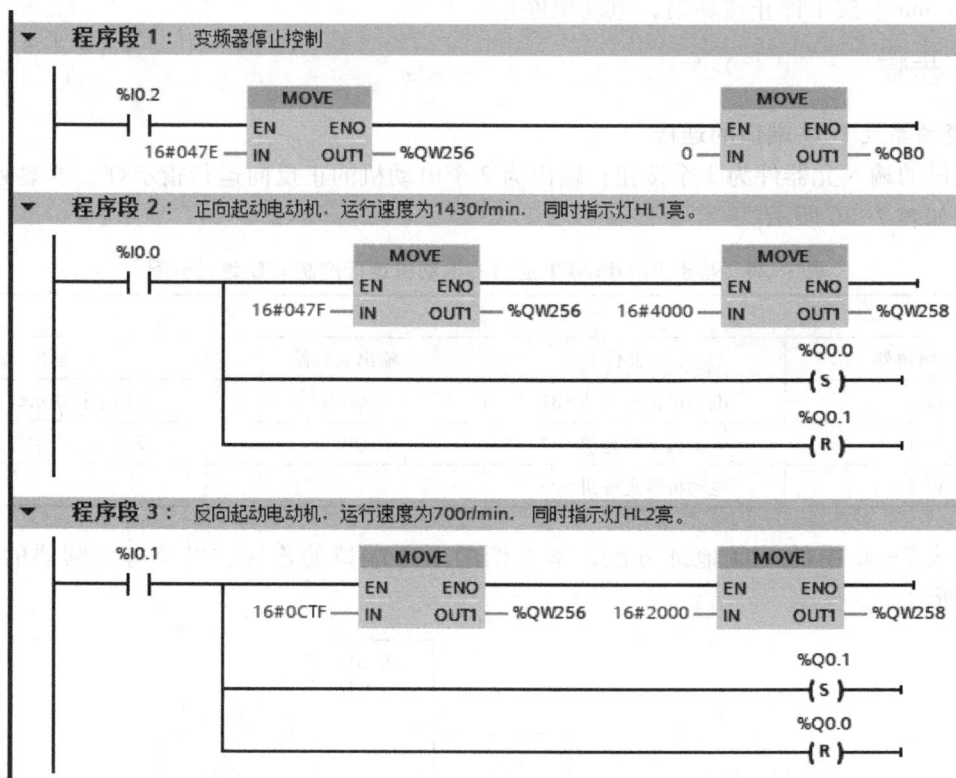

图 7-37　基于 PROFINET 通信的电动机运行控制程序

7.7.4　训练

1）训练 1：使用 S7-300 PLC 和 G120 变频器通过 PROFINET 通信控制电动机七段速运行，各段速度读者自行确认。

2）训练 2：排风机根据室内温度高低自行调节运行速度，要求使用 S7-300 PLC 和 G120 变频器完成。

3）训练 3：要求同本案例，同时还要求若电动机实际运行速度与要求值偏离超过 10r/min 时，控制系统能自动调节使实际运行转速接近要求转速。使用调试软件设置 G120 变频器的模拟量输入参数，用模拟量信号输入驱动变频器的运行。

7.8　习题与思考

1. SINAMISC G120 系列变频器通常由哪几部分构成？

2. G120 系列变频器的调试面板有哪几种？

3. 简要说明 BOP-2 操作面板各按钮的作用。

4. 使用数字量输入时，如何连接 DC24 V？

5. G120 系列变频器常用的调试软件有哪些？

6. 电动机的快速调试主要调试电动机的哪些参数？

7. G120 变频器的数字量输入端子分别有哪些？

8. G120 变频器提供几路数字量输出？

9. 继电器型输出和晶体管型输出有何异同？

10. G120 变频器分别提供几路模拟量输入和模拟量输出？

11. 模拟量输入有哪几个预定义宏参数？

12. 模拟量输入时，如何连接其硬件电路？

13. 模拟量输出信号类型有几种？

14. 模拟量输出是根据哪个参数来实现？

15. 现场总线控制预定义宏参数可设置为多少？

16. SINAMICS 通信报文中 STW 和 ZSW 分别是什么？

17. 控制字各位的含义是什么？

18. 若变频器的主设定值 16#4000 对应于电动机额定运行频率，则电动机工作频率为 20 Hz 时，设定值应该设置为多少？

第8章 S7-300 PLC 与触摸屏的连接与应用

触摸屏作为 PLC 控制器的最佳搭档，在工业应用中使用相当普遍。本章节重点介绍使用 TIA Portal V16 软件创建和下载项目，对按钮、开关、指示灯、域、滚动条、棒图和量表等对象进行组态。通过本章学习可掌握西门子 KTP 精简系列面板在工程中的典型应用。

8.1 西门子 HMI 简介

8.1.1 人机界面

随着智能制造技术的快速发展，PLC 已经成为工业自动化控制系统中不可或缺的控制器，其最佳搭档人机界面是操作人员与 PLC 之间双向沟通的桥梁，它用来实现操作人员与计算机控制系统之间的对话和相互作用。用户可以通过人机界面随时了解、观察并掌握整个控制系统的工作状态，必要时还可以通过人机界面向控制系统发送指令进行人工干预。因此，人机界面在自动化控制领域中逐渐发展成为必不可少的装置之一。

人机界面（Human Machine Interaction，HMI），又称人机接口或用户界面（见图 8-1），是人与计算机之间传递、交换信息的媒介和对话接口，是计算机系统的重要组成部分，是系统和用户之间进行交互和信息交换的媒介，它实现信息的内部形式与人类可以接受形式之间的转换。可以说凡参与人机信息交流的领域都存在着人机界面。

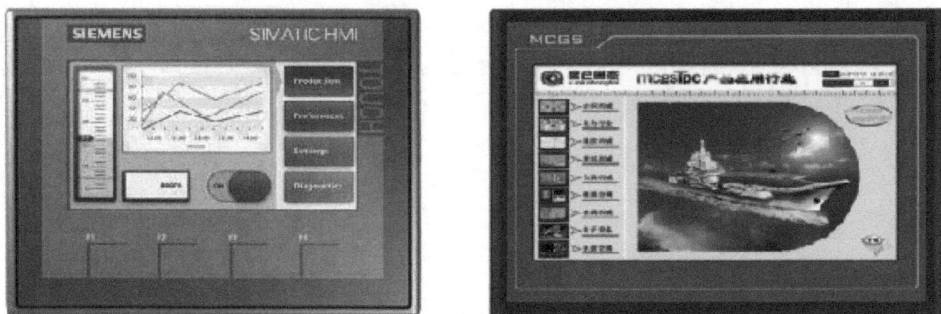

图 8-1　人机界面

从广义上说，人机界面泛指计算机（包括 PLC）与操作人员交换信息的设备。在控制领域，HMI 一般特指用于操作人员与控制系统之间进行对话和相互作用的专用设备，西门子相关的手册将人机界面装置称为 HMI 设备。在此，本书亦将其称为 HMI 设备。

人机界面在自动控制系统中主要承担以下任务：

1）过程可视化：在人机界面上实时显示控制系统过程数据。

2）操作人员对过程的控制：操作人员通过图形界面来控制工业生产过程。如操作人员通过界面上的按钮控制电动机起停，或通过输入窗口修改控制系统参数（如电动机工作时间）等。

3）显示报警：控制系统中过程数据的临界状态会自动触发报警，如电动机的温度升高超过设置值。

4）记录功能：按时间顺序记录过程数据值和报警信息等，用户可以检索以前的历史数据。

5）输出过程值和报警记录：如在某一动作过程结束时打印输出相关报表等。

6）配方管理：将生产过程和设备的参数存储在配方中，可以一次性将这些参数从人机界面下载到 PLC，以改变产品的特性。

在使用人机界面时，主要解决两个问题，其一是人机界面上的画面设计，其二是与 PLC 之间的通信。人机界面上的画面设计由人机界面生产厂家研发的组态软件来解决，当然与 PLC 之间的通信问题也得通过组态软件来解决，用户不需要编写 PLC 和人机界面之间的通信程序，只需要在人机界面的组态软件和 PLC 编程软件中对他们之间的通信参数进行简单的设置，就可以实现人机界面与 PLC 之间的通信。当然，不是所有品牌的人机界面与所有品牌的 PLC 都能相互通信，但是，各种品牌的人机界面一般都能与主流生产厂家的 PLC 进行通信。

本书主要介绍西门子公司生产的人机界面中的触摸屏（HMI 常被称为触摸屏），西门子人机界面也称为面板（Panel），型号中的 KP 表示按键面板，TP 表示触摸面板，KTP 是带有少量按键的触摸型面板。本书以 KTP 400 为主要介绍和应用对象。

8.1.2　组态软件

TIA Portal V16 软件安装时已包含组态软件，无需单独安装。TIA Portal V16 软件中的 WinCC（Windows Control Center），中文叫西门子视频控制中心，作为 HMI/SCADA 的组态软件，是用于西门子 HMI、工业 PC 和标准 PC 的组态软件。WinCC 有以下 4 种版本：

1）WinCC Basic（基本版）用于组态精简系列面板，STEP 7 集成了 WinCC 的基本版。

2）WinCC Comfort（精智版）用于组态所有的面板，包括精简面板、精智面板、移动面板和上一代的 170/270/370 系列面板。

3）WinCC Advanced（高级版）用于组态所有的面板和 PC 单站系统，可将 PC 作为功能强大的 HMI 设备使用。

4）WinCC Professional（专业版）用于组态所有的面板，以及基于 PC 的单站到多站的 SCADA（数据采集与监控）系统。

组态软件界面与编程界面类似，有 Portal 视图与项目视图之分。项目视图中左侧为项目树、中间为组态界面的工作区、右侧为工具箱等选项卡、上部分为菜单栏、下部分为巡视窗口，如图 8-2 所示。

"工具箱"中可以使用的对象与 HMI 设备的型号有关。工具箱包含过程画面中需要经常使用的各种类型的对象。

用右键单击工具箱中的区域，用出现的"大图标"复选框设置大图标或小图标。在大图标模式可以用"显示描述"复选框设置是否在各对象下面显示对象的名称。

根据当前激活的编辑器，"工具箱"包含不同的窗格。打开"画面"编辑器时，工具箱提供的窗格有基本对象、元素、控件和图形等。

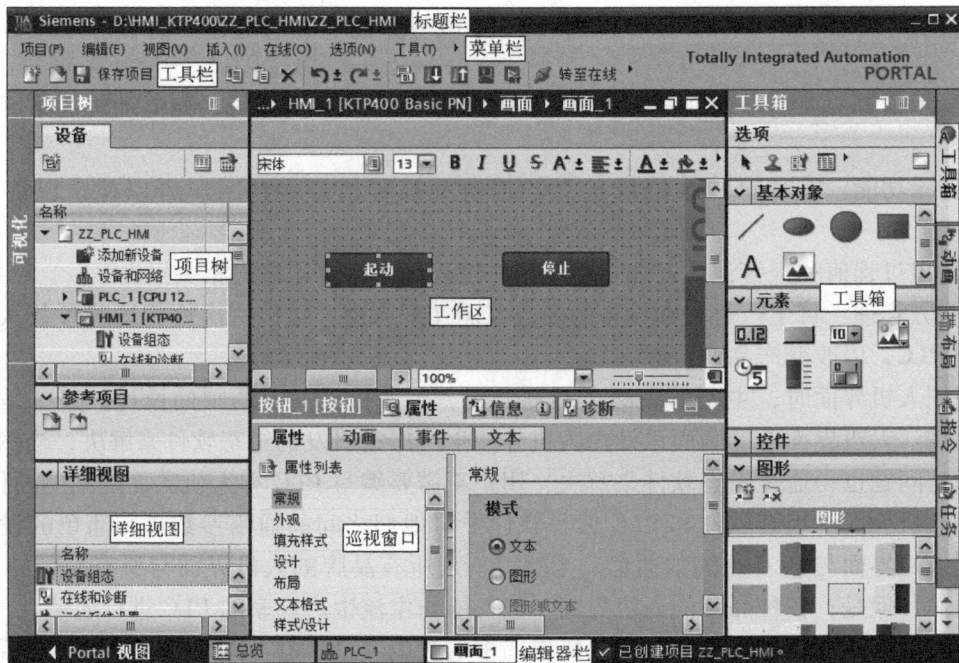

图 8-2 创建项目后的项目视图

1. 基本对象

（1）线

在"基本对象"窗格中单击"线"的按钮 ╱，然后将光标移至画面的工作区中，此时光标在工作区移动会显示光标的当前位置，即 x/y 坐标。按住左键移动鼠标后松开，便可以在工作区画出一根线（见图 8-3）。选中某条线后（线的两端均显示蓝色小方块），在巡视窗口的"属性"→"属性"→"外观"中可以进行以下设置：线的宽度和颜色、线的起点或终点是否有箭头、实线或虚线、端点是否为圆弧形等。在巡视窗口的"属性"→"属性"→"布局"中可以进行以下设置：线的位置和大小、线的起始点和结束点等。

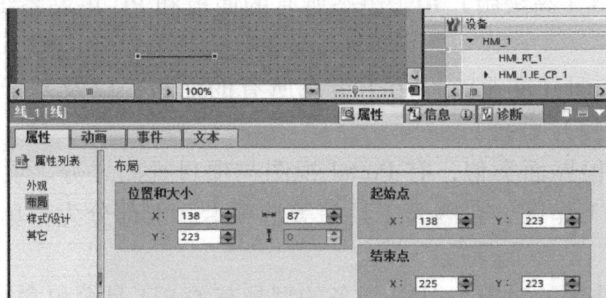

图 8-3 "线"的"布局"组态

画水平或垂直线时，在工作区中仅靠光标的移动很难画成水平或垂直，此时可在"属性"→"属性"→"布局"（见图 8-3）中通过更改线的起始点和结束点来达到所画线的水平或垂直。

（2）圆和椭圆

在其属性中可以调节它们的大小和设置椭圆两个轴的尺寸，设置背景（即内部区域）的颜色，设置边框的宽度、样式及颜色等。

（3）矩形

在其属性中可以设置矩形的高度、宽度、内部区域的颜色，设置边框的宽度、样式及颜色，设置矩形的圆角等。

（4）文本域

可以在文本域中输入一行或多行文本。定义字体和字的颜色、对齐方式，还可以设置文本域的背景色和边框样式等。

（5）图形视图

图形视图用来在画面中显示属性列表中已有图形或由外部图形编程工具创建的图形。用类似画线的方法在工作区中生成图形视图，在其属性中可自定义对象的位置、几何形状、样式、颜色和字体类型。

在"图形视图"对象中可以使用下列图形格式：＊.bmp、＊.tif、＊.png、＊.ico、＊.emf、＊.wmf、＊.gif、＊.svg、＊.jpg 或 ＊.jpeg。在"图形视图"中，还可以将其他图形编程软件编辑的图形集成为 OLE（对象链接与嵌入）对象。可以直接在 Visio、Photoshop 等软件中创建这些对象，或者将这些软件的文件插入图形视图，可以用创建它的软件来编辑它们。

2. 元素

精简面板的"元素"窗格中有 I/O 域、按钮、符号 I/O 域、图形 I/O 域、日期/时间域、棒图、开关等。

3. 控件

控件为 HMI 提供的增强功能，精简面板的"控件"窗格中有报警视图、趋势视图、用户视图、HTML 浏览器、配方视图和系统诊断视图等。

4. 图形

在"图形"窗格的"WinCC 图形文件夹"中提供了很多图库，用户可以调用其中的图形元件。用户可以用"我的图形文件夹"来管理自己的图库。

> **注意**：不同 HMI 设备的工具箱中有不同的对象，如精智面板的"基本对象"窗格中有折线和多边形；"元素"窗格中有符号库、滑块、量表和时间等；"控件"窗格有状态/强制、f(x)趋势视图、媒体播放器、摄像头视图和 PDF 视图等。

8.1.3　创建项目

1. 创建新项目

打开 TIA Portal V16 软件，在 Portal 视图中选中"创建新项目"选项，在右侧"创建新项目"对话框中将项目名称更改为"First_PLC_HMI"。单击"路径"输入框右边的浏览按钮，可以修改项目保存的路径。在"作者"栏中可以修改创建该项目的作者名称。单击"创建"按钮后，开始生成项目（同编程软件）。

2. 添加 PLC

在 Portal 视图中单击"创建"按钮后，在弹出的"新手上路"对话框中单击"设备和网络—组态设备"选项，在弹出的"显示所有设备"对话框中单击选中"添加新设备"选项，在右侧"添加新设备"对话框中，选择"控制器"，在设备名称栏中输入设备名称，如 PLC（若不输入设备名称，在选择控制器后，设备名称自动命名为 PLC_1），逐级打开 S7-300 PLC

的 CPU 文件夹，选择 CPU 314C-2 PN/DP，单击对话框右下角的"添加"按钮，系统自动打开该项目的"项目视图"的编辑视窗。

3. 添加 HMI

在项目视图"项目树"中单击"添加新设备"，出现"添加新设备"对话框，如图 8-4 所示。去掉左下角筛选框"启动设备向导"中自动生成的勾，即不使用"启动设备向导"。打开设备列表中的文件夹"\HMI\SIMATIC 精简系列面板\4"显示屏\KTP400 Basic"，双击订货号为 6AV2 123-2DB03-0AX0 的 4 英寸精简系列面板 KTP400 Basic PN，版本为 16.0.0.0，生成名称为 HMI_1 的面板（若事先未给设备名称命名，则生成为默认名称 HMI_1），在工作区出现了 HMI 的画面"画面_1"。或选择订货号后，单击图 8-4 中的"确定"按钮，也可生成相应的画面。

图 8-4　添加新设备

4. 组态连接

生成 PLC 和 HMI 后，双击项目树中的"设备和网络"，打开网络视图，此时还没有图 8-5 中的网络。单击网络视图左上角的"连接"按钮，采用默认的"HMI 连接"，同时 PLC 和 HMI 会变成浅绿色。

单击 PLC 中的以太网接口（绿色小方框），按住鼠标左键，移动鼠标，拖出一条浅色的直线。将它拖到 HMI 的以太网接口，松开鼠标左键，生成图 8-5 中的"HMI_连接_1"的网络线。

单击它们右边竖条上向左的小三角形按钮，从右到左弹出"网络概览"视图，可以用鼠标移动小三角形按钮所在的网络视图和网络概览视图的分界线。单击该分界线上向右的小三角形按钮，网络概览视图将会关闭。单击向左的小三角形按钮，网络概览视图将向左扩展，覆盖整个网络视图。

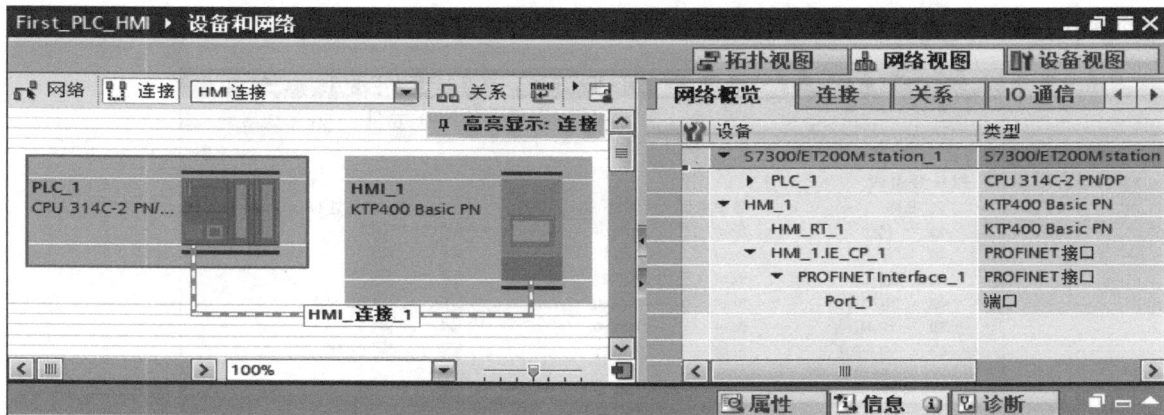

图 8-5　网络视图

双击项目视图的\HMI 文件中的"连接",打开连接编辑器,如图 8-6 所示。选中第一行自动生成的"HMI_连接_1",连接表下面是连接的详细情况。

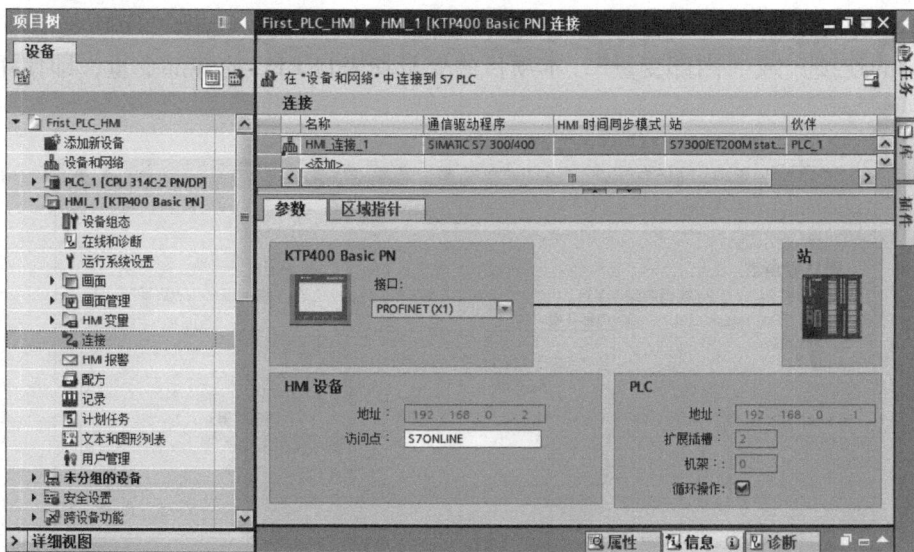

图 8-6　连接编辑器

5. 生成变量

变量是在程序执行过程中,随着程序运行而随时改变的一个量值。HMI 的变量分为外部变量和内部变量,每个变量都有一个符号名和数据类型。外部变量是 HMI 与 PLC 之间进行数据交换的桥梁,是 PLC 中定义的存储单元的映像,其值随着 PLC 程序的执行而改变。HMI 和 PLC 都可以访问外部变量。

HMI 的内部变量存储在 HMI 设备的存储器中,与 PLC 没有连接关系,只有 HMI 设备能访问。内部变量用于 HMI 设备的内部计算或执行任务。内部变量只能用名称来区分,没有绝对地址。

图 8-7 是项目树文件夹"PLC \ PLC 变量"中的"默认变量表"中的变量(在编写 PLC 程序时预先定义的),在此变量表中只有"HMI 起动"和"HMI 停止"两个变量来自 HMI,

即需要在触摸屏中生成它们并进行相关组态。

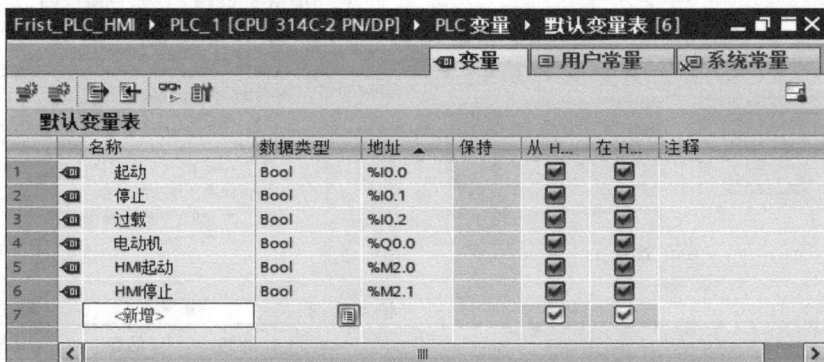

图 8-7 PLC 默认变量表

在此，仅介绍用户采用自定义方式生成 HMI 中的变量。

双击项目树文件夹"HMI\HMI 变量"中的"默认变量表 [0]"，打开变量编辑器，如图 8-8 所示。单击变量表的"连接"列单元中被隐藏的按钮█，选择"HMI_连接_1"（HMI 设备与 PLC 的连接）或"内部变量"，本项目的变量均来自 PLC 的外部变量，即使用 HMI_连接_1。

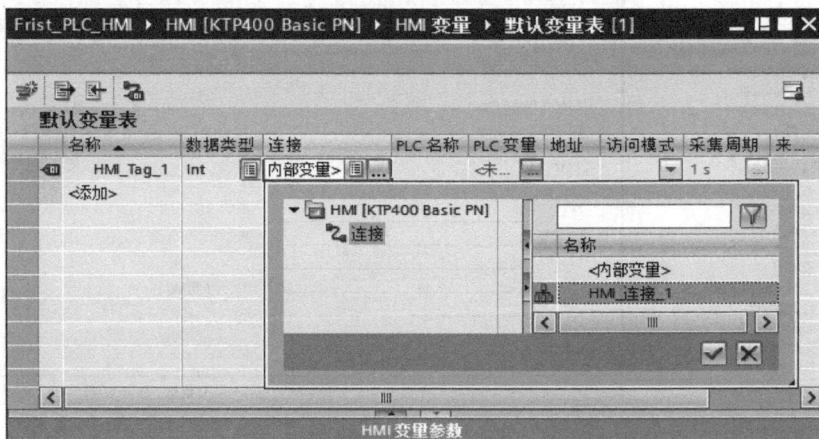

图 8-8 在变量编辑器中组态变量的"连接"方式

双击变量表中"名称"列第一行，将默认名称"HMI_Tag_1"更改为"HMI 起动"；单击"数据类型"列第一行后面的按钮█，在打开的选项中选择"Bool"（布尔型），如图 8-9 所示；在"地址"列第一行单击右侧的按钮█，选择"操作数标识符"为 M，"地址"为 2，"位号"为 0，如图 8-10 所示。然后单击图 8-10 右下角的"勾"按钮█，即生成变量的地址为 M2.0（所有变量都可以选择位存储区 M 和数据块 DB；输入类变量可以选择输入过程映像存储器 I，但不能在 PLC 的物理地址输入范围内；显示类变量可以选择输出过程映像存储器 Q）。在"访问模式"列选择"绝对访问"，在"采集周期"列选择 100 ms，如图 8-11 所示。采集周期 100 ms 表示 HMI 每隔 100 ms 采集一次变量。读者可根据项目中对该对象的动态变化响应速度要求而设置采集时间。

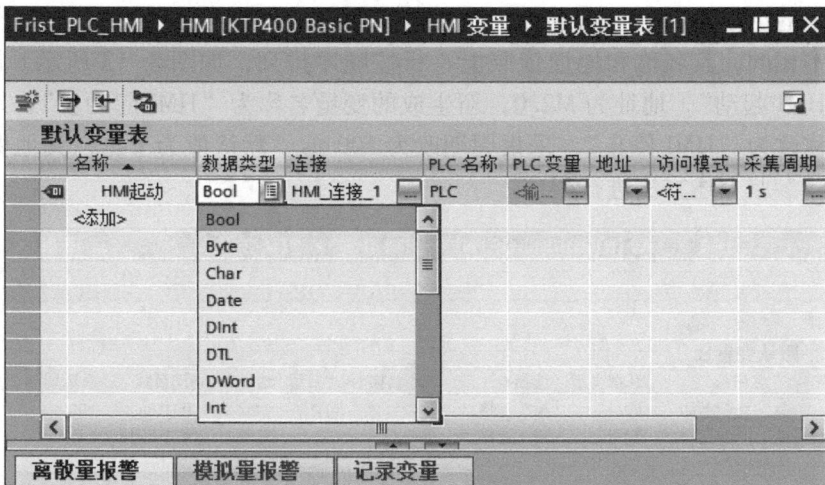

图 8-9　组态"数据类型"

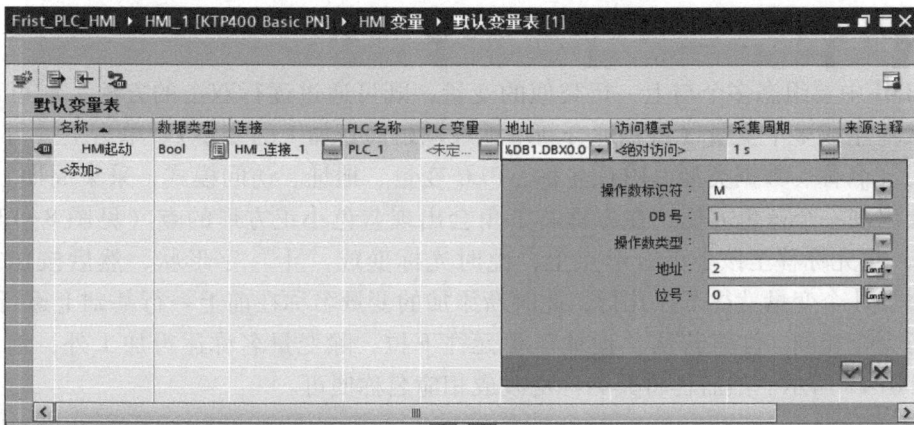

图 8-10　组态操作数"地址"

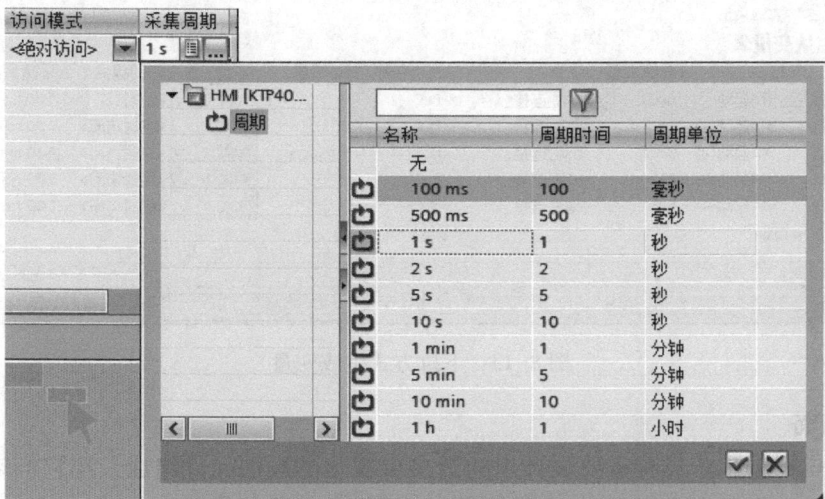

图 8-11　组态"采集周期"

双击变量表的"名称"第二行（空白行），将会自动生成一个新的变量，其参数与上一行变量的参数基本相同，其名称和地址依照上一行按顺序排列，如图 8-12 所示。图 8-10 中原变量名称为"HMI 起动"，地址为 M2.0，新生成的变量名称为"HMI 起动_1"，地址为 M2.1。此时可以将名称改为"HMI 停止"，采集周期改为 100 ms（默认值为 1 s），其他保持不变。如还有其他变量，参照上述方法进行生成。

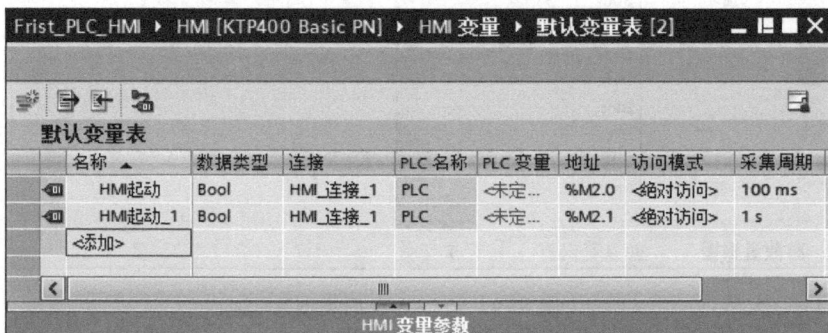

图 8-12 双击方式生成变量

如果 HMI 中要组态多个与上一行类似的变量，既可通过逐行双击的方法，亦可通过"下拉"方式快速生成多个变量（特别适合新增地址顺延前行加 1 的变量）。单击上一行变量的任意一个单元（名称、数据类型、PLC 名称、PLC 变量、地址、访问模式、采集周期），此时该单元四周会出现一个蓝色方框，在方框右下角会出现蓝色小正方形的点（见图 8-13 中 M2.4 的右下角），将光标移至该小正方形点上，此时光标变成"十"字形状，然后按住左键往下拉，需要添加几个变量就往下拉几行，此时新添加的变量名称在前上一行基础上逐行加 1，其他列与上行完全相同。注意若从"地址"单元往下拉，除变量名称逐行加 1 外，地址也逐行加 1，如图 8-13 所示。然后再将其名称更改成相应名称便可。

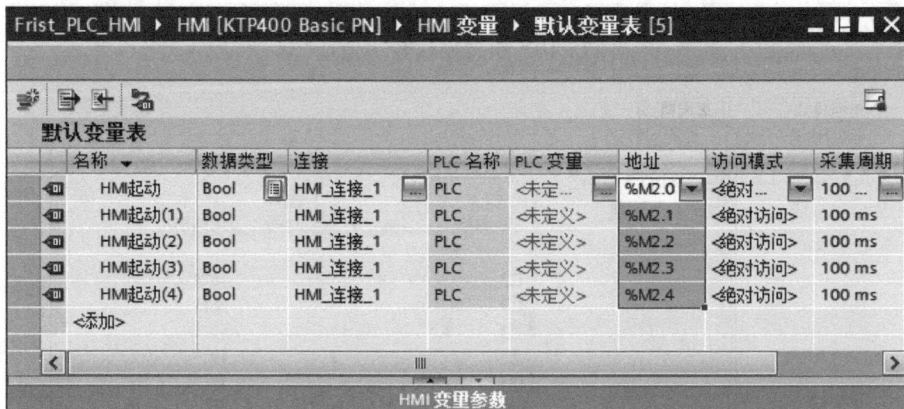

图 8-13 下拉方式生成变量

6. 生成画面

画面由用户根据生产过程需要设计出的诸多可视化的画面元件组成，用它们来显示工业现场的过程值或状态指示等，或用它们来控制某些机构的起停动作等。

画面由静态元件和动态元件组成。静态元件（如文本或图形对象）用来静态显示，在运行时它们的状态不会变化，不需要与变量相连接，它们不能由 PLC 更新。动态元件的状态受变量控制，需要设置与它连接的变量，用图形、字符、数字趋势图和棒图等画面元件来显示 PLC 或 HMI 设备存储器中变量的当前值或当前状态。PLC 和 HMI 设备通过变量和动态元件交换过程值和操作员输入的数据等进行动态显示。

（1）打开画面

添加 HMI 设备后，在"画面"文件夹中自动生成一个名为"画面_1"的画面。"画面_1"的画面为 HMI 的初始画面，即根画面，如图 8-14 所示。可通过下列操作对其进行更名：用鼠标右键单击项目树中的该画面，执行出现的快捷菜单中的"重命名"命令，在此将该画面的名称更改为"根画面"，或执行"属性"命令，在弹出的"属性"对话框的"常规"选项中对其"名称"进行更改。双击打开画面编辑器，在画面编辑器中通过组态元件或图形对象，从而生成工业生产现场的各个监控画面。

打开画面后，可以用图 8-14 工作区下面的"75%（自动生成的画面显示比例为 100%，编者在此已作调整）"右边的按钮▾打开的显示比例（10%~800%）下拉式列表来改变画面的显示比例，如图 8-15 所示。也可以用该按钮右边的缩放滑块快速设置画面的显示比例。单击画面工具栏最右边的"放大所选区域"按钮🔍，按住鼠标左键，在画面中绘制一个虚线方框。松开鼠标左键，方框所围成的区域被缩放到恰好能放入工作区的大小。若要返回到缩小的状态，还需要通过选择显示比例按钮或缩放滑块来调节。

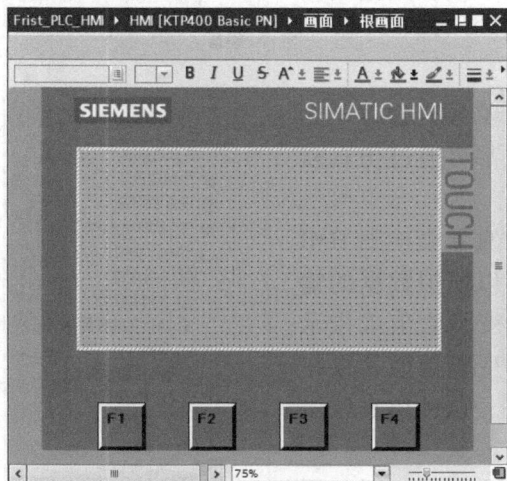

图 8-14　根画面

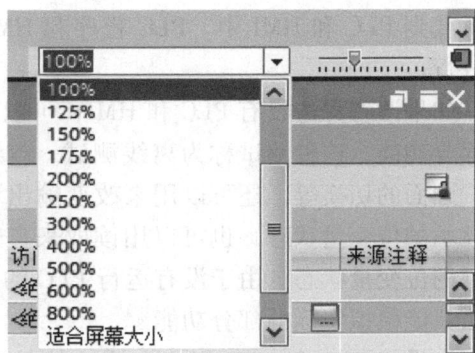

图 8-15　调节画面显示比例

单击选中工作区中的画面后，再选中巡视窗口的"属性"→"属性"→"常规"，可以在巡视窗口右边的窗口设置画面的名称、编号等参数，如图 8-16 所示。单击"背景色"选择框的按钮▾，用出现的颜色列表来设置画面的背景色，如白色，则三基色 R 红、G 绿、B 蓝的亮阶均为 255（每种基色都分为 0~255 阶亮度，0 是最弱，255 最亮，通过设置三基色的不同阶值可得到不同的颜色）。如果需要其他颜色，可以单击图 8-16 中的"更多颜色"按钮，在弹出的"颜色"对话框的"标准"选项中进行选择，或在"用户自定义"选项中进行自行定义。同样，画面中"网格颜色"同"背景色"一样可以根据用户喜好设置。

（2）生成新画面

双击项目视图中"HMI\画面"文件夹中的"添加新画面"，在工作区将会出现一幅新的

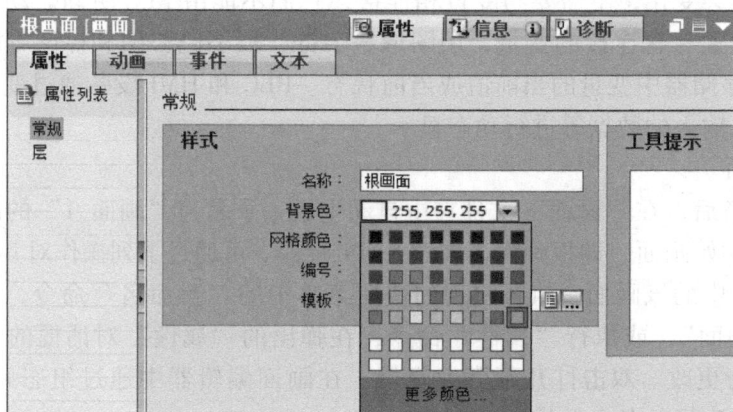

图 8-16　组态画面的常规属性

画面，画面被自动指定一个默认的名称（如画面_1，若已有名称画面_1 则自动命名为画面_2，即在现有画面编号的基础上加 1；若没有名称画面_1，则新生成的画面名称被命名为画面_1）。同时，在项目视图的"画面"文件夹中将会出现新画面。

用户在项目树的"画面"文件中可以看到已经创建的画面名称，无论画面的名称如何定义，根画面可以通过画面名称前的根画面符号 来识别，其他画面名称前的符号为 ，如图 8-17 所示。

7. 仿真调试

编写好 PLC 控制程序和组态好 HMI 的画面后，必须经过调试方能下载到 PLC 和 HMI 中。PLC 程序和 HMI 的调试都可通过仿真软件进行。

如果读者身边没有 PLC 和 HMI，可以用变量仿真器来检测 HMI 的部分功能，这种测试称为离线测试。离线测试可以模拟数据的输入、画面的切换等，还可以用来改变输出域显示的变量数值或指示灯显示的位变量状态，也可以用读取来自输入域的变量数值和按钮控制的位变量状态。由于没有运行 PLC 的用户程序，这种仿真调试方法只能模拟实际的部分功能。

如果将 PLC 和 HMI 集成在博途软件的同一个项目中，可以用 S7-PLCSIM 对 S7-300/400 PLC 和 S7-1200/1500 PLC 的用户程序进行仿真，用 WinCC 对 HMI 设备进行仿真。同时还可以对 PLC 和

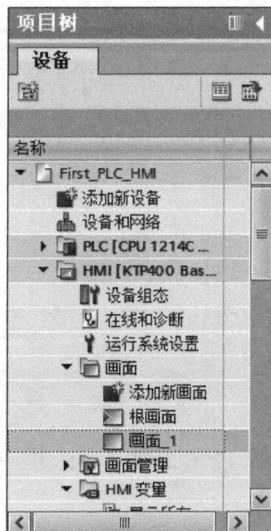

图 8-17　画面标识

HMI 之间的通信和数据交换进行仿真。这种仿真不需要 PLC 和 HMI 设备，只用计算机就能很好地模拟 PLC 和 HMI 设备组态的实际控制系统的功能，是诸多工程技术人员常用的仿真调试方法。

如果只有 PLC 而没有 HMI 设备，可以在建立计算机与 S7 PLC 通信连接的情况下，用计算机模拟 HMI 设备的功能，这种测试称为在线测试，可以减少调试时刷新 HMI 设备的闪存次数，节约调试时间。这种仿真效果与实际系统基本相同。

8. 下载项目

工程项目经过 PLC 和 HMI 仿真调试后，便可下载到硬件 PLC 和 HMI 设备中，通过现场运

行调试确定 PLC 程序及 HMI 组态无误后，便可交付用户投入使用。将 PLC 程序下到 PLC 及将组态界面下载到硬件 HMI 中前，都必须对编程及组态用计算机、PLC 及 HMI 设备通信参数进行设置，否则无法保证正常下载。

计算机的 IP 地址设置：在计算机的控制面板中，打开"设置 PG/PC 接口"对话框，选择计算机实际使用的网卡，将计算机的 IP 地址更改为与项目中 CPU 和 HMI 同一个网段中的 IP 地址（第三个字节相同，第四个字节不能重叠）。

HMI 的 IP 地址设置：在触摸屏上电时，按下触摸屏上的"Settings（设置）"选项，通过显示屏右侧的向下滑动滑条将屏幕上移，这时显示"Transfer，Network & Internet"选项，单击"Network Interface"（网络接口）图标，打开"Interface PN X1"对话框，在此设置 HMI 的"IP address"（IP 地址），如"192.168.0.2"（与创建项目中的 IP 地址相同），"Subnet mask"（子网掩码）为"255.255.255.0"，默认网关无需设置。

使计算机、PLC 和 HMI 三者的 IP 地址在同一网段中，且不重叠，便可进行项目的下载、监视和使用。

| 码 8-1　项目的创建 | 码 8-2　项目的下载设置 | 码 8-3　项目的仿真调试 |

8.2　按钮的组态

8.2.1　文本按钮

按钮是自动控制系统必不可少的元件之一，在触摸屏上文本按钮使用得最多。文本按钮在触摸屏上显现的样式是矩形。

1. 生成文本按钮

打开 TIA Portal V16 软件，创建一个名称为 ANniu_HMI 的项目，添加一个名称为 PLC_1 的 PLC 站点，再添加一个名称为 HMI_1 的 HMI 站点，并组态好连接，在 PLC 和 HMI 中分别创建两个变量"HMI 起动"和"HMI 停止"。

在打开的画面编辑器右侧工具箱的"元素"窗格中，将"按钮"拖拽到画面工作区中，伴随它一起移动的小方框中的"x/y"是按钮左上角在画面中 x、y 轴的坐标值，"w/h"是按钮的宽度和高度值，均以像素点为单位。放开鼠标左键，生成一个默认名称为"Text"、默认尺寸的按钮；或单击"元素"窗格中"按钮" ▉图标，在画面工作区中某一处单击鼠标左键并按住在画面工作区中朝任意方向拖拽，松开左键便生成一个按钮。

（1）用鼠标调节按钮的位置

用鼠标左键单击新生成的"Text"按钮，按钮四周出现 8 个小正方形，当鼠标的光标移动到按钮的边框及内部时，鼠标会变为十字箭头✥（如图 8-18a 左图），按住左键并移动鼠标，将选中的按钮拖到希望并允许放置的位置（如图 8-18a 右边的浅色按钮所在位置）。同时出现的"x/y"是按钮新的位置坐标值，"w/h"是按钮的宽度和高度值，松开左键后按钮被放在当前的位置。

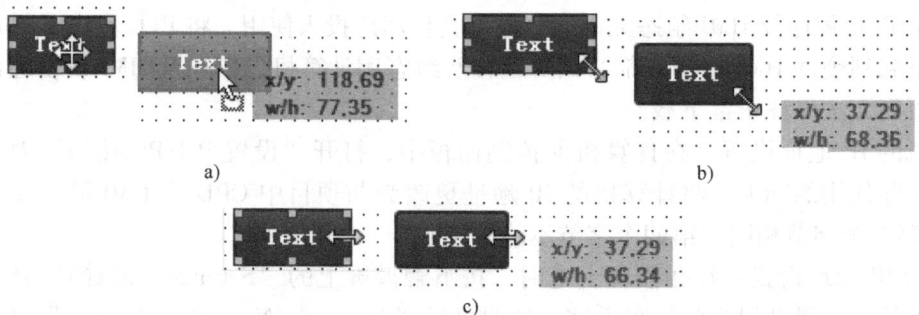

图 8-18　"按钮"对象的移动与缩放

（2）用鼠标调节按钮的大小

用鼠标左键单击图 8-18b 左边的"Text"按钮，按钮四周出现 8 个小正方形，用鼠标左键选中某个角的小正方形，鼠标的箭头变为 45°的双向箭头（选中左上角和右下角双向箭头为↖，选中右上角和左下角双向箭头为↗），按住左键并移动鼠标，可以同时改变按钮的长度和宽度。将选中的按钮拖拽到希望的大小后松开左键，按钮被整体扩大或缩小，如图 8-18b 右图所示的大小。

用鼠标左键选中按钮四条边上中点的某个小正方形，鼠标的光标会变为水平方向双向箭头↔或垂直方向双向箭头↕（见图 8-18c 的左图），按住左键并移动鼠标，将选中的按钮沿水平或垂直方向拖动到希望的大小后松开左键，按钮被水平或垂直扩大或缩小，如图 8-18c 右图所示的大小。

2. 组态文本按钮的属性

用鼠标左键单击工作区中的"Text"按钮，选择"Text"按钮的巡视窗口的"属性"→"属性"，在"属性"选项卡中组态（或称设置）按钮的诸多属性（见图 8-19），如常规、外观、填充样式、设计、布局、文本格式、样式设计、其他、安全等。如果画面处在"悬浮"状态，可选中"Text"按钮后右击，在弹出的快捷菜单中选择"属性"选项，打开按钮属性对话框。

（1）更改文本按钮名称

选择"属性"→"属性"→"常规"，在"常规"对话框中可以设置按钮的模式（如文本、图形、不可见等），在此设置按钮的"模式"为"文本"。

在"标签"域有两个选项，只能选择其中的一个选项。单击单选框中的小圆圈或它右侧的文字，小圆圈中出现一个圆点，表示该选项被选中。单击单选框的另一个选项，原来被选中的选项左侧小圆圈中的圆点消失，新的选项被选中。在'按钮"未按下"时显示的图形'的框中输入"起动"，表示该按钮"未按下"时显示的文本为"起动"。

单击图 8-19 的"按钮'按下'时显示的文本"左侧的小方框，该方框变为☑，其中出现的"√"表示选中（即勾选）了该选项，或称该选项被激活。再次单击它，其中的"√"消失，表示未选中该选项（激活被取消）。因为可以同时选中多个这样的选项，所以将这样的小方框称为复选框或多选框。如果选中该复选框，可以分别设置"未按下"时和"按下"时显示的文本。未选中该复选框时，"按下"和"未按下"时按钮上显示的文本相同，一般采用默认的设置，即不勾选该复选框。

还可以通过以下方法更改按钮的名称（也称为按钮的"标签"）：双击要更改名称的"按

钮"对象，光标变成"I"形指针，同时按钮对象的原名称底色变为蓝色，此时可直接输入按
钮的新名称。

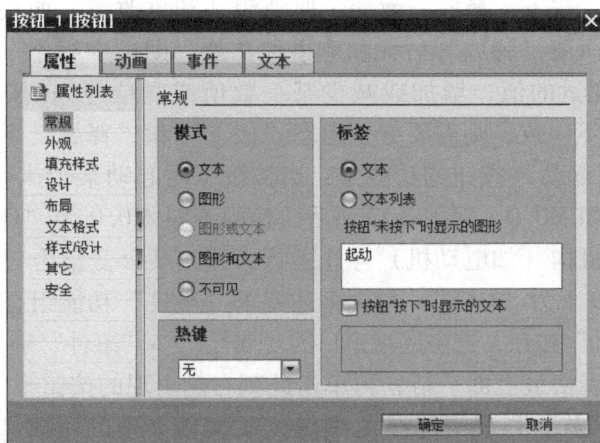

图 8-19　组态按钮"常规"属性

注意：按钮的名称与变量的名称不需要相同。

（2）设置文本按钮的热键功能

KTP 400 面板有 4 个功能键 F1~F4，单击图 8-19 中"热键"区域中的按钮▼，在打开的
列表中选择其中一个功能键（见图 8-20），如 F1，按下"确定"按钮✓确认，运行时标有
"F1"的功能键具有和"起动"按钮相同的功能。如果想删除热键功能，则单击图 8-20 左下
角的"删除设置并关闭对话框"按钮。

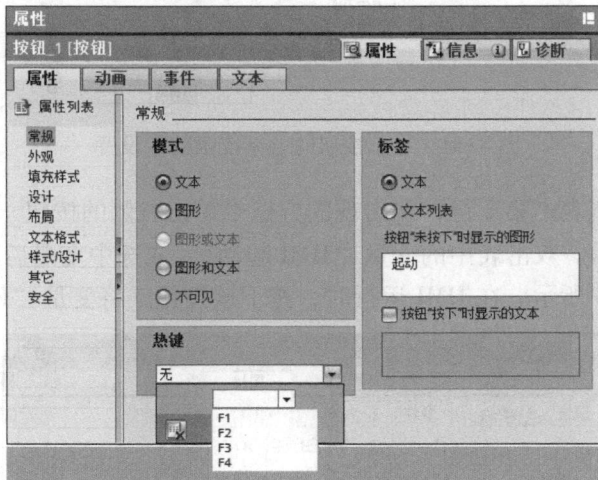

图 8-20　组态按钮的"热键"功能

3. 组态文本按钮的事件功能

在画面中生成按钮对象后，除了组态按钮的基本属性外，若要按钮起到操作的作用，必须
组态按钮的"事件"功能，即按钮对象与相应"变量"相关联，操作时按钮对象与所对应的

"系统函数"相关联。

选中按钮对象,选择巡视窗口的"属性"→"事件"选项,在"事件"对话框中设置按钮对象相关操作:单击、按下、释放、激活、取消激活和更改等。如按钮被"按下"时有相应事件功能与之对应,而被"释放"后无相应事件功能,则选中组态"单击"事件功能便可(如每操作一次某外部变量的值,增加或减少某一数值或复位等);按钮被"按下"和"释放"时对应的事件功能不一致,则需要分别组态"按下"和"释放"事件功能等。

一般 HMI 画面中"起动"按钮的功能是:当被按下时起动某个执行机构,如电动机,即让某个变量为"ON",如 M0.0,释放该按钮后,使得变量 M0.0 为"OFF";"停止"按钮的功能是:当按下时某个机构(如电动机)停止运行,即让某个变量为"ON",如 M0.1,释放该按钮后,使得变量 M0.1 为"OFF"。根据上述要求"事件"功能组态如下:

单击画面中的"起动"按钮,选中巡视窗口的"属性"→"事件"→"按下",如图 8-21 所示。单击视图右边窗口表格最上面一行,再单击此刻右侧出现的按钮▼(在单击之前它是隐藏的),在出现的"系统函数"列表中选择"编辑位"文件夹中的函数"置位位",如图 8-22 所示。上述操作表示当按钮按下时,与其关联的位变量将被置为"1"。

图 8-21 组态按钮的"系统函数"设置

单击图 8-22 的右侧表中第 2 行,在出现的方框中单击右侧的按钮...,弹出 HMI 中的默认变量表,如图 8-23 所示。双击表中的变量"HMI 起动",或选中变量后单击"确认"按钮☑,选择好的变量如图 8-24 所示。在 HMI 运行时,按下该按钮,将变量"HMI 起动"置位为 1。

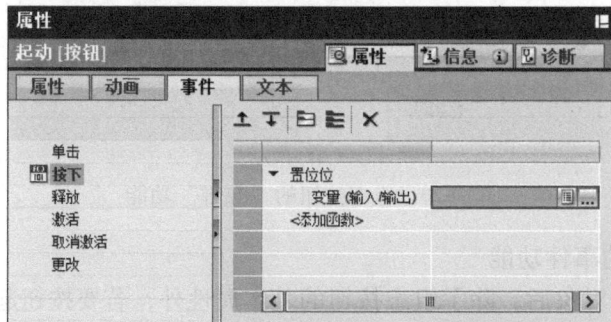

图 8-22 组态按钮"置位位"函数设置

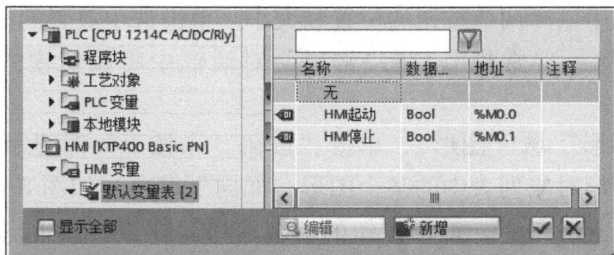

图 8-23　HMI 中默认变量表

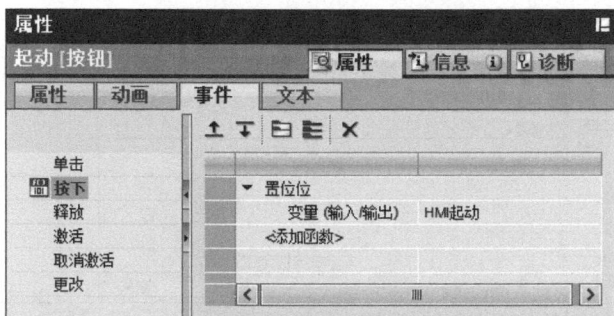

图 8-24　组态按钮的"按下"事件

用同样的方法,选中巡视窗口的"属性"→"事件"→"释放",组态按钮的释放事件,与按下事件组态的区别是选中"复位位",如图 8-25 所示。在 HMI 运行时,按下该按钮,将变量"HMI 起动"复位为 0。

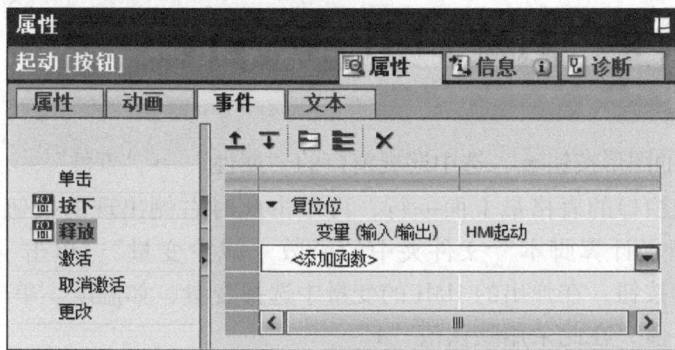

图 8-25　组态按钮的"释放"事件

通过以上操作"起动"按钮的"事件"功能已组态完成,用类似操作组态"停止"按钮的"事件"功能,与"起动"按钮组态的区别是选择不同的位变量,其他操作相同。

码 8-4　文本按钮的组态

8.2.2　图形按钮

1. 生成图形按钮

在 HMI 画面中有时为了更加形象地表示按钮的作用,常常将按钮组态为图形样式。可通过图形按钮增减某个变量的值,单击一次将该变量的值增加或减少 1。将工具箱的"按钮"对象拖拽到画面工作区，用鼠标调节按钮的位置和大小。单击选中放置的按钮，选择巡视窗口中的"属性"→"属性"→"常规"，在"常规"对话框中将按钮模式设置为"图形"，如图 8-26 所示。

用单选框选中"图形"域"图形"，单击"按钮'未按下'时显示的图形"选择框右侧按钮，选中出现的图形对象列表中的某个图形，如向下箭头，如图 8-26 所示。列表的右侧是选中图形的预览。单击按钮，返回按钮的巡视窗口。在该按钮上出现一个向下的三角形箭头图形。如果未激活"按钮'按下'时显示的图形"复选框，按钮"按下"时与"未按下"时显示的图形相同。

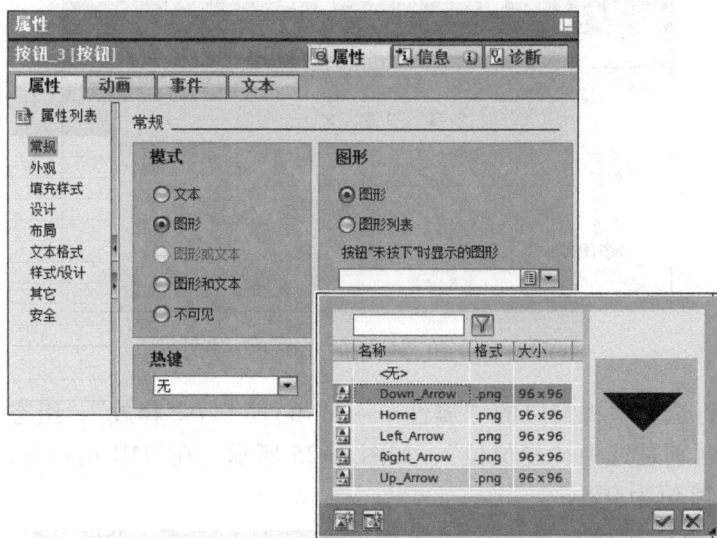

图 8-26 图形按钮的"常规"属性组态

2. 组态图形按钮

单击选中画面中的图形按钮，选中巡视窗口的"属性"→"事件"→"单击"，如图 8-27 所示。单击视图右边窗口的表格最上面一行，再单击此时右侧出现的按钮，在出现的"系统函数"列表中选择"计算脚本"文件夹中的函数"减少变量"。单击下面的"变量"行，再单击它右侧出现的按钮，在弹出的 HMI 的变量中选择变量，如温度。单击下面的"值"行，将默认值更改为需要值，在此采用默认值"1"。

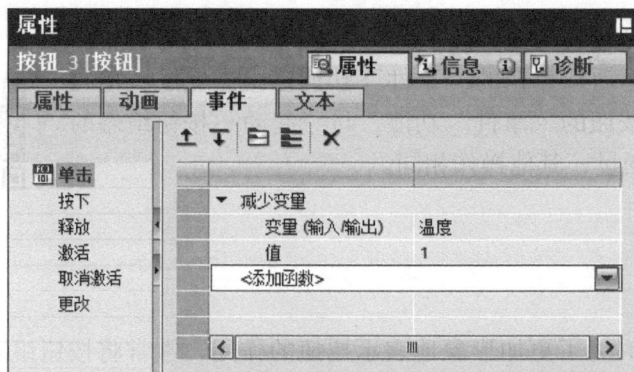

图 8-27 图形按钮的"事件"功能组态

用上述类似方法，生成一个向上的三角形箭头图形按钮，或选中向下的三角形图形按钮再复制一个，然后将其图形更改为向上的三角形箭头。将"系统函数"更改为"增加变量"，每按一次增加值设置为"1"。

读者可通过启动"使用变量仿真器"进行仿真，观察每按一次向上或向下的三角形图形按钮，温度值是否增加或减少数值 1。

可以使用图形按钮来设置某个变量的值。使用上述方法，组态一个图形按钮，当单击该按钮时，对某一个变量进行赋值，如 0（清零或复位）、100（恢复初始值）等。在组态事件时，在"系统函数"列表中选择"计算脚本"文件夹中的函数"设置变量"，在"值"行设置为某一个数值。

也可以使用图形按钮来更改 HMI 的显示亮度。在图形按钮组态事件时，在"系统函数"列表中选择"系统"文件夹中的函数"设置亮度"，在"值"行设置一个整数值，如 80，表示单击该按钮时 HMI 的亮度值为 80%。注意：设置 HMI 的亮度不能通过仿真来实现亮度调节。

码 8-5　图形按钮的组态

8.3　开关的组态

8.3.1　文本切换开关

将工具箱"元素"窗格中的"开关"对象拖拽到某个画面中，通过鼠标拖拽到合适位置及大小，如图 8-28 所示。它的外形和按钮相似，开关上右侧显示的默认文本为 OFF，当开关动作后，开关上左侧显示的默认文本是 ON。

单击选中画面中的开关，选中巡视窗口的"属性"→"属性"→"常规"，在"常规"对话框"模式"设置为"通过文本切换"，如图 8-29 所示。将"过程"域中所连接的"变量"设置为 PLC 中的变量，如"文本开关变量 0"（M4.2）。在"文本"域中可以更改开关"ON"状态和"OFF"状态所对应的文字标识。在此，将"ON"状态默认文本更改为"起动"，"OFF"状态默认文本更改为"停止"。使用提示性标识文本不容易因误操作而引起事故。

图 8-28　开关画面

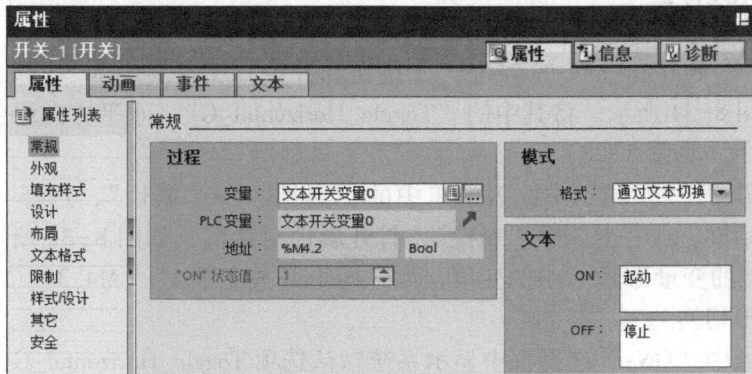

图 8-29　文本开关的"常规"属性组态

注意：开关的组态，不需要用户组态在发生"单击"事件时所执行的系统函数。

选中巡视窗口的"属性"→"属性"→"布局"，在"布局"对话框中可以设置开关的"位置和大小""文本边距"等属性，如图 8-30 所示。

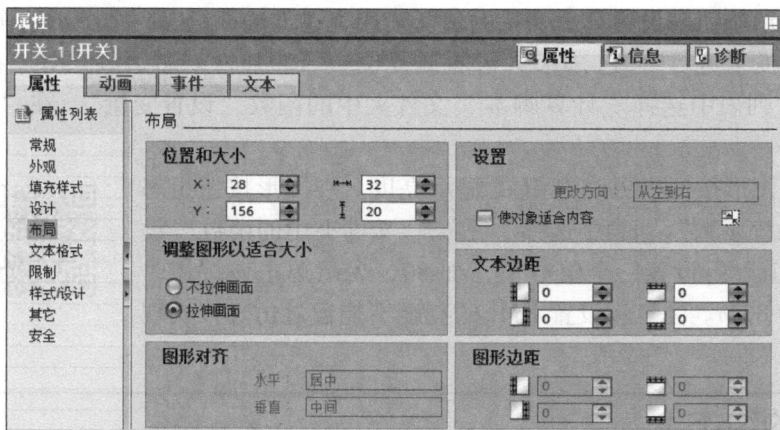

图 8-30　图形按钮的"布局"属性组态

可以参考前述的按钮的属性组态操作，对开关的"外观""填充样式""设计""文本格式""安全"等属性进行组态。

启动变量仿真器，开关上面显示的文本是"停止"，开关所对应的变量是"0"状态。当第一次单击开关时，开关所对应的变量是"1"状态，显示的文本是"起动"。每单击一次开关，开关上面的文本在"起动"和"停止"之间切换，变量"文本开关变量 0"（M4.2）也在"1"状态和"0"状态之间切换。

文本切换的开关，其外形和文本按钮外形相同，操作后的状态和"文本列表按钮"操作后状态相同。如果在"常规"属性中将模式设置为"开关"，则显示的样式同图 8-28 中左边的开关一样（可以在"常规"对话框中将"ON"和"OFF"状态对应的标签进行更改）。建议读者使用"开关"模式的开关，否则容易与"按钮"混淆。

码 8-6　文本开关的组态

8.3.2　图形切换开关

打开全局库中"Buttons-and-Switches"（按钮和开关）文件夹中的"ToggleSwitches"（切换开关）库，如图 8-31 所示。将其中的"Toggle_Horizontal_G"（水平方向绿色切换开关）拖拽到"根画面"中（见图 8-28）。

选中生成的切换开关，再选中巡视窗口中的"属性"→"属性"，选择"属性"选项卡中的"常规"对话框，或右击选中"属性"，打开属性对话框，如图 8-32 所示。在属性对话框中可以设置连接的变量为 PLC 中的变量，如"图形开关变量 1"（M4.3），组态开关的"模式"为"通过图形切换"。

在"图形"域中"ON："选择框中显示系统默认选项 Toggle_Horizontal_G_On_256c（水平方向绿色切换开关 ON）；在"图形"域中"OFF："选择框中显示系统默认选项 Toggle_Horizontal_G_OFF_256c（水平方向绿色切换开关 OFF），单击"图形"域中"ON："选择框右侧的

图 8-31　全局库

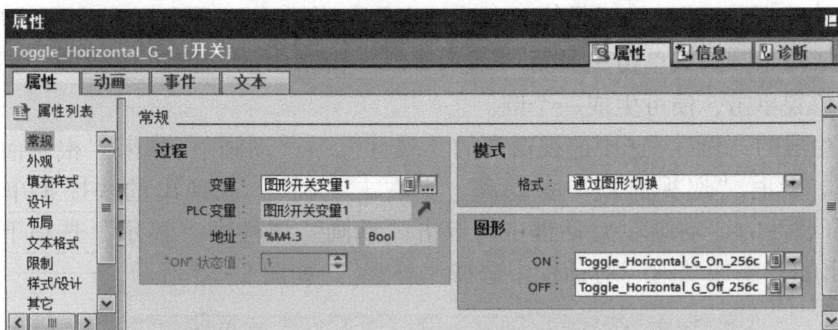

图 8-32　图形切换开关"常规"属性组态

按钮，可以打开图形开关"ON"和"OFF"状态下显示的图形选择框，如图 8-33 所示。

一般情况下图形开关"ON"和"OFF"状态下显示的图形会采用系统默认图形，当然也可以更改为其他图形。单击"图形"域中"ON:"选择框右侧的按钮，出现图形对象列表，如图 8-34 右下角的小图所示。单击左下角的"从文件创建新图形"按钮，在出现的"打开"对话框中打开保存的图形文件"ON 开 . png"，在图形对象列表中将增加该图形对象，同时关闭图形对象列表，则"ON:"选择框出现"ON 开"。

用同样的方法，用"OFF:"选择框导入和选

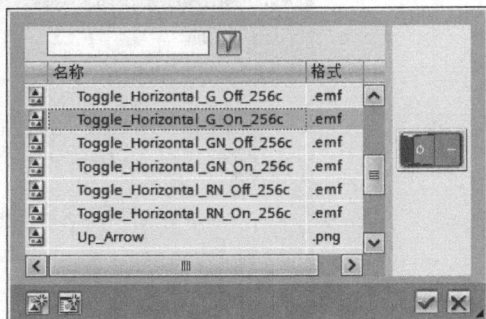

图 8-33　图形开关"ON"和"OFF"状态下
显示的图形选择框

中图形"OFF 关",两个图形分别对应于"图形开关变量 1"的"1"状态和"0"状态。

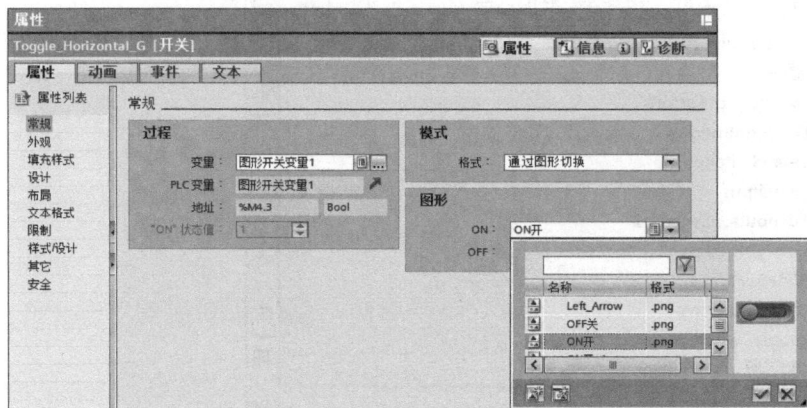

图 8-34　修改图形开关 ON 和 OFF 状态下显示的图形

8.4　指示灯与动画的组态

1. 指示灯的组态

指示灯的组态有两种方法:使用库对象中的指示灯、使用基本对象中的圆,在此介绍后者。

打开项目的"根画面",将工具箱"基本对象"窗格中的"圆"拖拽到画面中适合位置,松开鼠标后生成一个圆。或单击工具箱"基本对象"窗格中的"圆"按钮 ●,然后将光标移到画面的适合位置单击,便可生成一个圆。

单击选中生成的"圆",选中巡视窗口的"属性"→"动画"。如果"根画面"处于"浮动"窗口状态,此时"巡视窗口"被隐藏,则右击"圆",在弹出的快捷菜单中选择"动画",便可打开属性的"动画"对话框中。双击"动画"属性中"显示"选项下的"添加新动画",在弹出的"添加动画"对话框中选择"外观",如图 8-35 所示。

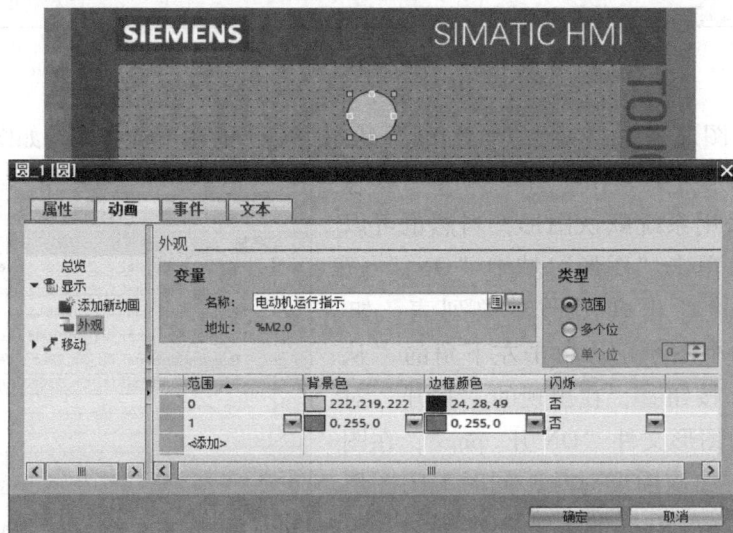

图 8-35　组态圆对象(指示灯)动画属性

将外观关联的变量名称设置为"电动机运行指示",地址 M2.0 自动添加到地址栏(事先在 HMI 的变量表中已生成这个变量)。将"类型"选择为"范围",组态颜色如下:"0"状态的"背景色"和"边框颜色"采用默认颜色,"1"状态的"背景色"和"边框颜色"均选择为绿色(用于运行状态的指示灯组态时一般都采用绿色)。

2. 动画的组态

工业控制系统中常常在 HMI 中组态一些动画,用来反映生产过程中某些机械结构或元件执行动作的情况。

博途软件有非常强大的动画功能,几乎可以对每个画面对象设置各种动画功能。下面通过一个小车运动的示意图来介绍动画的组态过程,如图 8-36 所示。

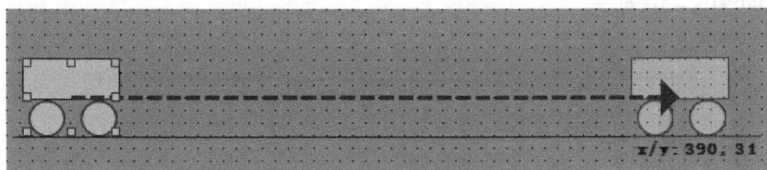

图 8-36　小车的动画组态示例

(1)生成小车动画对象

打开项目"根画面",将工具箱"基本对象"窗格中的"圆"拖拽到画面的适合位置,松开鼠标后生成一个圆(小车左轮),通过复制的方法再生成一个圆(小车右轮)。通过选中左轮和右轮使它们水平对齐。其对齐的方法:选中左轮,在其"属性"的"布局"窗口中设置 Y 轴坐标,如 100;选中右轮,在其"属性"的"布局"窗口中设置 Y 轴坐标,也为"100",因两个轮子的 Y 轴坐标相同,故它们在同一水平线上;或通过鼠标同时选中两个轮子进行拖拽(或按住计算机键盘上的〈Shift〉键,用鼠标分别单击两个轮子,两个轮子被选中),单击画面窗口中工具栏中图形对象对齐按钮▮右边的箭头▾,打开图 8-37 所示的对齐选项窗口,在此选择底部对齐方式(或执行菜单命令"编辑"→"对齐"→"底部")。图 8-37 中从左到右、从上到下的对齐方式分别为:垂直对齐、底部对齐、居中对齐、水平对齐(中心距对齐)、左侧对齐、右侧对齐、顶部对齐、在画面中垂直居中、在画面中水平居中。

如果小车右轮不是通过复制而生成,为了使两个轮子一样大小,可通过"属性"的"布局"窗口中设置它们为相同半径。或者同时选中两个轮子,单击画面窗口中工具栏中图形对象大小按钮▮右边的箭头▾,打开图 8-38 所示的图形大小选项窗口,在此选择等宽等高设置方式。图 8-38 中从左到右按钮分别表示为:将选中对象设置为等宽、等高、相同宽度和高度。

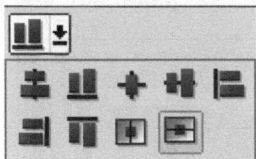

图 8-37　图形对象对齐选项窗口　　图 8-38　图形对象等宽等高选项窗口

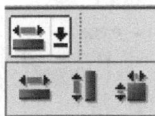

将工具箱"基本对象"窗格中的"矩形"拖拽到画面的适合位置,松开鼠标后生成一个矩形,通过鼠标拖拽方式拉出一个尺寸适合的矩形,并放置在两个小车轮子的上方,然后同时

选中它们,用菜单命令"编辑"→"组合"→"组合",将它们组合成一个整体,到此小车动画对象已生成。

单击工具箱"基本对象"窗格中的"线",将十字光标移到画面中小车的底部后按住左键向右拖出一条直线后松开左键,此直线模拟小车滚动的地面(见图 8-36)。

(2)小车动画的组态

单击选中组合的图形(小车),选择巡视窗口的"属性"→"动画"→"移动",打开"移动"对话框如图 8-39 所示。单击其中的"添加新动画",双击出现的"添加动画"对话框中的"水平移动"。选中左边窗口生成的"水平移动",设置控制移动的变量(为内部变量时,可以使用变量仿真器通过改变所关联变量中的数据来观察动画效果;为外部变量时,需要PLC 运行程序方能观察到动画效果),在此设置为内部变量"水平移动",其数据类型为 UInt(无符号整数),如图 8-40 所示。

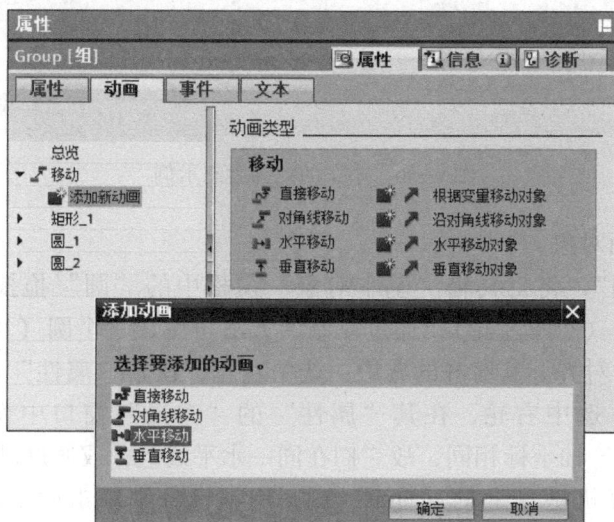

图 8-39 "添加动画"对话框

组态好动画后,画面中出现两个小车(见图 8-36),深色的小车表示运动的起始位置,浅色的小车表示小车运动的目标位置,蓝色虚线箭头指出小车运动的方向。用鼠标左键拖动深色小车,浅色小车跟随它移动。一般通过鼠标拖拽的方法改变画面中小车的起始位置,也可以通过在图 8-40 中指定 X 轴和 Y 轴的值来确定小车运动的起始位置和目标位置。

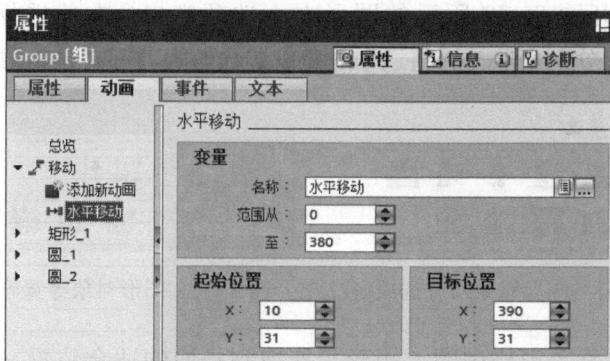

图 8-40 小车"动画"属性组态

移动动画功能包括直接移动、对角线移动、水平移动和垂直移动。对某个对象设置了某种移动方式后，就不能再设置其他的移动方式。后三种移动的介绍如下。

- 直接移动是从 X 轴和 Y 轴的起始位置，根据 X 轴和 Y 轴的实时偏移量（相应变量寄存器中的数值）而移动。
- 垂直移动是从设定的起始位置向目标位置移动，X 轴坐标不变，根据变量中的数据而移动。
- 对角线移动是从设定的起始位置向目标位置移动，根据变量中的数据而移动。

8.5　案例 18：电动机的点动和连动复合运行控制

8.5.1　目的

1）掌握按钮的组态。
2）掌握开关的组态。
3）掌握指示灯的组态。

8.5.2　任务

使用 S7-300 PLC 和精简系列面板 HMI 实现电动机的点动和连动复合运行控制。控制要求：通过设置在 HMI 界面中的"开关"实现电动机的点动或连续运行工作模式的切换，若处在"点动"工作模式下，按下 HMI 界面中"起动"按钮，电动机实现点动运行，同时 HMI 界面中的"运行指示灯"以 1Hz 频率闪烁；若处在"连续"工作模式下，按下 HMI 界面中"起动"按钮，电动机实现连续运行，同时 HMI 界面中的"运行指示灯"常亮，按下 HMI 界面中"停止"按钮，电动机立即停止运行。同时，在电动机连续运行时，若切换"开关"状态，"开关"状态不会发生变化，只有在电动机停止运行后方能切换"开关"状态。

8.5.3　步骤

1. I/O 端口的连接

本案例通过以太网网线将 CPU 与 HMI 相连接，CPU 的 Q0.0 端口连接一个直流 24 V 的交流接触器，因 I/O 端口的连接比较简单，在此省略。

2. 创建项目与硬件组态

创建一个名称为"M_dian_lian"的项目，添加一个 CPU 314C-2 PN/DP 模块和 KTP 400 的 HMI（订货号与实际使用的设备一致）。在此，两设备均使用默认的 IP 地址，分别为 192.168.0.1 和 192.168.0.2，或更改为读者所使用设备的 IP 地址。在 CPU 的属性对话框中，启用时钟存储器，其地址为 MB0。

添加 PLC 和 HMI 设备后，双击"项目树"中的"设备和网络"，打开网络视图，单击网络视图左上角的"连接"按钮，采用默认的"HMI 连接"，同时 PLC 和 HMI 会变成浅绿色。然后单击 PLC 中的以太网接口（绿色小方框），按住鼠标左键，移动鼠标，拖出一条浅色的直线。将它拖到 HMI 的以太网接口，松开鼠标左键，生成"HMI_连接_1"的网络线。

组态好上述硬件及网络接连后，分别单击项目窗口工具栏上的编译按钮对硬件及网络组态进行编译。

3. 生成 PLC 及 HMI 变量

双击"项目树"文件夹"PLC_1 \ PLC 变量"文件夹中的"默认变量表"，打开 PLC 的默认变量表，并生成以下变量：点连复合开关、起动按钮、停止按钮、运行指示灯、电动机，数据类型均为"Bool"（布尔型），地址分别为 M2.0、M2.1、M2.2、M2.3、Q0.0。

双击"项目树"文件夹"HMI_1 \ HMI 变量"中的"默认变量表 [0]"，打开变量编辑器。单击变量表的"连接"列单元中被隐藏的按钮▣，选择"HMI_连接_1"（HMI 设备与 PLC 的连接），并生成以下变量：点连复合开关、起动按钮、停止按钮、电动机、运行指示灯，如图 8-41 所示。其他变量采集周期为 500 ms，运行指示灯为 100 ms，变量生成好后单击默认变量表窗口右上角的"保存窗口设置"按钮▤，保存所生成的变量。

图 8-41 HMI 中变量

4. 组态 HMI 画面

在此项目中，只需要组态一个 HMI 画面。双击"项目树"文件夹"HMI_1 \ 画面"中的"根画面"，打开"根画面"组态窗口。

（1）组态项目名称

单击并按住工具箱基本对象中的"文本域"按钮 A，将其拖至"根画面"组态窗口的正中间，然后松开鼠标，生成默认名称为"Text"的文本，然后双击文本"Text"将其更改为"电动机点连复合运行控制"。选择巡视窗口的"属性"→"属性"→"文本格式"，在"文本格式"对话框中将其字号改为 23 号、粗体，如图 8-42 所示。其他属性请读者自行设置，在此采用默认色。

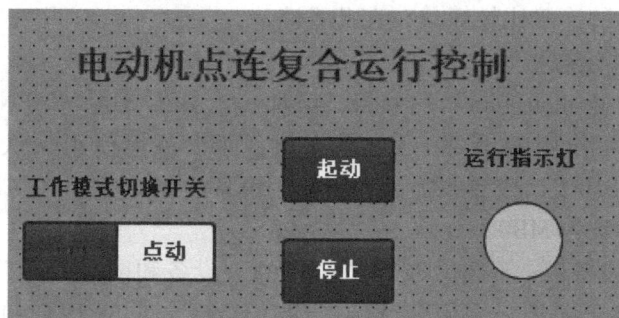

图 8-42 HMI 组态界面

（2）组态切换开关

在此项目中，点连复合工作模式切换开关采用文本开关。将工具箱"元素"窗格中的"开关"对象通过鼠标拖拽到适合位置并确定合适的大小（见图 8-42）。单击画面中生成的开关，选择巡视窗口的"属性"→"属性"→"常规"，在"常规"对话框中设置"模式"为"通过文本切换"。将"过程"域中所连接的"变量"设置为 PLC 中变量（M2.0）。在"标签"域中更改开关"ON"状态和"OFF"状态所对应的文字标识分别为"连续"和"点动"。

在"切换开关"正上方，组态一个文本域，文本为"工作模式切换开关"。

（3）组态按钮

在此项目中，按钮采用文本按钮。将工具箱"元素"空格中的"按钮"拖拽到画面工作区中，通过鼠标拖拽到适合位置及大小（见图 8-42）。

单击选中生成的按钮，选择巡视窗口的"属性→属性→常规"，在"常规"对话框中勾选"模式"和"标签"域的"文本"，在"按钮'未按下'时显示的图形"栏中输入"起动"。

单击画面中的"起动"按钮，选择巡视窗口的"属性"→"事件"→"按下"，在"按下"对话框中单击视图右边窗口的表格中最上面一行，再单击它右侧出现的按钮▼，在出现的"系统函数"列表中选择"编辑位"文件夹中的函数"置位位"；直接单击表中第 2 行右侧隐藏按钮▦，选中 PLC 变量表，双击该表中的变量"起动按钮"，即将"起动"按钮与地址 M2.1 相关联。

选择巡视窗口的"属性"→"事件"→"释放"，在"释放"对话框中单击视图右边窗口表格最上面一行，再单击它右侧出现的按钮▼，在出现的"系统函数"列表中选择"编辑位"文件夹中的函数"复位位"；直接单击表中第 2 行右侧隐藏的按钮▦，选中 PLC 变量表，双击该表中的变量"停止按钮"。用"起动"按钮组态同样的方法，生成和组态"停止"按钮，在此不再赘述。

（4）组态运行指示灯

在此项目中，运行指示灯采用基本对象中"圆"来模拟指示灯。将工具箱"基本对象"窗格中的"圆"拖拽到画面中的适合位置，松开鼠标后生成一个圆；或者单击工具箱"基本对象"窗格中的"圆"按钮●，然后将鼠标移到画面中的适合位置单击，便可生成一个圆。通过鼠标将圆拖拽到适合位置及大小（见图 8-42）。

单击选中生成的"圆"，选择巡视窗口的"属性"→"动画"→"显示"，在"显示"对话框中。单击"显示"文件夹下"添加新动画"，选择"外观"，将外观关联的变量名称组态为"运行指示灯"，地址 M2.3 自动添加到地址栏。将"类型"选择为"范围"，组态颜色如下："0"状态的"背景色"和"边框颜色"采用默认颜色，"1"状态的"背景色"和"边框颜色"均选择为"绿色"。

以上切换开关、按钮及运行指示灯的组态可参照 8.2、8.3 和 8.4 节。画面组态好后，别忘记编译和保存。

5. 编写程序

本案例控制程序如图 8-43 所示。

本案例比较简单，请读者自行下载到 PLC 和 HMI 调试，或先使用 S7-PLCSMI 和 HMI 仿真调试。

程序段 1：电动机"点动"模式运行控制

```
    %M2.0        %M2.1                        %M3.0
 ───┤/├──────────┤├──────────────────────────( )───
```

程序段 2：电动机"点动连续"模式运行控制

```
    %M2.0        %M2.1        %M2.2           %M3.1
 ───┤├───────────┤├───────────┤/├────────────( )───
    %M3.1                                      %M2.0
 ───┤├──────────────────────────────────────(S)───
```

程序段 3：切换开关只有在电动机停止运行后方可切换开关模式

```
    %M2.0                                      %M2.0
 ───┤N├──────────────────────────────────────(R)───
    %M3.5
```

程序段 4：电动机运行

```
    %M3.0                                      %Q0.0
 ───┤├───────────┬────────────────────────────( )───
    %M3.1        │
 ───┤├──────────┘
```

程序段 5：电动机运行状态指示

```
    %M3.0        %M0.5                         %M2.3
 ───┤├───────────┤├──────┬─────────────────────( )───
    %M3.1               │
 ───┤├─────────────────┘
```

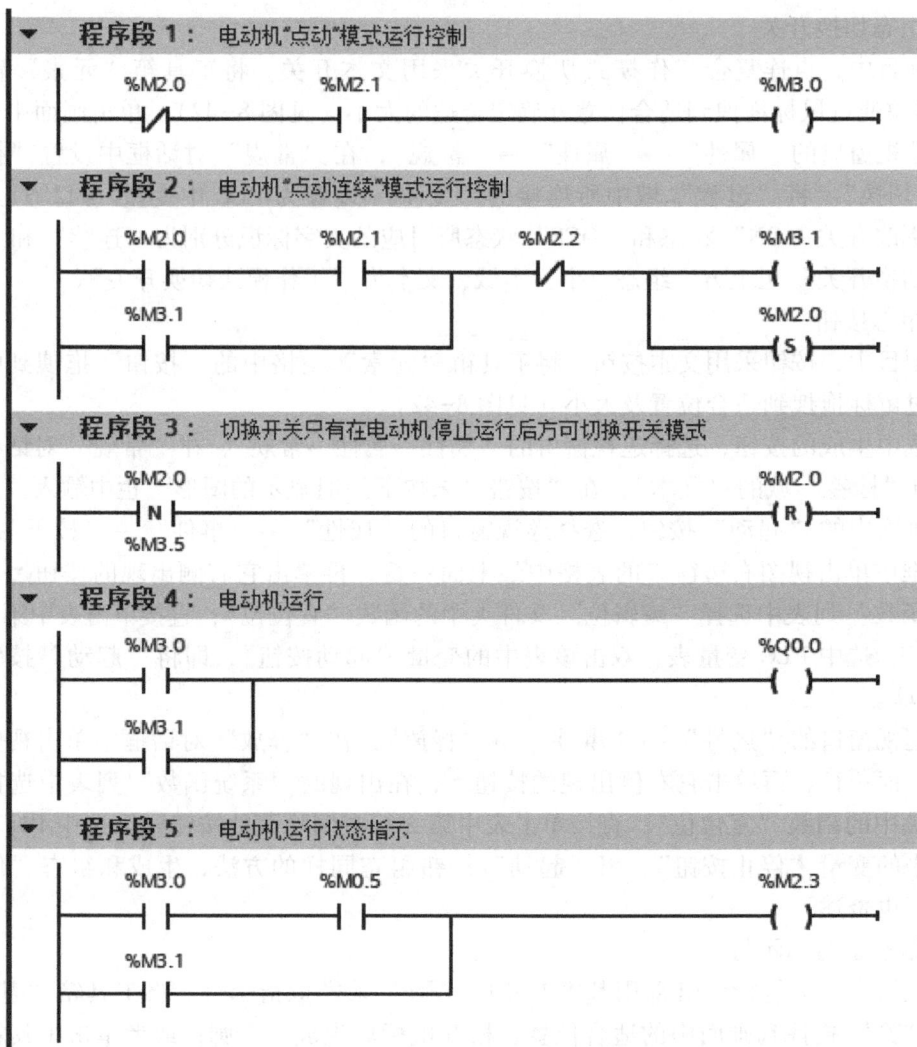

图 8-43　电动机点连复位控制程序

8.5.4　训练

1）训练1：使用图形开关实现本案例任务。

2）训练2：分别使用点动按钮和连续运行按钮实现本案例任务。

3）训练3：用单按钮及切换开关实现本案例功能：在"点动"模式下，按下运行按钮，电动机点动运行；在"连续"模式下，首次按下运行按钮，电动机起动并运行，再次按下运行按钮，电动机停止运行。

8.6　域的组态

8.6.1　I/O 域

在 HMI 中 I/O 域用作过程数据的输入和输出窗口，I 是输入（Input）的缩写，O 是输出

（Output）的缩写。输入域和输出域统称为 I/O 域。

I/O 域共有三个类型，分别为输入域、输出域、输入/输出域。输入域用于操作员输入要传送到 PLC 中的数字、字母或符号，将输入的数值保存到指定的变量中；输出域只能显示过程变量的实时数值；输入/输出域同时具有输入和输出功能，操作员可以用它来修改变量的数值，并将修改后的数值显示出来。

1. I/O 域的组态

将工具箱"元素"窗格中的"I/O 域"对象拖拽到画面中，通过鼠标拖拽调整其大小和位置，然后通过复制方式再复制两个 I/O 域，如图 8-44 所示。

图 8-44　I/O 域画面

单击图 8-44 中最左边的 I/O 域，选择巡视窗口的"属性"→"属性"→"常规"，在"常规"对话框中"类型"域的"模式"设置为"输入"；在"格式"域设置"显示格式"为"十进制"，"格式样式"为"999999（因为输入域关联的变量类型是整数，因此组态'移动小数点'，即小数部分的位数为0）"，将"过程"域中"变量"关联为"I/O 域变量"，如图 8-45 所示。

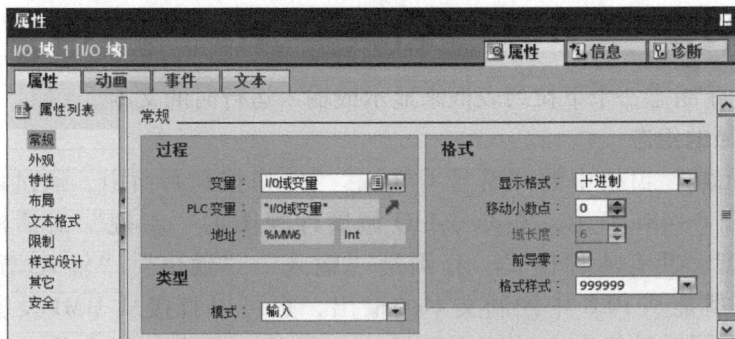

图 8-45　输入域的"常规"属性组态

按上述组态图 8-44 中最左边 I/O 域的方法，分别将第二个和第三个 I/O 域的"模式"均设置为"输出"和"输入/输出"；在"格式"域均设置"显示格式"为"十进制"，"格式样式"为"999999"，将"过程"域中"变量"也均关联为"I/O 域变量"。将"对齐"域的"水平"方向设置为"居中"。将第二个 I/O 域的"移动小数点"设置为1（见图 8-44，输出域显示 4 位整数和 1 位小数，小数点也要占一个字符的位置）。"格式样式"若设置为s999999，则此 I/O 域可以输入或输出有符号的数值（s 表示有符号的数）。

2. I/O 域的仿真

启动 WinCC 的"使用变量仿真器"功能，在出现的仿真界面中，第一个输入域显示 0，第二个输出域显示 0.0，第三个输入/输出域显示 0。

单击第一个输入域，弹出输入软键盘，用计算机键盘或用鼠标左键单击软键盘中的数字，输入整数 20103，如图 8-46 所示。然后按下〈回车〉键或软键盘上的"回车"按钮↵，使输入的数字有效，并退出软键盘。第一个输入域显示 20103，第二个输出域显示 2010.3，第三个输入/输出域显示 20103，如图 8-47 所示。

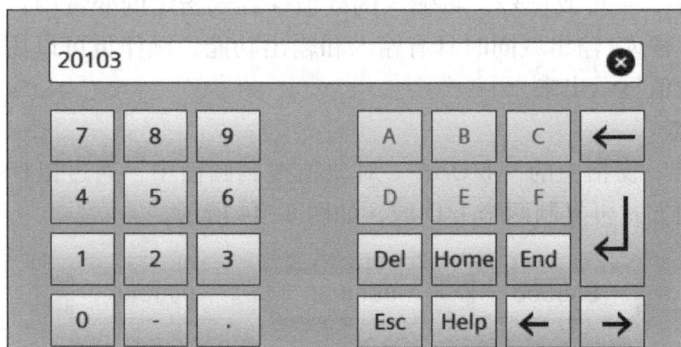

图 8-46 仿真系统中的输入软键盘

图 8-47 输入整数 20103 时三个 I/O 域的显示

码 8-9 I/O 域的组态

8.6.2 符号 I/O 域

符号 I/O 域用于组态一个下拉列表框来显示或输入运行时的文本。

1. 符号 I/O 域的组态

将工具箱"元素"窗格中的"符号 I/O 域" Ⅲ▾ 拖拽到画面中，通过鼠标拖拽调整其大小和位置，如图 8-48a 所示。在符号 I/O 域属性视图的"常规"对话框中，可以选择符号 I/O 域的类型，共有 4 种模式，分别是"输入""输出""输入/输出"和"双状态"。通过选择，既能从 PLC 中控制文本的输出，也可以直接从 HMI 设备面板中进行文本的输入，还可以同时进行文本的输入和输出。另外，还支持两个状态的显示模式。在这 4 种模式中，"输出"模式和"双状态"模式不支持下拉列表操作。该下拉列表中还可设置其可见项目数。

此外，如果将符号 I/O 域的"模式"设置为"输入""输出"和"输入/输出"，还需要设置索引过程变量，并选择文本列表，使文本列表与索引过程变量相连接。如果文本列表未定义，可以通过鼠标单击"新建"按钮建立一个文本列表。

单击画面中的符号 I/O 域，选择巡视窗口的"属性"→"属性"→"常规"，在"常规"对话框中将"过程"域中的"变量"选择为"符号 I/O 域变量"（预先已定义），其地址和数据类型会自动添加到"过程"域中；将"模式"域设置为"输入"，如图 8-48b 所示；单击"内容"域"文本列表"选项后面的按钮 ⋯，打开文本列表选择对话框，如图 8-49 所示。选择"文本列表_1"，如果没有预先定义好，可以单击图 8-49 中的"添加新列表"按钮新建一个文本列表。

a)

b)

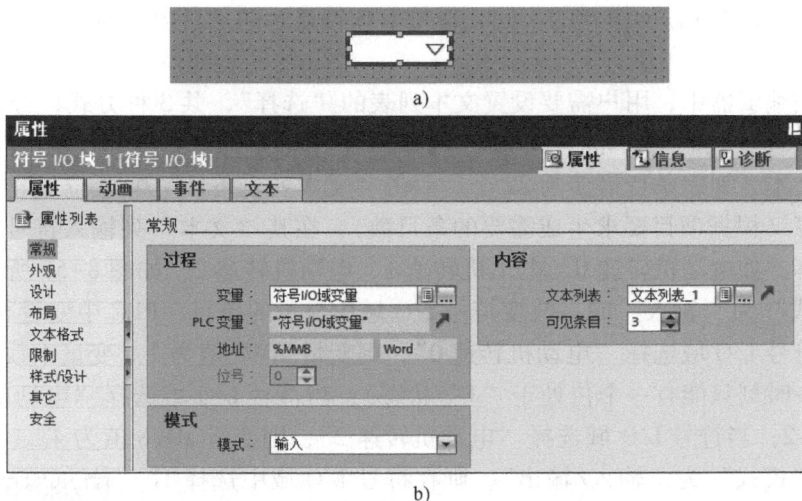

图 8-48　符号 I/O 域的"常规"属性组态

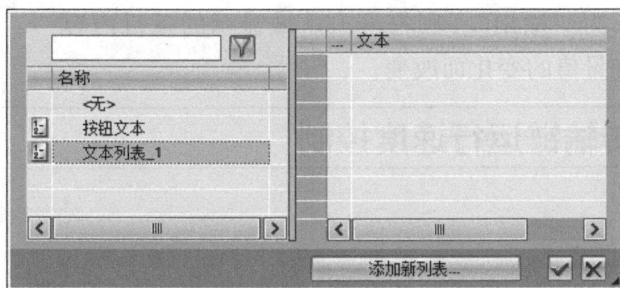

图 8-49　"文本列表"对话框

2. 文本列表的组态

为了显示或输入不同的文本，还需要组态"文本列表"。在文本列表中，将索引过程变量的值分配给各个文本。由此可以确定符号 I/O 域所输入/输出的文本。

双击"项目树"中"文本和图形列表"，打开"文本和图形列表"编辑器，如图 8-50 所示。

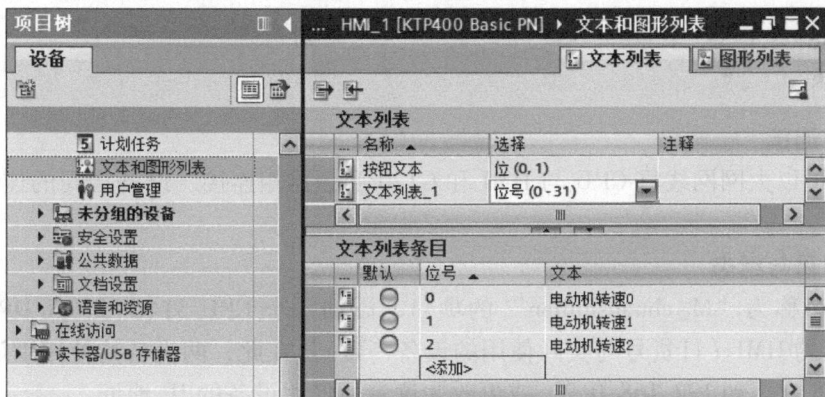

图 8-50　文本列表的组态

当系统运行时，"组态"模式的不同，符号 I/O 符显示的条目内容与 PLC 中相关变量变化的情况如下。

在文本列表编辑器中，用户需要设置文本列表的"选择"，共 3 种方式，分别是"位（0，1）""位号（0-31）"和"值/范围"。在此选择"位号（0-31）"，可将索引过程变量的每个位分配不同的文本，列表条目最多为 32 个。双击"文本列表条目"中"位号"列，自动生成位号 0、1、2 等（根据项目要求生成需要的条目数），在其"文本"列输入符号 I/O 域中各个条目显示的文本，如电动机转速 0、电动机转速 1、电动机转速 2，如图 8-50 所示。

组态"模式"为"输入"时，改变符号 I/O 域中显示的条目，PLC 中变量 MW8 值会随之而改变，即当符号 I/O 域选择"电动机转速 0"，则变量 MW8 值为 1（变量中数值的大小与位号有关系，每一时刻只能有一个位处于"1"状态）；当符号 I/O 域选择"电动机转速 1"，则变量 MW8 值为 2；当符号 I/O 域选择"电动机转速 2"，则变量 MW8 值为 4。

如果组态"模式"为"输入/输出"，则在符号 I/O 域中选择不同的条目文本，PLC 中的变量值随之改变，反之，若 PLC 中变量的值变化，则符号 I/O 域中也随之显示不同的条目文本。

码 8-10　符号 I/O 域的组态

如果组态"模式"为"输出"，则符号 I/O 域显示的条目内容只能随着 PLC 中相关变量值的变化而改变。

8.7　案例 19：传输链运行速度控制

8.7.1　目的

1）掌握 I/O 域的组态。

2）掌握符号 I/O 域的组态。

8.7.2　任务

使用 S7-300 PLC 和精简系列面板 HMI 实现传输链运行速度控制。控制要求：按下 HMI 界面的起停按钮，通过变频器驱动的电动机驱动传输链运行，其运行速度受 HMI 上 I/O 域中设定值控制。本案例要求使用 G120 变频器，并且通过 PROFINET 网络与 S7-300 PLC 进行数据通信。

8.7.3　步骤

1. 设备的连接

本案例通过以太网网线将 CPU 与 HMI 和 G120 变频器相连接，设备之间的连接比较简单，在此省略。

2. 创建项目与组态

创建一个名称为"M_chuanshulian"的项目，添加一个 CPU 314C-2 PN/DP 模块、一个 KTP 400 Basic 的 HMI（订货号与实际使用的设备一致）。在此，两设备均使用默认的 IP 地址，分别为 192.168.0.1 和 192.168.0.2，或更改为读者所使用设备的 IP 地址。

添加 PLC 和 HMI 设备后，双击"项目树"中的"设备和网络"，打开网络视图，单击网络视图左上角的"连接"按钮，采用默认的"HMI 连接"，同时 PLC 和 HMI 会变成浅绿色。

然后单击 PLC 中的以太网接口（绿色小方框），按住鼠标左键，移动鼠标，拖出一条浅色的直线。将它拖到 HMI 的以太网接口，松开鼠标左键，生成"HMI_连接_1"的网络线。

请读者参考 7.6.3 节，添加 G120 变频器和相应报文，以及与 PLC 的以太网连接。

组态好上述硬件及网络接连后，分别单击项目窗口工具栏上"编译"按钮对硬件及网络组态进行编译。

3. 生成 PLC 及 HMI 变量

在 PLC 和 HMI 中均生成以下变量：起动按钮（M2.0）、停止按钮（M2.1）、运行指示灯（M3.0）、速度设置值（MW4）。

4. 组态 HMI 画面

在此项目中，只需要组态一个 HMI 画面。双击"项目树"文件夹"HMI_1\画面"中的"根画面"，打开"根画面"组态窗口。

在根画面中生成起动按钮、停止按钮、运行指示灯、速度设置值（I/O 域），如图 8-51 所示。

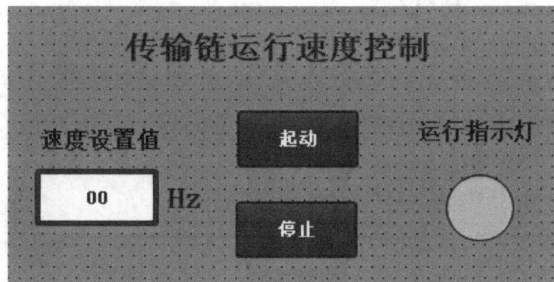

图 8-51　HMI 组态界面

根画面的按钮、运行指示灯及速度设置 I/O 域请读者按本章前几节的内容进行组态（I/O 域的模式为"输入"，"格式样式"为"99"）。画面组态好后，别忘记编译和保存。

5. 参数设置

将变频器宏接口设定为 7，再将实际所使用的电动机额定参数输入便可。

6. 编写程序

本案例控制程序如图 8-52 所示。

本案例比较简单，请读者自行下载调试。

8.7.4　训练

1）训练 1：使用符号 I/O 域实现本案例三段速控制，速度分别为 400 r/min、750 r/min、1200 r/min。

2）训练 2：将本案例中转速范围设置为 20.0 Hz ~ 50.0 Hz 后，实现传输链运行速度的控制。

3）训练 3：设置本案例中电动机的实际运行速度通过一个 I/O 域在 HMI 根画面上显示，实现传输链运行速度的监测。

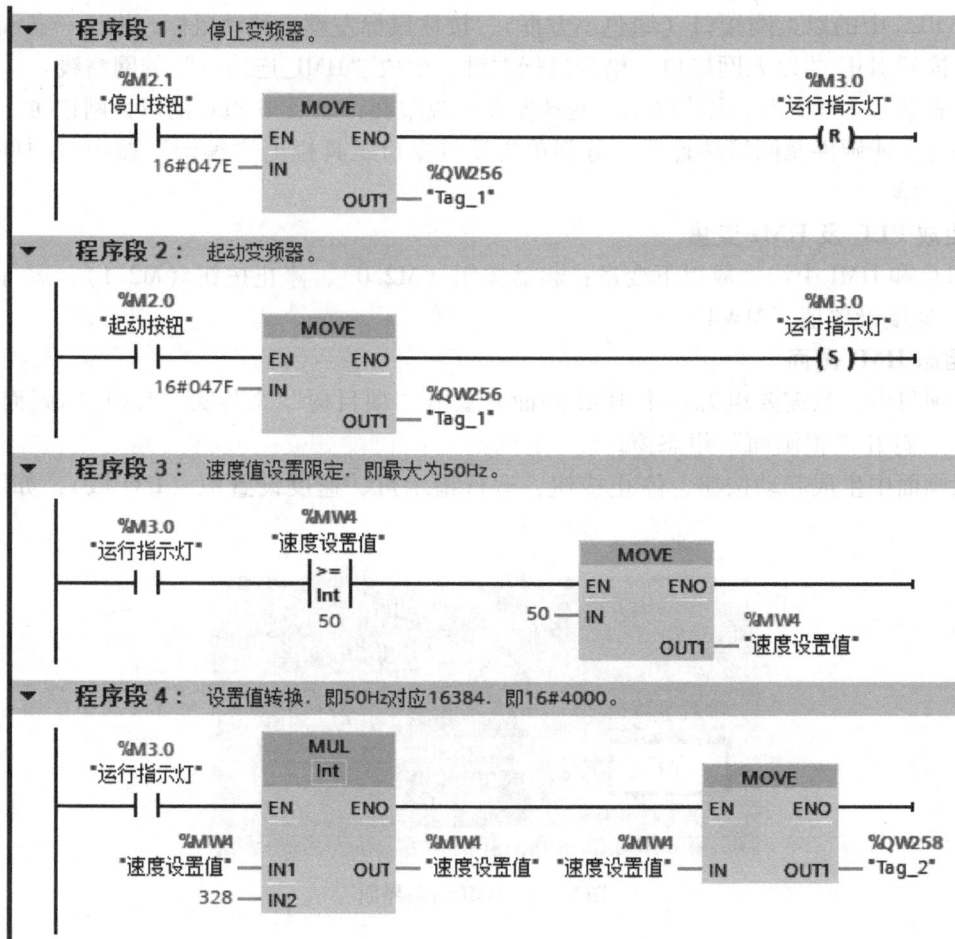

图 8-52　传输链运行速度控制程序

8.8　图形对象的组态

博途软件为用户提供了几种图形输入/输出对象，如滚动条、棒图和量表等，可用于过程数据的输入或输出。以图形作为数据输入或输出方式，更为形象和直观。对于精简系列面板只有棒图对象，没有滚动条和量表对象。在此章节中，HMI 选用精智面板 KTP400 Comfort。

8.8.1　滚动条

滚动条又称为滑块，用于操作人员输入或监控变量的数字值，是一种动态输入或显示对象。操作人员通过改变滚动条中的滑块位置来输入控制变量的过程值。

将工具箱中"元素"窗格中的"滚动条" 拖拽到画面中，用鼠标拖拽调节它的位置和大小，如图 8-53 所示。

单击选中滚动条，选择巡视窗口的"属性"→"属性"→"常规"，在"常规"对话框中可以设置滚动条上"最大刻度值"和"最小刻度值"、"用

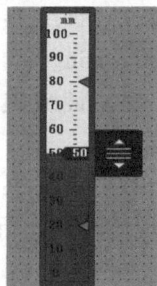

图 8-53　滚动条

于最大值的变量"和"用于最小值的变量"（可以不设置）、"过程变量"等，在此"过程变量"设置为 PLC 变量表中 Int 型变量"液位"。可以在"标签"域中设置滚动条的"标题"（单位），在此设置为"mm"，默认标签为"SIMATIC"，如图 8-54 所示。

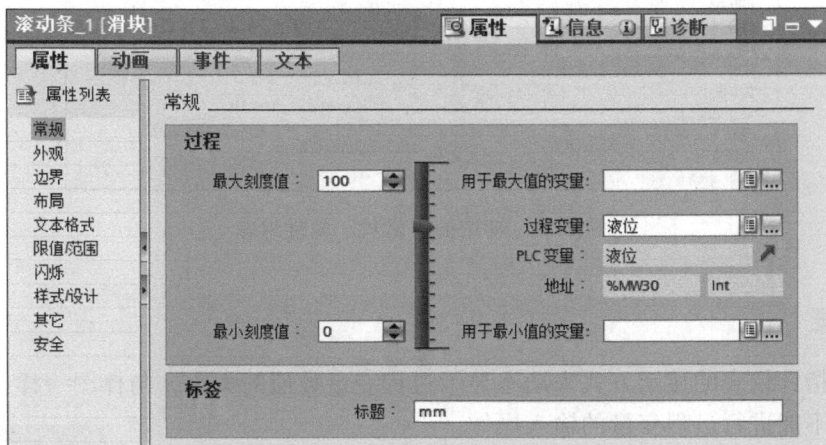

图 8-54　滚动条的"常规"属性组态

8.8.2　棒图

棒图类似于温度计，以带刻度的图形形式动态显示过程变量数值的大小。当前值超出限制值或未达到限制值时，可以通过棒图颜色的变化发出相应的信号。棒图只能用于显示数据，不能对过程变量进行输入操作。

将工具箱中"元素"窗格中的"棒图" ▋拖拽到画面中，通过鼠标拖拽调节它的位置和大小，如图 8-55 所示。

单击选中棒图，选择巡视窗口的"属性"→"属性"→"常规"，在"常规"对话框中可以设置棒图上"最大刻度值"和"最小刻度值"、"用于最大值的变量"和"用于最小值的变量"（可以不设置）、"过程变量"等，在此"过程变量"设置为 PLC 变量表中 Int 型变量"液位"，如图 8-56 所示。

选择巡视窗口的"属性"→"属性"→"外观"，在"外观"对话框中如果没有勾选"含内部棒图的布局"复选框，则"棒图和背景"域中部分功能不能组态。在勾选"含内部棒图的布局"

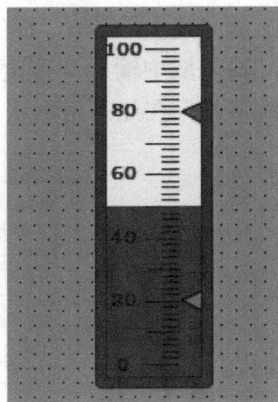

图 8-55　棒图

复选框时，可以组态棒图的"背景色"。"填充颜色"用来设置棒图内部的显示方式，可以选择为"透明"或"实心"。若勾选"限制"域中"线"，则在棒图上分别出现了表示"上限"值和"下限"值的虚线；若勾选"限制"域中"刻度"，则在棒图上分别出现了表示"上限"值和"下限"值的三角形。若勾选"显示变量中的范围"复选框，则在棒图上以不同颜色将棒图分成五段。

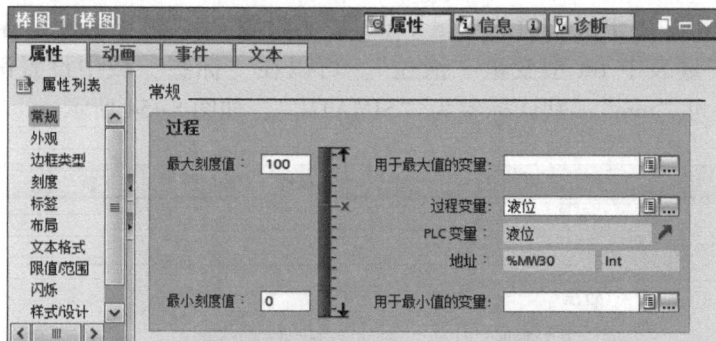

图 8-56 棒图的"常规"属性组态

8.8.3 量表

量表是以指针仪表的显示方式来动态显示过程变量数值的大小,与棒图一样,量表只能用于显示数据,不能进行过程变量的输入操作。

将工具箱中"元素"窗格中的"量表"🕐拖拽到画面中,用鼠标拖拽调节它的位置和大小,如图 8-57 所示。

单击选中量表,选择巡视窗口的"属性"→"属性"→"常规",在"常规"对话框中可以设置量表上的"最大刻度值"和"最小刻度值"、"用于最大值的变量"和"用于最小值的变量"(可以不设置)、"过程变量"等,在此"过程变量"设置为 PLC 变量表中 Int 型变量"速度"。在"标签"域中可以设置量表上的"标题""单位"和"分度数",在"标题"输入域中输入"速度",在"单位"输入域中输入"r/min"。分度数是指两个大刻度之间的数字差,在此采用默认设置 10,如图 8-58 所示。

图 8-57 量表

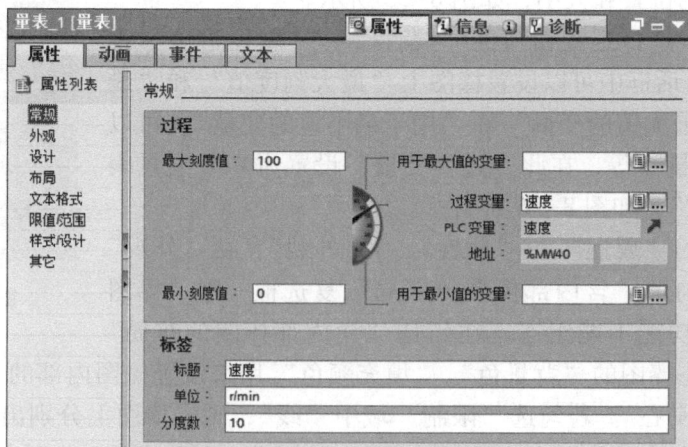

图 8-58 量表的"常规"属性组态

 码 8-11 滚动条的组态

 码 8-12 棒图的组态

 码 8-13 量表的组态

8.9　案例20：电动机速度的在线监控

8.9.1　目的

1）掌握滚动条的组态。
2）掌握棒图的组态。
3）掌握量表的组态

8.9.2　任务

使用 S7-300 PLC 和精简系列面板 HMI 实现电动机速度的在线监控。控制要求：按下 HMI 界面的起停按钮，通过变频器驱动的电动机驱动传输链运行，其运行速度受 HMI 上 I/O 域中设定值控制。本案例要求使用 G120 变频器，并且通过 PROFINET 网络与 S7-300 PLC 进行数据通信。

8.9.3　步骤

1. 设备的连接

本案例通过以太网网线将 CPU 与 HMI 和 G120 变频器相连接，设备之间的连接比较简单，在此省略。

2. 创建项目与组态

创建一个名称为"M_zaixianjiankong"的项目，添加一个 CPU 314C-2 PN/DP 模块、一个 KTP 400 Comfort 的 HMI（订货号与实际使用的设备一致）。在此，两设备均使用默认的 IP 地址，分别为 192.168.0.1 和 192.168.0.2，或更改为读者所使用设备的 IP 地址。

请读者参考 8.7.3 节，完成 PLC、HMI 和 G120 变频器之间的连接和网络组态。

组态好上述硬件及网络接连后，分别单击项目窗口工具栏上"编译"按钮对硬件及网络组态进行编译。

3. 生成 PLC 及 HMI 变量

在 PLC 和 HMI 中均生成以下变量：起动按钮（M2.0）、停止按钮（M2.1）、运行指示灯（M3.0）、速度设置（MW4）、运行速度（MW6）。

4. 组态 HMI 画面

在此项目中，只需要组态一个 HMI 画面。双击"项目树"文件夹"HMI_1＼画面"中的"根画面"，打开"根画面"组态窗口。

在根画面生成起动按钮、停止按钮、运行指示灯、滚动条和量表，如图 8-59 所示。

根画面的按钮、运行指示灯、速度设置（将"过程最大刻度值"更改为"50"，"标题"更改为"单位：Hz"）、运行速度（将"过程最大刻度值"更改为"1500"，"单位"更改为"r/min"，"分度数"更改为"150"）请读者按本章前几节所介绍的内容自行组态。画面组态好后，需要编译和保存。

5. 参数设置

将变频器宏接口设定为 7，再将实际所使用的电动机额定参数输入便可。

6. 编写程序

本案例控制程序如图 8-60 所示。本案例比较简单，请读者自行下载调试。

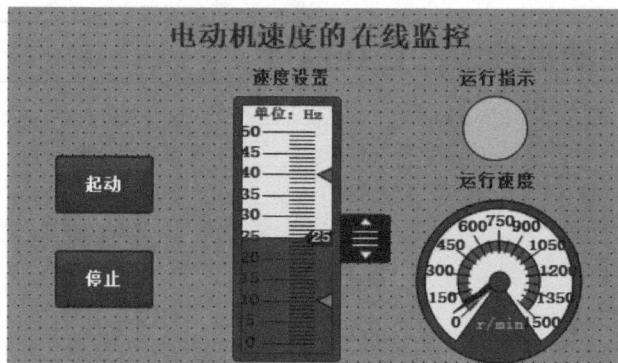

图 8-59　HMI 组态界面

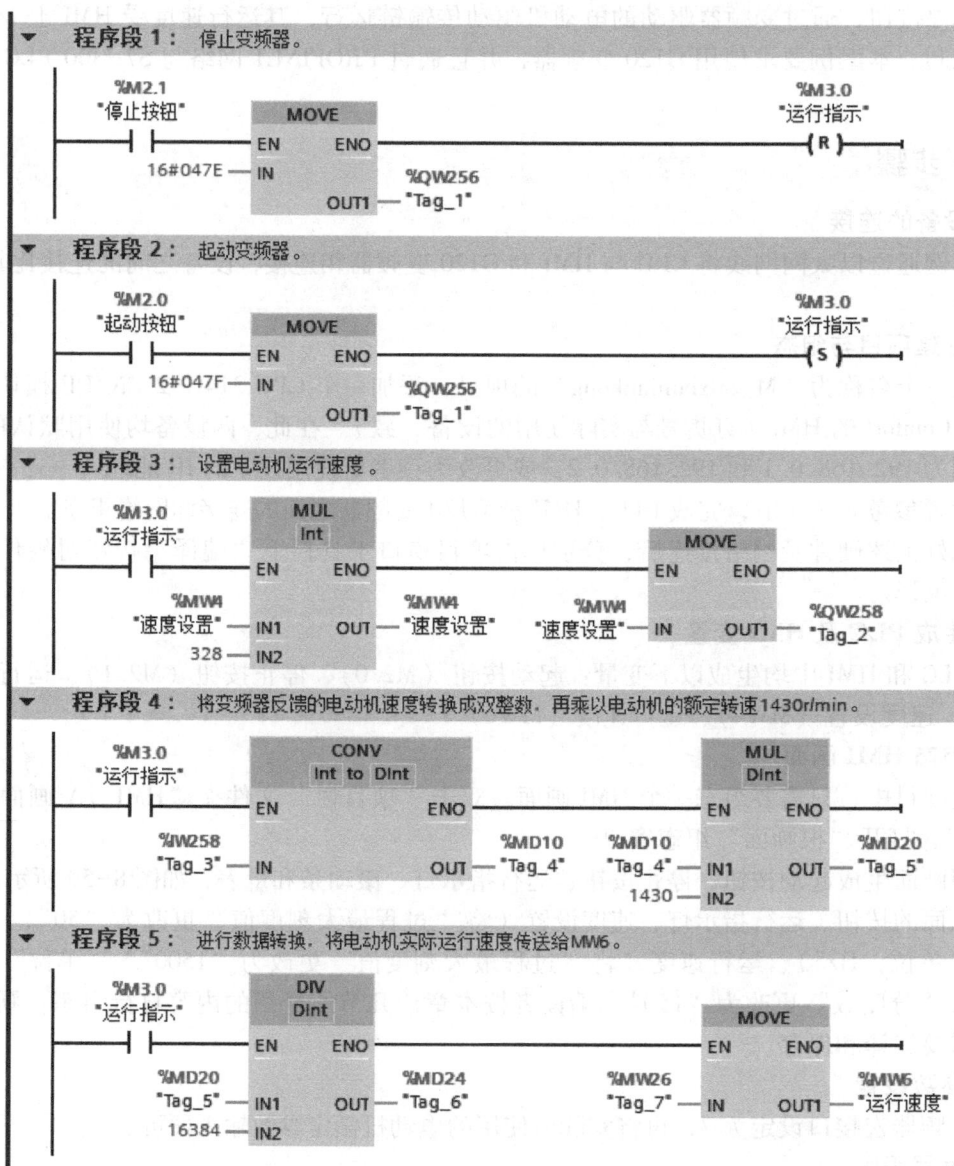

图 8-60　电动机速度的在线监控程序

8.9.4　训练

1）训练 1：使用棒图实现本案例速度设置。

2）训练 2：将本案例电动机实时运行速度值的反馈方式改为通过变频器的模拟量输出反馈给 PLC，再通过触摸屏显示，然后实现本案例的控制功能。

3）训练 3：将本案例中的电动机速度改为通过"符号 I/O 域+滚动条"方式，即符号 I/O 域实现五段速控制，再通过滚动条实现"-100~+100 r/min"的精细调节。然后实现本案例的控制。

8.10　习题与思考

1. 人机界面的作用是什么？

2. 西门子人机界面产品型号中的 KP、TP 和 KTP 分别表示什么面板？

3. TIA Portal 中的 WinCC 能对哪些系列面板进行组态？

4. 在 TIA Portal 中的 WinCC 如何显示巡视窗口？

5. 使用 KTP 系列面板时，可以组态哪些基本对象？

6. 分别使用 Portal 视图和项目视图创建一个项目，添加一个 PLC 和一个 HMI 设备，并在它们之间建立"HMI 连接"。

7. 在 TIA Portal 软件中如何查看 PLC 和 HMI 的以太网 IP 地址？

8. 如何查看和设置 HMI 的 IP 地址？

9. 如何使用"基本对象"组态指示灯？

10. 如何生成文本按钮和图形按钮？

11. 组态实现：生成一个按钮，当未被按下时按钮上文本显示为"起动"，当按下后按钮上文本为"停止"，通过该按钮控制一个电动机的起动和停止。

12. 组态实现：生成两个按钮，每次按下其中一个按钮使某一"变量"值加 2，每次按下另一个按钮使该"变量"值减 2。

13. 组态实现：生成一个开关，当开关处于"OFF"位置时系统处于"单周期"工作模式，当开关处于"ON"位置时系统处于"连续周期"工作模式。

14. 如何生成一个"I/O 域"？

15. "I/O 域"有几种模式？

16. 如何组态"滚动条""棒图"和"量表"？

参 考 文 献

[1] 侍寿永. 西门子 S7-1200 PLC 编程及应用教程 [M]. 3 版. 北京：机械工业出版社，2024.

[2] 侍寿永，夏玉红. 西门子 S7-200 SMART PLC 编程及应用教程 [M]. 2 版. 北京：机械工业出版社，2021.

[3] 侍寿永，史宜巧. FX$_{3U}$ 系列 PLC 技术及应用 [M]. 北京：机械工业出版社，2021.

[4] 侍寿永. 西门子 S7-300 PLC 编程及应用教程 [M]. 北京：机械工业出版社，2016.

[5] 侍寿永. S7-300 PLC、变频器与触摸屏综合应用教程 [M]. 北京：机械工业出版社，2015.

[6] 侍寿永，王玲. 西门子 PLC、变频器与触摸屏技术及综合应用：S7-1200、G120、KTP 系列 HMI [M]. 北京：机械工业出版社，2023.

[7] 侍寿永，王玲. 西门子触摸屏组态与应用 [M]. 北京：机械工业出版社，2022.

[8] 朱清智，王娜. 西门子 S7-300/400 PLC 项目化教程 [M]. 北京：机械工业出版社，2020.

[9] 向晓汉，唐克彬. 西门子 SINAMICS G120/S120 变频器技术与应用 [M]. 北京：机械工业出版社，2020.

[10] 张忠权. SINAMICS G120 变频器控制系统实用手册 [M]. 北京：机械工业出版社，2016.

[11] 廖常初. 西门子人机界面（触摸屏）组态与应用技术 [M]. 3 版. 北京：机械工业出版社，2018.

[12] 西门子公司. 第二代精简系列面板操作说明 [Z]. 2016.